自动控制原理学习指导与习题精解

（第3版）

于建均　范青武　杨宏燕　主编

北京工业大学出版社

图书在版编目（CIP）数据

自动控制原理学习指导与习题精解 / 于建均，范青武，杨宏燕主编 . —3 版 . —北京：北京工业大学出版社，2023.9

ISBN 978 - 7 - 5639 - 8663 - 7

Ⅰ. ①自… Ⅱ. ①于… ②范… ③杨… Ⅲ. ①自动控制理论—高等学校—教学参考资料 Ⅳ. ①TP13

中国国家版本馆 CIP 数据核字（2023）第 161292 号

自动控制原理学习指导与习题精解（第 3 版）

ZIDONG KONGZHI YUANLI XUEXI ZHIDAO YU XITI JINGJIE（DI 3 BAN）

主　　编：于建均　范青武　杨宏燕
策划编辑：杜一诗
责任编辑：杜一诗
封面设计：红杉林文化
出版发行：北京工业大学出版社
（北京市朝阳区平乐园 100 号　邮编：100124）
010 - 67391722（传真）bgdcbs@ sina. com
经销单位：全国各地新华书店
承印单位：三河市元兴印务有限公司
开　　本：787 毫米 × 1092 毫米　1/16
印　　张：20
字　　数：420 千字
版　　次：2023 年 9 月第 1 版
印　　次：2023 年 9 月第 1 次印刷
标准书号：ISBN 978 - 7 - 5639 - 8663 - 7
定　　价：59.00 元

第 3 版前言

《控制理论学习指导与习题精解》一书自 2007 年由北京工业大学出版社出版以来，作为《自动控制原理》及《线性系统理论基础》两本教材的辅助教学用书，受到了广大读者的青睐。此书为学生正确地理解和掌握控制理论的基本方法和应用，提高分析问题与解决问题的能力，进而备考控制类专业的硕士研究生提供了较大的帮助与便利。

2016 年，编者对《控制理论学习指导与习题精解》进行了修订，出版了《自动控制原理学习指导与习题精解（第 2 版）》，作为高等教育出版社 2011 年出版的《自动控制原理（第 3 版）》的辅助教学用书，在不改变主要章节内容的基础上，将“线性系统理论基础学习指导与习题精解”部分删除；为更贴近近年考研专业课命题的思路，将原书附录 1 的北京工业大学控制科学与工程专业部分研究生入学考试试题进行了替换，同时对全书内容进行了勘误。

《自动控制原理学习指导与习题精解（第 3 版）》作为高等教育出版社 2022 年出版的《自动控制原理（第 4 版）》的辅助教学用书，在不改变主要章节内容的基础上，有以下变动：为使本书的针对性更强、内容更加精练并有助于备考控制类专业硕士研究生，编者在 2 ~ 8 章的内容中均增加了“典型例题精讲”一节，删除了“根轨迹法同伦校正设计”的相关内容及习题精解，删除了“北京工业大学控制科学与工程专业部分研究生入学考试试题与解答”，同时对全书的内容进行了勘误。

本书的内容由两部分组成。第一部分为《自动控制原理（第 4 版）》一书的学习指导与习题精解，各章均由内容概述与习题精解、方便学生自我训练进而掌握知识内容的扩充习题、典型例题精讲组成；第二部分给出了应用 MATLAB 语言解题的方法，以帮助学生掌握利用 MATLAB 仿真工具进行控制系统问题分析与解决问题的方法；附录 1 中给出了部分习题的 MATLAB 仿真结果；附录 2 中给出了部分扩充习题的参考答案。因此，本书也适用于其他专业控制类课程的课内教学与课外自学，并可作为报考控制类专业硕士研究生的参考书。

本书的修订工作由北京工业大学韩红桂教授主持，由北京工业大学于建均副教授完成。本书的例题与习题的仿真勘误工作由北京工业大学李慧杰工程师完成。参与本书修订工作的还有范青武副教授、杨宏燕讲师。北京工业大学韩红桂教授承担了全书的主审工作。

在本书的修订过程中，相关教师与学生提出了许多宝贵的意见，本书的出版也得到了北京工业大学信息学部的领导及北京工业大学出版社的大力支持，在此一并表示衷心感谢。对于书中存在的不足之处，恳请同行专家和广大读者提出批评与建议。

编　者

2023 年 7 月

符号说明

（1）本书中出现的符号中，变量符号为斜体，实意符号为正体（包括上下标），向量符号为小写、正体、黑体，矩阵符号为大写、正体、黑体。

（2）由于本计算机语言表示方法中不出现斜体和希腊文字母，书中附录部分出现的计算机语言命令行输入格式、MATLAB 语言程序及计算机作图中的字母全部使用正体，叙述中出现的希腊文字母，在程序中以英文字母代替，如 ω 代以 w、ζ 代以 z 等。叙述中出现的上下标变量平排，如 a_1、ω_c、T_s 等，在程序中以 a1、wc、Ts 表示。

目　　录

第 2 章　控制系统的数学描述方法

本 章 重 点

1. 了解掌握三种数学模型的创建与相互之间的变换；
2. 应用复数阻抗法求电网络的传递函数；
3. 分别使用等效变换法与梅森公式法作结构图化简，求控制系统的传递函数。

2.1　第 2 章内容概述

在经典控制理论中，经常用到的控制系统数学模型有线性常系数微分方程、传递函数和动态结构图三种。

1. 线性常系数微分方程

线性常系数微分方程用于描述线性定常系统，一般描述为

$$y^{(n)}(t)+a_{n-1}y^{(n-1)}(t)+\cdots+a_2\ddot{y}(t)+a_1\dot{y}(t)+a_0y(t)$$

$$=b_mu^{(m)}(t)+b_{m-1}u^{(m-1)}(t)+\cdots+b_2\ddot{u}(t)+b_1\dot{u}(t)+b_0u(t)\ ,\ n\geqslant m \qquad (2.1.1)$$

线性系统满足叠加原理。设系统的输入为 $x_1(t)$ 时，系统的输出为 $y_1(t)$，系统的输入为 $x_2(t)$ 时，系统的输出为 $y_2(t)$。如果满足系统的输入为

$$x(t)=a\cdot x_1(t)+b\cdot x_2(t)$$

系统的输出保持线性可加为

$$y(t)=a\cdot y_1(t)+b\cdot y_2(t)$$

则该系统称为线性系统；反之，不满足叠加原理的系统称为非线性系统。

2.1.1　两级 *RC* 网络如图 2.1.1 所示，写出以 u_i 为输入，u_o 为输出的微分方程。

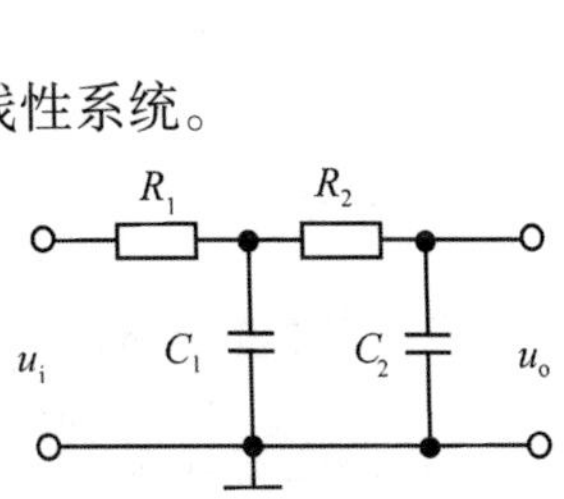

图 2.1.1　两级 *RC* 网络

(2.1.1)

解　根据电网络方程，得到以 u_i 为输入，u_o 为输出的微分方程为

$$R_1C_1R_2C_2\frac{\mathrm{d}^2u_o}{\mathrm{d}t^2}+(R_1C_1+R_2C_2+R_1C_2)\frac{\mathrm{d}u_o}{\mathrm{d}t}+u_o=u_i$$

设时间常数为

$$T_1=R_1C_1,T_2=R_2C_2,T_3=R_1C_2$$

单位是秒(s)，方程又可以写为

$$T_1T_2\frac{d^2u_o}{dt^2}+(T_1+T_2+T_3)\frac{du_o}{dt}+u_o=u_i$$

可简写为

$$T_1T_2\ddot{u}_o+(T_1+T_2+T_3)\dot{u}_o+u_o=u_i$$

这是一个二阶微分方程，各阶导数的系数都是常系数，由各线性元件的值所确定，所以该系统又称为二阶线性定常系统。

2. 传递函数

控制系统的传递函数定义为：在零初始条件下，输出信号的拉普拉斯变换与输入信号的拉普拉斯变换之比，可表示为

$$G(s)=\frac{Y(s)}{U(s)}=\frac{b_ms^m+b_{m-1}s^{m-1}+\cdots+b_1s+b_0}{s^n+a_{n-1}s^{n-1}+\cdots+a_1s+a_0},n\geqslant m \tag{2.1.2}$$

传递函数具有以下几个基本性质：

(1)传递函数只适用于线性定常系统；

(2)传递函数是在零初始条件下定义的；

(3)传递函数可以有单位；

(4)传递函数表示了系统的端口关系；

(5)传递函数是描述线性定常系统的参数模型。

另外，传递函数 $G(s)$ 还可以表示为零点、极点，模型为

$$G(s)=K\frac{(s-z_1)(s-z_2)\cdots(s-z_m)}{(s-p_1)(s-p_2)\cdots(s-p_n)} \tag{2.1.3}$$

2.1.2 有源网络(比例积分 PI)如图 2.1.2 所示，求传递函数 $G(s)$。

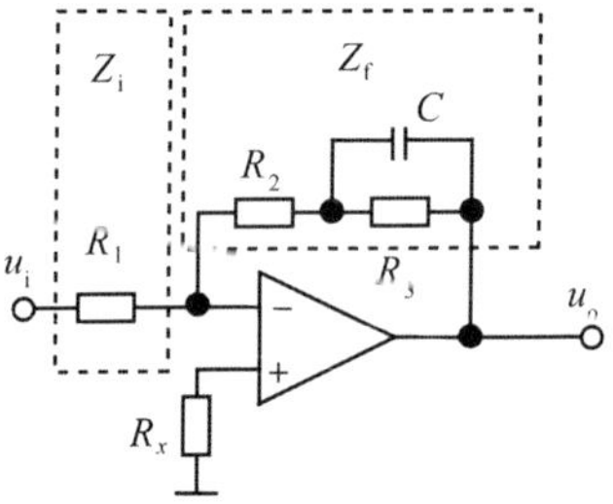

图 2.1.2 PI 运算有源网络 (2.1.2)

解 反相输入的运算放大器的运算关系为

$$G(s)=\frac{U_o(s)}{U_i(s)}=-\frac{Z_f(s)}{Z_i(s)} \tag{2.1.4}$$

图 2.1.2 所示系统的输入阻抗为

$$Z_i(s)=R_1$$

反馈阻抗为

$$Z_f(s)=R_2+\frac{R_3\cdot 1/Cs}{R_3+1/Cs}=R_2+\frac{R_3}{R_3Cs+1}$$

可得到传递函数为

$$G(s)=\frac{U_o(s)}{U_i(s)}=-\frac{Z_f(s)}{Z_i(s)}=-\left(\frac{R_2}{R_1}+\frac{R_3}{R_1}\cdot\frac{1}{R_3Cs+1}\right)$$

3. 结构图

结构图是线图方式的数学模型，结构图上可以表示出系统的一些中间变量或者系统的内部信息，结构图与代数方程组等价，因此可以通过结构图化简的方法求得控制系统的传递函数。

结构图化简可以采用两种方法，即等价变换法与梅森公式法。

2.1.3　两级 *RC* 滤波网络的结构图如图 2.1.3 所示，试分别采用等价变换法与梅森公式法化简该结构图。

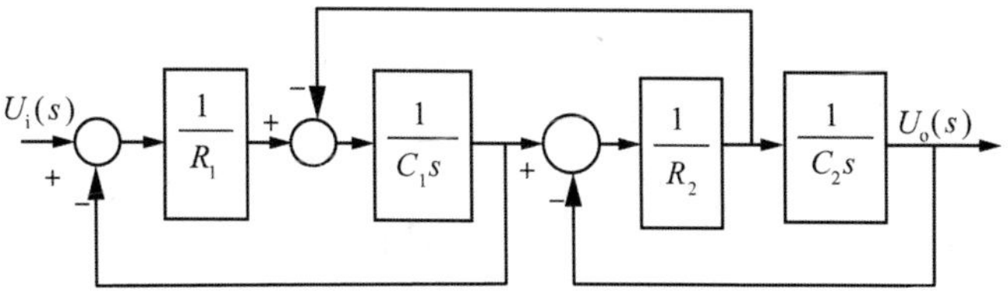

图 2.1.3　两级 *RC* 滤波网络的结构(2.1.3)

解　方法 1：等价变换法。

第一步：向左移出相加点，向右移出分支点，如图 2.1.4(a)所示。

第二步：化简两个内部回路，并合并反馈支路，如图 2.1.4(b)所示。

第三步：令 $T_1 = R_1C_1$ ，$T_2 = R_2C_2$ ，$T_3 = R_1C_2$ ，作反馈回路化简，如图 2.1.4(c)所示。

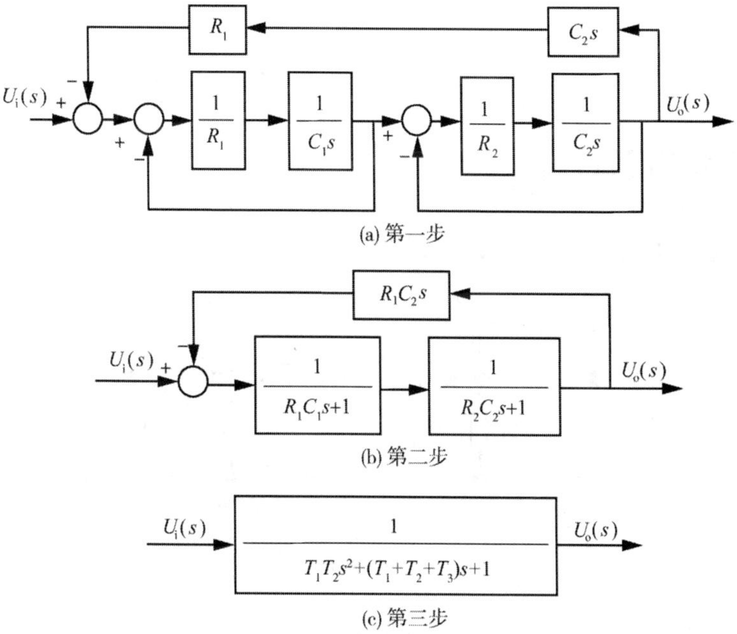

图 2.1.4　结构图化简步骤(2.1.3)

得到该网络的传递函数为

$$G(s)=\frac{U_o(s)}{U_i(s)}=\frac{1}{T_1T_2s^2+(T_1+T_2+T_3)s+1}$$

方法2：梅森公式法。根据梅森公式，有

$$P=\frac{\sum_{i=1}^{n}\Delta_i\cdot p_i}{\Delta}=\frac{\sum_{i=1}^{n}\Delta_i\cdot p_i}{1-\sum_{a}L_a+\sum_{b,c}L_b\cdot L_c-\sum_{d,e,f}L_d\cdot L_e\cdot L_f+\cdots}\tag{2.1.5}$$

独立回路共3个，其回路增益分别为

$$L_1=-\frac{1}{R_1}\cdot\frac{1}{C_1s}=-\frac{1}{R_1C_1s},\ L_2=-\frac{1}{R_2}\cdot\frac{1}{C_2s}=-\frac{1}{R_2C_2s},\ L_3=-\frac{1}{R_2}\cdot\frac{1}{C_1s}=-\frac{1}{R_2C_1s}$$

有一个两两互不接触回路为

$$L_{1,2}=L_1L_2=\frac{1}{R_1C_1R_2C_2s^2}$$

梅森公式特征式为

$$\Delta=1-(L_1+L_2+L_3)+L_{1,2}=1+\frac{1}{R_1C_1s}+\frac{1}{R_2C_2s}+\frac{1}{R_2C_1s}+\frac{1}{R_1C_1R_2C_2s^2}$$

前向通路 p_i 只有一条为

$$p_1=\frac{1}{R_1}\cdot\frac{1}{C_1s}\cdot\frac{1}{R_2}\cdot\frac{1}{C_2s}=\frac{1}{R_1R_2C_1C_2s^2}$$

其余子式 Δ_i 为

$$\Delta_1=1$$

得到的传递函数为

$$G(s)=P=\frac{\Delta_1\cdot p_1}{\Delta}=\frac{1}{R_1R_2C_1C_2s^2+(R_1C_1+R_2C_2+R_1C_2)s+1}$$

2.2 第2章习题精解

2.2.1 已知电网络如图2.2.1所示，输入为 $u_i(t)$，输出为 $u_o(t)$，试列出微分方程。

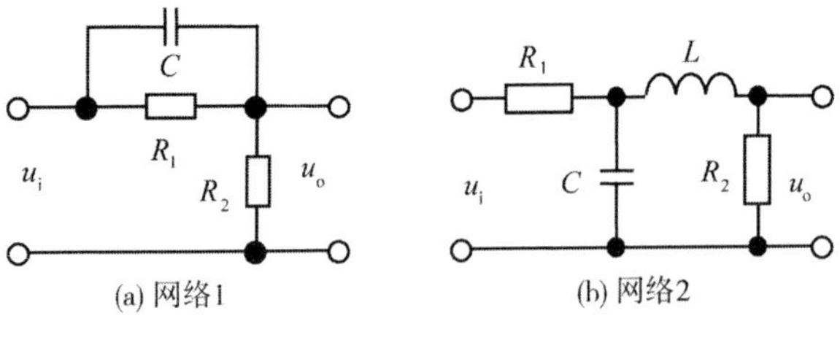

图2.2.1 电网络(2.2.1)

解 (1)由题图2.2.1(a)，设电流变量如图2.2.2所示。

根据基尔霍夫定律，写出变量约束方程为

$$R_1 i_1(t) + R_2 i_2(t) = u_{\mathrm{i}}(t)$$

$$i_1(t) + i_2(t) = i(t)$$

$$R_1 i_1(t) - \frac{1}{C}\int i_2(t)\,\mathrm{d}t = 0$$

$$R_2 i(t) = u_{\mathrm{o}}(t)$$

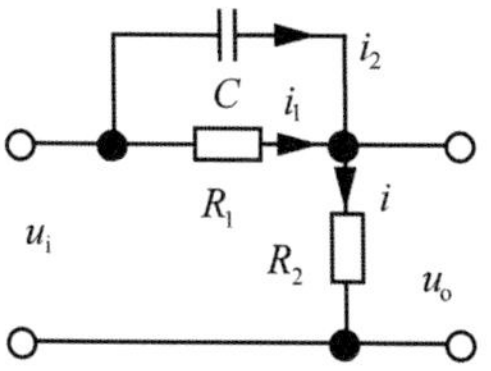

图 2.2.2　电流变量（2.2.1-1）

化简，消去中间变量 $i_1(t)$，$i_2(t)$，$i(t)$，可得到输出变量为 $u_{\mathrm{o}}(t)$ 和输入变量为 $u_{\mathrm{i}}(t)$ 的微分方程为

$$R_1 R_2 C \frac{\mathrm{d}u_{\mathrm{o}}(t)}{\mathrm{d}t} + (R_1 + R_2) u_{\mathrm{o}}(t) = R_1 R_2 C \frac{\mathrm{d}u_{\mathrm{i}}(t)}{\mathrm{d}t} + R_2 u_{\mathrm{i}}(t)$$

即

$$R_1 R_2 C \dot{u}_{\mathrm{o}}(t) + (R_1 + R_2) u_{\mathrm{o}}(t) = R_1 R_2 C \dot{u}_{\mathrm{i}}(t) + R_2 u_{\mathrm{i}}(t)$$

（2）由图 2.2.1(b)，设电流变量如图 2.2.3 所示。根据基尔霍夫定律，写出变量约束方程为

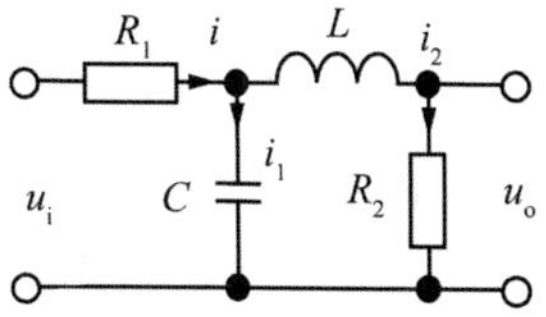

图 2.2.3　电流变量（2.1.1-2）

$$R_1 i(t) + \frac{1}{C}\int i_1(t)\,\mathrm{d}t = u_{\mathrm{i}}(t)$$

$$i_1(t) + i_2(t) = i(t)$$

$$L \frac{\mathrm{d}i_2(t)}{\mathrm{d}t} + R_2 i_2(t) = \frac{1}{C}\int i_1(t)\,\mathrm{d}t$$

$$R_2 i_2(t) = u_{\mathrm{o}}(t)$$

化简，消去中间变量 $i_1(t)$，$i_2(t)$，$i(t)$，得到输出变量为 $u_{\mathrm{o}}(t)$ 和输入变量为 $u_{\mathrm{i}}(t)$ 的微分方程为

$$R_1 LC \ddot{u}_{\mathrm{o}}(t) + (L + R_1 R_2 C)\dot{u}_{\mathrm{o}}(t) + (R_1 + R_2) u_{\mathrm{o}}(t) = R_2 u_{\mathrm{i}}(t)$$

2.2.2　电磁铁的磁拉力计算公式为

$$F(x,i) = \frac{\mu_0 S (Ni)^2}{4x^2}，（单位：N）$$

式中，μ_0 为空气磁导率；S 为磁极面积；N 为激磁绕组匝数；i 为激磁电流；x 为气隙大小，求出 $F(x,i)$ 的线性化方程。

解　由于磁拉力 $F(x,i)$ 为电流 i 和位移 x 的双变量函数，设预定工作点为 $F_0(x_0,i_0)$。在工作点邻域，其泰勒级数展开式为

$$F(x,i) = F_0(x_0,i_0) + \dot{F}_x(x,i)\Big|_{\substack{x=x_0\\ i=i_0}} \cdot (x - x_0) + \dot{F}_i(x,i)\Big|_{\substack{x=x_0\\ i=i_0}} \cdot (i - i_0) + \frac{1}{2!}\ddot{F}_x(x,i)\Big|_{\substack{x=x_0\\ i=i_0}} \cdot (x - x_0)^2 + \frac{1}{2!}\ddot{F}_i(x,i)\Big|_{\substack{x=x_0\\ i=i_0}} \cdot (i - i_0)^2 + \cdots$$

忽略二次以上各项，有

$$F(x,i) = F_0(x_0,i_0) + \dot{F}_x(x,i)\Big|_{\substack{x=x_0\\ i=i_0}} \cdot (x - x_0) + \dot{F}_i(x,i)\Big|_{\substack{x=x_0\\ i=i_0}} \cdot (i - i_0)$$

令

$$\Delta F = F(x,i) - F_0(x_0,i_0)$$

$$K_x = \dot{F}_x(x,i)\Big|_{\substack{x=x_0\\ i=i_0}} = -\frac{\mu_0 S\,(Ni_0)^2}{2x_0^3}$$

$$K_i = \dot{F}_i(x,i)\Big|_{\substack{x=x_0\\ i=i_0}} = \frac{\mu_0 S N^2 i_0}{2x_0^2}$$

$$\Delta x = x - x_0$$

$$\Delta i = i - i_0$$

则磁拉力增量式的线性化方程为

$$\Delta F = K_x \cdot \Delta x + K_i \cdot \Delta i$$

将增量式写为一般函数表达式，得 $F(x,i)$ 的线性化方程为

$$F = K_x \cdot x + K_i \cdot i = -\frac{\mu_0 S\,(Ni_0)^2}{2x_0^3}x + \frac{\mu_0 S N^2 i_0}{2x_0^2}i$$

2.2.3 求下列时间函数 $f(t)$ 的拉普拉斯变换 $F(s)$：

(1) $f(t) = 0.5(1 - \cos 5t)$；

(2) $f(t) = e^{-0.2t}\cos 314t$；

(3) $f(t) = \sin(5t + \frac{\pi}{3})$；

(4) $f(t) = t^2 \cdot e^{-3t}$。

解 (1) $f(t) = 0.5(1 - \cos 5t)$

由定义或者查表得到

$$F(s) = 0.5(\frac{1}{s} - \frac{s}{s^2 + 25}) = \frac{12.5}{s(s^2 + 25)}$$

(2) $f(t) = e^{-0.2t}\cos 314t$

由于

$$L[\cos 314t] = \frac{s}{s^2 + 314^2}$$

应用拉普拉斯变换的衰减定理，有

$$F(s) = \frac{s + 0.2}{(s + 0.2)^2 + 314^2} = \frac{s + 0.2}{s^2 + 0.4s + 314^2 + 0.2^2}$$

(3) $f(t) = \sin(5t + \frac{\pi}{3})$

由于

$$\sin(5t + \frac{\pi}{3}) = \cos\frac{\pi}{3}\sin 5t + \sin\frac{\pi}{3}\cos 5t = \frac{1}{2}\sin 5t + \frac{\sqrt{3}}{2}\cos 5t$$

所以

$$F(s) = \frac{1}{2}\cdot\frac{5}{s^2 + 5^2} + \frac{\sqrt{3}}{2}\cdot\frac{s}{s^2 + 5^2} = \frac{0.866s + 2.5}{s^2 + 25}$$

(4) $f(t) = t^2 \cdot e^{-3t}$

由于

$$L[t^2] = \frac{2!}{s^3}$$

应用拉普拉斯变换的衰减定理，有

$$F(s) = \frac{2}{(s+3)^3}$$

2.2.4　求出如图 2.2.4 所示时间信号 $f(t)$ 的拉普拉斯变换 $F(s)$。

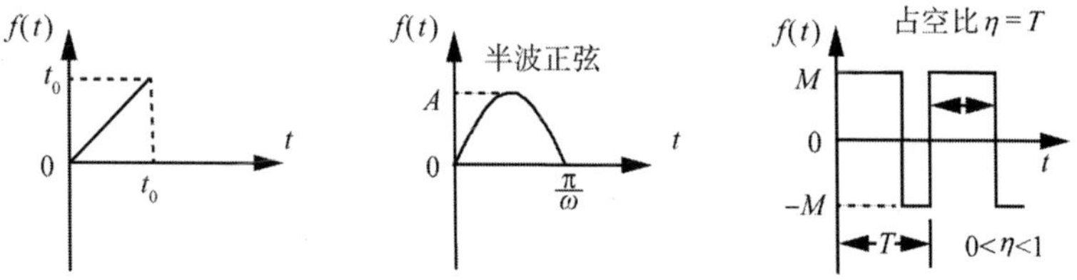

(a) 信号1　　(b) 信号2　　(c) 信号3

图 2.2.4　时间信号(2.2.4)

解　(1) 见图 2.2.4(a)。信号 $f(t)$ 可以分解为信号组合，如图 2.2.5 所示。

分解信号与其拉普拉斯变换分别为

$$f_1(t) = t \cdot 1(t), \quad F_1(s) = \frac{1}{s^2}$$

$$f_2(t) = -(t-t_0) \cdot 1(t-t_0), \quad F_2(s) = -\frac{1}{s^2} \cdot e^{-t_0 s}$$

$$f_3(t) = -t_0 \cdot 1(t-t_0), \quad F_3(s) = -t_0 \cdot \frac{1}{s} \cdot e^{-t_0 s}$$

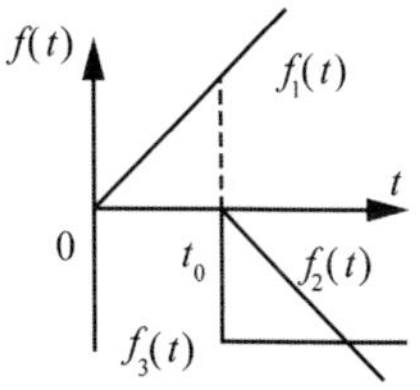

图 2.2.5　信号分解 (2.2.4-1)

即

$$f(t) = t \cdot 1(t) - (t-t_0) \cdot 1(t-t_0) - t_0 \cdot 1(t-t_0)$$

所以，图 2.2.4(a) 所示信号的拉普拉斯变换为

$$F(s) = F_1(s) + F_2(s) + F_3(s) = \frac{1}{s^2} - \frac{1}{s^2} \cdot e^{-t_0 s} - t_0 \cdot \frac{1}{s} \cdot e^{-t_0 s} = \frac{1 - e^{-t_0 s}(1 + t_0 s)}{s^2}$$

(2) 见图 2.2.4(b)。由于信号 $f(t)$ 可以分解为如图 2.2.6 所示的 $f_1(t)$ 与 $f_2(t)$ 信号组合正弦信号，所以正弦信号 $f_1(t)$ 与其拉普拉斯变换分别为

$$f_1(t) = A\sin \omega t, \quad F_1(s) = \frac{A\omega}{s^2 + \omega^2}$$

由拉普拉斯变换的延迟定理，时间延迟正弦信号 $f_2(t)$ 与其拉普拉斯变换分别为

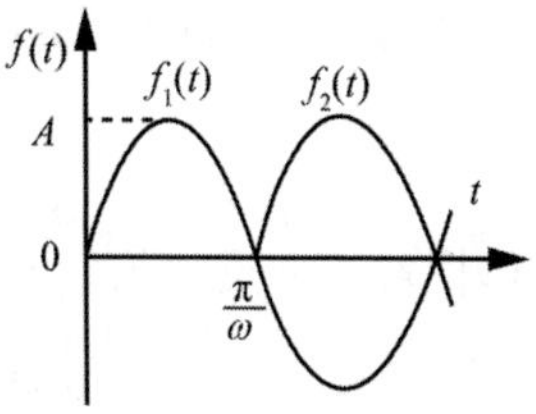

图 2.2.6　信号分解 (2.2.4-2)

$$f_2(t)=A\sin\omega(t-\frac{\pi}{\omega})\cdot 1(t-\frac{\pi}{\omega}),\ F_2(s)=\frac{A\omega}{s^2+\omega^2}\cdot e^{-\frac{\pi}{\omega}s}$$

即

$$f(t)=f_1(t)+f_2(t)=A\sin\omega t+A\sin\omega(t-\frac{\pi}{\omega})\cdot 1(t-\frac{\pi}{\omega})$$

所以，拉普拉斯变换为

$$F(s)=F_1(s)+F_2(s)=\frac{A\omega}{s^2+\omega^2}\cdot(1+e^{-\frac{\pi}{\omega}s})$$

(3) 见图2.2.4(c)。信号$f(t)$为周期信号，其第一周期的信号如图2.2.7所示。

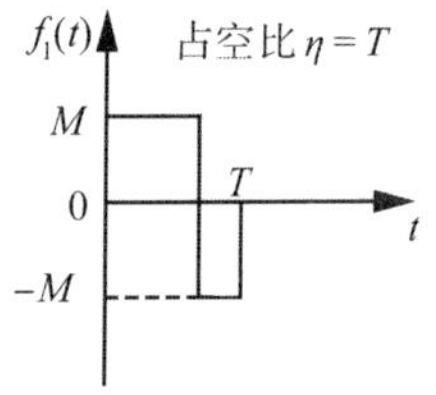

图2.2.7　第一周期的信号(2.2.4)

数学表达式为

$$f_1(t)=M\cdot 1(t)-M\cdot 1(t-\eta T)-M\cdot 1(t-\eta T)+M\cdot 1(t-T)$$

其拉普拉斯变换为

$$F_1(s)=\frac{M}{s}-\frac{2M}{s}e^{-\eta Ts}+\frac{M}{s}e^{-Ts}=\frac{M}{s}(1-2e^{-\eta Ts}+e^{-Ts})$$

周期信号为

$$f(t)=f_1(t)+f_1(t-T)+f_1(t-2T)+\cdots$$

所以

$$F(s)=F_1(s)+e^{-Ts}F_1(s)+e^{-2Ts}F_1(s)+\cdots$$

已知$F_1(s)$，则周期信号的拉普拉斯变换为

$$F(s)=\frac{1}{1-e^{-Ts}}\cdot F_1(s)$$

所以占空比为η的方波脉冲信号的拉普拉斯变换为

$$F(s)=\frac{1}{1-e^{-Ts}}\cdot F_1(s)=\frac{M}{s}\cdot\frac{1-2e^{-\eta Ts}+e^{-Ts}}{1-e^{-Ts}}$$

2.2.5　已知下列拉普拉斯变换$F(s)$，求出时间表达式$f(t)$，并画出曲线草图:

(1) $F(s)=\dfrac{s^2+s+100}{s(s^2+100)}$;　　(2) $F(s)=\dfrac{s^2+3s+5}{s^2+2s+4}$;

(3) $F(s)=\dfrac{1-e^{-Ts}}{s^2}$;　　(4) $F(s)=\dfrac{1}{1-e^{-Ts}}$。

解　(1)将$F(s)$作海维赛德分解，可分解为

$$F(s)=\frac{1}{s}+\frac{1}{s^2+100}$$

作拉普拉斯反变换，有

$$f(t)=L^{-1}[\frac{1}{s}+\frac{1}{10}\frac{10}{s^2+10^2}]=1(t)+\frac{1}{10}\sin 10t$$

其时间曲线如图2.2.8所示。

(2)由于$F(s)$的分子、分母多项式同阶，因此将$F(s)$作海维赛德分解，可分解为

$$F(s)=1+\frac{s+1}{s^2+2s+4}=1+\frac{s+1}{(s+1)^2+(\sqrt{3})^2}$$

作拉普拉斯反变换，由拉氏变换的衰减定理有

$$f(t)=L^{-1}\left[1+\frac{s+1}{(s+1)^2+(\sqrt{3})^2}\right]=\delta(t)+\mathrm{e}^{-t}\cos\sqrt{3}t$$

其时间曲线如图 2.2.9 所示。

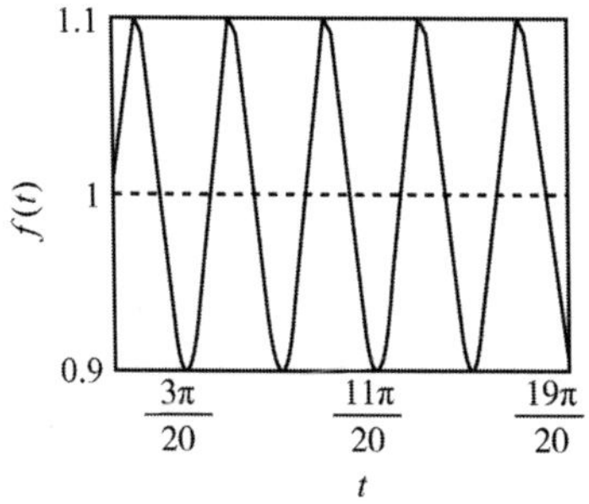

图 2.2.8　时间曲线(2.2.5 - 1)

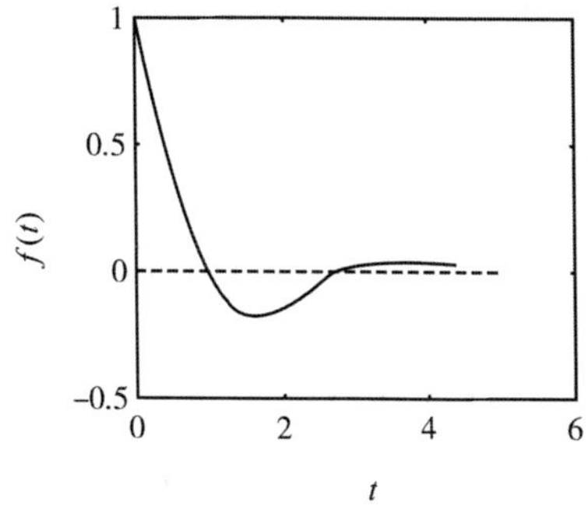

图 2.2.9　时间曲线(2.2.5 - 2)

(3) $F(s)$ 可分解为

$$F(s)=\frac{1-\mathrm{e}^{-Ts}}{s^2}=\frac{1}{s^2}-\frac{1}{s^2}\mathrm{e}^{-Ts}$$

作拉普拉斯反变换，有

$$f(t)=L^{-1}\left[\frac{1}{s^2}-\frac{1}{s^2}\mathrm{e}^{-Ts}\right]=t\cdot 1(t)-(t-T)\cdot 1(t-T)$$

其时间曲线如图 2.2.10 所示。

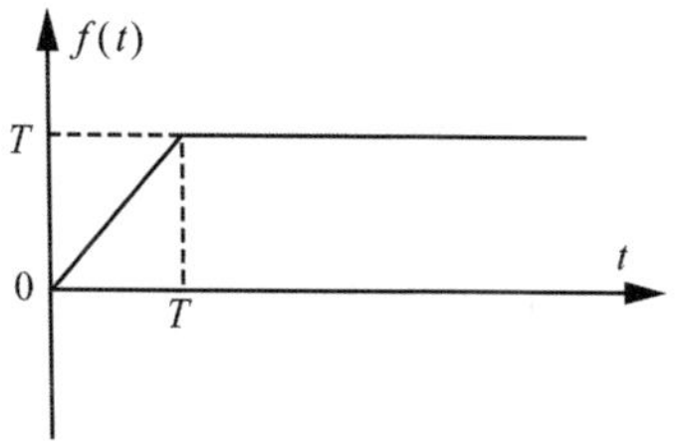

图 2.2.10　时间曲线(2.2.5 - 3)

(4) $F(s)$ 可看作等比级数的和式。作等比级数分解，为

$$F(s)=\frac{1}{1-\mathrm{e}^{-Ts}}=1+\mathrm{e}^{-Ts}+\mathrm{e}^{-2Ts}+\cdots$$

作拉普拉斯反变换，有

$$\begin{aligned}f(t)&=L^{-1}[1+\mathrm{e}^{-Ts}+\mathrm{e}^{-2Ts}+\cdots]\\&=\delta(t)+\delta(t-T)+\delta(t-2T)+\cdots\end{aligned}$$

当 $T=1$ 时，脉冲序列的时间曲线如图 2.2.11 所示。

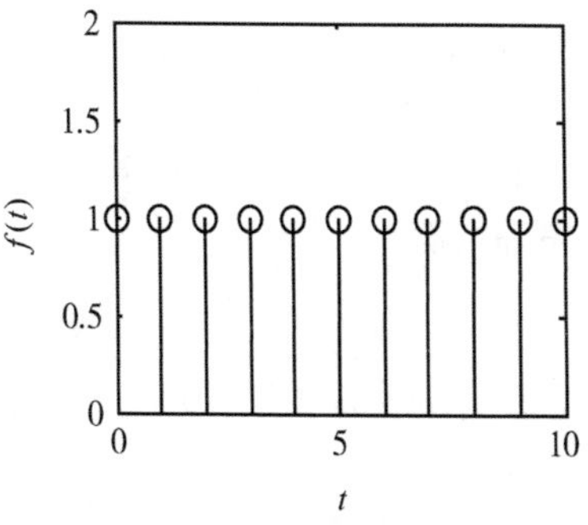

图 2.2.11　时间曲线(2.2.6)

2.2.6　用拉普拉斯变换法求解下列微分方程：

(1) $2\ddot{c}+7\dot{c}+5c=r$, $r=R\cdot 1(t)$, $c(0)=0$, $\dot{c}(0)=0$;

(2) $2\ddot{c}+7\dot{c}+5c=0$, $c(0)=c_0$, $\dot{c}(0)=\dot{c}_0$。

解　(1) $2\ddot{c}+7\dot{c}+5c=r$, $r=R\cdot 1(t)$,

$c(0)=0,\ \dot{c}(0)=0$

将方程两边作拉普拉斯变换

$$L[2\ddot{c}+7\dot{c}+5c]=L[r]$$

由拉普拉斯变换的线性定理，有

$$L[2\ddot{c}]+L[7\dot{c}]+L[5c]=L[r]$$

由拉普拉斯变换的微分定理，有

$$2[s^2C(s)-sc(0)-\dot{c}(0)]+7[sC(s)-c(0)]+5C(s)=R(s)$$

输入信号的拉普拉斯变换为

$$R(s)=L[R\cdot 1(t)]=R\cdot\frac{1}{s}$$

由初值 $c(0)=0,\dot{c}(0)=0$，得

$$2s^2C(s)+7sC(s)+5C(s)=R\cdot\frac{1}{s}$$

则输出信号的拉普拉斯变换为

$$C(s)=\frac{1}{2s^2+7s+5}\cdot\frac{1}{s}\cdot R=R\cdot\left(\frac{1}{5}\cdot\frac{1}{s}-\frac{1}{3}\cdot\frac{1}{s+1}+\frac{2}{15}\cdot\frac{1}{s+2.5}\right)$$

作拉普拉斯反变换，得

$$c(t)=R\cdot\left[\frac{1}{5}\cdot 1(t)-\frac{1}{3}\cdot e^{-t}+\frac{2}{15}\cdot e^{-2.5t}\right]$$

(2) $2\ddot{c}+7\dot{c}+5c=0$，$c(0)=c_0$，$\dot{c}(0)=\dot{c}_0$

本题为齐次方程求解，初始条件不为零而输入信号为零。

将方程两边作拉普拉斯变换，得

$$L[2\ddot{c}+7\dot{c}+5c]=0$$

由拉普拉斯变换的微分定理，有

$$2[s^2C(s)-sc(0)-\dot{c}(0)]+7[sC(s)-c(0)]+5C(s)=0$$

由初值 $c(0)=c_0$，$\dot{c}(0)=\dot{c}_0$，得

$$2s^2C(s)-2sc_0-2\dot{c}_0+7sC(s)-7c_0+5C(s)=0$$

整理，有

$$(2s^2+7s+5)C(s)=2c_0s+2\dot{c}_0+7c_0$$

方程解的拉普拉斯变换为

$$C(s)=\frac{2c_0s+2\dot{c}_0+7c_0}{2s^2+7s+5}=\frac{2\dot{c}_0+5c_0}{3}\frac{1}{s+1}-\frac{2\dot{c}_0+2c_0}{3}\frac{1}{s+2.5}$$

作拉普拉斯反变换，得

$$c(t) = \frac{2\dot{c}_0 + 5c_0}{3} \cdot e^{-t} - \frac{2\dot{c}_0 + 2c_0}{3} \cdot e^{-2.5t}$$

2.2.7 用运算放大器组成的有源电网络如图 2.2.12 所示，试采用复数阻抗法写出它们的传递函数。

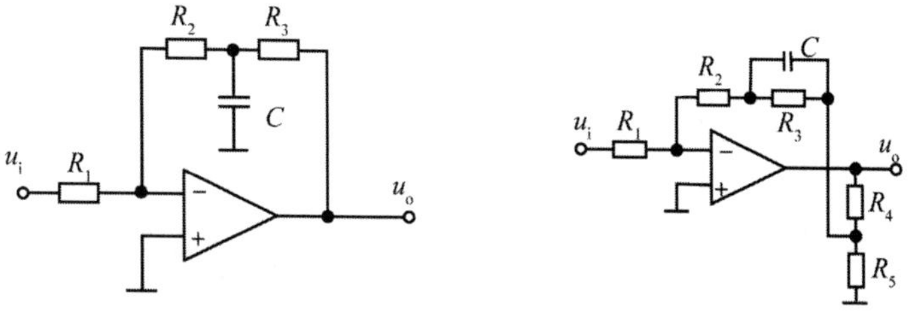

(a) 网络1 (b) 网络2

图 2.2.12 有源电网络(2.2.7)

解 (1)见图 2.2.12(a)。应用复数阻抗法，计算反馈复数阻抗。由于

$$\frac{U_o(s)}{R_3 + \frac{R_2}{R_2Cs + 1}} \cdot \frac{R_2}{R_2Cs + 1} \cdot \frac{1}{R_2} = I_f(s)$$

则反馈复数阻抗为

$$Z_f(s) = \frac{U_o(s)}{I_f(s)} = R_2R_3Cs + R_2 + R_3$$

对于反相运算电路，其传输关系为

$$G(s) = \frac{U_o(s)}{U_i(s)} = -\frac{Z_f(s)}{Z_i(s)}$$

输入阻抗为 $Z_i(s) = R_1$，将输入阻抗与反馈阻抗代入上式，得到其传递函数为

$$G(s) = -\frac{1}{R_1}(R_2R_3Cs + R_2 + R_3) = -\frac{R_2 + R_3}{R_1}\left(\frac{R_2R_3}{R_2 + R_3}Cs + 1\right)$$

(2)见图 2.2.12(b)。应用复数阻抗法，计算反馈复数阻抗。由于

$$\frac{U_o(s)}{R_4 + \frac{R_5\left(R_2 + \frac{R_3}{R_3Cs + 1}\right)}{R_5 + \left(R_2 + \frac{R_3}{R_3Cs + 1}\right)}} \cdot \frac{R_5\left(R_2 + \frac{R_3}{R_3Cs + 1}\right)}{R_5 + \left(R_2 + \frac{R_3}{R_3Cs + 1}\right)} \cdot \frac{1}{R_2 + \frac{R_3}{R_3Cs + 1}} = I_f(s)$$

则反馈复数阻抗为

$$Z_f(s) = \frac{U_o(s)}{I_f(s)} = \frac{(R_2 + R_3)(R_4 + R_5)}{R_5} \cdot \frac{\frac{R_2R_3}{R_2 + R_3}Cs + 1}{R_3Cs + 1} + R_4$$

输入阻抗为 $Z_i(s) = R_1$，将输入阻抗与反馈阻抗代入上式，得到其传递函数为

$$G(s)=\frac{U_o(s)}{U_i(s)}=-\frac{Z_f(s)}{Z_i(s)}=-\left[\frac{(R_2+R_3)(R_4+R_5)}{R_1R_5}\cdot\frac{\frac{R_2R_3}{R_2+R_3}Cs+1}{R_3Cs+1}+\frac{R_4}{R_1}\right]$$

2.2.8 力学系统如图 2.2.13 所示。试写出系统的微分方程，并求取传递函数。

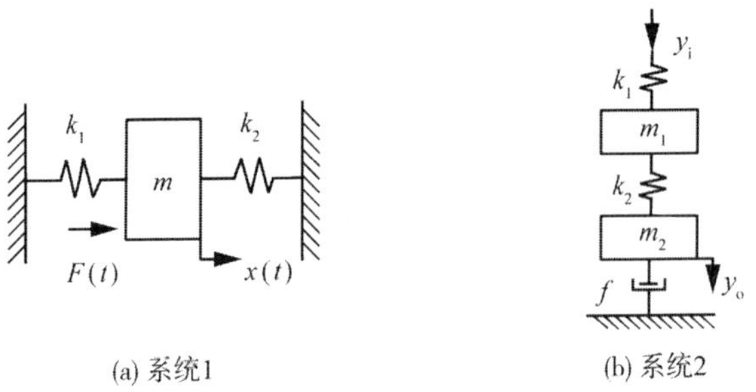

图 2.2.13 力学系统(2.2.8)

解 (1)见图 2.2.13(a)。忽略重力，应用牛顿第二定律 $ma=\sum F$，写出运动平衡方程为

$$ma=F_{k_1}+F_{k_2}+F(t)$$

其中 $F_{k_1}=-k_1x$ 为第一个弹簧的弹力，$F_{k_2}=-k_2x$ 为第二个弹簧的弹力，而 $a=\frac{d^2x}{dt^2}$，代入平衡方程，得

$$m\frac{d^2x}{dt^2}=-k_1x-k_2x+F(t)$$

整理，得到微分方程为

$$m\frac{d^2x}{dt^2}+(k_1+k_2)x=F(t)$$

方程两边取拉普拉斯变换，得到输出与输入的传递函数为

$$G(s)=\frac{X(s)}{F(s)}=\frac{1}{ms^2+(k_1+k_2)}$$

(2)见图 2.2.13(b)。忽略重力，设中间变量(质量 m_1 的位移量)为 y_x，则弹簧 1 的位移为 y_x-y_i，弹簧 2 的位移为 y_x-y_o，应用牛顿第二定律 $ma=\sum F$，可写出运动平衡方程。

对于质量 m_1，有

$$m_1\ddot{y}_x=-k_1(y_x-y_i)-k_2(y_x-y_o)$$

对于质量 m_2，有

$$m_2\ddot{y}_o=-k_2(y_o-y_x)-f\dot{y}_o$$

化简消去中间变量 y_x，得到输入为位移 y_i，输出为质量 m_2 的位移 y_o 的微分方程为

$$m_1m_2\frac{d^4y_o}{dt^4}+m_1f\frac{d^3y_o}{dt^3}+[m_1k_2+m_2(k_1+k_2)]\frac{d^2y_o}{dt^2}+f(k_1+k_2)\frac{dy_o}{dt}+$$

$$[k_2(k_1+k_2)-k_2^2]y_o = k_1k_2y_i$$

其传递函数为

$$G(s)=\frac{k_1k_2}{m_1m_2s^4+m_1fs^3+[m_1k_2+m_2(k_1+k_2)]s^2+f(k_1+k_2)s+k_1k_2}$$

2.2.9　画出如图 2.2.14 所示的电网络结构图，并化简求取传递函数。

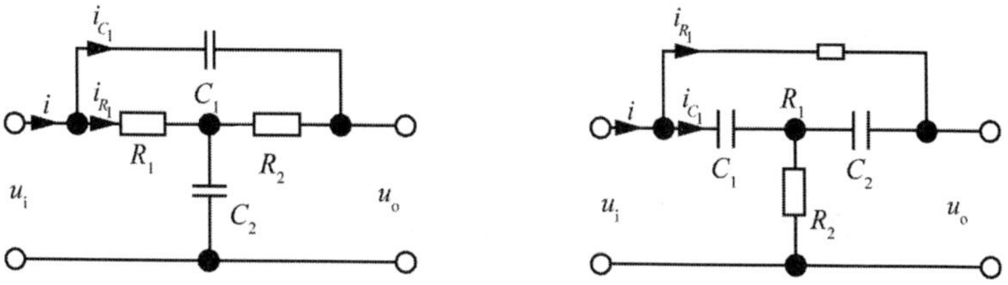

(a) 网络1　　(b) 网络2

图 2.2.14　双 T 网络(2.2.9)

解　(1)见图 2.2.14(a)。设电容 C_2 的电位为 u_x，根据基尔霍夫定律得到如下算子方程组

$$\frac{u_i-u_o}{\frac{1}{C_1s}}=i_{C_1}$$

$$\frac{u_i-u_x}{R_1}=i_{R_1}$$

$$i_{C_1}+i_{R_1}=i$$

$$\frac{1}{C_2s}i=u_x$$

$$u_x+R_2i_{C_1}=u_o$$

依照方程组的变量关系得到结构图，如图 2.2.15 所示。

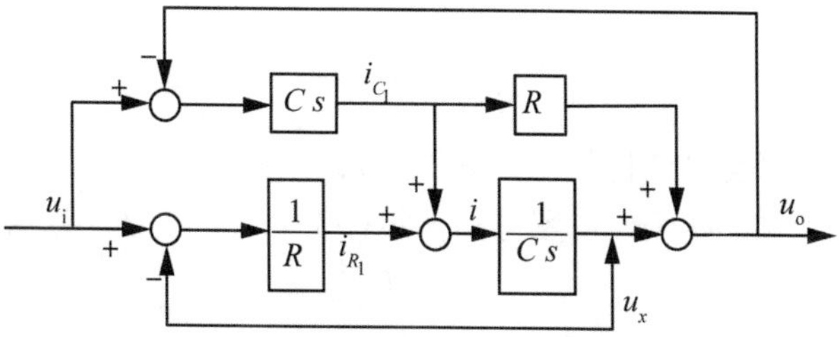

图 2.2.15　系统结构图(2.2.9－1)

由梅森公式化简该结构图，由图可见，共有 3 个前向通路，它们分别为

$$p_1=R_2C_1s\ ,\ p_2=\frac{C_1}{C_2}\ ,\ p_3=\frac{1}{R_1C_2s}$$

共有 3 个独立回路，它们分别为

$$L_1 = -R_2C_1s\ ,\ L_2 = -\frac{C_1}{C_2}\ ,\ L_3 = -\frac{1}{R_1C_2s}$$

不相接触回路为

$$L_1L_3 = \frac{R_2C_1}{R_1C_2}$$

梅森公式的特征式为

$$\Delta = 1-(L_1+L_2+L_3)+L_1L_3 = 1+R_2C_1s+\frac{C_1}{C_2}+\frac{1}{R_1C_2s}+\frac{R_2C_1}{R_1C_2}$$

其余子式为

$$\Delta_1 = 1-L_3 = 1+\frac{1}{R_1C_2s}\ ,\ \Delta_2 = 1\ ,\ \Delta_3 = 1$$

传递函数为

$$G(s) = \frac{p_1\Delta_1+p_2\Delta_2+p_3\Delta_3}{\Delta} = \frac{R_2C_1s\left(1+\frac{1}{R_1C_2s}\right)+\frac{C_1}{C_2}+\frac{1}{R_1C_2s}}{1+R_2C_1s+\frac{C_1}{C_2}+\frac{1}{R_1C_2s}+\frac{R_2C_1}{R_1C_2}}$$

$$= \frac{R_1R_2C_1C_2s^2+(R_1C_1+R_2C_1)s+1}{R_1R_2C_1C_2s^2+(R_1C_1+R_1C_2+R_2C_1)s+1}$$

(2)见图 2.2.14(b)。设电阻 R_2的电位为 u_x，根据基尔霍夫定律得到如下算子方程组

$$\frac{u_i-u_o}{R_1} = i_{R_1}$$

$$\frac{u_i-u_x}{\frac{1}{C_1s}} = i_{C_1}$$

$$i_{R_1}+i_{C_1} = i$$

$$R_2i = u_x$$

$$u_x+\frac{1}{C_2s}i_{R_1} = u_o$$

依照方程组的变量关系得到结构图，如图 2.2.16 所示。

由梅森公式化简该结构图，由图可知，共有 3 个前向通路，分别为

$$p_1 = \frac{1}{R_1C_2s}\ ,\ p_2 = \frac{R_2}{R_1}\ ,\ p_3 = R_2C_1s$$

共有 3 个独立回路，分别为

$$L_1 = -\frac{1}{R_1C_2s}\ ,\ L_2 = -\frac{R_2}{R_1}\ ,\ L_3 = -R_2C_1s$$

不相接触回路为

$$L_1L_3 = \frac{R_2C_1}{R_1C_2}$$

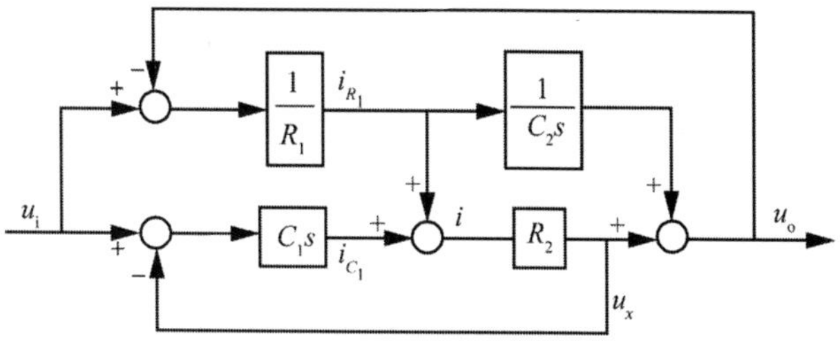

图 2.2.16　系统结构图(2.2.9－2)

特征式为

$$\Delta = 1 - (L_1 + L_2 + L_3) + L_1 L_3 = 1 + \frac{1}{R_1 C_2 s} + \frac{R_2}{R_1} + R_2 C_1 s + \frac{R_2 C_1}{R_1 C_2}$$

其余子式为

$$\Delta_1 = 1 - L_3 = 1 + R_2 C_1 s,\ \Delta_2 = 1,\ \Delta_3 = 1$$

传递函数为

$$G(s) = \frac{p_1\Delta_1 + p_2\Delta_2 + p_3\Delta_3}{\Delta} = \frac{\frac{1}{R_1 C_2 s}(1 + R_2 C_1 s) + \frac{R_2}{R_1} + R_2 C_1 s}{1 + \frac{1}{R_1 C_2 s} + \frac{R_2}{R_1} + R_2 C_1 s + \frac{R_2 C_1}{R_1 C_2}}$$

$$= \frac{R_1 R_2 C_1 C_2 s^2 + (R_2 C_1 + R_2 C_2)s + 1}{R_1 R_2 C_1 C_2 s^2 + (R_1 C_2 + R_2 C_2 + R_2 C_1)s + 1}$$

2.2.10　已知陀螺动力学系统的结构图如图 2.2.17 所示，试分别求取传递函数 $\frac{C_1(s)}{R_1(s)}$，$\frac{C_1(s)}{R_2(s)}$，$\frac{C_2(s)}{R_1(s)}$ 及 $\frac{C_2(s)}{R_2(s)}$。

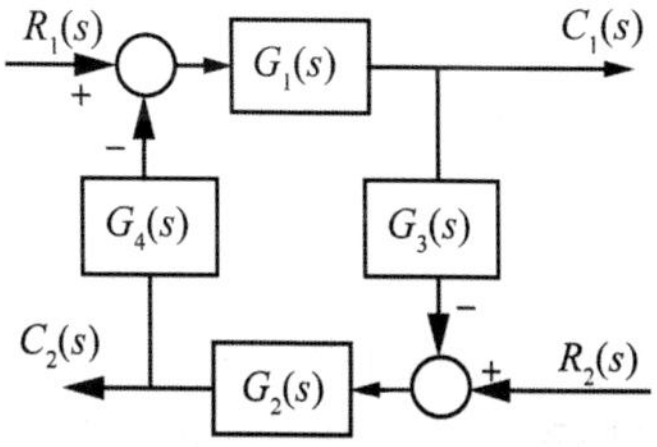

图 2.2.17　系统结构图(2.2.10)

解　求 $\frac{C_1(s)}{R_1(s)}$。令 $R_2 = 0$，前向通路传递函数为 $G_1(s)$，反馈回路传递函数为 $G_2(s)G_3(s)G_4(s)$，正反馈。根据回路化简法则，得

$$\frac{C_1(s)}{R_1(s)} = \frac{G_1(s)}{1 - G_1(s)G_2(s)G_3(s)G_4(s)}$$

求 $\frac{C_1(s)}{R_2(s)}$。令 $R_1 = 0$，前向通路传递函数为 $-G_2(s)G_4(s)G_1(s)$，反馈回路传递函数为 $G_3(s)$，负反馈。根据回路化简法则，得

$$\frac{C_1(s)}{R_2(s)} = \frac{-G_1(s)G_2(s)G_4(s)}{1 + [-G_1(s)G_2(s)G_3(s)G_4(s)]} = \frac{-G_1(s)G_2(s)G_4(s)}{1 - G_1(s)G_2(s)G_3(s)G_4(s)}$$

求 $\frac{C_2(s)}{R_1(s)}$。令 $R_2 = 0$，前向通路传递函数为 $-G_1(s)G_3(s)G_2(s)$，反馈回路传递函数为 $G_4(s)$，负反馈。根据回路化简法则，得

$$\frac{C_2(s)}{R_1(s)}=\frac{-G_1(s)G_2(s)G_3(s)}{1+[-G_1(s)G_2(s)G_3(s)G_4(s)]}=\frac{-G_1(s)G_2(s)G_3(s)}{1-G_1(s)G_2(s)G_3(s)G_4(s)}$$

求 $\frac{C_2(s)}{R_2(s)}$。令 $R_1=0$，前向通路传递函数为 $G_2(s)$，反馈回路传递函数为 $G_4(s)G_1(s)G_3(s)$，正反馈。根据回路化简法则，得

$$\frac{C_2(s)}{R_2(s)}=\frac{G_2(s)}{1-G_1(s)G_2(s)G_3(s)G_4(s)}$$

2.2.11 如图2.2.18所示的力学测量系统原理，在满足相应要求的条件下，不仅可以用于地震测量，也可以用于测量物体的加速度，位移量 $y(t)$ 和 $y_0(t)$ 均为相对于惯性空间的位移。

(1)试写出以 $y(t)$ 为输出量，以 $y_0(t)$ 为输入量的传递函数；

(2)试写出用于地震测量的传递函数；

(3)试写出用于加速度测量的传递函数。

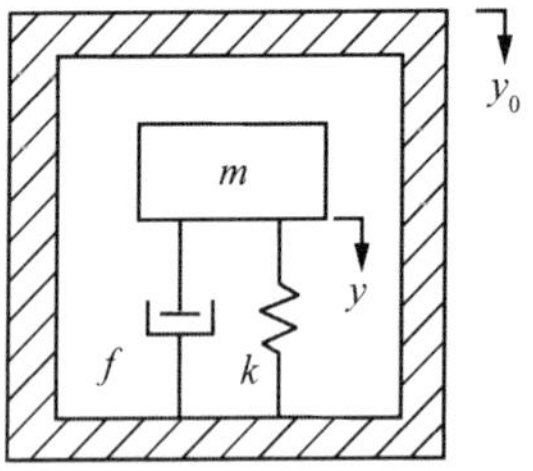

图2.2.18 力学测量原理(2.2.11)

解 (1)忽略重力，质量 m 的位移为 $y-y_0$，弹簧的弹力与位移成正比，阻尼器的阻力与速度成正比。应用牛顿第二定律 $ma=\sum F$，写出运动平衡方程为

$$m\frac{d^2y}{dt^2}=-k(y-y_0)-f(\frac{dy}{dt}-\frac{dy_0}{dt})$$

即

$$m\frac{d^2y}{dt^2}+f\frac{dy}{dt}+ky=ky_0+f\frac{dy_0}{dt}$$

方程两边取拉普拉斯变换，得到输出与输入的传递函数为

$$G(s)=\frac{Y(s)}{Y_0(s)}=\frac{fs+k}{ms^2+fs+k}$$

(2)由于位移量 $y(t)$ 和 $y_0(t)$ 均为相对于惯性空间的位移，可测量为 $y_k=y-y_0$，即质量 m 相对于壳体的位移，则有 $y=y_k+y_0$，代入基本方程有

$$m(\frac{d^2y_k}{dt^2}+\frac{d^2y_0}{dt^2})=-ky_k-f\frac{dy_k}{dt}$$

整理，得

$$m\frac{d^2y_k}{dt^2}+f\frac{dy_k}{dt}+ky_k=-m\frac{d^2y_0}{dt^2}$$

相应传递函数为

$$G(s)=\frac{Y_k(s)}{Y_0(s)}=-\frac{s^2}{s^2+\frac{f}{m}s+\frac{k}{m}}$$

即可用于地震测量，一般质量 m 做得较大。

(3)由于壳体的位移为 y_0，其加速度为 $\frac{d^2y_0}{dt^2}$，拉普拉斯变换为 $s^2Y_0(s)$，则有可测量与加速度的传递关系为

$$G(s)=\frac{Y_k(s)}{s^2Y_0(s)}=-\frac{1}{s^2+\frac{f}{m}s+\frac{k}{m}}$$

即可用于加速度测量，一般质量 m 做得较小。

2.2.12　惯性导航装置中的地垂线跟踪系统结构图如图 2.2.19 所示，试求出其传递函数。

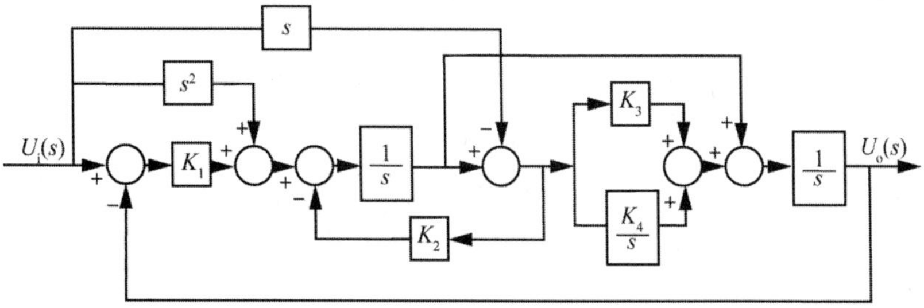

图 2.2.19　地垂线跟踪系统结构图(2.2.12)

解　将结构图中的并联支路作一次化简，如图 2.2.20 所示。

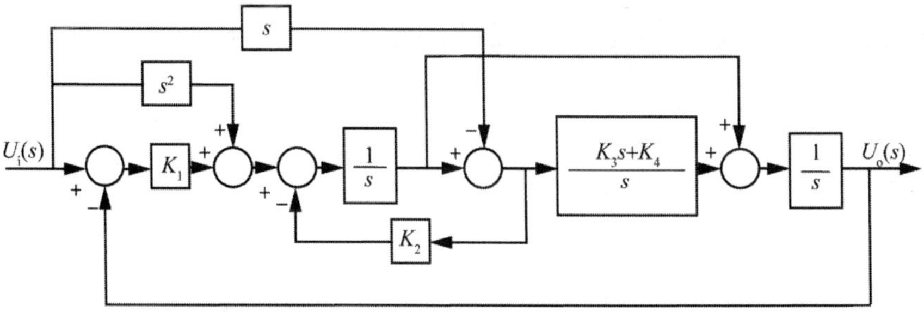

图 2.2.20　一次化简结构图(2.2.12)

应用梅森公式求解，由图 2.2.20 可见，前向通路共有 6 个，分别为

$$p_1=(-s)\left(\frac{K_3s+K_4}{s}\right)\left(\frac{1}{s}\right)=-\frac{K_3s+K_4}{s}$$

$$p_2=(s^2)\left(\frac{1}{s}\right)\left(\frac{K_3s+K_4}{s}\right)\left(\frac{1}{s}\right)=\frac{K_3s+K_4}{s}$$

$$p_3=(s^2)\left(\frac{1}{s}\right)\left(\frac{1}{s}\right)=1$$

$$p_4=(K_1)\left(\frac{1}{s}\right)\left(\frac{1}{s}\right)=\frac{K_1}{s^2}$$

$$p_5=(K_1)\left(\frac{1}{s}\right)\left(\frac{K_3s+K_4}{s}\right)\left(\frac{1}{s}\right)=\frac{K_1(K_3s+K_4)}{s^3}$$

$$p_6 = (-s)(-K_2)(\frac{1}{s})(\frac{1}{s}) = \frac{K_2}{s}$$

闭合回路共有3个，分别为

$$L_1 = -(K_2)(\frac{1}{s}) = -\frac{K_2}{s}$$

$$L_2 = -(K_1)(\frac{1}{s})(\frac{K_3 s + K_4}{s})(\frac{1}{s}) = -\frac{K_1(K_3 s + K_4)}{s^3}$$

$$L_3 = -(K_1)(\frac{1}{s})(\frac{1}{s}) = -\frac{K_1}{s^2}$$

没有互不接触回路，且各回路都与各前向通路相接触，故由梅森公式写出的传递函数为

$$G(s) = \frac{p_1 + p_2 + p_3 + p_4 + p_5 + p_6}{1 - (L_1 + L_2 + L_3)}$$

$$= \frac{-\frac{K_3 s + K_4}{s} + \frac{K_3 s + K_4}{s} + 1 + \frac{K_1}{s^2} + \frac{K_1(K_3 s + K_4)}{s^3} + \frac{K_2}{s}}{1 + \frac{K_2}{s} + \frac{K_1(K_3 s + K_4)}{s^3} + \frac{K_1}{s^2}} = 1$$

2.2.13 分别用等价变换法与梅森公式法化简如图2.2.21所示的各系统的结构图。

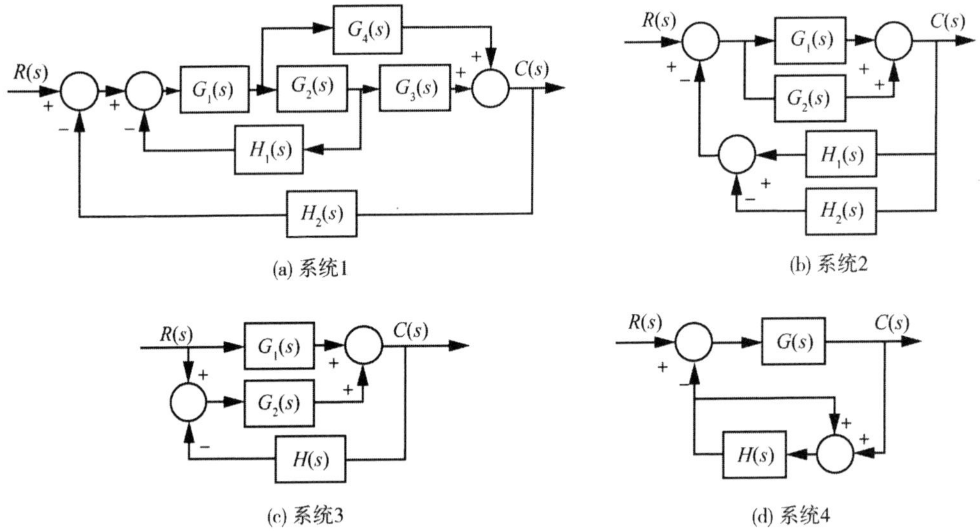

图2.2.21 系统结构图(2.2.13)

解 (1)见图2.2.21(a)。方法1，等价变换法：

向右移出环节 $G_4(s)$ 的分支点，如图2.2.22所示。

前向通路可以化简为

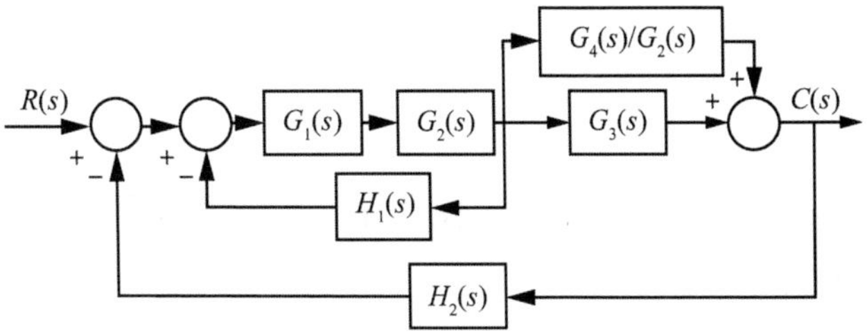

图 2.2.22　分支点右移(2.2.13)

$$G_o(s) = \frac{G_1(s)}{1 + H_1(s)G_1(s)G_2(s)}[G_4(s) + G_2(s)G_3(s)]$$

则系统闭环传递函数为

$$\begin{aligned} G(s) &= \frac{G_o(s)}{1 + H_2(s)G_o(s)} \\ &= \frac{G_1(s)G_4(s) + G_1(s)G_2(s)G_3(s)}{1 + G_1(s)G_2(s)H_1(s) + G_1(s)G_4(s)H_2(s) + G_1(s)G_2(s)G_3(s)H_2(s)} \end{aligned}$$

方法 2，梅森公式法：

前向通路有 2 个，即

$$p_1 = G_1(s)G_4(s)\ ,\ p_2 = G_1(s)G_2(s)G_3(s)$$

独立回路有 3 个，即

$$L_1 = -G_1(s)G_2(s)H_1(s)$$

$$L_2 = -G_1(s)G_2(s)G_3(s)H_2(s)$$

$$L_3 = -G_1(s)G_4(s)H_2(s)$$

没有互不接触回路。

其特征式为

$$\begin{aligned} \Delta &= 1 - (L_1 + L_2 + L_3) \\ &= 1 + G_1(s)G_2(s)H_1(s) + G_1(s)G_2(s)G_3(s)H_2(s) + G_1(s)G_4(s)H_2(s) \end{aligned}$$

其余子式为

$$\Delta_1 = 1,\ \Delta_2 = 1$$

传递函数为

$$\begin{aligned} G(s) &= \frac{p_1\Delta_1 + p_2\Delta_2}{\Delta} \\ &= \frac{G_1(s)G_4(s) + G_1(s)G_2(s)G_3(s)}{1 + G_1(s)G_2(s)H_1(s) + G_1(s)G_4(s)H_2(s) + G_1(s)G_2(s)G_3(s)H_2(s)} \end{aligned}$$

(2)见图 2.2.21(b)。方法 1，等价变换法：

化简前向通路与反馈通路。前向通路为环节并联，即

$$G_o(s) = G_1(s) + G_2(s)$$

反馈通路也为环节并联，即

$$H(s)=H_1(s)-H_2(s)$$

闭环传递函数为

$$G(s)=\frac{G_o(s)}{1+G_o(s)H(s)}=\frac{G_1(s)+G_2(s)}{1+[G_1(s)+G_2(s)][H_1(s)-H_2(s)]}$$

方法2，梅森公式法：

前向通路有2个，即

$$p_1=G_1(s),p_2=G_2(s)$$

独立回路有4个，即

$$L_1=-G_1(s)H_1(s),L_2=-G_2(s)H_1(s)$$
$$L_3=G_1(s)H_2(s),L_4=G_2(s)H_2(s)$$

特征式为

$$\begin{aligned}\Delta&=1-(L_1+L_2+L_3+L_4)\\&=1+G_1(s)H_1(s)+G_2(s)H_1(s)-G_1(s)H_2(s)-G_2(s)H_2(s)\end{aligned}$$

其余子式为

$$\Delta_1=1,\ \Delta_2=1$$

传递函数为

$$\begin{aligned}G(s)&=\frac{p_1\Delta_1+p_2\Delta_2}{\Delta}\\&=\frac{G_1(s)+G_2(s)}{1+G_1(s)H_1(s)+G_2(s)H_1(s)-G_1(s)H_2(s)-G_2(s)H_2(s)}\end{aligned}$$

(3)见图2.2.21(c)。方法1，等价变换法：

相加点右移，如图2.2.23所示。

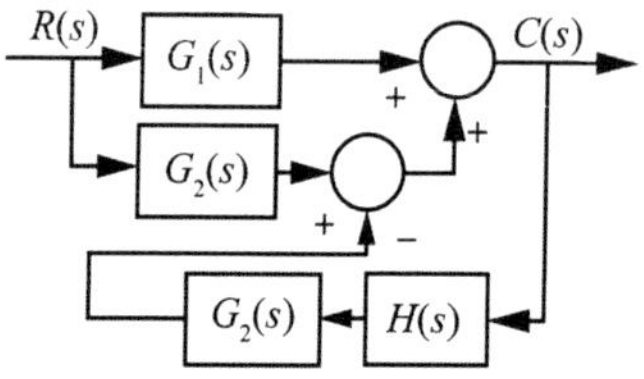

图2.2.23　相加点右移(2.2.13)

相加点互换，如图2.2.24所示。

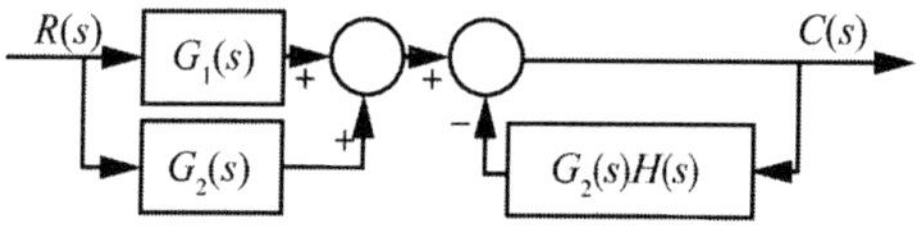

图2.2.24　相加点互换(2.2.13)

环节并联化简与回路化简，如图2.2.25所示。

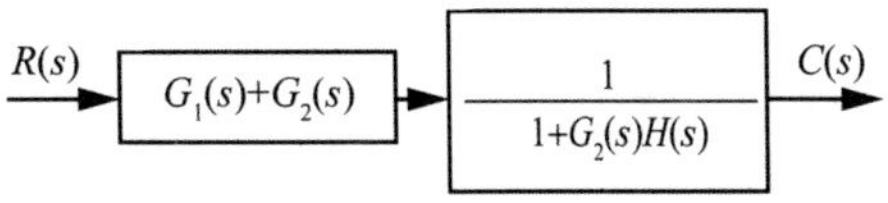

图 2. 2. 25　并联化简与回路化简(2. 2. 13)

传递函数为

$$G(s)=\frac{G_1(s)+G_2(s)}{1+G_2(s)H(s)}$$

方法 2，梅森公式法：

前向通路有 2 个，即

$$p_1=G_1(s),p_2=G_2(s)$$

独立回路有 1 个，即

$$L=-G_2(s)H(s)$$

特征式为

$$\Delta=1-L=1+G_2(s)H(s)$$

其余子式为

$$\Delta_1=1,\ \Delta_2=1$$

传递函数为

$$G(s)=\frac{p_1\Delta_1+p_2\Delta_2}{\Delta}=\frac{G_1(s)+G_2(s)}{1+G_2(s)H(s)}$$

(4) 见图 2. 2. 21(b)。方法 1，等效变换法：

化简反馈通路，如图 2. 2. 26 所示。

因此，传递函数为

$$G_c(s)=\frac{G(s)}{1+G(s)\dfrac{H(s)}{1-H(s)}}=\frac{G(s)[1-H(s)]}{1+G(s)H(s)-H(s)}$$

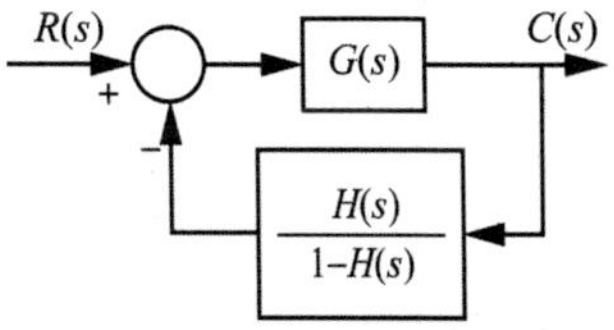

图 2. 2. 26　反馈通路化简(2. 2. 13)

方法 2，梅森公式法：

前向通路有 1 个，即

$$p=G(s)$$

独立回路有 2 个，即

$$L_1=-G(s)H(s),L_2=H(s)$$

特征式为

$$\Delta=1-L_1-L_2=1+G(s)H(s)-H(s)$$

前向通路与 L_2 无公共部分，因此余子式为

$$\Delta=1-H(s)$$

所以传递函数为

$$G(s)=\frac{p\Delta}{\Delta}=\frac{G(s)[1-H(s)]}{1+G(s)H(s)-H(s)}$$

2.2.14 已知系统结构图如图 2.2.27 所示，试用梅森公式法求传递函数。

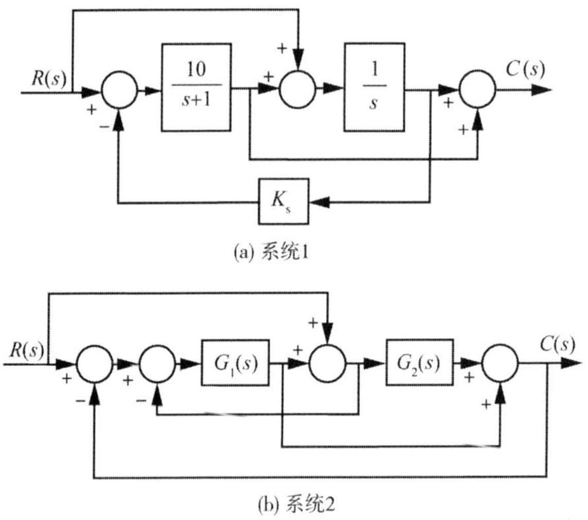

图 2.2.27 系统结构图(2.2.14)

解 (1)见图 2.2.27(a)。应用梅森公式求解

前向通路共有 4 个，即

$$p_1 = \frac{1}{s},\ p_2 = \frac{10}{s+1}\cdot\frac{1}{s} = \frac{10}{s(s+1)}$$

$$p_3 = \frac{10}{s+1},\ p_4 = \frac{1}{s}\cdot(-K_s)\cdot\frac{10}{s+1} = \frac{-10K_s}{s(s+1)}$$

独立回路有 1 个，即

$$L = -\frac{10}{s+1}\cdot\frac{1}{s}\cdot K_s = \frac{-10K_s}{s(s+1)}$$

特征式为

$$\Delta = 1 - L$$

其余子式为

$$\Delta_1 = \Delta_2 = \Delta_3 = \Delta_4 = 1$$

传递函数为

$$G(s) = \frac{p_1\Delta_1 + p_2\Delta_2 + p_3\Delta_3 + p_4\Delta_4}{1-L} = \frac{\frac{1}{s} + \frac{10}{s(s+1)} + \frac{10}{s+1} - \frac{10K_s}{s(s+1)}}{1 + \frac{10K_s}{s(s+1)}}$$

$$= \frac{11s + 11 - 10K_s}{s^2 + s + 10K_s}$$

(2)见图 2.2.27(b)。应用梅森公式求解

前向通路共有 4 个，即

$$p_1 = G_2(s),\ p_2 = G_1(s)G_2(s)$$

$$p_3 = G_1(s),\ p_4 = -G_1(s)$$

独立回路有 3 个，即

$$L_1 = -G_1(s)$$
$$L_2 = -G_1(s)G_2(s)$$
$$L_3 = -G_1(s)$$

特征式为

$$\Delta = 1-(L_1+L_2+L_3) = 1+G_1(s)+G_1(s)G_2(s)+G_1(s)$$

其余子式为

$$\Delta_1 = 1,\quad \Delta_2 = 1,\quad \Delta_3 = 1,\quad \Delta_4 = 1$$

因此，传递函数为

$$G(s) = \frac{p_1\Delta_1+p_2\Delta_2+p_3\Delta_3+p_4\Delta_4}{\Delta}$$
$$= \frac{G_2(s)+G_1(s)G_2(s)+G_1(s)-G_1(s)}{1+G_1(s)+G_1(s)G_2(s)+G_1(s)} = \frac{G_2(s)+G_1(s)G_2(s)}{1+2G_1(s)+G_1(s)G_2(s)}$$

2.2.15　写出图 2.2.28 所示系统的输出表达式 $C(s)$。

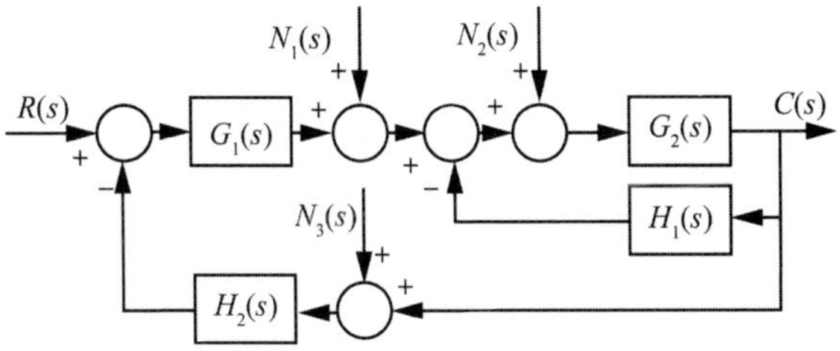

图 2.2.28　系统结构图(2.2.15)

解　图 2.2.28 所示系统为多信号线性输入系统，可以应用叠加原理得到系统的输出。系统的输出为

$$C(s) = C_R(s)+C_{N_1}(s)+C_{N_2}(s)+C_{N_3}(s)$$

令 $N_1(s) = N_2(s) = N_3(s) = 0$，则传递函数为

$$G_R(s) = \frac{C(s)}{R(s)} = \frac{G_1(s)\cdot\dfrac{G_2(s)}{1+H_1(s)G_2(s)}}{1+H_2(s)\cdot G_1(s)\cdot\dfrac{G_2(s)}{1+H_1(s)G_2(s)}}$$
$$= \frac{G_1(s)G_2(s)}{1+G_2(s)H_1(s)+G_1(s)G_2(s)H_2(s)}$$

输出分量为

$$C_R(s) = G_R(s)\Bigg|_{\substack{N_1(s)=0\\N_2(s)=0\\N_3(s)=0}}\cdot R(s) = \frac{G_1(s)G_2(s)}{1+G_2(s)H_1(s)+G_1(s)G_2(s)H_2(s)}\cdot R(s)$$

令 $N_2(s) = N_3(s) = R(s) = 0$，则传递函数为

$$G_{N_1}(s) = \frac{C(s)}{N_1(s)} = \frac{\dfrac{G_2(s)}{1 + H_1(s)G_2(s)}}{1 + G_1(s)H_2(s)\dfrac{G_2(s)}{1 + H_1(s)G_2(s)}}$$

$$= \frac{G_2(s)}{1 + G_2(s)H_1(s) + G_1(s)G_2(s)H_2(s)}$$

输出分量为

$$C_{N_1}(s) = G_{N_1}(s)\Bigg|_{\substack{R(s)=0\\N_2(s)=0\\N_3(s)=0}} \cdot N_1(s) = \frac{G_2(s)}{1 + G_2(s)H_1(s) + G_1(s)G_2(s)H_2(s)} \cdot N_1(s)$$

令 $N_1(s) = N_3(s) = R(s) = 0$，则传递函数为

$$G_{N_2}(s) = \frac{G(s)}{N_2(s)} = \frac{G_2(s)}{1 + G_2(s)[H_1(s) + G_1(s)H_2(s)]}$$

$$= \frac{G_2(s)}{1 + G_2(s)H_1(s) + G_1(s)G_2(s)H_2(s)}$$

输出分量为

$$C_{N_2}(s) = G_{N_2}(s)\Bigg|_{\substack{R(s)=0\\N_1(s)=0\\N_3(s)=0}} \cdot N_2(s) = \frac{G_2(s)}{1 + G_2(s)H_1(s) + G_1(s)G_2(s)H_2(s)} \cdot N_2(s)$$

令 $N_1(s) = N_2(s) = R(s) = 0$，则传递函数为

$$G_{N_3}(s) = \frac{C(s)}{N_3(s)} = \frac{-G_1(s)H_2(s) \cdot \dfrac{G_2(s)}{1 + H_1(s)G_2(s)}}{1 - \left[-G_1(s)H_2(s) \cdot \dfrac{G_2(s)}{1 + H_1(s)G_2(s)}\right]}$$

$$= \frac{-G_1(s)G_2(s)H_2(s)}{1 + G_2(s)H_1(s) + G_1(s)G_2(s)H_2(s)}$$

输出分量为

$$C_{N_3}(s) = G_{N_3}(s)\Bigg|_{\substack{R(s)=0\\N_1(s)=0\\N_2(s)=0}} \cdot N_3(s) = \frac{-G_1(s)G_2(s)H_2(s)}{1 + G_2(s)H_1(s) + G_1(s)G_2(s)H_2(s)} \cdot N_3(s)$$

因此，系统在所有输入作用下的输出为

$$\begin{aligned} C(s) = {} & \frac{G_1(s)G_2(s)}{1 + G_2(s)H_1(s) + G_1(s)G_2(s)H_2(s)} \cdot R(s) + \\ & \frac{G_2(s)}{1 + G_2(s)H_1(s) + G_1(s)G_2(s)H_2(s)} \cdot N_1(s) + \\ & \frac{G_2(s)}{1 + G_2(s)H_1(s) + G_1(s)G_2(s)H_2(s)} \cdot N_2(s) - \\ & \frac{G_1(s)G_2(s)H_2(s)}{1 + G_2(s)H_1(s) + G_1(s)G_2(s)H_2(s)} \cdot N_3(s) \end{aligned}$$

2.2.16　已知系统的微分方程组描述如下，x_0 为输入，x_6 为输出，试画出结构图，并化简求传递函数。

$$x_0 - x_6 = x_1$$

$$x_1 - x_5 = x_2$$

$$x_1 - x_3 = x_4$$

$$2\frac{\mathrm{d}x_3}{\mathrm{d}t} + x_3 = x_2$$

$$0.5\frac{\mathrm{d}x_5}{\mathrm{d}t} + x_5 = x_4$$

$$x_3 + x_5 = x_6$$

解　步骤 1：将微分方程组取拉普拉斯变换，写为算子方程。

微分方程为

$$x_0 - x_6 = x_1$$

$$x_1 - x_5 = x_2$$

$$x_1 - x_3 = x_4$$

$$2\frac{\mathrm{d}x_3}{\mathrm{d}t} + x_3 = x_2$$

$$0.5\frac{\mathrm{d}x_5}{\mathrm{d}t} + x_5 = x_4$$

$$x_3 + x_5 = x_6$$

其对应的算子方程为

$$X_0(s) - X_6(s) = X_1(s)$$

$$X_1(s) - X_5(s) = X_2(s)$$

$$X_1(s) - X_3(s) = X_4(s)$$

$$X_3(s) = \frac{1}{2s+1}X_2(s)$$

$$X_5(s) = \frac{1}{0.5s+1}X_4(s)$$

$$X_3(s) + X_5(s) = X_6(s)$$

步骤 2：按照算子方程组的变量约束作出结构图，如图 2.2.29 所示。

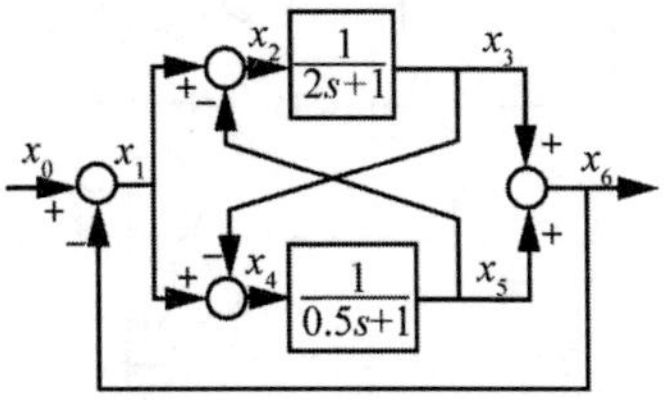

图 2.2.29　系统结构图(2.2.16 - 1)

步骤3：应用梅森公式化简 $x_1 \sim x_6$ 的前向通路。

前向通路共有4个，即

$$p_1 = \frac{1}{2s+1},\ p_2 = \frac{1}{0.5s+1}$$

$$p_3 = -\frac{1}{(2s+1)(0.5s+1)},\ p_4 = -\frac{1}{(0.5s+1)(2s+1)}$$

独立回路有1个，即

$$L = \frac{1}{(2s+1)(0.5s+1)}$$

特征式为

$$\Delta = 1 - L = 1 - \frac{1}{(2s+1)(0.5s+1)}$$

前向通路的传递函数为

$$G_o(s) = \frac{p_1\Delta_1 + p_2\Delta_2 + p_3\Delta_3 + p_4\Delta_4}{\Delta} = \frac{2.5}{s+2.5}$$

步骤4：系统的结构图可化简为如图2.2.30所示。

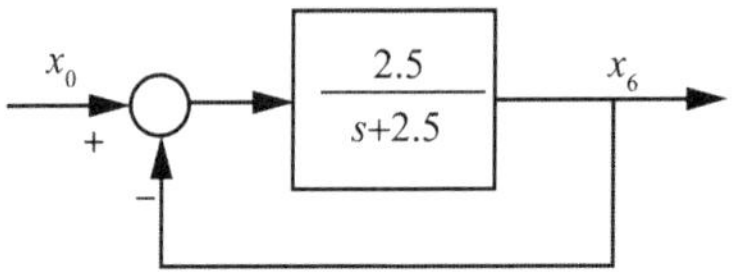

图2.2.30 系统结构图(2.2.16－2)

再作一次回路化简，得到

$$G(s) = \frac{G_o(s)}{1+G_o(s)} = \frac{\frac{2.5}{s+2.5}}{1+\frac{2.5}{s+2.5}} = \frac{2.5}{s+5}$$

2.2.17 已知系统在算子域的代数方程组描述如下，试画出系统的结构图，并化简求传递函数。

$$X_1(s) = G_1(s)R(s) - G_1(s)[G_7(s) - G_8(s)]C(s)$$

$$X_2(s) = G_2(s)[X_1(s) - G_6(s)X_3(s)]$$

$$X_3(s) = G_3(s)[X_2(s) - G_5(s)C(s)]$$

$$C(s) = G_4(s)X_3(s)$$

解 根据算子方程作结构图如图2.2.31所示。

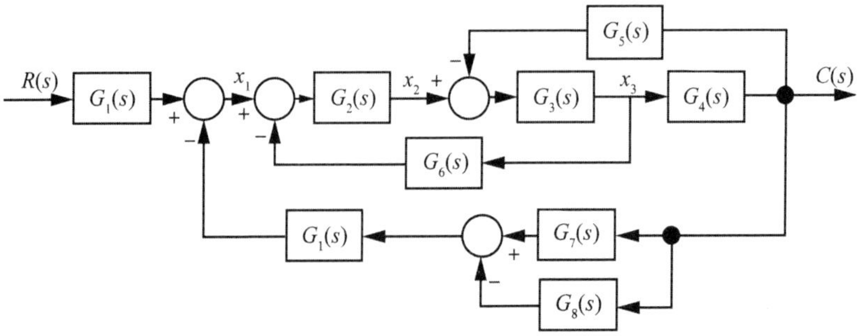

图2.2.31 系统结构图(2.2.17)

应用梅森公式计算传递函数。

前向通路有 1 个，即

$$p_1 = G_1(s)G_2(s)G_3(s)G_4(s)$$

独立回路有 3 个，即

$$L_1 = -G_2(s)G_3(s)G_6(s)$$

$$L_2 = -G_3(s)G_4(s)G_5(s)$$

$$L_3 = -G_1(s)G_2(s)G_3(s)G_4(s)[G_7(s) - G_8(s)]$$

特征式为

$$\Delta = 1 - L_1 - L_2 - L_3 = 1 + G_2(s)G_3(s)G_6(s) + G_3(s)G_4(s)G_5(s) + G_1(s)G_2(s)G_3(s)G_4(s)[G_7(s) - G_8(s)]$$

余子式为 $\Delta_1 = 1$

所以，传递函数为

$$G(s) = \frac{p_1\Delta_1}{1 - L_1 - L_2 - L_3} = \frac{G_1(s)G_2(s)G_3(s)G_4(s)}{1 + G_2(s)G_3(s)G_6(s) + G_3(s)G_4(s)G_5(s) + G_1(s)G_2(s)G_3(s)G_4(s)[G_7(s) - G_8(s)]}$$

2.3　第 2 章扩充习题

2.3.1　已知无源电网络如图 2.3.1 所示，输入为 $u_i(t)$，输出为 $u_o(t)$，试写出微分方程。

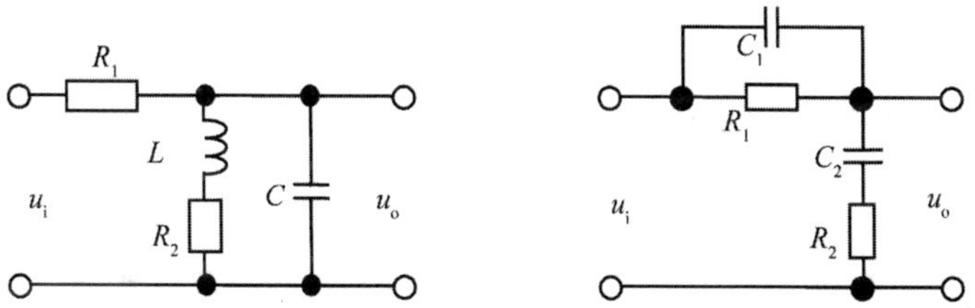

(a) 网络1　　(b) 网络2

图 2.3.1　无源电网络(2.3.1)

2.3.2　已知某二阶非线性系统的微分方程为

$$\ddot{x} - (a - bx^2)\dot{x} + cx + dx^2 = 0$$

其中，a，b，c，d 分别是常系数，试写出该系统的线性化方程。

2.3.3　求下列时间函数 $f(t)$ 的拉普拉斯变换 $F(s)$，并注意两两之间的关系。

(1) $f(t) = \cos\omega t$　(2) $f(t) = e^{-at}\cos\omega t$

(3) $f(t) = \sin\omega t$　(4) $f(t) = \mathrm{sh}\,\omega t$，（提示：$\mathrm{sh}\,x = \dfrac{e^x - e^{-x}}{2}$）

(5) $f(t) = \mathrm{ch}\,\omega t$　(6) $f(t) = e^{-at}\mathrm{ch}\,\omega t$，（提示：$\mathrm{ch}\,x = \dfrac{e^x + e^{-x}}{2}$）

(7) $f(t)=t^2$　　(8) $f(t)=t^2e^{-3t}$

2.3.4　求出如图 2.3.2 所示时间信号 $f(t)$ 的拉普拉斯变换 $F(s)$。

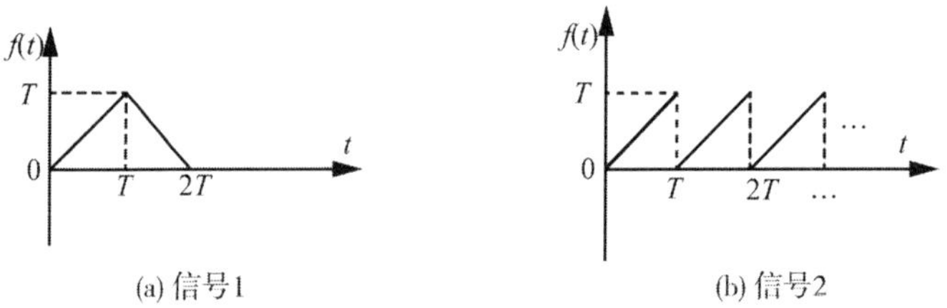

图 2.3.2　时间信号(2.3.4)

2.3.5　已知下列拉普拉斯变换 $F(s)$，求出时间表达式 $f(t)$。

(1) $F(s)=\dfrac{s^2+2s+1}{s(s+1)(s+2)}$

(2) $F(s)=\dfrac{s^2+4s+5}{s(s^2+2s+2)}$

(3) $F(s)=\dfrac{2s+4}{s^2+2s+0.75}$　（提示：$L[e^{-at}\text{sh}\,\omega t]=\dfrac{\omega}{(s+a)^2-\omega^2}$）

(4) $F(s)=\dfrac{1+e^{-s}}{s}$

2.3.6　用拉普拉斯变换法求解下式微分方程。

(1) $\ddot{y}+5\dot{y}+6y=0$，$y(0)=y_0$，$\dot{y}(0)=\dot{y}_0$

(2) $\ddot{y}+5\dot{y}+6y=u$，$u=e^{-t}$，$y(0)=0$，$\dot{y}(0)=0$

2.3.7　用运算放大器组成的有源电网络如图 2.3.3 所示，试作出该网络的结构图，并化简结构图得出传递函数。

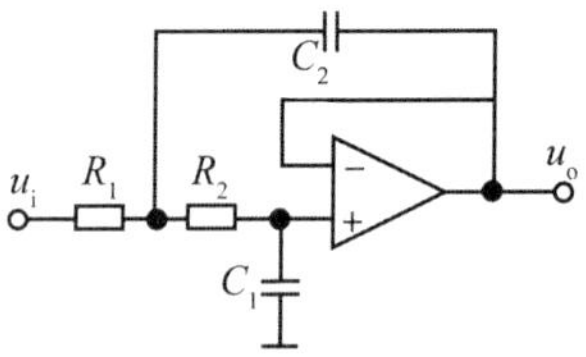

图 2.3.3　有源电网络(2.3.7)

2.3.8　力学系统如图 2.3.4 所示，试写出该系统的微分方程，并求传递函数。

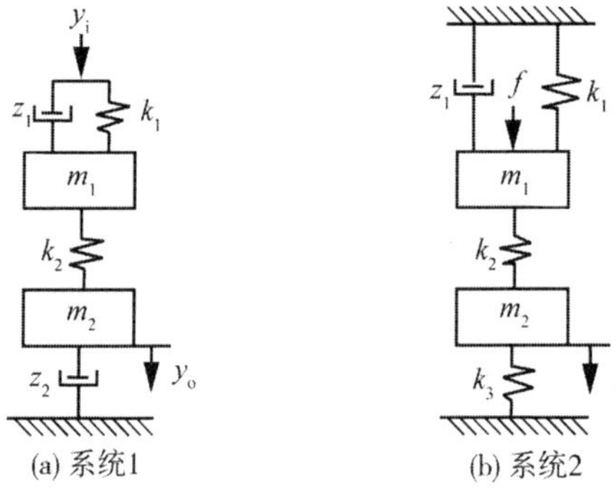

图 2.3.4　力学系统(2.3.8)

2.3.9　机动车减震系统如图 2.3.5 所示，试写出该系统的传递函数。

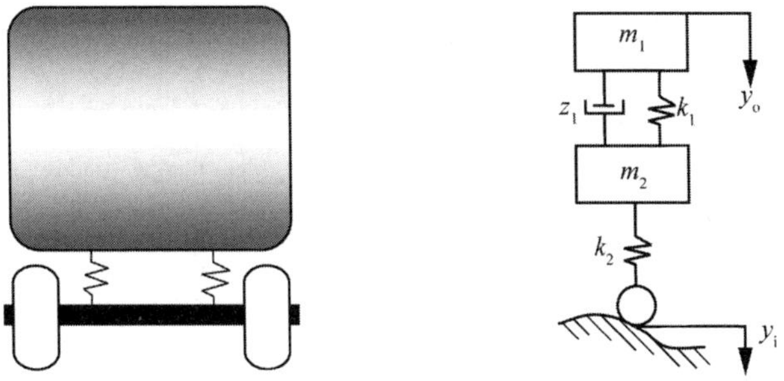

图 2. 3. 5　机动车减震系统(2. 3. 9)

2. 3. 10　试化简如图 2. 3. 6 所示的系统结构图。

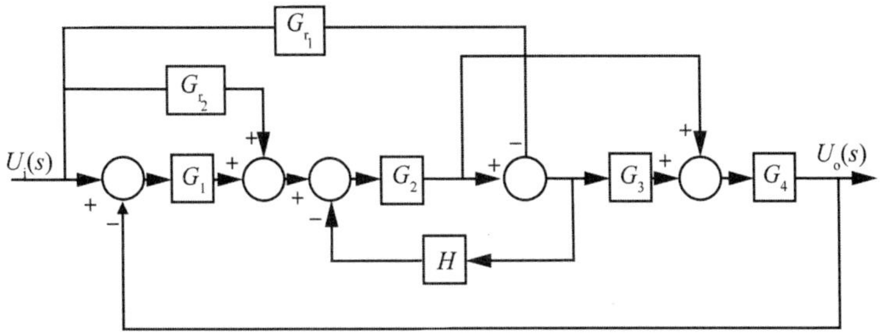

图 2. 3. 6　系统结构图(2. 3. 10)

2. 3. 11　试化简如图 2. 3. 7 所示系统的结构图。

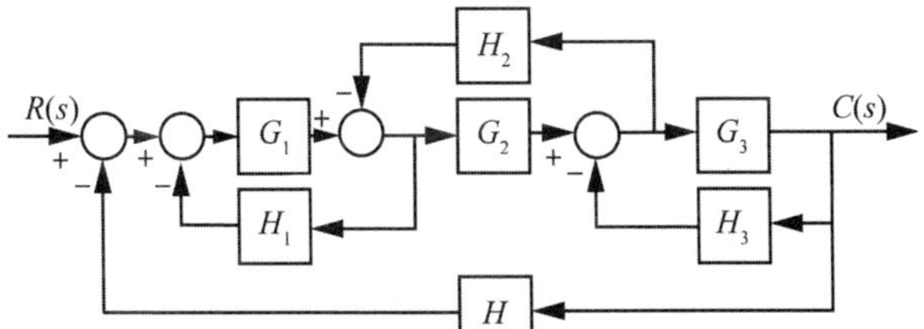

(a) 系统1

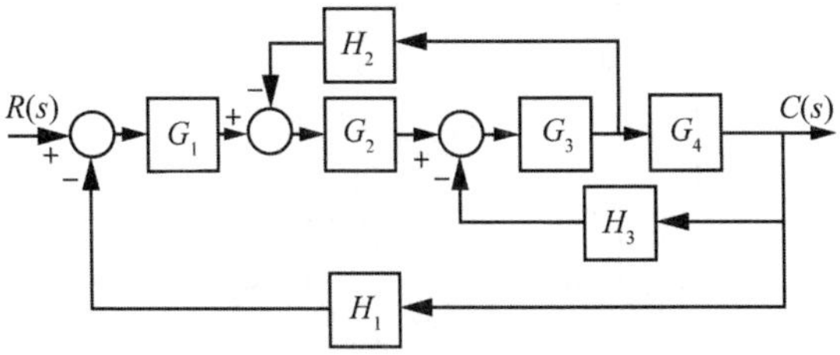

(b) 系统2

图 2. 3. 7　系统结构图(2. 3. 11)

2. 3. 12　已知系统结构图如图 2. 3. 8 所示，试用梅森公式法求其传递函数。

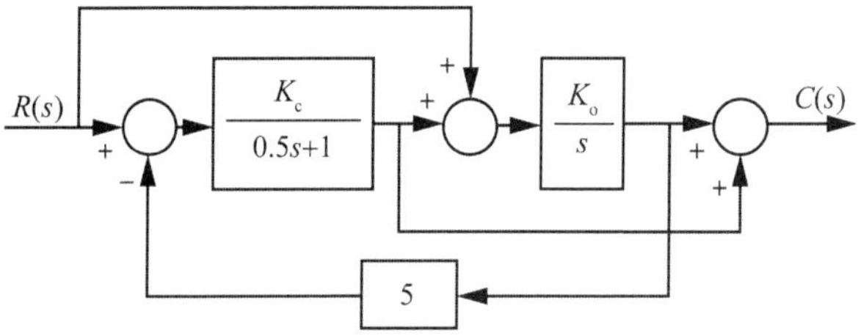

图 2.3.8　系统结构图(2.3.12)

2.3.13　已知系统微分方程组为

$$\dot{x}_1(t) = 5[x_0(t) - 0.2x_3(t) - x_4(t)]$$

$$x_2(t) = 0.5\dot{x}_0(t)$$

$$0.1\dot{x}_3(t) + x_3(t) = x_1(t) + x_2(t)$$

$$\dot{x}_4(t) = 10x_3(t)$$

试作出该系统的结构图，并求出系统的传递函数 $G(s) = x_4(s)/x_0(s)$ 。

2.3.14　已知内环耦合系统的结构图如图 2.3.9 所示，试确定该系统的传递函数。

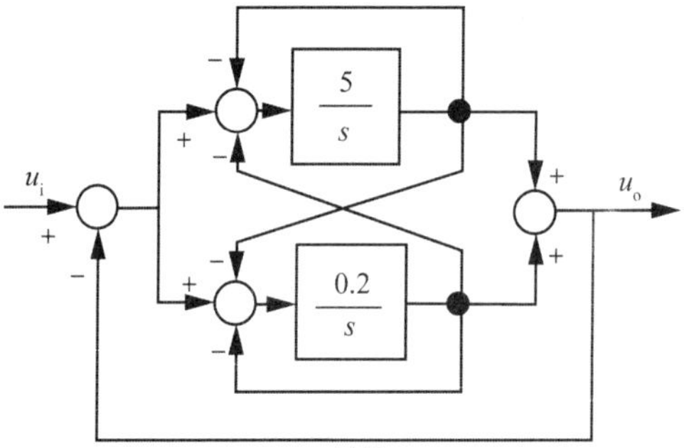

(a) 结构1

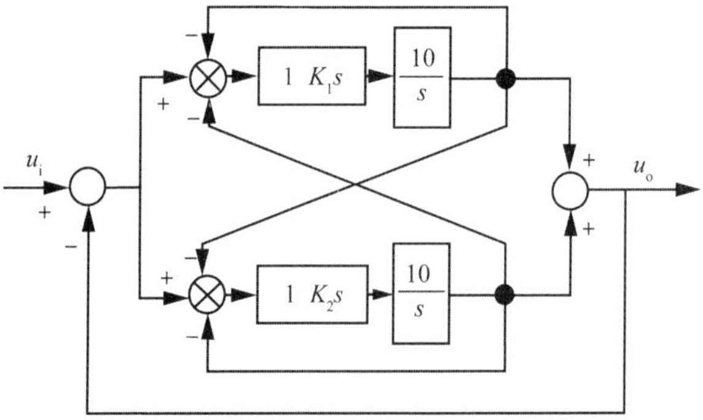

(b) 结构2

图 2.3.9　内环耦合系统的结构图(2.3.14)

2.3.15 已知飞机俯仰角控制系统的结构图如图 2.3.10 所示，试作结构图化简，并求传递函数 $\theta_o(s)/\theta_i(s)$ 。

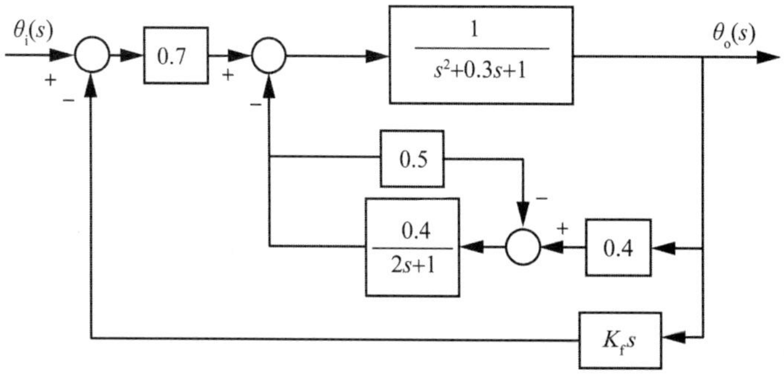

图 2.3.10 系统结构图(2.3.15)

2.4 第 2 章典型例题精讲

2.4.1 已知无源电网络如图 2.4.1 所示，其中 $R_1 = R_2 = 10\text{k}\Omega$, $C_1 = 10\mu\text{F}$, $C_2 = 20\mu\text{F}$ ，试推导该网络的传递函数 $U_o(s)/U_i(s)$ 。

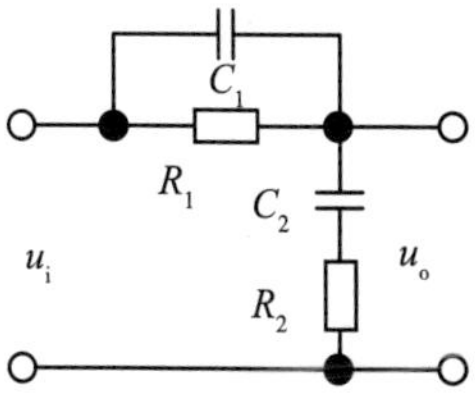

图 2.4.1 无源网络(2.4.1)

解 由复阻抗法得

$$U_o(s)/U_i(s) = \frac{R_2 + \dfrac{1}{C_2 s}}{\dfrac{R_1}{R_1 C_1 s + 1} + \left(R_2 + \dfrac{1}{C_2 s}\right)}$$

$$= \frac{R_1 R_2 C_1 C_2 s^2 + (R_1 C_1 + R_2 C_2)s + 1}{R_1 R_2 C_1 C_2 s^2 + (R_1 C_1 + R_2 C_2 + R_1 C_2)s + 1}$$

将 $R_1 = R_2 = 10\text{k}\Omega$, $C_1 = 10\mu\text{F}$, $C_2 = 20\mu\text{F}$ 代入，得

$$U_o(s)/U_i(s) = \frac{0.02s^2 + 0.3s + 1}{0.02s^2 + 0.5s + 1} = \frac{s^2 + 15s + 50}{s^2 + 25s + 50}$$

2.4.2 已知无源网络如图 2.4.2 所示，$u_i(t)$ 为输入，$u_o(t)$ 为输出，

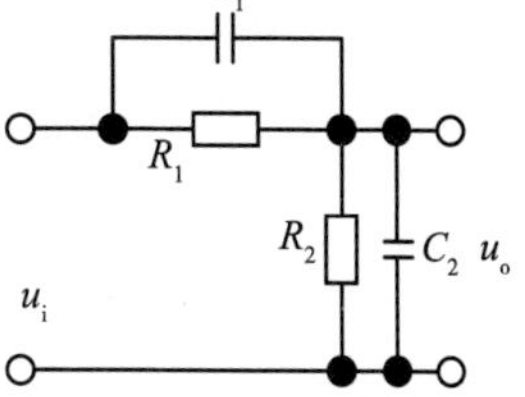

图 2.4.2 无源网络(2.4.2)

(1)试求该网络的传递函数 $G(s) = \dfrac{U_o(s)}{U_i(s)}$;

(2)求出网络具有超前特性时应满足的条件;

(3)作出网络具有超前特性时的对数幅频特性 $L(\omega)$ 及相频特性 $\varphi(\omega)$ 草图。

解 (1)由复阻抗法，得

$$Z_1=\frac{R_1}{sC_1R_1+1},\ Z_2=\frac{R_2}{sC_2R_2+1}$$

则传递函数为

$$G(s)=\frac{U_o(s)}{U_i(s)}=\frac{Z_2}{Z_1+Z_2}$$

则

$$G(s)=\frac{R_2}{R_1+R_2}\cdot\frac{R_1C_1s+1}{\frac{R_1R_2}{R_1+R_2}(C_1+C_2)s+1}$$

(2)网络具有超前特性时，有 $R_1C_1>\frac{R_1R_2}{R_1+R_2}(C_1+C_2)$ ，

(3)令 $T_1=R_1C_1$， $T_2=\frac{R_1R_2}{R_1+R_2}(C_1+C_2)$ ，作伯德图，如图 2.4.3 所示。

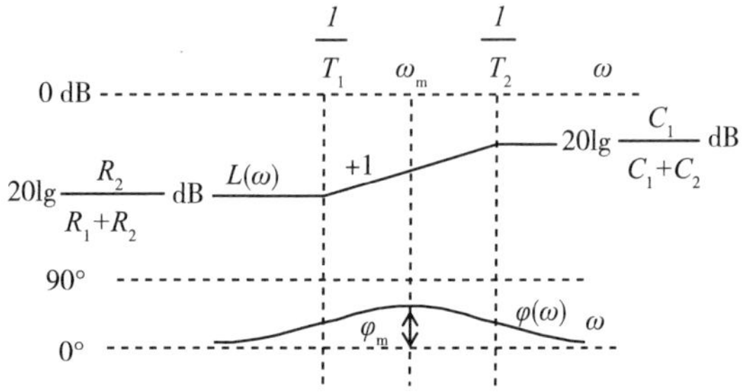

图 2.4.3　伯德图(2.4.2)

2.4.3　运算放大器电路如图 2.4.4 所示，其中

$C_1=C_2=10\mu F$, $R_1=R_2=R_3=R_4=R_5=R_6=100k\Omega$ ，试写出该网络的传递函数 $G(s)=U_o(s)/U_i(s)$ 。

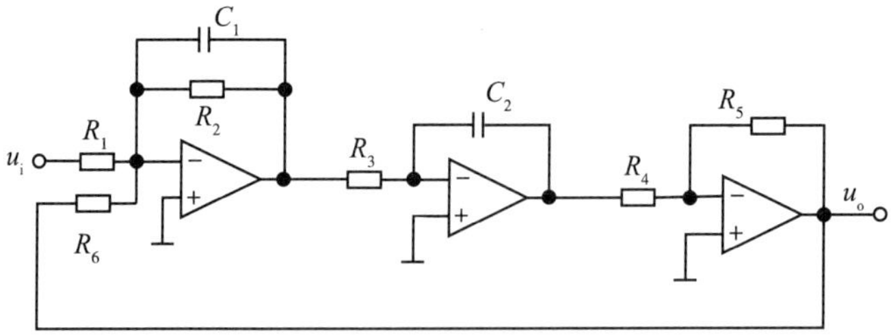

图 2.4.4　运算放大器电路(2.4.3)

解　设第一个放大器的输出为 u_{o1} ，第二个放大器的输出为 u_{o2} ，则由复阻抗法得

$$Z=\frac{1}{sC_1+\frac{1}{R_2}}=\frac{R_2}{sR_2C_1+1}=\frac{10^5}{s+1}$$

$$\frac{U_i}{R_1}+\frac{U_o}{R_6}=-\frac{U_{o1}}{Z}$$

$$\frac{U_{o1}}{R_3}=-U_{o2}(sC_2)$$

$$\frac{U_o}{U_{o2}}=-1$$

$$U_{o2}=-U_o$$

$$U_{o1}=-sC_2R_3\cdot U_{o2}=sC_2R_3U_o$$

所以，该网络的传递函数为

$$\frac{U_o}{U_i}=-\frac{R_2R_6}{R_1R_2R_3R_6C_1C_2s^2+R_1R_3R_6C_2s+R_1R_2}=-\frac{1}{s^2+s+1}$$

2.4.4 已知由运算放大器组成的电路如图 2.4.5 所示，其中 $C=1\mu F$，$R=100k\Omega$，$R_x=100k\Omega$。

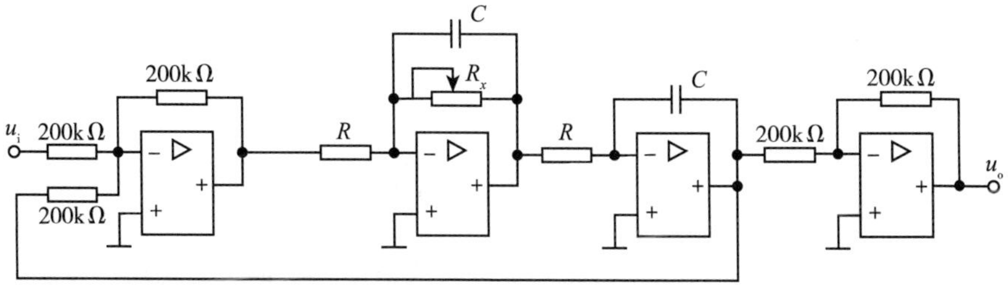

图 2.4.5　运算放大器电路(2.4.4)

(1)试推导该电路的传递函数 $\frac{U_o(s)}{U_i(s)}$；

(2)试绘制该网络在单位阶跃输入作用下的输出响应曲线。

解　(1)设放大器的输出依次为 u_{o1}，u_{o2}，u_{o3}，u_o，由复阻抗法

$$\frac{U_i}{200\cdot 10^3}+\frac{U_{o3}}{200\cdot 10^3}=-\frac{U_{o1}}{200\cdot 10^3}$$

得

$$U_i+U_{o3}=-U_{o1}$$

由

$$\frac{U_{o1}}{R}=-\frac{U_{o2}}{\dfrac{R_x}{sR_xC+1}}$$

得

$$U_{o2}=-\frac{R_x}{R}\cdot\frac{1}{sR_xC+1}U_{o1}=-\frac{R_x}{10^5}\cdot\frac{1}{sR_x10^{-6}+1}U_{o1}$$

由

$$\frac{U_{o3}}{\frac{1}{sC}} = -\frac{U_{o2}}{R}$$

得

$$U_{o3} = -\frac{1}{sCR}U_{o2} = -\frac{1}{0.1s}U_{o2},$$

$$\frac{U_o}{U_{o3}} = -1$$

所以，该网络的传递函数为

$$\frac{U_o}{U_i} = \frac{100}{s^2 + \frac{10^6}{R_x}s + 100}$$

当 $R_x = 100\text{k}\Omega$ 时

$$\frac{U_o}{U_i} = \frac{100}{s^2 + \frac{10^6}{R_x}s + 100} = \frac{100}{s^2 + 10s + 100}$$

(2)由于 $\frac{U_o}{U_i} = \frac{100}{s^2 + \frac{10^6}{R_x}s + 100} = \frac{100}{s^2 + 10s + 100}$，得

$\omega_n = 10$，$\zeta = 0.5$。系统单位阶跃响应曲线为衰减振荡曲线，如图 2.4.6 所示。

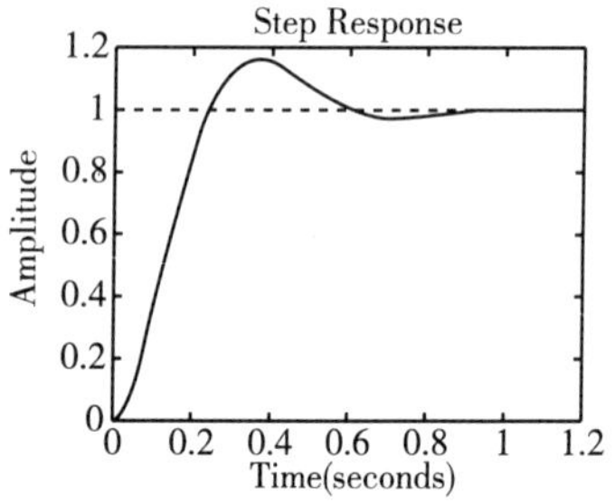

图 2.4.6　系统阶跃响应曲线(2.4.4)

2.4.5　已知系统结构图如图 2.4.7 所示，试求传递函数 $G(s) = C(s)/R(s)$。

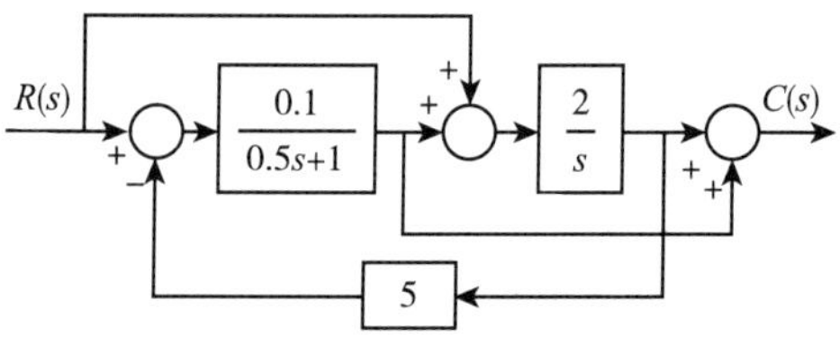

图 2.4.7　系统结构图(2.4.5)

解　前向通路

$$p_1 = \frac{2}{s}, p_2 = \frac{2}{s}\frac{0.1}{0.5s+1}, p_3 = \frac{0.1}{0.5s+1}, p_4 = -\frac{10}{s}\frac{0.1}{0.5s+1},$$

独立回路

$$L_1 = -\frac{10}{s}\frac{0.1}{0.5s+1}$$

特征式

$$\Delta = 1 - L_1 = 1 + \frac{10}{s}\frac{0.1}{0.5s+1}$$

余子式

$$\Delta_1 = \Delta_2 = \Delta_3 = \Delta_4 = 1$$

则传递函数为

$$G(s) = \frac{p_1\Delta_1 + p_2\Delta_2 + p_3\Delta_3 + p_4\Delta_4}{1 - L_1} = \frac{2.2s + 2.4}{s^2 + 2s + 2}$$

2.4.6　已知飞机俯仰角控制系统的结构图如图 2.4.8 所示，试求传递函数 $\theta_o(s)/\theta_i(s)$。

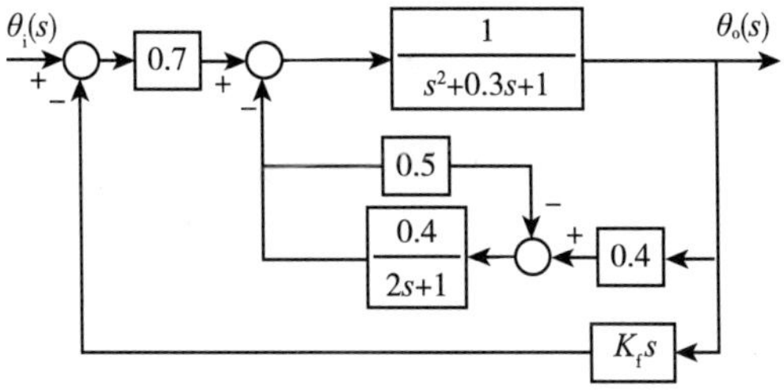

图 2.4.8　控制系统结构图(2.4.6)

解　前向通道

$$p_1 = \frac{0.7}{s^2 + 0.3s + 1}$$

独立回路

$$L_1 = -\frac{0.7K_fs}{s^2 + 0.3s + 1}$$

$$L_2 = -\frac{0.16}{(s^2 + 0.3s + 1)(2s + 1)}$$

$$L_3 = -\frac{0.2}{2s + 1}$$

两两不接触回路

$$L_1L_3 = \frac{0.7K_fs}{s^2 + 0.3s + 1}\frac{0.2}{2s + 1} = \frac{0.14K_fs}{(s^2 + 0.3s + 1)(2s + 1)}$$

则

$$\Delta = 1 + \frac{0.7K_f s}{s^2 + 0.3s + 1} + \frac{0.16}{(s^2 + 0.3s + 1)(2s + 1)} + \frac{0.2}{2s + 1} + \frac{0.14K_f s}{(s^2 + 0.3s + 1)(2s + 1)}$$

$$\Delta_1 = 1 + \frac{0.2}{2s + 1}$$

由梅森公式，得传递函数为

$$\theta_o(s)/\theta_i(s) = \frac{p_1\Delta_1}{\Delta} = \frac{0.7s + 0.42}{s^3 + (0.9 + 0.7K_f)s^2 + (1.18 + 0.42K_f)s + 0.68}$$

2.4.7 已知系统结构图如图 2.4.9 所示。

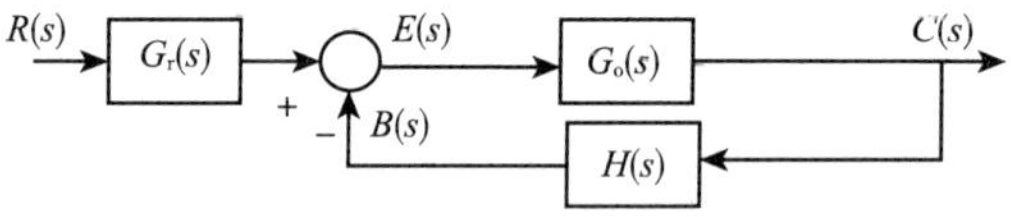

图 2.4.9 系统结构图(2.4.7)

其中 $G_r(s) = 10$，$G_o(s)$ 和 $H(s)$ 两个环节对应的微分方程分别是

$$3\dot{c}(t) + 5c(t) = 10e(t)$$

$$4\dot{b}(t) + b(t) = 2c(t)$$

且初始条件均为零，试求传递函数 $C(s)/R(s)$ 以及 $E(s)/R(s)$ 。

解 微分方程的两边同时作拉氏变换

$$3sC(s) + 5C(s) = 10E(s)$$
$$4sB(s) + B(s) = 2C(s)$$

则

$$G_o(s) = \frac{C(s)}{E(s)} = \frac{10}{3s + 5}$$

$$H(s) = \frac{C(s)}{B(s)} = \frac{2}{4s + 1}$$

$$\frac{C(s)}{R(s)} = \frac{10G_o(s)}{1 + G_o(s)H(s)} = \frac{100(4s + 1)}{12s^2 + 23s + 25}$$

$$E(s) = 10R(s) - B(s) = 10R(s) - H(s)C(s)$$

则

$$\frac{E(s)}{R(s)} = \frac{120s^2 + 230s + 50}{12s^2 + 23s + 25}$$

2.4.8 已知系统结构图如图 2.4.10 所示。其中 $R(s)$ 为给定输入，$N(s)$ 为扰动输入，试写出该系统输出 $C(s)$ 的表达式。

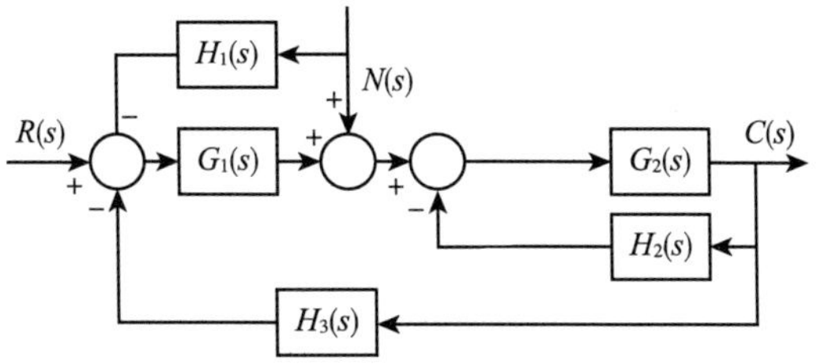

图 2.4.10　系统结构图(2.4.8)

解　令 $N(s)=0$，

$$G_R(s)=\frac{G_1(s)\cdot\dfrac{G_2(s)}{1+H_2(s)G_2(s)}}{1+H_3(s)G_1(s)\cdot\dfrac{G_2(s)}{1+H_2(s)G_2(s)}}=\frac{G_1(s)G_2(s)}{1+H_2(s)G_2(s)+H_3(s)G_1(s)G_2(s)}$$

令 $R(s)=0$

前向通道

$$p_1=\frac{G_2(s)}{1+H_2(s)G_2(s)}$$

$$p_2=-\frac{H_1(s)G_1(s)G_2(s)}{1+H_2(s)G_2(s)}$$

独立回路

$$L_1=-\frac{H_3(s)G_1(s)G_2(s)}{1+H_2(s)G_2(s)}$$

$$\Delta=1+\frac{H_3(s)G_1(s)G_2(s)}{1+H_2(s)G_2(s)},\ \Delta_1=1,\ \Delta_2=1$$

$$G_N(s)=\frac{G_2(s)-G_1(s)G_2(s)H_1(s)}{1+H_2(s)G_2(s)+H_3(s)G_1(s)G_2(s)}$$

系统的输出为

$$\begin{aligned}C(s)&=G_R(s)R(s)+G_N(s)N(s)\\&=\frac{G_1(s)G_2(s)}{1+H_2(s)G_2(s)+H_3(s)G_1(s)G_2(s)}R(s)+\frac{G_2(s)-G_1(s)G_2(s)H_1(s)}{1+H_2(s)G_2(s)+H_3(s)G_1(s)G_2(s)}N(s)\end{aligned}$$

2.4.9　已知系统的结构图如图 2.4.11 所示，其中，$G_1(s)=\dfrac{1}{s^2}$，$G_2(s)=\dfrac{0.5}{s}$，

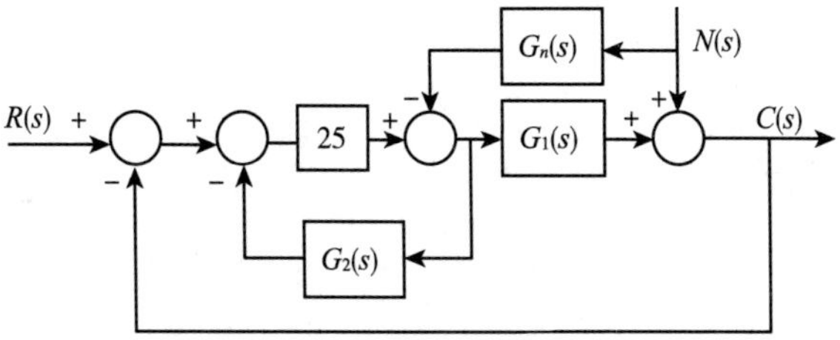

图 2.4.11　系统结构图(2.4.9)

试选取 $G_n(s)$ ，使得扰动 $n(t)$ 对系统输出无影响。

解 前向通路

$$p_1 = 1$$

$$p_2 = -\frac{G_n(s)}{s^2}$$

独立回路

$$L_1 = -\frac{12.5}{s}$$

$$L_2 = -\frac{25}{s^2}$$

则

$$\Delta = 1 + \frac{12.5}{s} + \frac{25}{s^2}$$

$$\Delta_1 = 1 + \frac{12.5}{s}$$

扰动传递函数为

$$\frac{C(s)}{N(s)} = \frac{1 + \frac{12.5}{s} - \frac{G_n(s)}{s^2}}{1 + \frac{12.5}{s} + \frac{25}{s^2}} = \frac{s^2 + 12.5s - G_n(s)}{s^2 + 12.5s + 25}$$

扰动 $n(t)$ 对系统输出无影响，则

$$G_n(s) = s^2 + 12.5s$$

2.4.10 已知控制系统的结构图如图 2.4.12 所示，

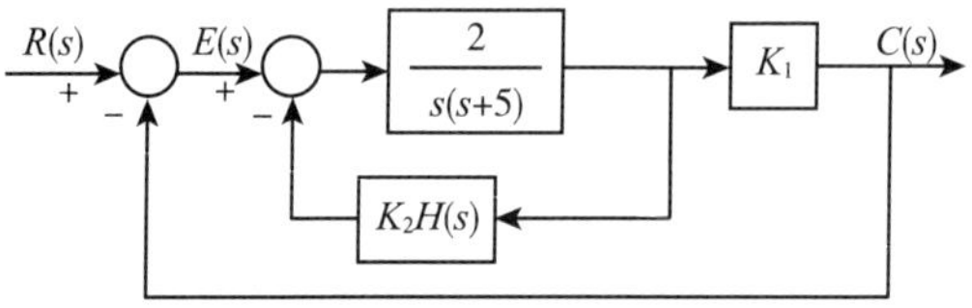

图 2.4.12 系统结构图(2.4.10)

若要求系统的前向通道传递函数为

$$\frac{C(s)}{E(s)} = \frac{100(s+10)}{s(s+5)(s+20)}$$

试确定 K_1，K_2 及 $H(s)$ 。

解 由结构图得

$$\frac{C(s)}{E(s)} = \frac{100(s+10)}{s(s+5)(s+20)} = K_1 \frac{\frac{2}{s(s+5)}}{1 + K_2H(s)\frac{2}{s(s+5)}} = \frac{2K_1}{s(s+5) + 2K_2H(s)}$$

则

$$2K_1 = 100，K_1 = 50$$

$$H(s)=\frac{s(s+5)}{s+10},$$

$$s+20=s+10+2K_2,$$

$$K_2=5$$

2.4.11 直流电动机调速系统原理图如图 2.4.13 所示，其中 ω_r 为系统的输入，ω 为系统的输出，M_L 为负载扰动。

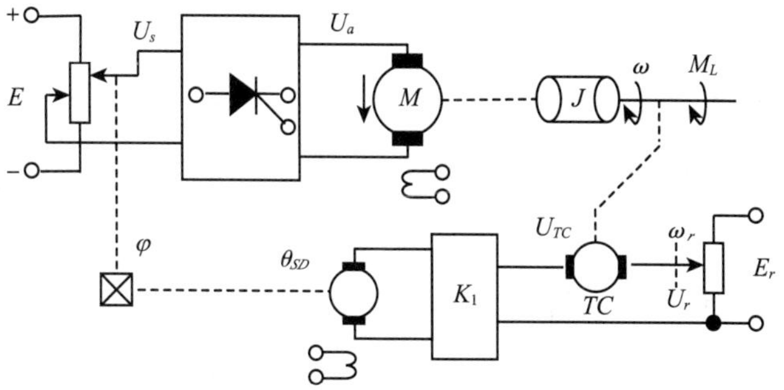

图 2.4.13 直流电动机调速系统原理图(2.4.11)

系统各部分的传递关系为：

(1)给定单元 $U_r(s)=K_r\cdot\omega_r(s)$

(2)测速单元 $U_{TC}(s)=K_{TC}\cdot\omega(s)$

(3)比较单元 $e(s)=U_r(s)-U_{TC}(s)$

(4)放大单元 $U_1(s)=K_1\cdot e(s)$

(5)执行单元 $s(T_{SD}s+1)\cdot\theta_{SD}(s)=K_{SD}\cdot U_1(s)$

(6)减速器 $\varphi(s)=\dfrac{1}{i_{SD}}\cdot\theta_{SD}(s)$

(7)变阻器 $U_S(s)=K_S\cdot\varphi(s)$

(8)可控硅调压器 $U_a(s)=K_a\cdot U_S(s)$

(9)直流电动机 $(T_Ms+1)\cdot\omega(s)=K_MU_a(s)-K_LM_L(s)$

试绘制直流调速系统的结构图，推导该系统的传递函数 $G(s)=\dfrac{\omega}{\omega_r}$。

解 由传递关系，绘制系统的结构图 2.4.14 为

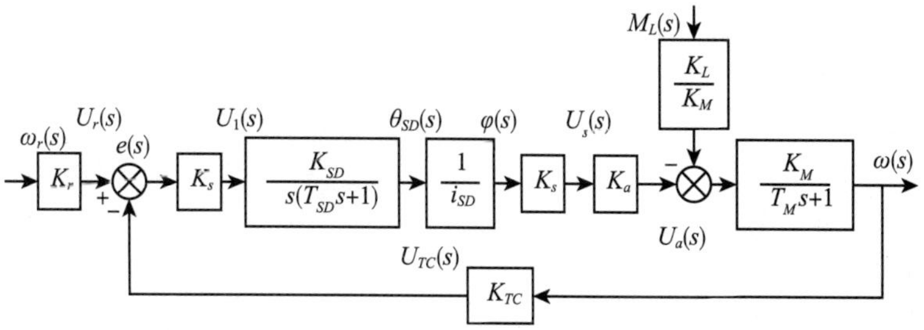

图 2.4.14 电机调速系统结构图(2.4.11)

其传递函数为

$$G(s)=\frac{\omega(s)}{\omega_r(s)}=\frac{K_1\cdot K_{SD}\cdot K_S\cdot K_a\cdot K_M\cdot 1/i_{SD}\cdot K_r}{s(T_{SD}s+1)(T_Ms+1)+K_1\cdot K_{SD}\cdot K_S\cdot K_a\cdot K_M\cdot 1/i_{SD}\cdot K_{TC}}$$

2.4.12 已知系统的传递函数为

$$\frac{C(s)}{R(s)}=\frac{2}{s^2+3s+2}$$

初始条件为 $c(0)=-1$，$\dot{c}(0)=0$,试求系统在阶跃输入 $r(t)=1(t)$ 作用时，系统的输出响应 $c(t)$ 。注：$L[\frac{\mathrm{d}^n}{\mathrm{d}t^n}f(t)]=s^nF(s)-s^{n-1}f(0)-s^{n-2}f(0)-\cdots-f^{(n-1)}(0)$

解 由系统传递函数，得微分方程为

$$\ddot{c}(t)+3\dot{c}(t)+2c(t)=2r(t)$$

利用微分定理，代入初始条件，方程两边进行拉氏变换，得

$$s^2C(s)+s+3sC(s)+3+2C(s)=\frac{2}{s}$$

则

$$C(s)=\frac{-s^2-3s+2}{s(s^2+3s+2)}=\frac{1}{s}+\frac{-4}{s+1}+\frac{2}{s+2}$$

则系统在阶跃输入作用下的输出响应为

$$c(t)=1(t)-4\mathrm{e}^{-t}+2\mathrm{e}^{-2t}$$

第 3 章　控制系统的时域分析

本 章 重 点

1. 一阶系统单位阶跃响应与系统的性能指标计算；
2. 二阶欠阻尼系统单位阶跃响应与系统的性能指标计算；
3. 二阶系统的性能改善；
4. 应用代数稳定性判据判别系统的稳定性；
5. 控制系统的稳态误差分析；
6. 扰动误差分析与稳态精度补偿。

3.1　第 3 章内容概述

1. 一阶系统的单位阶跃响应

(1)一阶系统的结构分析

一阶系统的结构图如图 3.1.1(a)所示。

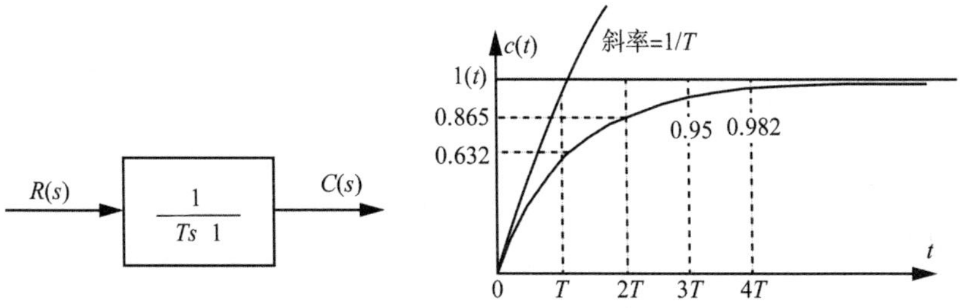

(a) 一阶系统的结构图　　(b) 一阶系统的阶跃响应曲线

图 3.1.1　一阶系统(3.1)

一阶系统的微分方程为

$$T\frac{\mathrm{d}[c(t)]}{\mathrm{d}t}+c(t)=r(t) \tag{3.1.1}$$

传递函数为

$$G(s)=\frac{C(s)}{R(s)}=\frac{1}{Ts+1} \tag{3.1.2}$$

单位阶跃响应的拉普拉斯变换为

$$C(s)=G(s)\cdot R(s)=\frac{1}{Ts+1}\cdot\frac{1}{s}=\frac{1}{s}-\frac{1}{s+1/T} \tag{3.1.3}$$

一阶系统的单位阶跃响应为

$$c(t)=L^{-1}[C(s)]=1-e^{-\frac{1}{T}t} \tag{3.1.4}$$

其响应曲线如图3.1.1(b)所示。

(2)一阶系统的性能描述

①快速性：一阶系统的调节时间 t_s 用一阶系统的时间常数 T 作为参变量表示为

$$t_s=3T\text{，取误差带宽度为}\pm 5\%\text{ 时} \tag{3.1.5}$$

$$t_s=4T\text{，取误差带宽度为}\pm 2\%\text{ 时} \tag{3.1.6}$$

②平稳性：由于一阶系统的阶跃响应以单调增的方式趋于稳态值，因此无超调量，平稳性较好。

2. 二阶系统的单位阶跃响应

(1)二阶系统的结构分析

二阶系统的结构图如图3.1.2(a)所示。

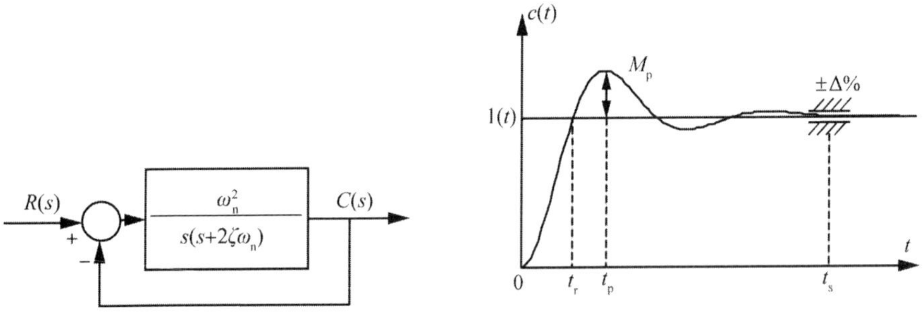

(a) 标准化的二阶系统　　(b) 二阶欠阻尼系统的单位阶跃响应

图3.1.2　二阶系统(3.1)

开环传递函数为

$$G_o(s)=\frac{\omega_n^2}{s(s+2\zeta\omega_n)} \tag{3.1.7}$$

其中，ζ 为阻尼比；ω_n 为无阻尼振荡频率(rad/s)。

闭环传递函数为

$$G_c(s)=\frac{\omega_n^2}{s^2+2\zeta\omega_n s+\omega_n^2} \tag{3.1.8}$$

在欠阻尼系统中，当 $0<\zeta<1$ 时，单位阶跃响应的拉普拉斯变换为

$$C(s)=G_c(s)\cdot R(s)=\frac{\omega_n^2}{s^2+2\zeta\omega_n s+\omega_n^2}\cdot\frac{1}{s}$$

$$= \frac{1}{s} - \frac{s + \zeta\omega_n}{(s + \zeta\omega_n)^2 + \omega_d^2} - \frac{\zeta\omega_n}{(s + \zeta\omega_n)^2 + \omega_d^2} \tag{3.1.9}$$

时间响应为

$$c(t) = L^{-1}[C(s)] = 1 - e^{-\zeta\omega_n t}\left(\cos\omega_d t + \frac{\zeta}{\sqrt{1-\zeta^2}}\sin\omega_d t\right)$$

$$= 1 - \frac{1}{\sqrt{1-\zeta^2}} e^{-\zeta\omega_n t}\sin(\omega_d t + \beta) \tag{3.1.10}$$

其中，ω_d 为阻尼振荡频率(rad/s)，其值为

$$\omega_d = \omega_n\sqrt{1-\zeta^2} \tag{3.1.11}$$

β 为阻尼角，其值为

$$\beta = \arctan\frac{\sqrt{1-\zeta^2}}{\zeta} = \arccos\zeta \tag{3.1.12}$$

响应曲线如图 3.1.2(b)所示。

(2)二阶欠阻尼系统的性能指标计算

上升时间为

$$t_r = \frac{\pi - \beta}{\omega_d} \tag{3.1.13}$$

峰值时间为

$$t_p = \frac{\pi}{\omega_d} \tag{3.1.14}$$

超调量为

$$M_p = e^{-\frac{\zeta}{\sqrt{1-\zeta^2}}\pi} \times 100\% \tag{3.1.15}$$

调节时间为

$$t_s = 3T = \frac{3}{\zeta\omega_n}，\pm 5\% \text{ 误差带宽度时} \tag{3.1.16}$$

$$t_s = 4T = \frac{4}{\zeta\omega_n}，\pm 2\% \text{ 误差带宽度时} \tag{3.1.17}$$

(3)二阶系统的改善

改善二阶系统响应特性可以采用两种方法，一种方法是在前向通路中增加控制装置，另一种方法是在反馈通路中增加控制装置。

①误差信号的比例微分控制(PD 控制)。在原典型二阶系统的前向通路上增加误差信号的速度分量并联通路，如图 3.1.3 所示。

开环传递函数为

$$G_o(s) = \frac{\omega_n^2(1 + T_d s)}{s(s + 2\zeta\omega_n)} \tag{3.1.18}$$

闭环传递函数为

$$G_c(s) = \frac{\omega_n^2(1 + T_d s)}{s^2 + (2\zeta\omega_n + T_d\omega_n^2)s + \omega_n^2} \tag{3.1.19}$$

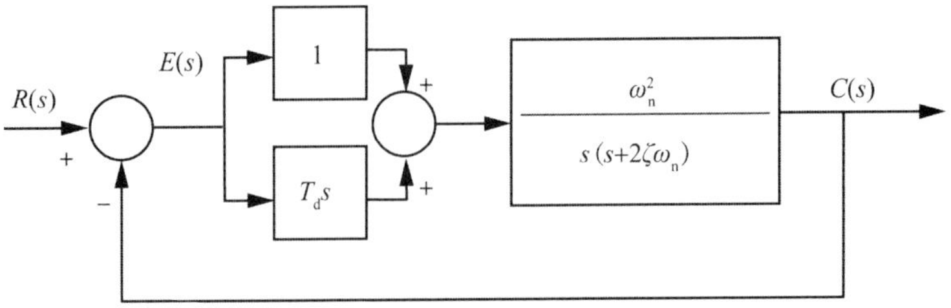

图 3.1.3 误差信号的比例微分控制(3.1)

控制作用分析:

第一，增大阻尼比，减小超调量，改善了平稳性。

由于等效阻尼比成为

$$\zeta_d = \zeta + \frac{1}{2}T_d\omega_n \tag{3.1.20}$$

式中附加项 $\frac{1}{2}T_d\omega_n$ 使得原阻尼比增加，抑制了振荡。

第二，增加了系统零点，由于微分作用，使系统加速。

系统响应中增加了微分附加项，即

$$\begin{aligned} C(s) &= G_c(s)R(s) = \frac{\omega_n^2(1+T_ds)}{s^2+(2\zeta\omega_n+T_d\omega_n{}^2)s+\omega_n^2}\cdot\frac{1}{s} \\ &= \frac{\omega_n^2}{s^2+(2\zeta\omega_n+T_d\omega_n^2)s+\omega_n^2}\cdot\frac{1}{s}+\frac{\omega_n^2T_ds}{s^2+(2\zeta\omega_n+T_d\omega_n^2)s+\omega_n^2}\cdot\frac{1}{s} \end{aligned} \tag{3.1.21}$$

所以，时间响应为

$$c(t) = c_1(t)+c_2(t) = c_1(t)+T_d\cdot\frac{\mathrm{d}}{\mathrm{d}t}[c_1(t)] \tag{3.1.22}$$

微分附加项的增加，使得响应的上升时间减小，明显地起到了响应加速的作用，但是造成原超调量 M_p 少量增加，如图 3.1.4 所示。

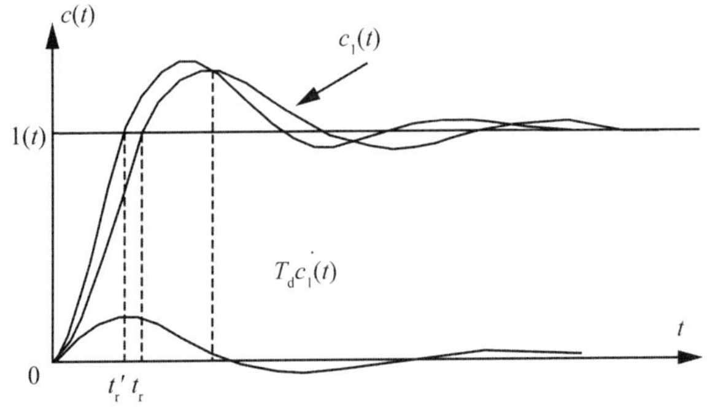

图 3.1.4 PD 控制的加速作用(3.1)

②输出量的速度反馈控制(SF 控制)。在原典型二阶系统的反馈通路上增加输出信号的速度分量反馈信号，如图 3. 1. 5 所示。

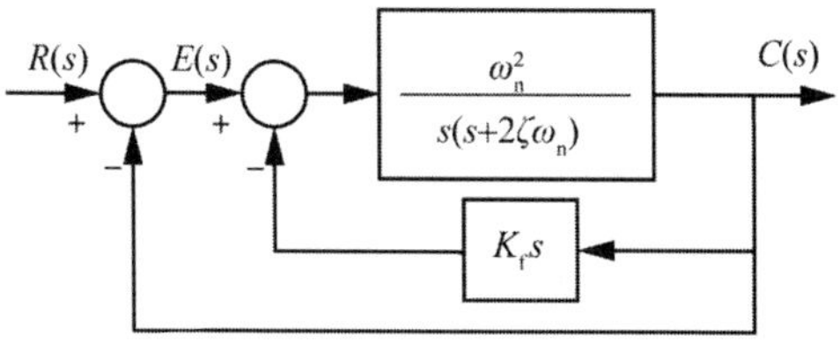

图 3. 1. 5　输出信号的速度反馈控制(3. 1)

系统的闭环传递函数为

$$G_c(s) = \frac{G(s)}{1+G(s)H(s)} = \frac{\omega_n^2}{s^2+(2\zeta\omega_n+K_f\omega_n^2)s+\omega_n^2} \tag{3.1.23}$$

闭环特征方程为

$$s^2+(2\zeta\omega_n+K_f\omega_n^2)s+\omega_n^2=0 \tag{3.1.24}$$

等效阻尼比成为

$$\zeta_d=\zeta+\frac{1}{2}K_f\omega_n \tag{3.1.25}$$

从式(3. 1. 25)可知，附加项 $\frac{1}{2}K_f\omega_n$ 使得原阻尼比增加，超调量减小，但是没有附加零点的影响。

3. 1. 1　已知受控对象的开环传递函数为

$$G_o(s)=\frac{1}{s^2-0.1}$$

(1)单位反馈时，计算单位脉冲响应的输出；

(2)试采用速度反馈方法，使得系统的阻尼比 $\zeta=0.5$，确定速度反馈系数 τ 的值，并计算性能改善后的动态性能。

解　(1)单位反馈时，闭环传递函数为

$$G_c(s)=\frac{G_o(s)}{1+G_o(s)}=\frac{1}{s^2+0.9}$$

其单位脉冲响应为

$$c(t)=L^{-1}\left[\frac{1}{s^2+0.9}\right]=L^{-1}\left[\frac{1}{\sqrt{0.9}}\cdot\frac{\sqrt{0.9}}{s^2+0.9}\right]=1.05\sin 0.95t$$

响应曲线是等幅振荡的，所以该系统仅作单位反馈，不能实现调节作用。

(2)增加速度反馈，如图 3. 1. 6 所示。

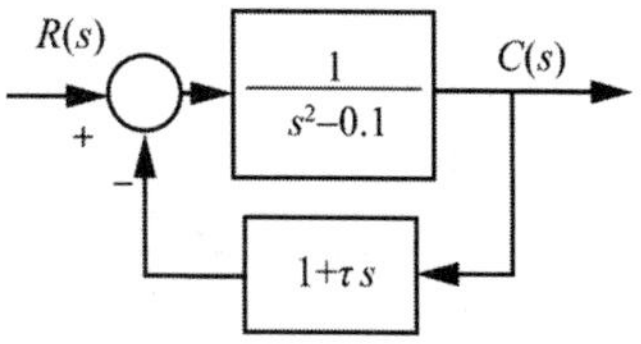

图 3. 1. 6　速度反馈系统(3. 1. 1)

闭环传递函数为

$$G_c(s)=\frac{G(s)}{1+G(s)H(s)}=\frac{1}{s^2+\tau s+0.9}$$

代入要求的阻尼比 $\zeta = 0.5$，得到

$$\tau = 0.95$$

系统阶跃响应的超调量为

$$M_p = e^{-\frac{\zeta}{\sqrt{1-\zeta^2}}\pi} \times 100\% \Big|_{\zeta=0.5} = 16.3\%$$

调节时间为

$$t_s = \frac{3}{\zeta\omega_n} = 6.32\ \text{s}$$

3.1.2 已知速度反馈控制系统如图 3.1.7 所示，要求系统的超调量为 20%，峰值时间为 1 s，试计算相应的前向增益 K 与速度反馈系数 K_f 的值。

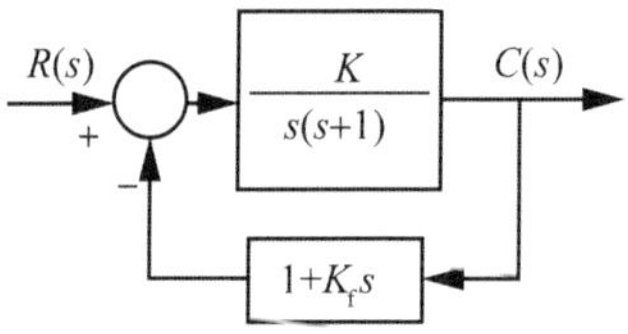

图 3.1.7 速度反馈控制系统(3.1.2)

解 闭环传递函数为

$$G_c(s) = \frac{K}{s^2 + (1 + KK_f)s + K}$$

得到

$$K = \omega_n^2 = 12.5\ ,\ K_f = \frac{2\sqrt{K}\zeta - 1}{K} = 0.178$$

3. 控制系统的代数稳定性判据(劳斯判据)

已知线性定常系统的特征方程为

$$D(s) = a_n s^n + a_{n-1}s^{n-1} + \cdots + a_1 s + a_0 = 0 \qquad (3.1.26)$$

作劳斯表如下，将方程的各系数间隔填入前两行，如表 3.1.1 所示。

表 3.1.1 劳斯表(3.1.2)

s^n	a_n	a_{n-2}	a_{n-4}	a_{n-6}	…
s^{n-1}	a_{n-1}	a_{n-3}	a_{n-5}	a_{n-7}	…
s^{n-2}	b_1	b_2	b_3	b_4	…
s^{n-3}	c_1	c_2	c_3	c_4	…
s^{n-4}	d_1	d_2	d_3	d_4	…
…	…	…	…	…	
…	…	…	…		
s^2	e_1	e_2			
s^1	f_1				
s^0	g_1				

依照以下公式计算其余各项

$$b_1 = \frac{-\begin{vmatrix} a_n & a_{n-2} \\ a_{n-1} & a_{n-3} \end{vmatrix}}{a_{n-1}},\quad b_2 = \frac{-\begin{vmatrix} a_n & a_{n-4} \\ a_{n-1} & a_{n-5} \end{vmatrix}}{a_{n-1}},\ \cdots$$

$$c_1 = \frac{-\begin{vmatrix} a_{n-1} & a_{n-3} \\ b_1 & b_2 \end{vmatrix}}{b_1},\quad c_2 = \frac{-\begin{vmatrix} a_{n-1} & a_{n-5} \\ b_1 & b_3 \end{vmatrix}}{b_1},\ \cdots$$

$$d_1 = \frac{-\begin{vmatrix} b_1 & b_2 \\ c_1 & c_2 \end{vmatrix}}{c_1},\quad d_2 = \frac{-\begin{vmatrix} b_1 & b_3 \\ c_1 & c_3 \end{vmatrix}}{c_1},\quad \cdots$$

$$\vdots \tag{3.1.27}$$

系统稳定的充分必要条件为：劳斯表中，如果第一列元素全部大于零，系统就是稳定的，否则系统是不稳定的。

3.1.3　已知系统的闭环特征方程为

$$s^4 + 2s^3 + 3s^2 + 4s + 5 = 0$$

试用劳斯判据判别系统的稳定性。

解　作劳斯表如表 3.1.2 所示。

表 3.1.2　劳斯表(3.1.3)

s^4	1	3	5	
s^3	2	4		
s^2	1	5		$b_1 = \frac{2\times3-4\times1}{2} = 1$, $b_2 = \frac{2\times5-0\times1}{2} = 5$
s^1	-6			$c = \frac{1\times4-2\times5}{1} = -6$
s^0	5			

因为第一列中有负值出现，不全部大于零，所以系统不稳定。

4. 控制系统的稳态误差分析

(1)稳态误差的三要素

①输入信号的类型，即所需跟踪的基准信号，如 $\delta(t)$ ，$1(t)$ ，t ，$\frac{1}{2}t^2$ 等；

②系统的开环增益 K_o ，它可以确定有差系统稳态误差的大小；

③系统的无差度 ν，它可以确定能够跟踪的信号的阶数。

(2)稳态误差的计算

控制系统的稳态性能可以由稳态误差分析简表(表3.1.3)来计算。

表 3.1.3 稳态误差分析简表(3.1)

k_i / e_{ss}	$r(t) = 1(t)$	$r(t) = t$	$r(t) = \frac{1}{2}t^2$
0 型系统 $\nu = 0$	$K_p = K_o$ $e_{ss} = \frac{1}{1+K_p}$	$K_v = 0$ $e_{ss} = \infty$	$K_a = 0$ $e_{ss} = \infty$
Ⅰ型系统 $\nu = 1$	$K_p = \infty$ $e_{ss} = 0$	$K_v = K_o$ $e_{ss} = \frac{1}{K_v}$	$K_a = 0$ $e_{ss} = \infty$
Ⅱ型系统 $\nu = 2$	$K_p = \infty$ $e_{ss} = 0$	$K_v = \infty$ $e_{ss} = 0$	$K_a = K_o$ $e_{ss} = \frac{1}{K_a}$

3.1.4 PD 控制系统如图 3.1.8 所示，输入信号为 $r(t) = 1(t) + t + \frac{1}{2}t^2$，作稳定性分析及误差分析。

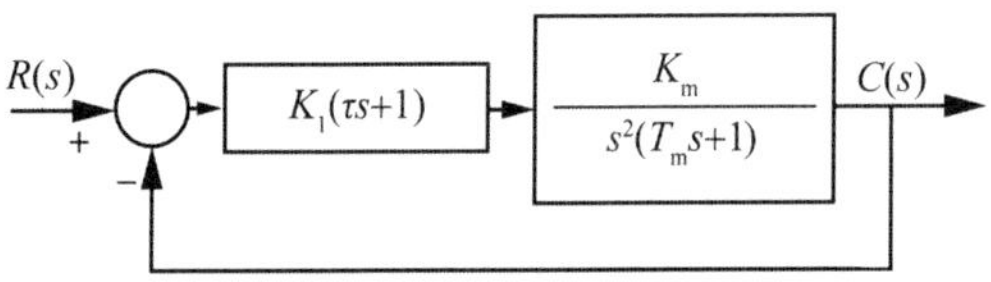

图 3.1.8 PD 控制系统结构图(3.1.4)

解 (1)稳定性分析：根据劳斯判据，得到稳定条件为

$$K_1 > 0, K_m > 0, \text{及} \tau > T_m$$

(2)稳态误差分析：

开环传递函数为

$$G_o(s) = \frac{K_1 K_m(\tau s + 1)}{s^2(T_m s + 1)}$$

开环增益

$$K_o = K_1 K_m$$

Ⅱ型系统中有

$$\nu = 2$$

各误差系数分别为

$$K_p = \infty, \ K_v = \infty, \ K_a = K_o = K_1 K_m$$

输入信号为 $r(t) = 1(t) + t + \frac{1}{2}t^2$ 时，应用叠加原理得到

$$e_{ss} = e_{ss1} + e_{ss2} + e_{ss3} = 0 + 0 + \frac{1}{K_1 K_m} = \frac{1}{K_1 K_m}$$

(3)扰动误差的分析

扰动信号作用下，系统的结构图如图 3.1.9 所示。

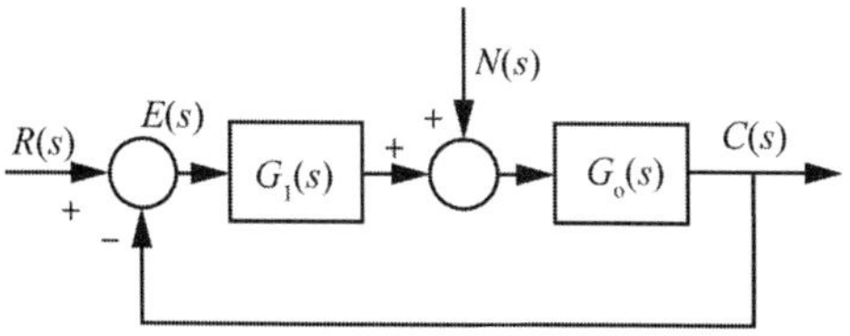

图 3.1.9　扰动信号作用下的系统结构图(3.1.4)

扰动产生的输出为

$$C_N(s) = \frac{G_o(s)}{1 + G_1(s)G_o(s)} \cdot N(s)$$

所以，扰动信号所产生的输出全部是误差，即

$$E_N(s) = -C_N(s) \tag{3.1.28}$$

3.1.5　已知有扰系统如图 3.1.10 所示，设输入信号为 $R(s) = \frac{1}{s}$，扰动信号为 $N(s) = \frac{1}{s}$，讨论稳态误差及克服方法。

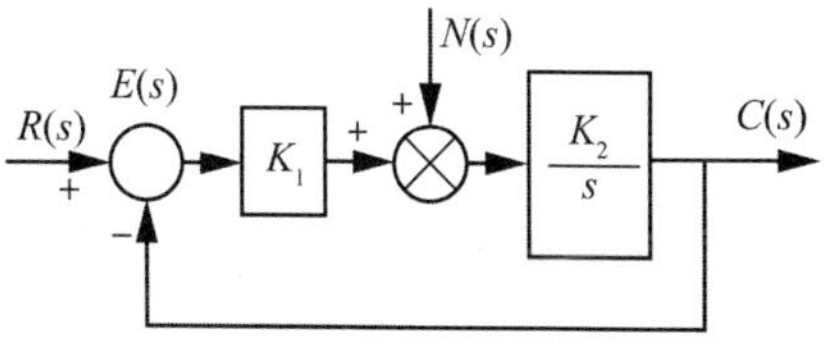

图 3.1.10　扰动输入结构图(3.1.5)

解　(1)计算稳态误差：

扰动作用下的稳态误差为

$$e_{ssN} = \lim_{s\to 0} s \cdot E_N(s) = \lim_{s\to 0} s \cdot [-C_N(s)]$$

$$= \lim_{s\to 0} s \cdot \left(-\frac{K_2}{s + K_1K_2} \cdot \frac{1}{s}\right) = -\frac{1}{K_1}$$

(2)求取扰动无差条件

设前置增益为 $K_1 = G_1(s)$，令扰动引起的稳态误差为零，即

$$e_{ssN} = \lim_{s\to 0} s \cdot \left[-\frac{K_2}{s + G_1(s)K_2} \cdot \frac{1}{s}\right] = \lim_{s\to 0} s \cdot \left[-\frac{1}{G_1(s)} \cdot \frac{1}{s}\right] = 0$$

则有，$G_1(s)$ 至少要包含一个积分环节，才能使得上式为零。再令前置环节为

$$G_1(s) = \frac{K_1}{s}$$

则由于系统闭环特征方程为 $s^2 + K_1K_2 = 0$，不满足稳定性。增加 PD 控制器后，前置环节成为

$$G_1(s) = \frac{K_1(\tau s + 1)}{s}$$

系统的闭环特征方程成为

$$s^2 + K_1K_2\tau s + K_1K_2 = 0$$

由于 K_1, K_2, τ 均大于零，所以系统是稳定的。此时，扰动引起的稳态误差为

$$e_{ssN}=\lim_{s\to 0}s\cdot\left[-\frac{K_2}{s+G_1(s)K_2}\cdot\frac{1}{s}\right]=\lim_{s\to 0}s\cdot\left[-\frac{K_2}{s+\frac{K_1(\tau s+1)}{s}\cdot K_2}\cdot\frac{1}{s}\right]$$

$$=\lim_{s\to 0}s\cdot\left(-\frac{K_2 s}{s^2+K_1K_2\tau s+K_1K_2}\cdot\frac{1}{s}\right)=0$$

(3)稳态精度补偿

①输入补偿器。带有输入补偿器的系统结构图如图 3.1.11 所示。

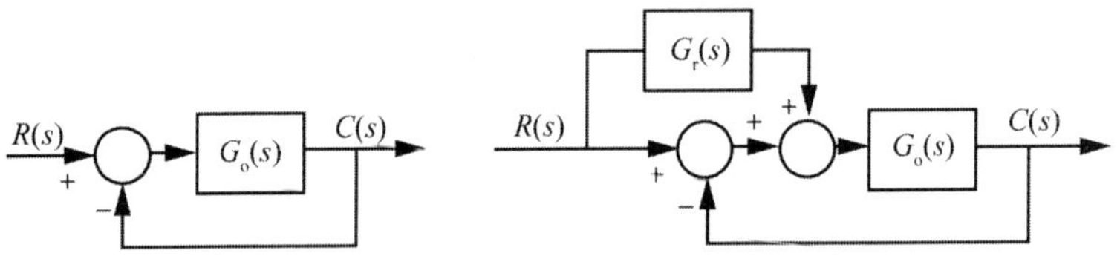

(a) 输入扰动系统　　(b) 输入扰动补偿器

图 3.1.11　带有输入补偿装置的控制系统(3.1.5)

全补偿时，输入补偿器的传递函数应满足

$$G_r(s)=\frac{1}{G_o(s)} \tag{3.1.29}$$

②扰动补偿器。带有扰动补偿器的系统结构图如图 3.1.12 所示。

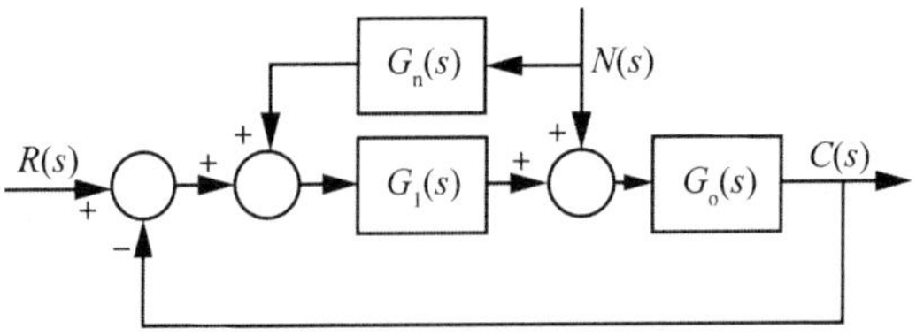

图 3.1.12　带有扰动补偿器的系统结构图(3.1.5)

全补偿时，扰动补偿器的传递函数应满足

$$G_n(s)=-\frac{1}{G_1(s)} \tag{3.1.30}$$

3.2　第 3 章习题精解

3.2.1　已知某装置的电路如图 3.2.1 所示。输入信号为单位阶跃信号 $u_i(t)=1(t)$ 时，试计算输出响应 $u_o(t)$，画出 $u_o(t)$ 的草图，并计算响应时间 t_s。

解　计算该电路的传递函数。由复数阻抗法计算得到

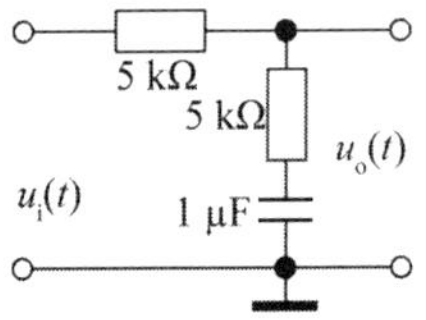

图 3.2.1　电路图(3.2.1)

$$G(s)=\frac{U_o(s)}{U_i(s)}=\frac{5\cdot 10^3+\dfrac{1}{s\cdot 10^{-6}}}{5\cdot 10^3+5\cdot 10^3+\dfrac{1}{s\cdot 10^{-6}}}=\frac{0.005s+1}{0.01s+1}=\frac{1}{2}\cdot\frac{s+200}{s+100}$$

输出响应的拉普拉斯变换为

$$U_o(s)=G(s)U_i(s)\big|_{U_i(s)=\frac{1}{s}}=\frac{1}{2}\cdot\frac{s+200}{s+100}\cdot\frac{1}{s}=\frac{1}{s}-\frac{1}{2}\cdot\frac{1}{s+100}$$

输出响应为

$$u_o(t)=L^{-1}\left[\frac{1}{s}-\frac{1}{2}\cdot\frac{1}{s+100}\right]=1(t)-\frac{1}{2}e^{-100t}$$

响应曲线如图 3.2.2 所示。

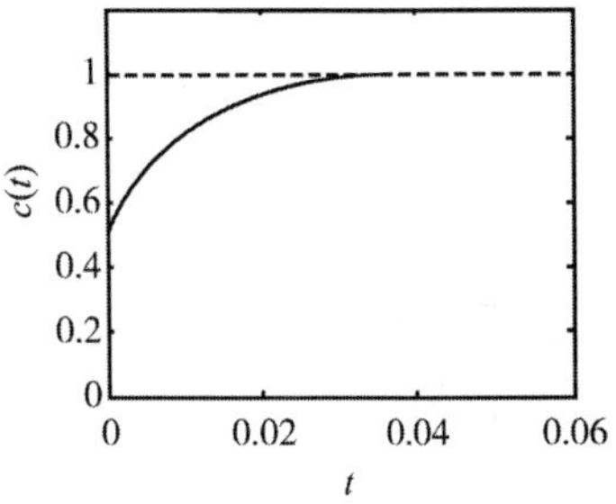

图 3.2.2　响应曲线(3.2.1)

计算响应时间。由于系统的初值为 0.5，因此不能直接使用公式，计算过渡过程时间。由过渡过程时间定义，有

$$u_o(t_s)=1(t)-\frac{1}{2}e^{-100t}\big|_{t=t_s}=0.98,\quad \pm 2\%$$

$$u_o(t_s)=1(t)-\frac{1}{2}e^{-100t}\big|_{t=t_s}=0.95,\quad \pm 5\%$$

解出

$$t_s=\frac{\ln 25}{100}=0.032,\quad \pm 2\%$$

$$t_s=\frac{\ln 10}{100}=0.023,\quad \pm 5\%$$

3.2.2　已知某检测元件响应特性为

$$G(s)=\frac{10}{0.2s+1}$$

为了将响应时间减小至原来的 0.1，并保证原增益不变，采用负反馈方法来实现，如图 3.2.3 所示。

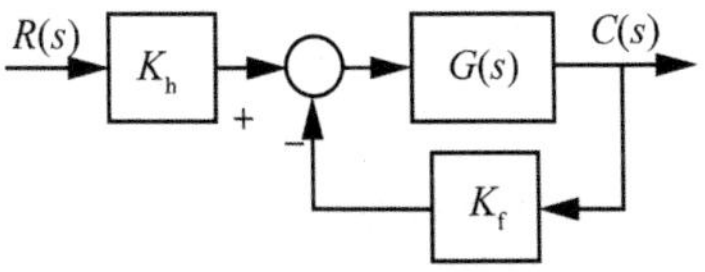

图 3.2.3　系统结构图(3.2.2)

试计算图中各增益的值 K_f、K_h。

解　由系统的结构图求得传递函数为

$$\frac{C(s)}{R(s)}=\frac{K_hG(s)}{1+K_fG(s)}=\frac{10K_h}{1+10K_f}\cdot\frac{1}{\dfrac{0.2}{1+10K_f}s+1}$$

由于系统为一阶系统，令增益不变，响应加快 10 倍，即系统的时间常数由 0.2 变为 0.02，即

$$\frac{10K_h}{1+10K_f}\cdot\frac{1}{\dfrac{0.2}{1+10K_f}s+1}=\frac{10}{0.02s+1}$$

方程两端对应项相等，得到方程

$$\begin{cases} \dfrac{10K_h}{1+10K_f}=10 \\ \dfrac{0.2}{1+10K_f}=0.02 \end{cases}$$

解出

$$K_f=0.9,\ K_h=10$$

时间响应曲线分别如图 3.2.4 所示。

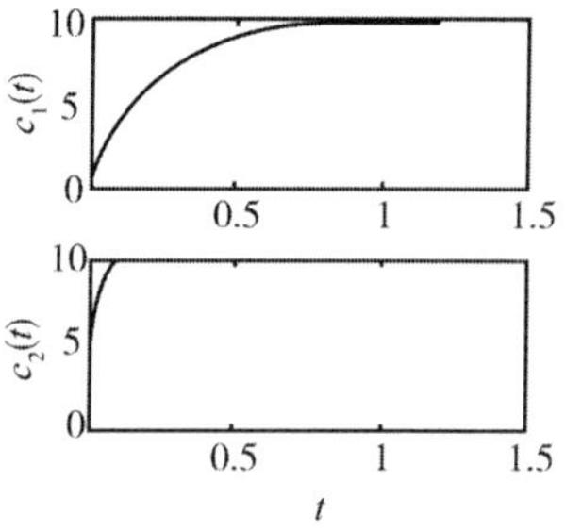

图 3.2.4　响应曲线(3.2.2)

3.2.3　已知速度反馈控制系统如图 3.2.5 所示，为了保证系统阶跃响应的超调量 $M_p<20\%$，过渡时间 $t_s\leqslant 0.3$ s，试确定前向增益 K_1 的值和速度反馈系数 K_2 的值。

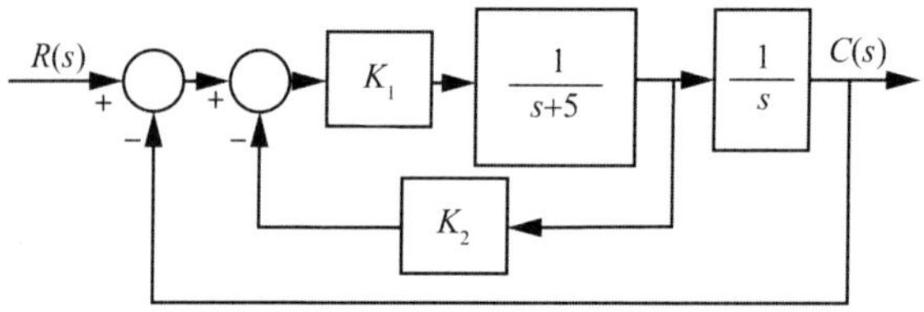

图 3.2.5　速度反馈控制系统(3.2.3)

解　系统内环传递函数为

$$G_o(s)=\frac{K_1\cdot\dfrac{1}{s+5}}{1+K_1K_2\dfrac{1}{s+5}}=\frac{K_1}{s+5+K_1K_2}$$

闭环传递函数为

$$G(s)=\frac{G_o\cdot\dfrac{1}{s}}{1+G_o\dfrac{1}{s}}=\frac{\dfrac{K_1}{s+5+K_1K_2}\cdot\dfrac{1}{s}}{1+\dfrac{K_1}{s+5+K_1K_2}\cdot\dfrac{1}{s}}=\frac{K_1}{s^2+(5+K_1K_2)s+K_1}$$

由性能指标计算公式，有

$$M_p=e^{-\zeta\pi/\sqrt{1-\zeta^2}}\times 100\%<20\%$$

$$t_s=\frac{3}{\zeta\omega_n}\leqslant 0.3$$

取 $M_p=16.3\%$，$t_s=0.3$

解出满足要求的阻尼比和无阻尼振荡角频率为

$$\zeta=0.5,\quad \omega_n=20$$

满足 $\zeta=0.5,\omega_n=20$ 的特征方程为

$$s^2+2\zeta\omega_n s+\omega_n^2\Big|_{\substack{\zeta=0.5\\ \omega_n=20}}=s^2+20s+400$$

则系统的闭环特征方程应与上式相等，即

$$s^2+(5+K_1K_2)s+K_1=s^2+20s+400$$

方程两端对应项相等，解出

$$K_1=400,\ K_2=0.0375$$

系统阶跃响应曲线如图 3.2.6 所示。

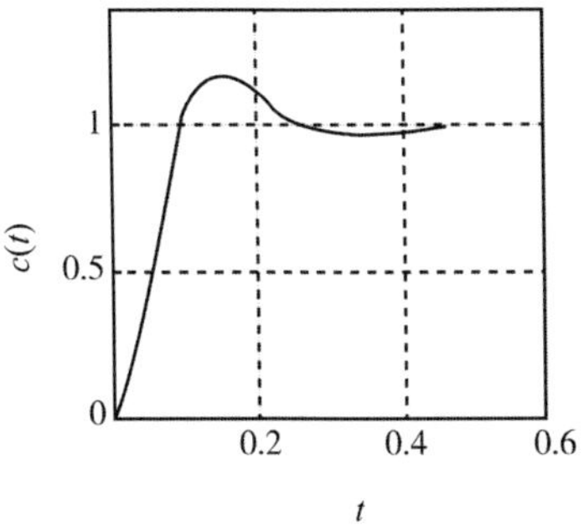

图 3.2.6　阶跃响应曲线
(3.2.3)

3.2.4　已知系统的闭环特征方程如下，试用代数稳定性判据判别系统的稳定性。

(1) $s^3+20s^2+9s+200=0$

(2) $(s+2)(s+4)(s^2+6s+25)+666.25=0$

(3) $s^5+6s^4+3s^3+2s^2+s+1=0$

(4) $s^4+8s^3+18s^2+16s+5=0$

解　(1) $s^3+20s^2+9s+200=0$

作劳斯表

s^3	1	9
s^2	20	200
s^1	-1	
s^0	200	

由于第一列系数不全为正，因此系统不稳定。又由于第一列系数符号变化两次，因此闭环特征方程在 s 平面的右半部有两个不稳定的根。系统闭环特征方程的根在 s 平面的分布如图 3.2.7 所示。

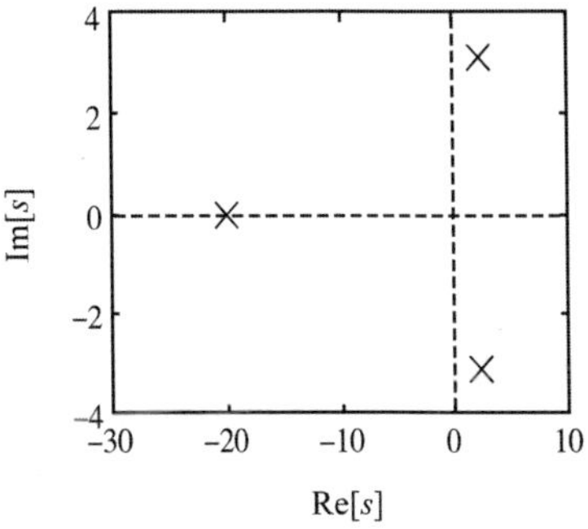

图 3.2.7　闭环极点
(3.2.4-1)

(2) $(s+2)(s+4)(s^2+6s+25)+666.25=0$

写为多项式形式为

$$s^4+12s^3+69s^2+198s+866.25=0$$

作劳斯表

s^4	1	69	866.25
s^3	12	198	
s^2	52.5	866.25	
s^1	0		
s^0	866.25		

由于第一列系数有一行为 0，因此系统为临界稳定。系统闭环特征方程的根在 s 平面的分布如图 3.2.8 所示。

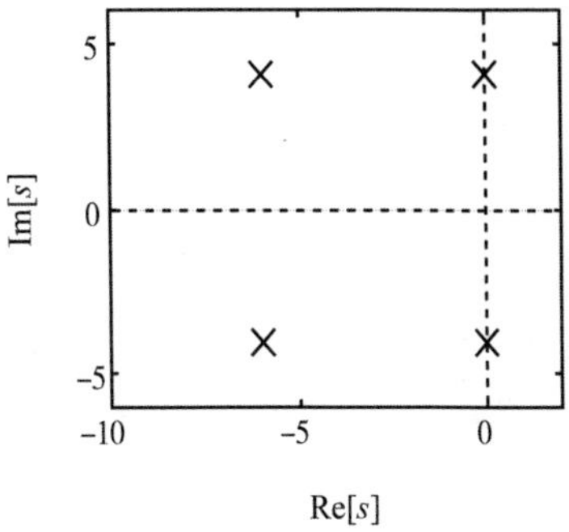

图 3.2.8　闭环极点
(3.2.4-2)

(3) $s^5+6s^4+3s^3+2s^2+s+1=0$

作劳斯表

s^5	1	3	1
s^4	6	2	1
s^3	2.67	0.83	

s^2	0.13	1
s^1	−19.7	
s^0	1	

由于第一列系数不全为正，因此系统不稳定。又由于第一列系数符号变化两次，因此闭环特征方程在 s 平面的右半部有两个不稳定的根。系统闭环特征方程的根在 s 平面的分布如图 3.2.9 所示。

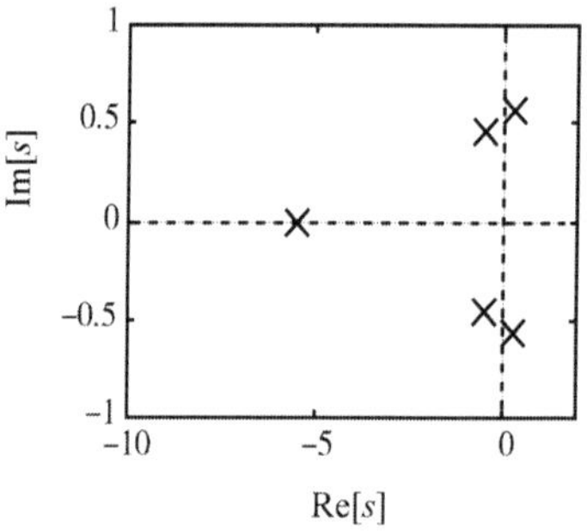

图 3.2.9 闭环极点(3.2.4−3)

(4) $s^4+8s^3+18s^2+16s+5=0$

作劳斯表

s^4	1	18	5
s^3	8	16	
s^2	16	5	
s^1	13.5		
s^0			

由于第一列系数全部大于零，因此系统稳定。系统闭环特征方程的根在 s 平面的分布如图 3.2.10 所示。

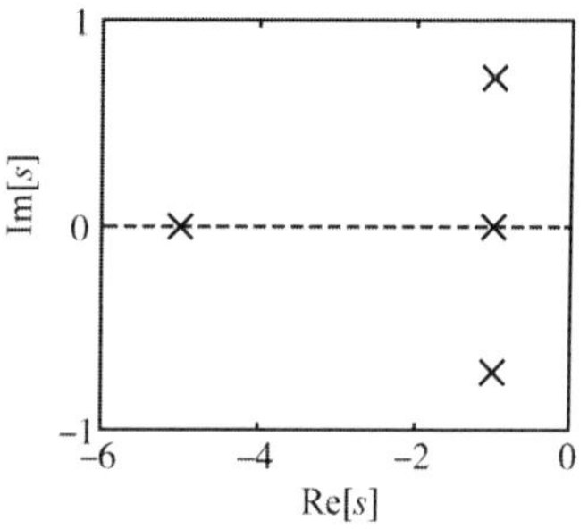

图 3.2.10 闭环极点(3.2.4−4)

3.2.5 实验测得单位反馈控制系统在输入信号为 $r(t)=1(t)$ 时，其输出信号 $c(t)$ 的响应曲线如图 3.2.11 所示，试确定系统的开环传递函数。

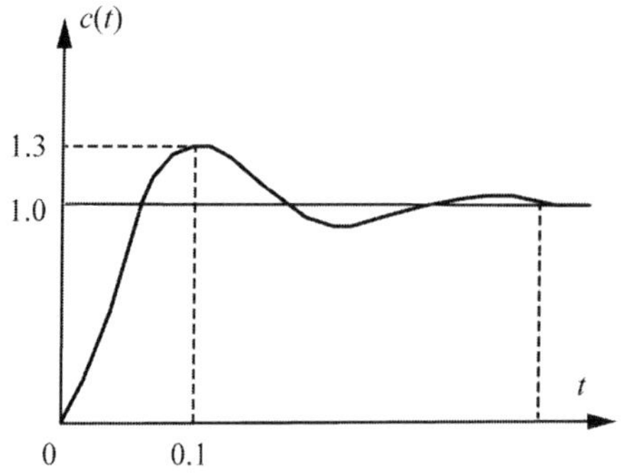

图 3.2.11 响应曲线(3.2.5)

解 由图 3.2.11 所示，超调量 $M_p=30\%$，峰值时间 $t_p=0.1$ s，由性能指标计算公式

$$M_p=e^{-\frac{\zeta}{\sqrt{1-\zeta^2}}\pi}\times 100\%, \quad t_p=\frac{\pi}{\omega_n\sqrt{1-\zeta^2}}$$

解出

$$\begin{cases}\zeta=0.358\\ \omega_n=33.65\end{cases}$$

则系统的开环传递函数为

$$G(s) = \frac{\omega_n^2}{s(s+2\zeta\omega_n)} = \frac{1132.3}{s(s+24.1)}$$

3.2.6　如图 3.2.12（a）所示机械系统，当受到 $F_i = 40$ N 力的作用时，位移量 $x(t)$ 的阶跃响应如图 3.2.12（b）所示，试确定机械系统的参数 m，k，f 的值。

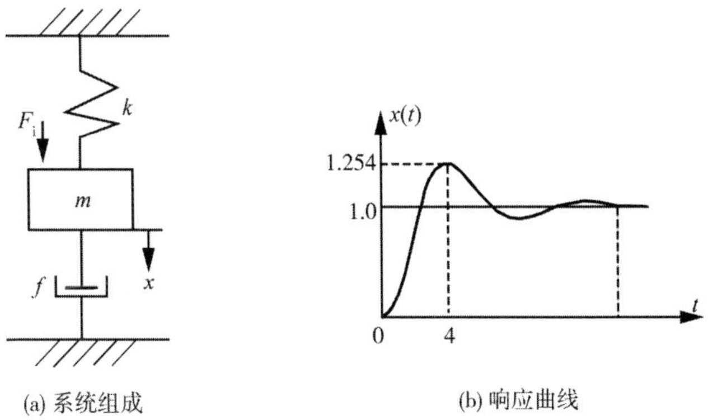

图 3.2.12　机械系统(3.2.6)

解　图示机械系统的传递函数为

$$G(s) = \frac{1}{ms^2+fs+k} = \frac{\frac{1}{m}}{s^2+\frac{f}{m}s+\frac{k}{m}}$$

由图 3.2.12(b)可知，系统阶跃响应的稳态值 $c(\infty) = 1$，输入为阶跃函数 $R(s) = \frac{1}{s}$，由终值定理

$$c(\infty) = \lim_{s\to 0} sC(s) = \lim_{s\to 0} sG(s)R(s) = \lim_{s\to 0} s \cdot \frac{1}{ms^2+fs+k} \cdot \frac{40}{s} = \frac{40}{k} = 1$$

得到

$$k = 40 \ \text{N/m}$$

由图 3.2.12(b)可知，超调量为

$$M_p = e^{-\frac{\zeta}{\sqrt{1-\zeta^2}}\pi} = \frac{1.254-1}{1.0} = 25.4\%$$

峰值时间为

$$t_p = \frac{\pi}{\omega_d} = \frac{\pi}{\omega_n\sqrt{1-\zeta^2}} = 4 \ \text{s}$$

解出

$$\begin{cases} \zeta = 0.4 \\ \omega_n = 0.857 \end{cases}$$

即

$$s^2 + \frac{f}{m}s + \frac{k}{m} = s^2 + 2\zeta\omega_n s + \omega_n^2 = s^2 + 0.686s + 0.734$$

得

$$\begin{cases} m = 54.5\ \text{kg} \\ f = 37.38\ \text{N}\cdot\text{s/m} \end{cases}$$

3.2.7 试判别如图3.2.13所示系统的稳定性。

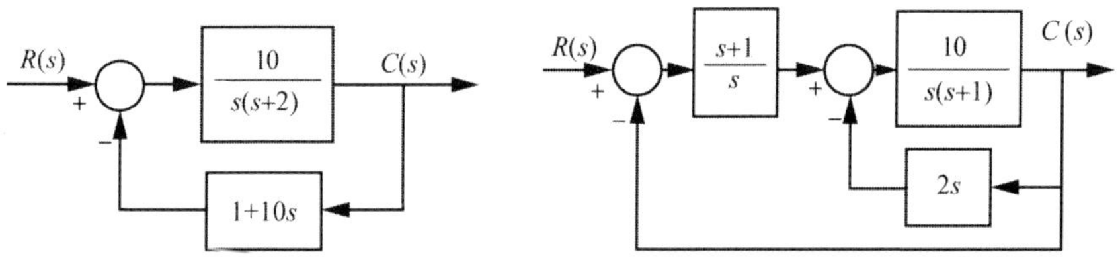

(a) 结构1　　(b) 结构2

图3.2.13　系统结构图(3.2.7)

解　(1)见图3.2.13(a)所示，闭环传递函数为

$$G_c(s) = \frac{\dfrac{10}{s(s+2)}}{1 + (1+10s)\dfrac{10}{s(s+2)}} = \frac{10}{s^2 + 102s + 10}$$

闭环特征方程为

$$s^2 + 102s + 10 = 0$$

由于闭环特征多项式系数全部大于零，所以系统是稳定的。

(2)见图3.2.13(b)所示，系统内环的传递函数为

$$G_0(s) = \frac{\dfrac{10}{s(s+1)}}{1 + 2s\cdot\dfrac{10}{s(s+1)}} = \frac{10}{s^2 + 21s}$$

则闭环传递函数为

$$G_c(s) = \frac{\dfrac{s+1}{s}\cdot\dfrac{10}{s^2+21s}}{1 + \dfrac{s+1}{s}\cdot\dfrac{10}{s^2+21s}} = \frac{10(s+1)}{s^3 + 21s^2 + 10s + 10}$$

闭环特征方程为

$$s^3 + 21s^2 + 10s + 10 = 0$$

作劳斯表

s^3	1	10
s^2	21	10
s^1	9.524	
s^0	10	

由于第一列系数全部大于零，所以系统是稳定的。

3.2.8　试确定如图 3.2.14 所示系统参数 K 和 ζ 的稳定域。

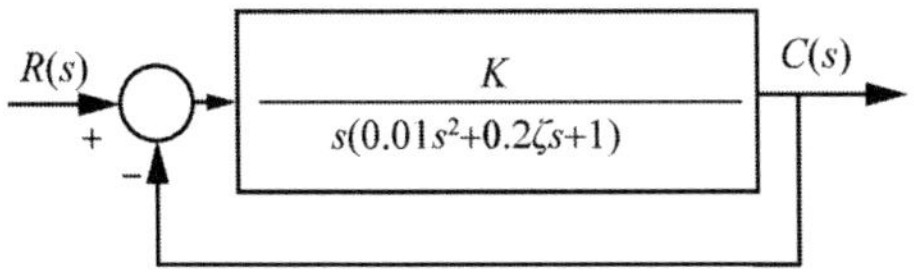

图 3.2.14　系统结构图(3.2.8)

解　闭环传递函数为

$$G_c(s)=\frac{\dfrac{K}{s(0.01s^2+0.2\zeta s+1)}}{1+\dfrac{K}{s(0.01s^2+0.2\zeta s+1)}}=\frac{K}{0.01s^3+0.2\zeta s^2+s+K}$$

则闭环特征方程为

$$0.01s^3+0.2\zeta s^2+s+K=0$$

由劳斯判据，作劳斯表

$$\begin{array}{lll} s^3 & 0.01 & 1 \\ s^2 & 0.2\zeta & K \\ s^1 & \dfrac{0.2\zeta-0.01K}{0.2\zeta} & \\ s^0 & K & \end{array}$$

系统稳定，则第一列系数大于零。解出系统稳定的条件为

$$\begin{cases} \zeta>0 \\ 0<K<20\zeta \end{cases}$$

3.2.9　反馈控制系统如图 3.2.15 所示，如果要求闭环系统的特征根全部位于 s 平面上虚轴的左面，试确定参数 K 的取值范围。

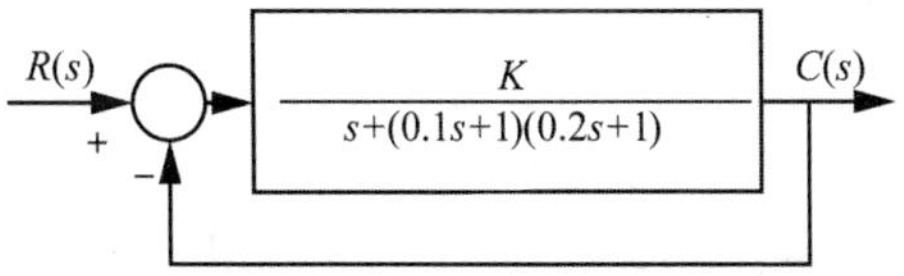

图 3.2.15　反馈控制系统(3.2.9)

解　系统闭环传递函数为

$$G_c(s)=\frac{\dfrac{K}{s(0.1s+1)(0.2s+1)}}{1+\dfrac{K}{s(0.1s+1)(0.2s+1)}}$$

$$=\frac{K}{0.02s^3+0.3s^2+s+K}$$

闭环特征方程为

$$0.02s^3+0.3s^2+s+K=0$$

由劳斯判据，作劳斯表

s^3	0.02	1
s^2	0.3	K
s^1	$\dfrac{0.3-0.02K}{0.3}$	
s^0	K	

令第一列系数全部大于零，解出 $0<K<15$。

3.2.10 已知系统的闭环特征方程为

$$(s+1)(s+1.5)(s+2)+K=0$$

试由代数稳定性判据确定使得系统闭环特征根的实部均小于 -1 的最大 K 值。

解 由于要求闭环特征根的实部均小于 -1，则令 $s'=s+1$，则 $s=s'-1$ 代入方程

$$[(s'-1)+1][(s'-1)+1.5)][(s'-1)+2]+K=0$$

整理，则以 s' 为变量的闭环特征方程为

$$s'^3+1.5s'^2+0.5s'+K=0$$

由劳斯判据，作劳斯表

s'^3	1	0.5
s'^2	1.5	K
s'^1	$\dfrac{0.75-K}{1.5}$	
s'^0	K	

系统稳定，则劳斯表第一列系数全部大于零，解出

$$K=0.75$$

3.2.11 如图3.2.16所示系统，如果要求系统作等幅振荡，确定系统参数 K，α 的值和振荡频率 ω。

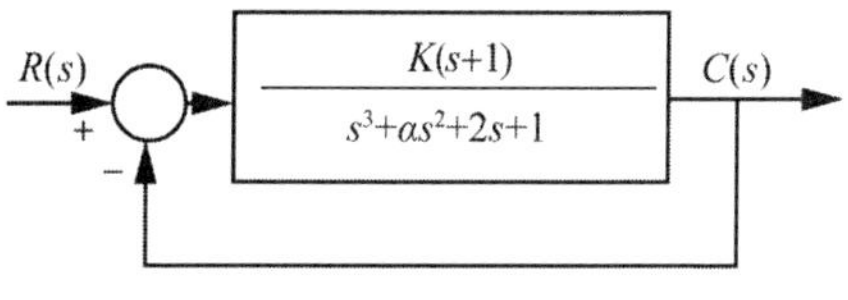

图3.2.16 系统结构图(3.2.11)

解 系统闭环传递函数为

$$G_c(s)=\frac{K(s+1)}{s^3+\alpha s^2+(2+K)s+(1+K)}$$

闭环特征方程为

$$s^3+\alpha s^2+(2+K)s+(1+K)=0$$

由劳斯判据，作劳斯表

$$\begin{array}{lll} s^3 & 1 & 2+K \\ s^2 & \alpha & 1+K \\ s^1 & \dfrac{(2+K)\alpha-(1+K)}{\alpha} & \\ s^0 & 1+K & \end{array}$$

系统要等幅振荡，则劳斯表第一列中的某一行系数应等于零，其余各行应大于零，令

$$\alpha > 0\ ,\ \alpha(2+K)-(1+K)=0\ ,\ 1+K>0$$

解出

$$0<\alpha<1$$

$$K>-1$$

$$K=\frac{2\alpha-1}{1-\alpha}$$

当系统参数满足上述条件时，系统的时间响应为等幅振荡。其关系曲线如图 3.2.17 所示。

代入特征方程，解出振荡频率为

$$\omega=\sqrt{\frac{1}{1-\alpha}}$$

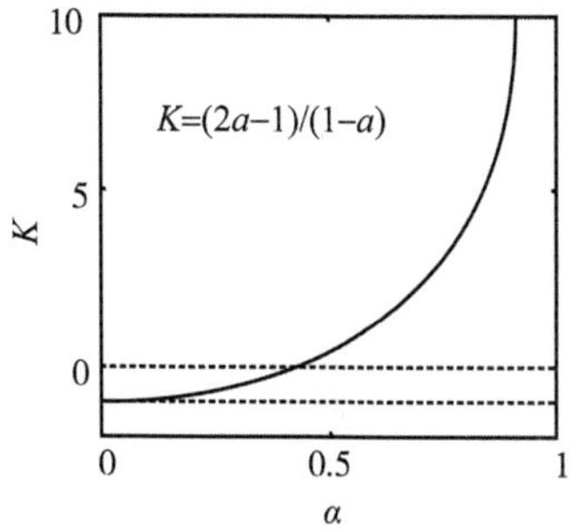

图 3.2.17 关系曲线(3.2.11)

3.2.12 如图 3.2.18 所示系统，开环传递函数中的因子 $(s-1)$ 作严格对消与不严格对消时，判别系统的稳定性。

解 严格对消时，闭环传递函数为

$$G_c(s)=\frac{\dfrac{s-1}{s+1}\cdot\dfrac{K}{s(s-1)}}{1+\dfrac{s-1}{s+1}\cdot\dfrac{K}{s(s-1)}}=\frac{K}{s^2+s+K}$$

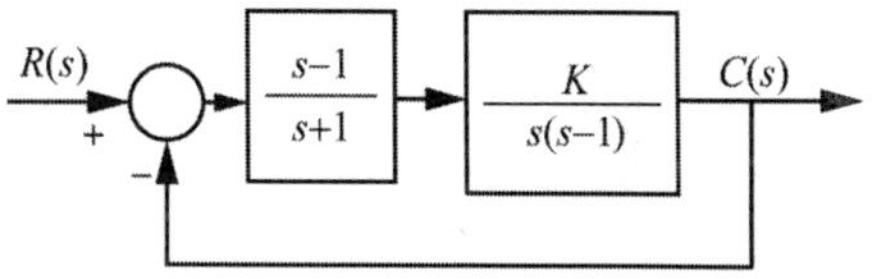

图 3.2.18 系统结构图(3.2.12)

闭环特征方程为

$$s^2+s+K=0$$

由于系统为二阶系统，特征方程系数大于零即稳定。所以，当增益 K 大于零时，系统总是稳定的。

不严格对消时，设抵消后的余因子为 $\varepsilon(s-1)$，$\varepsilon>0$。

(1)如果余因子在分子上，则开环传递函数为

$$G_o(s)=\frac{K\varepsilon(s-1)}{s(s+1)}$$

闭环传递函数为

$$G_c(s)=\frac{K\varepsilon(s-1)}{s^2+(1+K\varepsilon)s-K\varepsilon}$$

闭环特征方程为

$$s^2+(1+K\varepsilon)s-K\varepsilon=0$$

由于二阶系统的特征方程系数有负值，因此系统是不稳定的。

(2)如果余因子在分母上，则开环传递函数为

$$G_o(s)=\frac{K}{s(s+1)[\varepsilon(s-1)]}$$

闭环传递函数为

$$G_c(s)=\frac{K}{\varepsilon s^3-\varepsilon s+K}$$

闭环特征方程为

$$\varepsilon s^3-\varepsilon s+K=0$$

由于闭环特征方程多项式缺项(二次项系数为零)，所以系统是不稳定的。

因此，只要是不完全抵消，系统就是不稳定的。所以控制对象如果在 s 的右半平面有极点时，简单采用抵消法是不允许的。

3.2.13 已知某控制系统结构图如图 3.2.19 所示，内环为正反馈，反馈系数为 K_s，$K_s>0$，是不稳定的，在反馈的基础上增加前向通路比例—微分控制时，系统可以稳定，试确定

(1)系统稳定时，PD 控制器参数 K_c 和 T_c 的取值条件;

(2)当正反馈系数 $K_s=0.8$ 时，要求系统阶跃响应的超调量 $M_p=16.3\%$ 和过渡时间 $t_s=0.8$ s，试确定 PD 控制器参数 K_c 和 T_c 的取值。

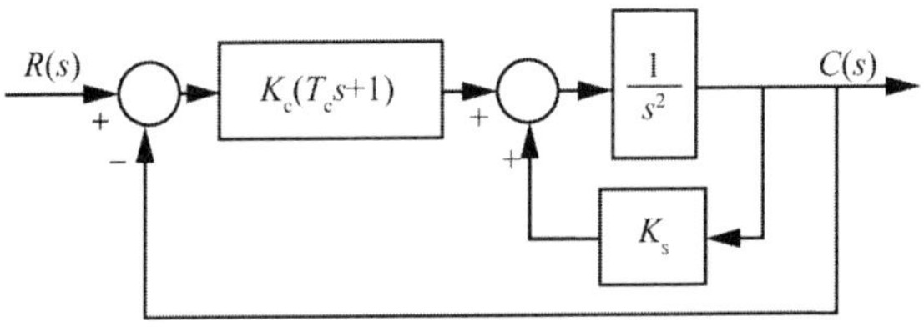

图 3.2.19 控制系统结构图(3.2.13)

解 (1)系统内环传递函数为

$$G_0(s)=\frac{\frac{1}{s^2}}{1-\frac{1}{s^2}K_s}=\frac{1}{s^2-K_s}$$

闭环传递函数为

$$G_c(s)=\frac{K_c(T_cs+1)\frac{1}{s^2-K_s}}{1+K_c(T_cs+1)\frac{1}{s^2-K_s}}=\frac{K_c(T_cs+1)}{s^2+K_cT_cs+(K_c-K_s)}$$

闭环特征方程为

$$s^2+K_cT_cs+(K_c-K_s)=0$$

二阶系统若稳定，应有特征方程的系数均大于零，即

$$\begin{cases}K_cT_c>0\\K_c>K_s\end{cases}$$

(2) $K_s = 0.8$ 时，闭环传递函数为

$$G_c(s) = \frac{K_c(T_c s + 1)}{s^2 + K_c T_c s + (K_c - 0.8)}$$

由系统要求的性能指标 $M_p = 16.3\%$ 和 $t_s = 0.8$ s，计算出满足性能指标的参数为

$$\begin{cases} \zeta = 0.5 \\ \omega_n = 10 \end{cases}$$

将上述参数代入特征方程得

$$s^2 + 2\zeta\omega_n s + \omega_n^2 = s^2 + 10s + 100$$

与上式闭环传递函数的分母比较，对应项相等，即

$$\begin{cases} K_c T_c = 10 \\ K_c - 0.8 = 100 \end{cases}$$

解出

$$\begin{cases} K_c = 100.8 \\ T_c = 0.099 \end{cases}$$

系统的闭环传递函数为

$$G_c(s) = \frac{10s + 100.8}{s^2 + 10s + 100}$$

校正前后系统阶跃响应曲线如图 3.2.20 所示。

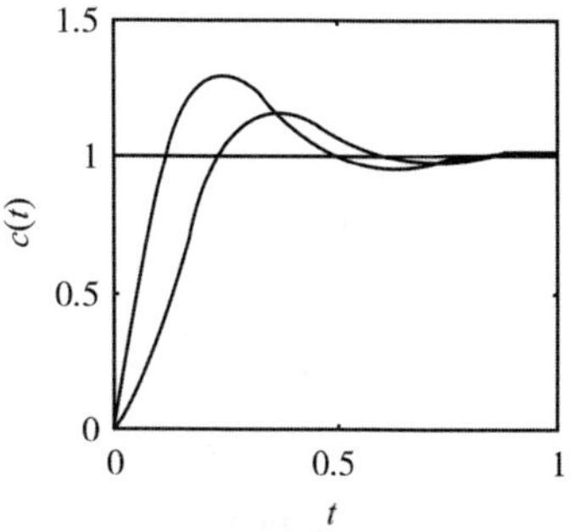

图 3.2.20　阶跃响应曲线 (3.2.13)

3.2.14　温度计的特性可以用一惯性环节 $(1/Ts+1)$ 来描述。将某种温度计置于一恒温水槽内，约 1 min 时，温度计的指示值达实际值的 98%。如果将水槽以 10 ℃/min 的速度升温，试计算该温度计的稳态指示误差。

解　由于在 1 min 时，温度计的指示值达实际值的 98%，所以，该系统的过渡过程时间为 60 s，即

$$t_s = 4T = 60 \text{ s}$$

则有该系统的时间常数

$$T = 60/4 = 15 \text{ s}$$

温度计特性为

$$G(s) = \frac{1}{Ts+1}\bigg|_{T=15} = \frac{1}{15s+1}$$

水槽以 10 ℃/min 的速度升温时，相当于加斜坡信号输入，即

$$r(t) = 10\ ℃/\text{min} \cdot t = \frac{10}{60}\ (℃/\text{s}) \cdot t$$

输入信号的拉普拉斯变换为

$$R(s) = \frac{10}{60} \cdot \frac{1}{s^2}$$

误差为

$$E(s) = R(s) - C(s) = R(s)[1 - G(s)] = \frac{10}{60} \cdot \frac{1}{s^2} \cdot \frac{15s}{15s+1}$$

所以，稳态误差为

$$e_{ss} = \lim_{s\to 0} s \cdot E(s) = \lim_{s\to 0} s \cdot \left(\frac{10}{60} \cdot \frac{1}{s^2} \cdot \frac{15s}{15s+1}\right) = 2.5\ ℃$$

3.2.15 设单位反馈系统的开环传递函数如下，分别计算系统的静态位置误差系数 K_p，静态速度误差系数 K_v，静态加速度误差系数 K_a，并分别计算当输入为 $r(t) = 2 \cdot 1(t)$，$r(t) = 2t$，$r(t) = 2t^2$ 时的稳态误差。

(1) $G(s) = \dfrac{50}{(5s+1)(6s+1)}$；

(2) $G(s) = \dfrac{K}{s(0.5s+1)(4s+1)}$；

(3) $G(s) = \dfrac{K}{s(s^2+4s+5)(s+40)}$；

(4) $G(s) = \dfrac{K(2s+1)(4s+1)}{s^2(s^2+2s+10)}$。

解 (1) $G(s) = \dfrac{50}{(5s+1)(6s+1)}$

各误差系数为

$$K_p = \lim_{s\to 0} G(s) = \lim_{s\to 0} \frac{50}{(5s+1)(6s+1)} = 50$$

$$K_v = \lim_{s\to 0} sG(s) = \lim_{s\to 0} s\frac{50}{(5s+1)(6s+1)} = 0$$

$$K_a = \lim_{s\to 0} s^2G(s) = \lim_{s\to 0} s^2\frac{50}{(5s+1)(6s+1)} = 0$$

当 $r(t) = 2 \cdot 1(t)$ 时，

$$e_{ss} = 2 \cdot \frac{1}{1+K_p} = \frac{1}{1+50} = \frac{2}{51}$$

当 $r(t) = 2t$ 时，

$$e_{ss} = 2 \cdot \frac{1}{K_v} = 2 \cdot \frac{1}{0} = \infty$$

当 $r(t) = 2t^2 = 4 \cdot \frac{1}{2}t^2$ 时，

$$e_{ss} = 4 \cdot \frac{1}{K_a} = 4 \cdot \frac{1}{0} = \infty$$

(2) $G(s) = \dfrac{K}{s(0.5s+1)(4s+1)}$

各误差系数为

$$K_p = \lim_{s \to 0} G(s) = \lim_{s \to 0} \frac{K}{s(0.5s+1)(4s+1)} = \infty$$

$$K_v = \lim_{s \to 0} sG(s) = \lim_{s \to 0} s \frac{K}{s(0.5s+1)(4s+1)} = K$$

$$K_a = \lim_{s \to 0} s^2 G(s) = \lim_{s \to 0} s^2 \frac{K}{s(0.5s+1)(4s+1)} = 0$$

当 $r(t) = 2 \cdot 1(t)$ 时，

$$e_{ss} = 2 \cdot \frac{1}{1+K_p} = 2 \cdot \frac{1}{1+\infty} = 0$$

当 $r(t) = 2t$ 时，

$$e_{ss} = \frac{1}{K_v} \cdot 2 = \frac{2}{K}$$

当 $r(t) = 2t^2 = 4 \cdot \frac{1}{2}t^2$ 时，

$$e_{ss} = 4 \cdot \frac{1}{K_a} = 4 \cdot \frac{1}{0} = \infty$$

(3) $G(s) = \dfrac{K}{s(s^2+4s+5)(s+40)}$

传递函数的各环节归一化为

$$G(s) = \frac{K}{s(s^2+4s+5)(s+40)} = \frac{K/200}{s(\frac{1}{5}s^2 + \frac{4}{5}s + 1)(\frac{1}{40}s + 1)}$$

各误差系数为

$$K_p = \lim_{s \to 0} G(s) = \lim_{s \to 0} \frac{K/200}{s(\frac{1}{5}s^2 + \frac{4}{5}s + 1)(\frac{1}{40}s + 1)} = \infty$$

$$K_v = \lim_{s \to 0} sG(s) = \lim_{s \to 0} s \frac{K/200}{s(\frac{1}{5}s^2 + \frac{4}{5}s + 1)(\frac{1}{40}s + 1)} = \frac{K}{200}$$

$$K_a = \lim_{s \to 0} s^2 G(s) = \lim_{s \to 0} s^2 \frac{K/200}{s(\frac{1}{5}s^2 + \frac{4}{5}s + 1)(\frac{1}{40}s + 1)} = 0$$

当 $r(t) = 2 \cdot 1(t)$ 时，

$$e_{ss} = 2 \cdot \frac{1}{1+K_p} = 2 \cdot \frac{1}{1+\infty} = 0$$

当 $r(t) = 2t$ 时，

$$e_{ss} = 2 \cdot \frac{1}{K_v} = \frac{400}{K}$$

当 $r(t) = 2t^2 = 4 \cdot \frac{1}{2}t^2$ 时，

$$e_{ss} = 4 \cdot \frac{1}{K_a} = 4 \cdot \frac{1}{0} = \infty$$

(4) $G(s)=\dfrac{K(2s+1)(4s+1)}{s^2(s^2+2s+10)}$

传递函数的各环节归一化为

$$G(s)=\frac{K(2s+1)(4s+1)}{s^2(s^2+2s+10)}=\frac{\frac{K}{10}(2s+1)(4s+1)}{s^2(\frac{1}{10}s^2+\frac{1}{5}s+1)}$$

各误差系数为

$$K_p=\lim_{s\to0}G(s)=\lim_{s\to0}\frac{\frac{K}{10}(2s+1)(4s+1)}{s^2(\frac{1}{10}s^2+\frac{1}{5}s+1)}=\infty$$

$$K_v=\lim_{s\to0}sG(s)=\lim_{s\to0}s\frac{\frac{K}{10}(2s+1)(4s+1)}{s^2(\frac{1}{10}s^2+\frac{1}{5}s+1)}=\lim_{s\to0}\frac{\frac{K}{10}(2s+1)(4s+1)}{s(\frac{1}{10}s^2+\frac{1}{5}s+1)}=\infty$$

$$K_a=\lim_{s\to0}s^2G(s)=\lim_{s\to0}s^2\frac{\frac{K}{10}(2s+1)(4s+1)}{s^2(\frac{1}{10}s^2+\frac{1}{5}s+1)}=\lim_{s\to0}\frac{\frac{K}{10}(2s+1)(4s+1)}{\frac{1}{10}s^2+\frac{1}{5}s+1}=\frac{K}{10}$$

当 $r(t)=2\cdot1(t)$ 时,

$$e_{ss}=2\cdot\frac{1}{1+K_p}=2\cdot\frac{1}{1+\infty}=0$$

当 $r(t)=2t$ 时,

$$e_{ss}=2\cdot\frac{1}{K_v}=2\cdot\frac{1}{\infty}=0$$

当 $r(t)=4\cdot\frac{1}{2}t^2$ 时,

$$e_{ss}=4\cdot\frac{1}{K_a}=4\cdot\frac{1}{\frac{K}{10}}=\frac{40}{K}$$

3.2.16 带有扰动信号输入的控制系统其结构图如图 3.2.21 所示，输入信号为 $r(t)=R\cdot t\cdot1(t)$，扰动作用为 $N(t)=N\cdot1(t)$，R 与 N 为常数

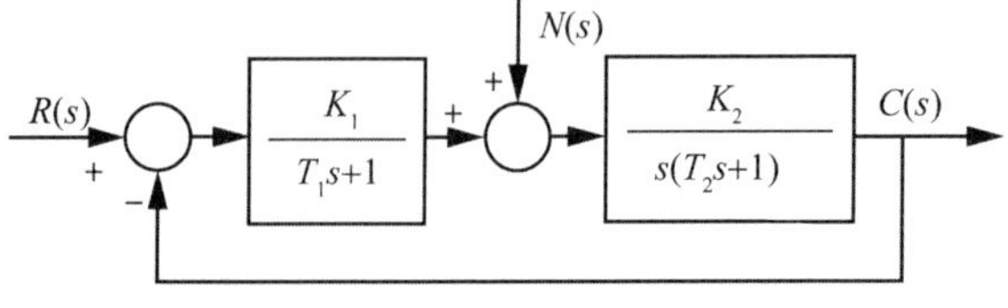

图 3.2.21 系统结构图(3.2.16)

(1)试计算系统的稳态误差;

(2)系统的环节增益 K_1，K_2 均为可调参数，但是其约束为 $K_1K_2 \leqslant K_M$，为了减小系统的稳态误差，应如何调整增益 K_1，K_2 的值。

解　(1)应用叠加原理求解。

输入信号为 $r(t) = R \cdot t \cdot 1(t)$ 时，令扰动作用为零，即 $N(t) = 0$。则有

$$E_R(s) = R(s) - C(s) = R(s) - G_c(s)R(s) = \left[1 - \frac{\frac{K_1}{T_1s+1} \cdot \frac{K_2}{s(T_2s+1)}}{1 + \frac{K_1}{T_1s+1} \cdot \frac{K_2}{s(T_2s+1)}}\right]R(s)$$

$$= \frac{1}{1 + \frac{K_1}{T_1s+1} \cdot \frac{K_2}{s(T_2s+1)}}R(s) = \frac{s(T_1s+1)(T_2s+1)}{s(T_2s+1)(T_1s+1) + K_1K_2}R(s)$$

输入的拉普拉斯变换为

$$R(s) = R \cdot \frac{1}{s^2}$$

稳态误差为

$$e_{ssr} = \lim_{s \to 0} sE_R(s) = \lim_{s \to 0} s \cdot \frac{s(T_1s+1)(T_2s+1)}{s(T_2s+1)(T_1s+1) + K_1K_2} \cdot \frac{R}{s^2} = \frac{R}{K_1K_2}$$

扰动作用为 $N(t) = N \cdot 1(t)$ 时，令输入信号为零，则

$$E_N(s) = R(s) - C(s) = -C(s)$$

$$C(s) = G_{Nc}(s)N(s) = \frac{\frac{K_2}{s(T_2s+1)}}{1 + \frac{K_1}{T_1s+1} \cdot \frac{K_2}{s(T_2s+1)}}N(s)$$

扰动的拉普拉斯变换为

$$N(s) = N \cdot \frac{1}{s}$$

扰动引起的误差为

$$e_{ssn} = \lim_{s \to 0} sE_N(s) = \lim_{s \to 0} s[-C(s)] = \lim_{s \to 0} s \cdot \frac{\frac{-K_2}{s(T_2s+1)}}{1 + \frac{K_1}{T_1s+1} \cdot \frac{K_2}{s(T_2s+1)}} \cdot \frac{N}{s} = -\frac{N}{K_1}$$

所以，在给定输入和扰动输入同时作用下，稳态误差为

$$e_{ss} = e_{ssr} + e_{ssn} = \frac{R}{K_1K_2} - \frac{N}{K_1} = \frac{R - NK_2}{K_1K_2}$$

(2)由于约束为 $K_1K_2 \leqslant K_M$，令 K_1K_2 最大为 $K_1K_2 = K_M$，

令分子

$$R - NK_2 = 0$$

则有，当

$$K_2 = \frac{R}{N}, K_1 = \frac{1}{K_2}K_M$$

可使系统的稳态误差最小。

3.2.17 已知二阶系统的单位阶跃响应曲线如图3.2.22所示。

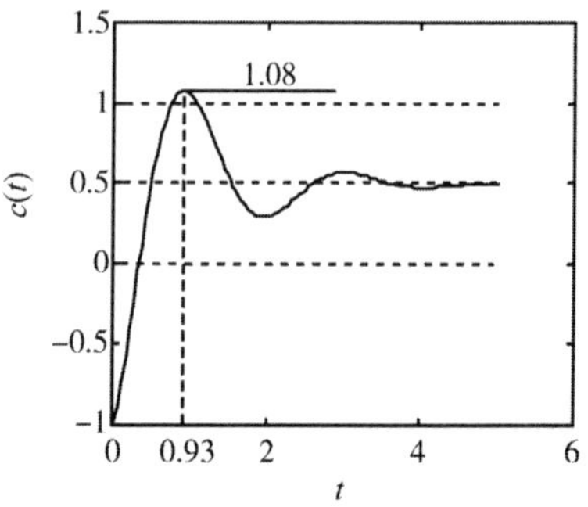

图3.2.22 单位阶跃响应曲线(3.2.17)

二阶系统为

$$G(s)=\frac{b_2s^2+b_1s+b_0}{a_2s^2+a_1s+a_0}$$

已知系统参数 $b_1=0$，$a_1=2$，$a_2=1$ 及阻尼参数 $\zeta=0.316$，试确定其他未知各参数的值，并写出确定参数后的传递函数 $G(s)$。

解 由于稳态值为0.5，由终值定理

$$c(\infty)=\lim_{t\to\infty}c(t)=\lim_{s\to0}s\cdot C(s)=\lim_{s\to0}s\cdot\frac{b_2s^2+b_1s+b_0}{a_2s^2+a_1s+a_0}\cdot\frac{1}{s}=\frac{b_0}{a_0}=0.5$$

所以有

$$b_0=0.5\cdot a_0$$

由于初值为 −1，由初值定理，得

$$c(0)=\lim_{t\to0}c(t)=\lim_{s\to\infty}s\cdot C(s)=\lim_{s\to\infty}s\cdot\frac{b_2s^2+b_1s+b_0}{a_2s^2+a_1s+a_0}\cdot\frac{1}{s}\bigg|_{\substack{a_2=1\\a_1=2\\b_1=0}}=b_2=-1$$

所以有

$$b_2=-1$$

由于 $a_1=2$ 及阻尼参数 $\zeta=0.316$，因此有无阻尼振荡频率

$$2\zeta\omega_n=a_1=2$$

$$\omega_n=\frac{1}{\zeta}=\frac{1}{0.316}=3.16$$

因此有

$$a_0=\omega_n^2=10$$

由此得到

$$b_0=0.5\cdot a_0=0.5\times10=5$$

系统的传递函数为

$$G(s) = \frac{-s^2 + 5}{s^2 + 2s + 10}$$

3.2.18　已知二阶系统的单位阶跃响应曲线如图3.2.23所示，试根据响应曲线写出传递函数 $G(s)$。

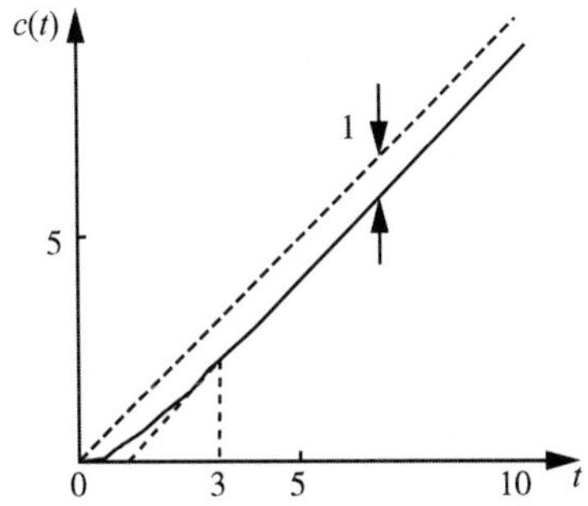

图3.2.23　单位阶跃响应曲线(3.2.18)

解　由于系统为二阶系统，所以设系统的传递函数为

$$G(s) = \frac{b_0}{s^2 + a_1 s + a_0}$$

又由于系统的阶跃响应曲线为斜坡形式，所以系统的传递函数中必含有一个积分环节，即

$$a_0 = 0$$

此时，传递函数为

$$G(s) = \left.\frac{b_0}{s^2 + a_1 s + a_0}\right|_{a_0=0} = \frac{b_0}{s^2 + a_1 s} = \frac{b_0}{s(s + a_1)}$$

系统在阶跃输入下，输出的拉普拉斯变换为

$$C(s) = G(s)R(s) = \frac{b_0}{s(s + a_1)} \cdot \frac{1}{s} = \frac{\frac{b_0}{a_1}}{s^2} - \frac{\frac{b_0}{a_1^2}}{s} + \frac{\frac{b_0}{a_1^2}}{s + a_1}$$

则

$$c(t) = L^{-1}[C(s)] = \frac{b_0}{a_1}t - \frac{b_0}{a_1^2}1(t) + \frac{b_0}{a_1^2}e^{-a_1 t}$$

由系统的阶跃响应曲线可以看出，期望的响应曲线为单位斜坡函数，因此

$$\frac{b_0}{a_1} = 1, \text{即 } b_0 = a_1$$

又因为期望的响应曲线与响应曲线稳态时相差始终为1，这是由于输出函数中存在常值误差(阶跃函数项)造成的，所以

$$\frac{b_0}{a_1^2} = 1$$

从图3.2.23中可看出，系统存在过渡过程，过渡过程时间为3 s，这是由于存在一阶指

数项造成的，$T = 1/a_1$。由过渡过程时间公式

$$t_s = 3T = \frac{3}{a_1} = 3$$

$$a_1 = 1$$

则

$$b_0 = 1$$

所以，系统的传递函数为

$$G(s) = \frac{1}{s(s+1)}$$

3.3 第3章扩充习题

3.3.1 已知速度反馈控制系统如图3.3.1所示，要求系统阶跃响应的超调量 $M_p < 10\%$，过渡时间 $t_s \leqslant 0.2$ s，试确定前向增益 K_1 的值和速度反馈系数 K_2 的值。

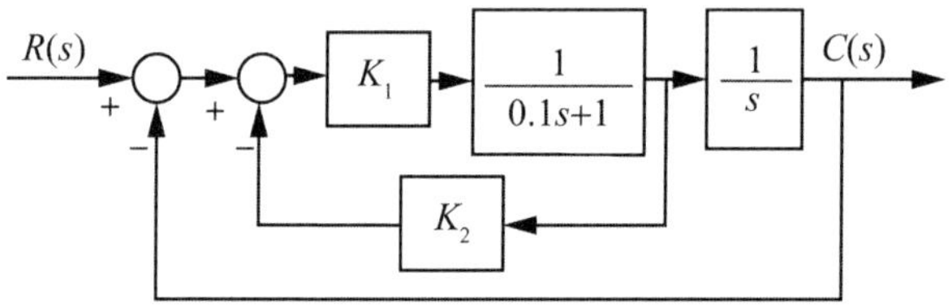

图3.3.1 速度反馈控制系统(3.3.1)

3.3.2 已知系统的单位脉冲响应，试求系统的传递函数。

(1) $g(t) = 2e^{-5t}$；

(2) $g(t) = 0.2e^{-2t} + 4\sin(10t + \pi/6)$；

(3) $g(t) = 0.2e^{-2t} + te^{-4t}$；

(4) $g(t) = 0.2e^{-2t} + e^{-2(t-0.5)}$。

3.3.3 已知系统的闭环特征方程如下，试用代数稳定性判据判别系统的稳定性：

(1) $s^4 + 10s^3 + 35s^2 + 50s + 24 = 0$；

(2) $s^3 + 5s^2 + 33s + 29 = 0$；

(3) $s^3 + 11s^2 + 30s + 500 = 0$；

(4) $s^4 + 19s^3 + 118s^2 + 240s + 1331 = 0$。

3.3.4 实验测得单位反馈控制系统在输入信号为 $r(t) = 1(t)$ 时，其输出信号 $c(t)$ 的响应曲线如图3.3.2所示，试确定系统的开环传递函数。

3.3.5 试确定如图3.3.3所示系统稳定时，参数 K_f 的取值条件。

3.3.6 试确定如图3.3.4所示系统参数 a 和 b 的稳定取值条件。

3.3.7 反馈控制系统如图3.3.5所示，如果要求闭环系统的特征根全部位于 s 平面上虚轴的左面，试确定一阶惯性环节时间常数 T 的取值条件。

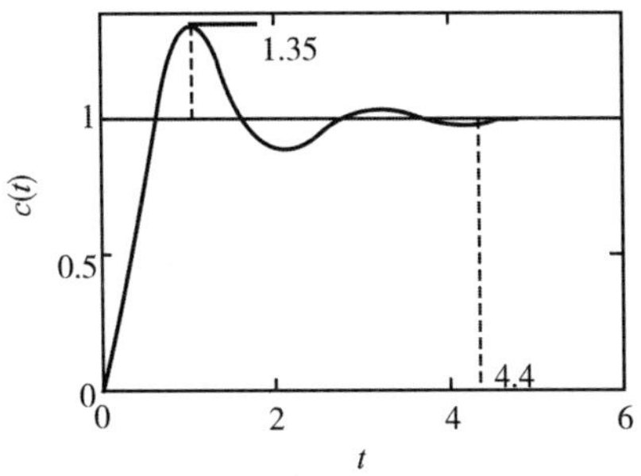

图 3.3.2　响应曲线(3.3.4)

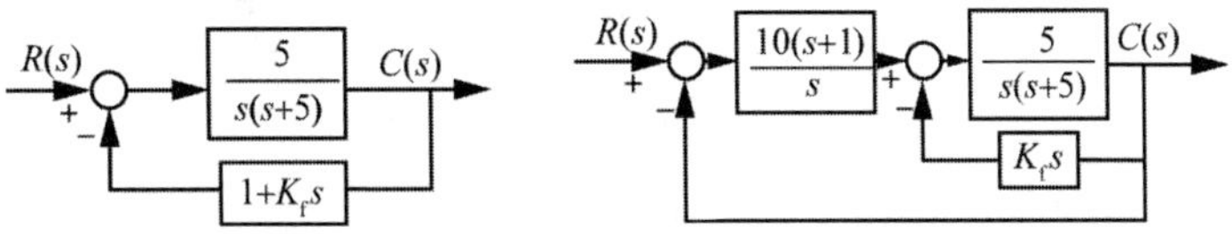

(a) 结构1　　(b) 结构2

图 3.3.3　系统结构图(3.3.5)

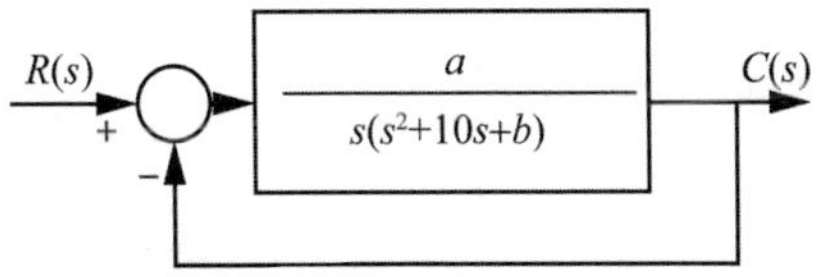

图 3.3.4　系统结构图(3.3.6)

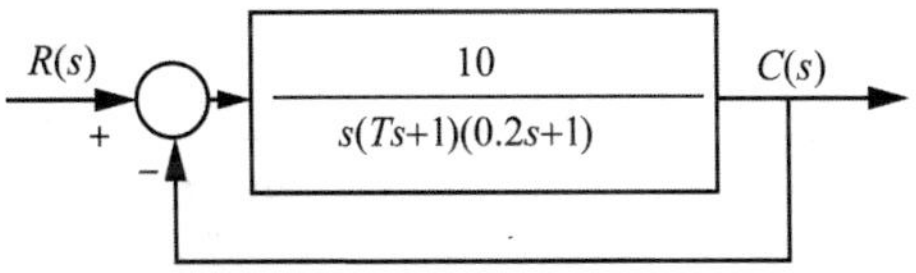

图 3.3.5　系统结构图(3.3.7)

3.3.8　已知单位反馈系统的开环传递函数为

$$G_o(s)=\frac{K}{s(s^2+6s+11)}$$

试由代数稳定性判据确定使得系统响应时间 $t_s \leqslant 3$ s 的最大 K 值。

3.3.9　如图 3.3.6 所示控制系统，试确定系统临界稳定时，参数 a、b 的取值条件，并确定临界稳定时的振荡频率 ω_x 。

3.3.10　已知某控制系统如图 3.3.7 所示，受控对象为一类非自稳对象，在反馈的基础上增加前向通路比例微分(PD)控制时，系统可以稳定。

(1)试确定系统稳定时，PD 控制器参数 K_c，T_c 与对象参数 K_b 的关系；

(2)要求系统的闭环极点为 $s_{1,2}=-6\pm \mathrm{j}6$ ，试确定 PD 控制器参数 K_c,T_c 的取值。

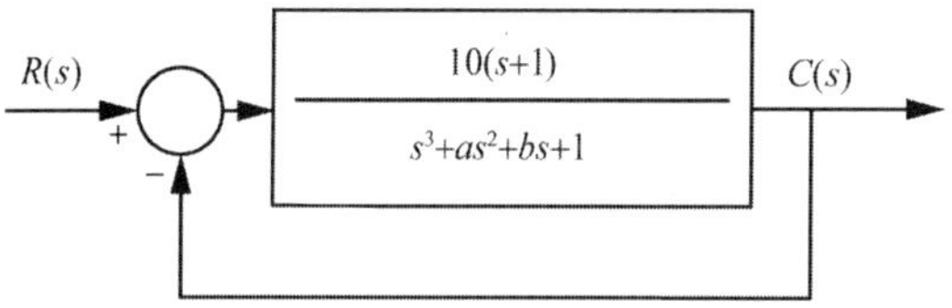

图 3.3.6　系统结构图(3.3.9)

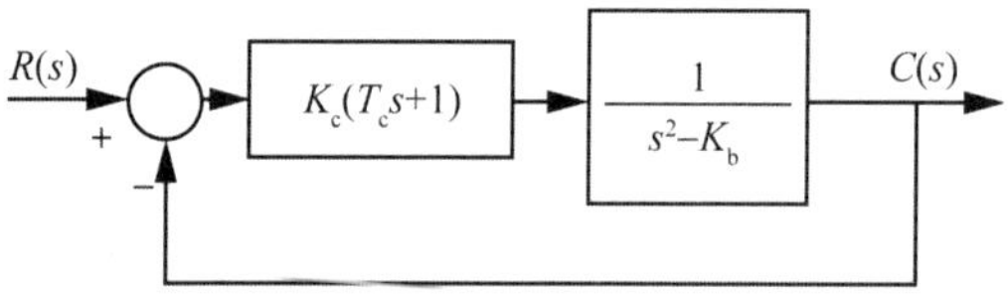

图 3.3.7　系统结构图(3.3.10)

3.3.11　设单位反馈系统的开环传递函数如下,

(1) $G(s)=\dfrac{K}{s(s^2+2s+3)(s+20)}$

(2) $G(s)=\dfrac{K(s+1)^2}{s^2(s^2+4s+6)}$

试确定系统稳定时的增益取值范围,并确定系统稳定条件下,作为有差系统时的稳态误差。

3.3.12　带有扰动信号输入的控制系统其结构图如图 3.3.8 所示,输入信号为 $r(t)=Rt$,扰动作用为 $n(t)=N\cdot 1(t)$,R 和 N 为常数。

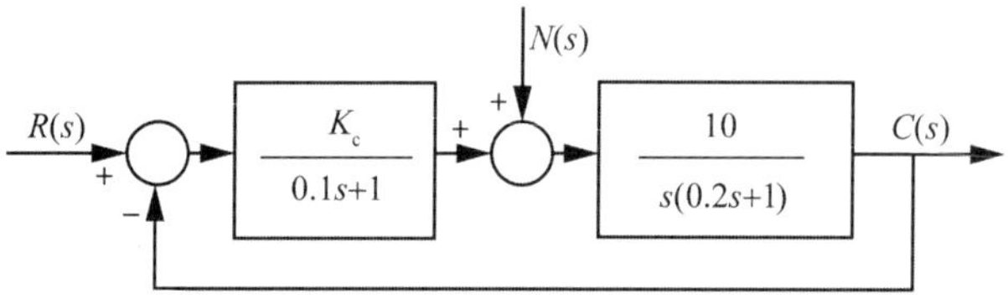

图 3.3.8　系统结构图(3.3.12)

(1) 试计算系统的稳态误差;

(2) 试确定稳态误差为零时,扰动信号的幅值 N 的值。

3.3.13　串联校正的控制系统如图 3.3.9 所示。

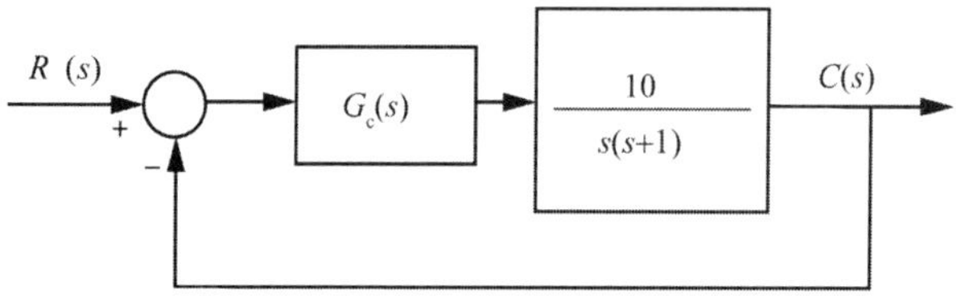

图 3.3.9　串联校正系统(3.3.13)

校正装置的结构为 $G_c(s) = \dfrac{b_1 s + b_0}{a_1 s + a_0}$，当输入为等速率信号 $r(t) = t \cdot 1(t)$ 时，如果使得稳态误差 $e_{ss} = 0$，同时满足系统的稳定性，确定 $G_c(s)$ 中各参数 a_1, a_0, b_1, b_0 应满足的条件。

3.3.14　已知系统结构图如图 3.3.10 所示。

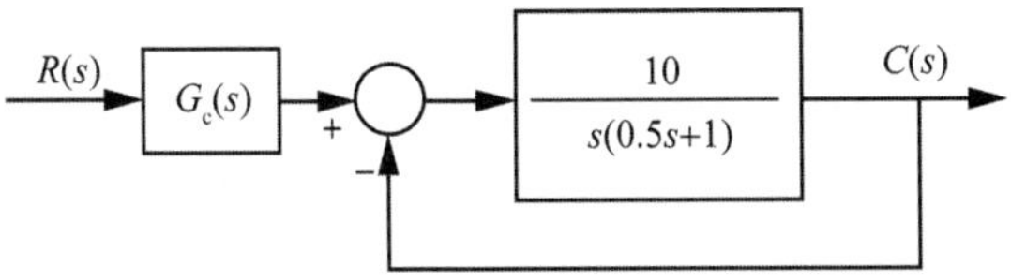

图 3.3.10　系统结构图(3.3.14)

$G_c(s) = 1$ 时，对于斜坡信号输入，该系统为 I 型有差系统。试证明：如果 $G_c(s) = 0.1(s+10)$，则系统具有 II 型系统的无差度。

3.4　第 3 章典型例题精讲

3.4.1　已知控制系统的单位阶跃响应为

$$c(t) = 1(t) + 0.2e^{-30t} - 1.2e^{-5t}$$

(1)试确定系统的阻尼比 ζ 和自然频率 ω_n；

(2)试求该控制系统的调节时间 t_s。

解　(1)系统的传递函数为：

$$\frac{C(s)}{R(s)} = \frac{\dfrac{1}{s} + \dfrac{0.2}{s+30} - \dfrac{1.2}{s+5}}{\dfrac{1}{s}} = \frac{150}{s^2 + 35s + 150} = \frac{\omega_n^2}{s^2 + 2\zeta\omega_n s + \omega_n^2}$$

则：

$$\omega_n = \sqrt{150} = 12.25, \zeta = \frac{35}{2 \times 12.25} = 1.43$$

(2)由于 $\zeta > 1$ 为过阻尼运动，且 $T_1 = \dfrac{1}{30} << T_2 = \dfrac{1}{5}$

故可近似为一阶系统，则：

$$t_s = 0.8 \text{ 或 } 0.6$$

3.4.2　已知系统的结构图如图 3.4.1 所示：

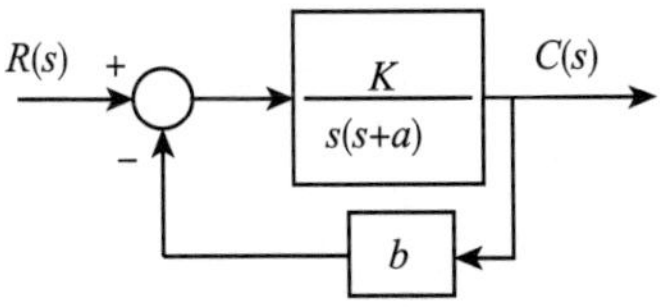

图 3.4.1　系统结构图(3.4.2)

已知：该系统在单位阶跃输入作用下，$M_p = 8\%$，$t_p = 0.3$，$c(\infty) = 2.5$，

(1)试确定系统参数 K，a，b 的值；

(2)绘制系统的单位阶跃响应曲线。

解　(1)系统的闭环传递函数为

$$G_c(s)=\frac{\dfrac{K}{s(s+a)}}{1+\dfrac{Kb}{s(s+a)}}=\frac{K}{s^2+as+Kb}$$

由 $c(\infty)=2.5$，根据终值定理

$$c(\infty)=\lim_{s\to 0}s\frac{1}{s}\cdot\frac{K}{s^2+as+Kb}=\frac{1}{b}=2.5$$

则

$$b=0.4$$

由

$$M_p=8\%,\quad t_p=0.3$$

得 $\zeta=0.626$，$\omega_n=13.43$
由传递函数可得

$$2\zeta\omega_n=a,\ \omega_n^2=Kb$$

则：

$$K=450.9,\ a=16.8$$

(2)系统的单位阶跃响应曲线如图 3.4.2 所示。

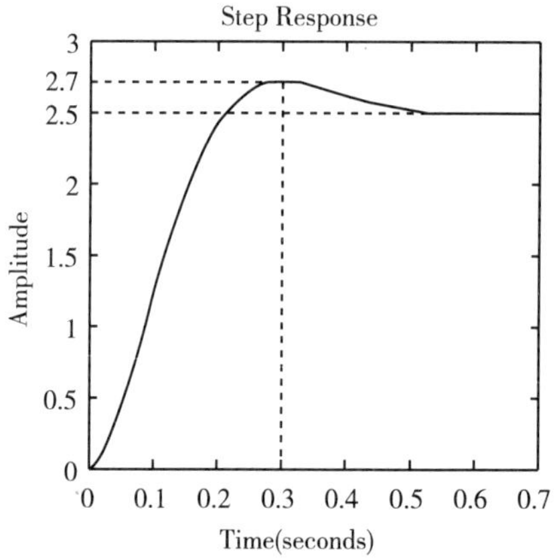

图 3.4.2　系统单位阶跃响应曲线(3.4.2)

3.4.3　已知控制系统的结构图如图 3.4.3 所示，其中：$G_1(s)=\dfrac{1}{s+1}$，$G_2(s)=\dfrac{K_1}{s}$。

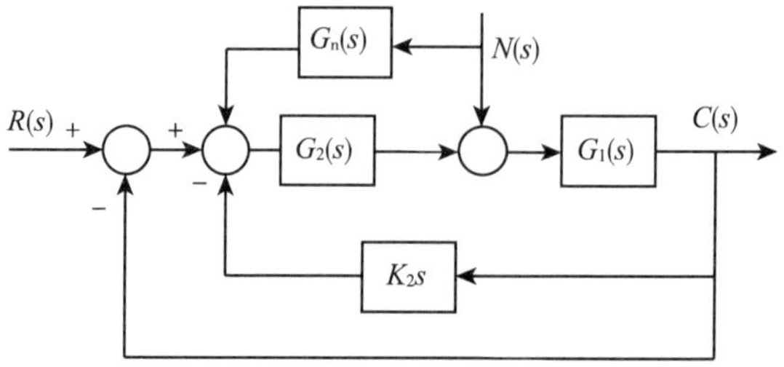

图 3.4.3　系统结构图(3.4.3)

试求：(1) $n(t)=0$ 时，确定参数 K_1，K_2 的值，使系统单位阶跃响应的超调量满足 $M_p=25\%$，峰值时间 $t_p=2$；

(2)设计环节 $G_n(s)$，使得系统输出不受扰动 $n(t)$ 的影响。

解　(1) $n(t)=0$，则系统的闭环传递函数为

$$G(s)=\frac{K_1}{s^2+(K_1K_2+1)s+K_1}=\frac{\omega_n^2}{s^2+2\zeta\omega_n s+\omega_n^2}$$

由 $M_p=25\%$ 得

$$\zeta=0.4$$

由 $t_p=\dfrac{\pi}{\omega_n\sqrt{1-\zeta^2}}=2$ 得

$$\omega_n=1.72$$

则

$$K_1=\omega_n^2=2.96\ ,\ K_2=\frac{2\zeta\omega_n-1}{K_1}=0.13$$

(2)设计 $G_n(s)$

前向通道

$$p_1=\frac{1}{s+1}$$

$$p_2=-\frac{K_1G_n(s)}{s(s+1)}$$

独立回路

$$L_1=-\frac{K_1K_2}{(s+1)}$$

$$L_2=-\frac{K_1}{s(s+1)}$$

则

$$\Delta=1+\frac{K_1}{s(s+1)}+\frac{K_1K_2}{s+1}$$

扰动传递函数为

$$\frac{C(s)}{N(s)}=\frac{s+K_1G_n(s)}{s^2+(K_1K_2+1)s+K_1}$$

扰动 $n(t)$ 对系统输出无影响，则

$$G_n(s)=-\frac{s}{K_1}$$

3.4.4　已知速度反馈控制系统如图 3.4.4 所示

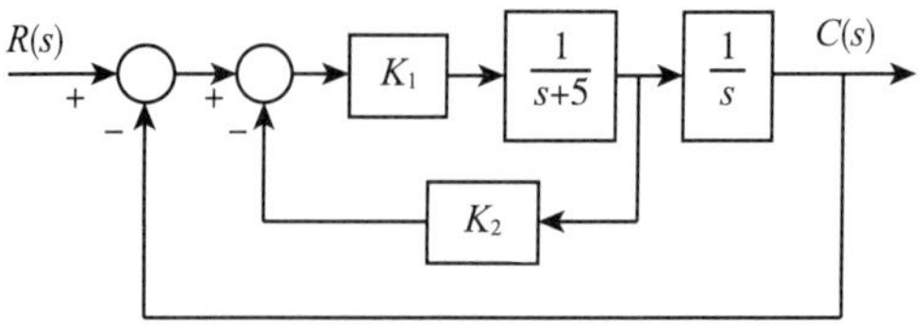

图 3.4.4　系统结构图(3.4.4)

(1)试确定前向增益 K_1 的值和速度反馈系数 K_2 的值，使系统阶跃响应的超调量 $M_p = 20\%$，过渡时间 $t_s = 0.3$ 秒；

(2)计算系统在斜坡信号 $r(t) = t \cdot 1(t)$ 输入作用下的稳态误差。

解　(1)系统内环传递函数为

$$G_o(s) = \frac{K_1 \cdot \dfrac{1}{s+5}}{1 + K_1 K_2 \dfrac{1}{s+5}} = \frac{K_1}{s + 5 + K_1 K_2}$$

则闭环传递函数为

$$G(s) = \frac{G_o \cdot \dfrac{1}{s}}{1 + G_o \dfrac{1}{s}} = \frac{\dfrac{K_1}{s + 5 + K_1 K_2} \cdot \dfrac{1}{s}}{1 + \dfrac{K_1}{s + 5 + K_1 K_2} \cdot \dfrac{1}{s}} = \frac{K_1}{s^2 + (5 + K_1 K_2)s + K_1}$$

由性能指标

$$M_p = e^{-\xi\pi/\sqrt{1-\xi^2}} \times 100\% = 20\%$$

$$t_s = \frac{3}{\zeta\omega_n} = 0.3 \text{ 秒}$$

解出满足要求的阻尼比和无阻尼振荡角频率为

$$\zeta = 0.5,\ \omega_n = 20$$

满足 $\zeta = 0.5$，$\omega_n = 20$ 的特征方程为

$$s^2 + 2\zeta\omega_n s + \omega_n^{\ 2}\Big|_{\substack{\zeta=0.5\\ \omega_n=20}} = s^2 + 20s + 400$$

则系统的闭环特征方程应与上式相等，即

$$s^2 + (5 + K_1 K_2)s + K_1 = s^2 + 20s + 400$$

方程两端对应项相等，解出

$$K_1 = 400,\ K_2 = 0.0375$$

(2)系统的开环传递函数为

$$G_o(s) = \frac{1}{s} \cdot \frac{K_1}{s + 5 + K_1 K_2} = \frac{400}{s(s+20)} = \frac{20}{s(0.05s+1)}$$

则系统在斜坡信号 $r(t) = t \cdot 1(t)$ 输入作用下的稳态误差为

$$e_{ss} = \frac{1}{20} = 0.05$$

3.4.5 已知二阶系统的模拟电路图如图 3.4.5 所示，其中 $C = 1\mu F$，$R = 100k\Omega$，R_x 阻值可调范围为 $0 \sim 470k\Omega$。

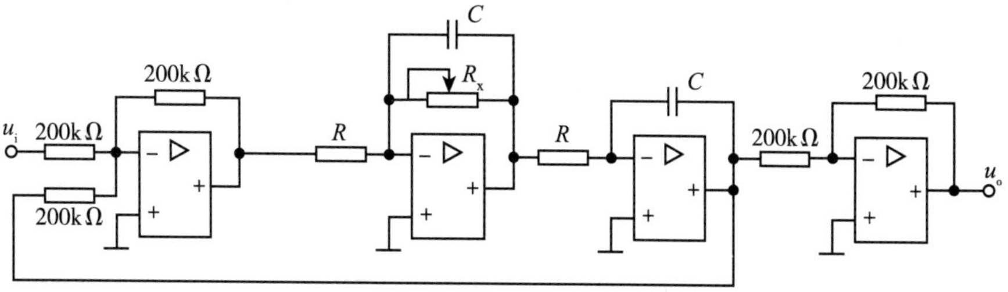

图 3.4.5 二阶系统模拟电路图(3.4.5)

(1)若可调电位器 $R_x = 25k\Omega$，输入为单位阶跃信号 $u_i = 1(t)$，试绘制输出 $u_o(t)$ 的响应曲线；

(2)若希望系统在单位阶跃输入作用下的输出为衰减振荡曲线，试求 R_x 的取值范围。

解 设放大器的输出依次为 u_{o1}、u_{o2}、u_{o3}、u_o，则由复阻抗法

$$\frac{U_i}{200 \cdot 10^3} + \frac{U_{o3}}{200 \cdot 10^3} = -\frac{U_{o1}}{200 \cdot 10^3}$$

得

$$U_i + U_{o3} = -U_{o1}$$

$$\frac{U_{o1}}{R} = -\frac{U_{o2}}{\dfrac{R_x}{sR_xC+1}}$$

得

$$U_{o2} = -\frac{R_x}{R} \cdot \frac{1}{sR_xC+1} U_{o1} = \frac{R_x}{10^5} \cdot \frac{1}{sR_x 10^{-6}+1} U_{o1}$$

由

$$\frac{U_{o3}}{\dfrac{1}{sC}} = -\frac{U_{o2}}{R}$$

得

$$U_{o3} = -\frac{1}{sCR} U_{o2} = -\frac{1}{0.1s} U_{o2}$$

$$\frac{U_o}{U_{o3}} = -1$$

所以，该网络的传递函数为

$$\frac{U_o}{U_i} = \frac{100}{s^2 + \dfrac{10^6}{R_x}s + 100}$$

则 $\omega_n = 10$

(1)当 $R_x = 25\text{k}\Omega$ 时，$\zeta = 2$，系统为过阻尼运动，单位阶跃响应曲线如图3.4.6所示。

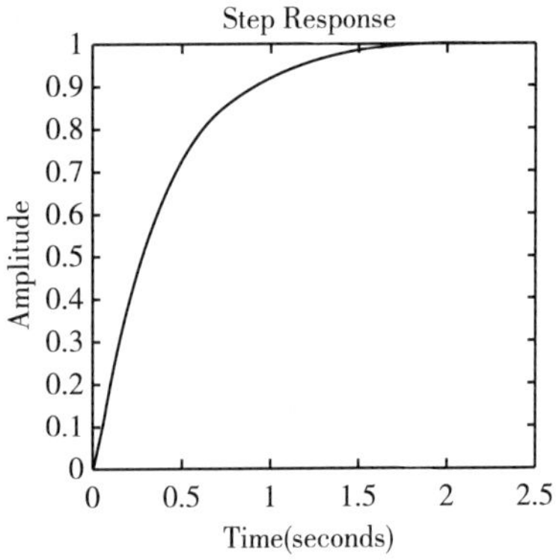

图3.4.6　单位阶跃响应曲线(3.4.5)

(2)若系统在阶跃输入作用下的输出为衰减振荡曲线，则 $0 < \zeta < 1$

$$0 < \frac{10^6}{R_x} < 2 \cdot 10 \cdot 1$$

则

$$0 < \frac{10^6}{R_x} < 2 \cdot 10 \cdot 1$$

$$470\text{k}\Omega > R_x > 50\text{k}\Omega$$

3.4.6　已知系统的结构图如图3.4.7所示：

其中，$G_1 = \dfrac{10}{s+10}$，$G_2 = \dfrac{1}{s^2}$，$H(s) = 1 + K_f s$。

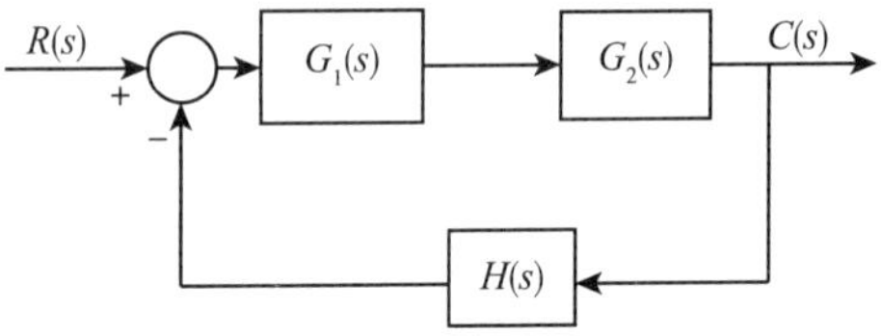

图3.4.7　系统结构图(3.4.6)

试求：

(1)系统稳定时，K_f 的取值范围；

(2) $s = -5$ 为该系统的一个闭环特征方程的根，试计算 K_f 的取值，并计算其余两个闭环特征方程的根；

(3)在(2)的 K_f 的取值下，求出系统单位阶跃响应的表达式 $c(t)$。

解　(1)系统的闭环传递函数为：

$$G_c(s) = \frac{10}{s^3 + 10s^2 + 10K_f s + 10}$$

闭环特征方程为：

$$s^3 + 10s^2 + 10K_f s + 10 = 0$$

由劳斯判据，得系统稳定时

$$K_f > 0.1$$

(2)将 $s = -5$ 代入闭环特征方程为：

$$K_f = 2.7$$

$$(s+5)(s^2 + as + b) = s^3 + 10s^2 + 10K_f s + 10$$

$$a = 5,\ b = 2$$

则另外两个闭环特征方程的根为：

$$s_1 = -0.44,\ s_2 = -4.56$$

(3)采用部分分式法求系统的阶跃响应：

$$C(s) = R(s)G_c(s) = \frac{10}{s^3 + 10s^2 + 10K_f s + 10} \cdot \frac{1}{s}$$

$$C(s) = \frac{1}{s} - \frac{1}{s+5} + \frac{1.2}{s+4.56} - \frac{1.2}{s+0.44}$$

则系统阶跃响应为：

$$c(t) = 1(t) - e^{-5t} + 1.2e^{-4.56t} - 1.2e^{-0.44t}$$

3.4.7　已知系统的结构图如图 3.4.8 所示，采用串联校正的方式消除系统跟踪斜坡输入信号的稳态误差。

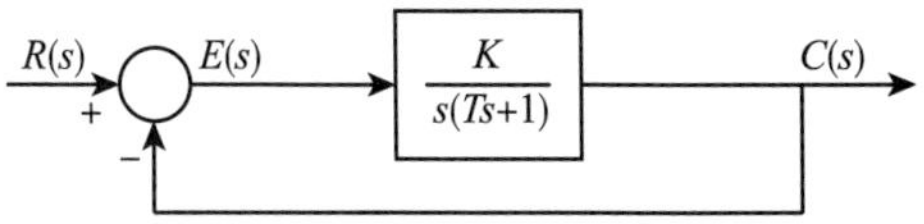

图 3.4.8　系统结构图(3.4.7)

(1)试确定串联校正装置 $G_r(s)$ 的表达式及应满足的条件；

(2)绘制校正后系统的结构图。

解　(1)若使系统能够跟踪斜坡输入信号的稳态误差为零，则校正后的系统开环传递函数必须为 II 型及以上的系统，同时，必须使校正后的系统闭环稳定

则设串联校正装置

$$G_r(s) = \frac{\tau s + 1}{s}$$

则校正后系统的闭环特征方程为

$$Ts^3 + s^2 + K\tau s + K = 0$$

则若使系统稳定，必须满足

$$Ts^3 + s^2 + K\tau s + K = 0$$

$$\begin{cases} T > 0 \\ K > 0 \\ \tau > T \end{cases}$$

(2)校正后系统的结构图如图 3.4.9 所示。

3.4.8　已知系统的结构图如图 3.4.10 所示，若希望系统在单位斜坡输入作用下的稳态误差 $e_{ss} \leqslant 0.1$，试确定 K_1 的取值范围。

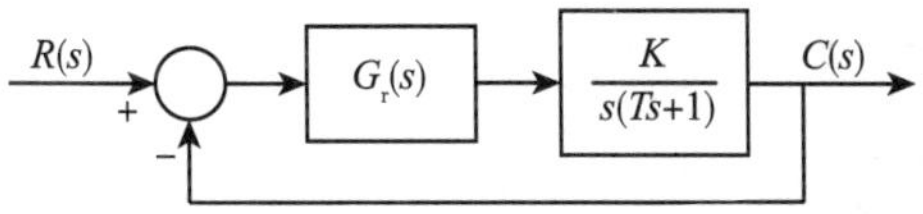

图 3.4.9　加入校正装置的系统结构图(3.4.7)

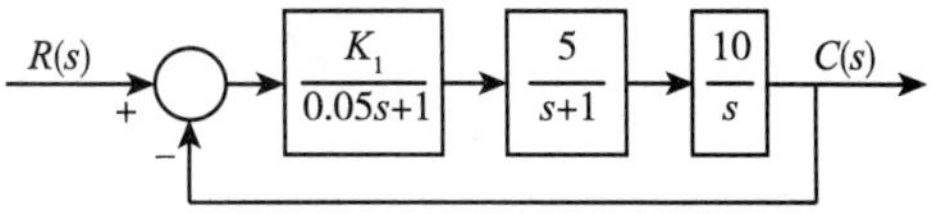

图 3.4.10　系统结构图(3.4.8)

解　系统的闭环传递函数为

$$G(s) = \frac{50K_1}{s(s+1)(0.05s+1) + 50K_1} = \frac{50K_1}{0.05s^3 + 1.05s^2 + s + 50K_1}$$

由劳斯判据，系统稳定时

$$0 < K_1 < 0.42$$

由 $e_{ss} \leqslant 0.1$，

$$e_{ss} = \frac{1}{50K_1} \leqslant 0.1,$$

$$K_1 \geqslant 0.2$$

所以，K_1 的取值范围是

$$0.2 \leqslant K_1 < 0.42$$

3.4.9 已知单位反馈系统的开环传递函数为

$$G_o(s) = \frac{K}{s(0.1s+1)(0.25s+1)}$$

(1)试判断系统稳定时 K 的取值范围；

(2)若要求系统闭环特征方程的根全部位于 $s=-1$ 垂直线的左侧，试确定 K 的取值范围。

解 (1)系统的闭环特征方程为

$$s(0.1s+1)(0.25s+1)+K=0$$

$$0.025s^3+0.35s^2+s+K=0$$

由劳斯判据，得系统稳定时

$$0 < K < 14$$

(2)作变量替换，令

$$s' = s+1, \quad s = s'-1$$

$$0.025(s'-1)^3+0.35(s'-1)^2+(s'-1)+K=0$$

则 K 的取值范围为

$$27/40 < K < 192/40$$

3.4.10 已知闭环系统的结构图如图 3.4.11 所示

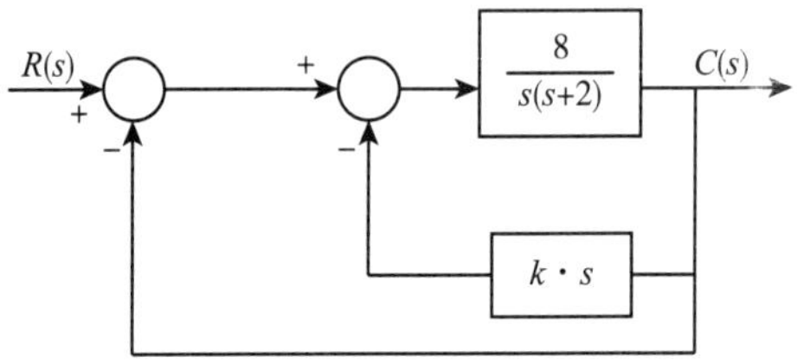

图 3.4.11　系统结构图(3.4.10)

(1)当 $k=0$ 时，确定系统的阻尼比 ζ 、无阻尼振荡角频率 ω_n 以及单位斜坡函数输入时系统的稳态误差 e_{ss} ；

(2)采用速度反馈控制以改善系统的性能。试确定速度反馈系数 k 的取值，以满足系统的阻尼比 $\zeta=0.707$ ；计算单位斜坡函数输入时系统的稳态误差 e_{ss} 。

(3)基于(1)、(2)的结果，分析加入速度反馈对系统性能的影响。

解 (1) $k=0$ 时，系统闭环传递函数为

$$G_c(s) = \frac{8}{s^2+2s+8} = \frac{\omega_n^2}{s^2+2\zeta\omega_n s+\omega_n^2}$$

因此

$$\zeta = 0.35,\ \omega_n = \sqrt{8} = 2.83$$

斜坡输入时的稳态误差为

$$e_{ss} = \frac{1}{k_v} = \frac{1}{4} = 0.25$$

(2) $k \neq 0$ 时，系统闭环传递函数为

$$G_c(s) = \frac{8}{s^2 + (2+8k)s + 8}$$

$$\omega_n = \sqrt{8} = 2.83,\ \zeta = 0.707$$

则

$$k = 0.25$$

斜坡输入时的稳态误差为

$$e_{ss} = \frac{1}{k_v} = \frac{1}{2} = 0.5$$

(3)加入速度反馈后，ζ 变大，ω_n 不变。因此超调量和调节时间变小，系统动态特性得到改善，但对于斜坡输入的稳态误差变大，静特性变差。

3.4.11 已知系统的闭环传递函数为

$$G_c(s) = \frac{b_m s^m + b_{m-1}s^{m-1} + \cdots + b_1 s + b_0}{s^n + a_{n-1}s^{n-1} + \cdots + a_1 s + a_0}$$

$a_0 \neq 0$。误差定义取 $e(t) = r(t) - c(t)$。试推导系统在阶跃输入下稳态误差为零的条件。

解 误差的拉氏变换为

$$\begin{aligned} E(s) &= R(s) - C(s) = R(s) - R(s)G_c(s) \\ &= (1 - G_c(s))R(s) \\ &= \left(1 - \frac{b_m s^m + b_{m-1}s^{m-1} + \cdots + b_1 s + b_0}{s^n + a_{n-1}s^{n-1} + \cdots + a_1 s + a_0}\right)R(s) \\ &= \frac{(a_0 - b_0) + (a_1 - b_1)s + (a_2 - b_2)s^2 + \cdots + (a_m - b_m)s^m + \cdots + a_{n-1}s^{n-1} + s^n}{s^n + a_{n-1}s^{n-1} + \cdots + a_1 s + a_0}R(s) \end{aligned}$$

由终值定理

$$\begin{aligned} e_{ss} &= \lim_{s\to 0} sE(s) \\ &= \lim_{s\to 0} s \cdot \frac{1}{s} \cdot \frac{(a_0 - b_0) + (a_1 - b_1)s + (a_2 - b_2)s^2 + \cdots + (a_m - b_m)s^m + \cdots + a_{n-1}s^{n-1} + s^n}{s^n + a_{n-1}s^{n-1} + \cdots + a_1 s + a_0} \end{aligned}$$

则当 $a_0 = b_0$ 时，系统在阶跃输入下稳态误差为零。

3.4.12 已知系统结构图如图 3.4.12 所示，系统输入信号为 $r(t) = 2t \cdot 1(t)$，

(1)当 $G_c(s) = 0$，计算系统的稳态误差 e_{ss}；

(2)若要求稳态误差 $e_{ss} = 0$，试确定前馈环节 $G_c(s)$ 的结构。

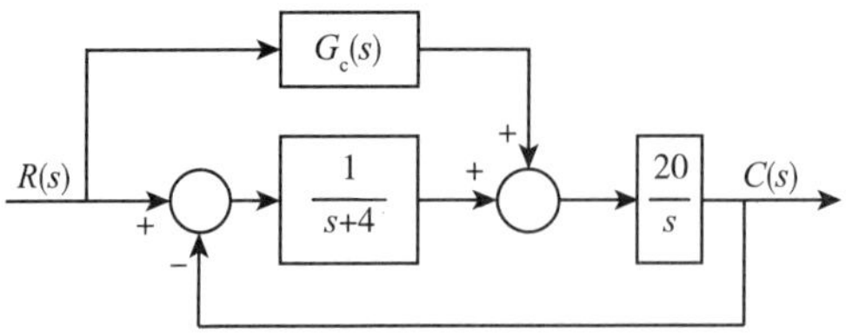

图 3.4.12　系统结构图(3.4.12)

解　(1) $G_c(s)=0$，系统为Ⅰ型系统，斜坡输入时为有差系统，系统的稳态误差为

$$K_o=\frac{20}{4}=5,\quad e_{ss}=\frac{V}{K_o}=\frac{2}{5}=0.4$$

(2)斜坡信号输入时，系统输出为

$$C(s)=C_1(s)+C_2(s)=\frac{20}{s^2+4s+20}\cdot\frac{2}{s^2}+\frac{20(s+4)G_c(s)}{s^2+4s+20}\cdot\frac{2}{s^2}$$

由误差定义

$$E(s)=R(s)-C(s)=\frac{2}{s^2}-\frac{20}{s^2+4s+20}\cdot\frac{2}{s^2}-\frac{20(s+4)G_c(s)}{s^2+4s+20}\cdot\frac{2}{s^2}$$

$$=\frac{2}{s^2}\cdot\frac{s^2+4s-20(s+4)G_c(s)}{s^2+4s+20}$$

稳态误差为

$$e_{ss}=\lim_{s\to 0}s\cdot E(s)=\lim_{s\to 0}s\cdot\frac{2}{s^2}\cdot\frac{s^2+4s-20(s+4)G_c(s)}{s^2+4s+20}=0$$

令 $4s-20(s+4)G_c(s)=0$，

此时，$e_{ss}=\lim\limits_{s\to 0}\frac{2s}{s^2+4s+20}=0$

解出

$$G_c(s)=\frac{0.2s}{s+4}$$

3.4.13　设复合控制系统如图 3.4.13 所示

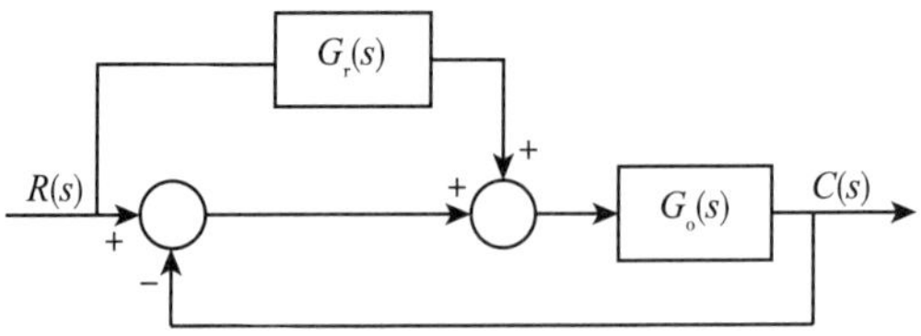

图 3.4.13　系统结构图(3.4.13)

其中

$$G_o(s)=\frac{10}{s(0.1s+1)(0.02s+1)},\quad G_r(s)=a_1s^2+a_2s$$

试确定使系统在单位匀加速信号输入下稳态误差为 0 的 a_1 和 a_2 的取值。

解　系统的闭环传递函数为

$$G_c(s) = \frac{(1 + G_r(s)) \cdot G_o(s)}{1 + G_o(s)}$$

则

$$E(s) = R(s) - C(s) = R(s) - G_c(s)R(s)$$

$$= (1 - G_c(s))R(s) = \frac{1 - G_r(s) \cdot G_o(s)}{1 + G_o(s)}R(s)$$

将 $G_o(s) = \dfrac{10}{s(0.1s + 1)(0.02s + 1)}$，$G_r(s) = a_1 s^2 + a_2 s$ 代入

$$E(s) = \frac{0.002s^3 + (1.2 - 10a_1)s^2 + (1 - 10a_2)s}{0.002s^3 + 0.12s^2 + s + 10}R(s)$$

输入信号的拉氏变换为 $R(s) = \dfrac{1}{s^3}$，则稳态误差的表达式为

$$e_{ss} = \lim_{s \to 0} sE(s) = \lim_{s \to 0} s \cdot \frac{1}{s^3} \cdot \frac{0.2s^3 + (1.2 - 50a_1)s^2 + (1 - 50a_2)s}{0.2s^3 + 1.2s^2 + 21s + 100}$$

若 $e_{ss} = 0$

则

$$(0.12 - 10a_1) = 0,\ (1 - 10a_2) = 0$$

所以

$$a_1 = 0.012;\ a_2 = 0.1$$

3.4.14　具有扰动输入的控制系统如图 3.4.14 所示。

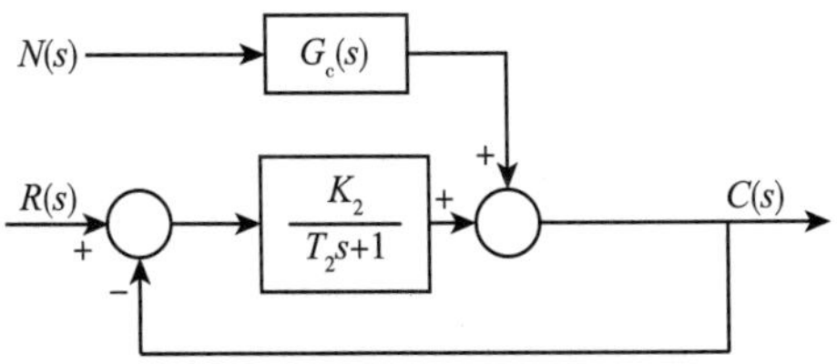

图 3.4.14　系统结构图(3.4.14)

其中 $G_c(s) = \dfrac{K_1}{T_1 s + 1}$，给定输入 $r(t) = r_0 \cdot 1(t)$，扰动输入 $n(t) = n_0 \cdot 1(t)$。试计算系统在给定输入和扰动输入同时作用下的稳态误差 e_{ss}。

解　令 $N(s) = 0$

系统为 0 型系统，$r(t) = r_0 \cdot 1(t)$，则稳态误差为

$$e_{ssr} = \frac{r_0}{1 + K_2}$$

令 $R(s) = 0$

$$E_N(s) = R(s) - C_N(s) = -C_N(s) = -\frac{K_1}{T_1 s + 1}\frac{T_2 s + 1}{T_2 s + 1 + K_2}N(s)$$

$$e_{ssN} = \lim_{s \to 0} sE(s) = \lim_{s \to 0} s\left(-\frac{K_1}{T_1 s + 1}\frac{T_2 s + 1}{T_2 s + 1 + K_2}\right)\frac{n_0}{s} = -\frac{n_0 K_1}{1 + K_2}$$

由叠加定理，则稳态误差为

$$e_{ss} = e_{ssR} + e_{ssN} = \frac{r_0}{1 + K_2} - \frac{n_0 K_1}{1 + K_2} = \frac{r_0 - n_0 K_1}{1 + K_2}$$

第 4 章　根轨迹法

本 章 重 点

1. 根轨迹条件方程与应用；

2. 控制系统的根轨迹作图，重点为一般负反馈系统绘图、参量根轨迹绘图、条件稳定系统绘图、正反馈系统根轨迹绘图等；

3. 根轨迹图系统分析、动态性能分析与稳态性能分析。

4.1　第 4 章内容概述

1. 根轨迹的定义与根轨迹的条件方程

系统的开环传递函数中某一参数(例如增益 K_g)变化时，系统闭环特征方程的根在 s 平面上变化的轨迹称为根轨迹。

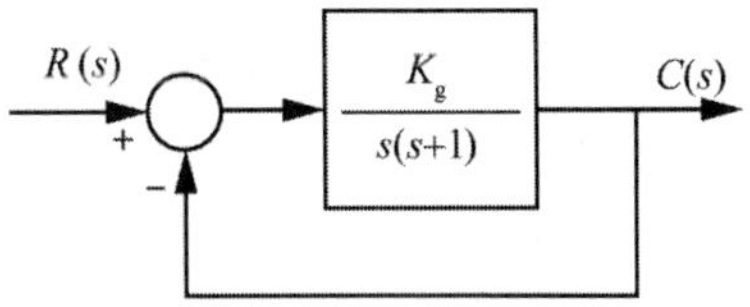

图 4.1.1　系统结构图(4.1)

4.1.1　设一随动系统如图 4.1.1 所示。

开环传递函数为

$$G_o(s) = \frac{K_g}{s(s+1)}$$

闭环传递函数为

$$G_c(s) = \frac{K_g}{s^2 + s + K_g}$$

闭环特征方程为

$$s^2 + s + K_g = 0$$

用解析法可求得两个根为

$$s_{1,2} = -\frac{1}{2} \pm \frac{1}{2}\sqrt{1 - 4K_g}$$

当根轨迹增益变化时，闭环根在 s 平面上的根轨迹如图 4.1.2 所示。

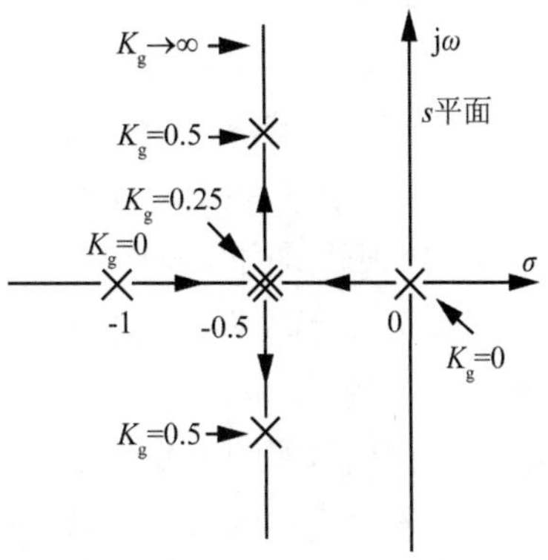

图 4.1.2　根轨迹图(4.1.1)

根轨迹的条件方程为幅值方程与幅角方程。

幅值方程为

$$|G_o(s)|_{s=s_g}=1 \tag{4.1.1}$$

幅角方程为

$$\arg[G_o(s)]|_{s=s_g}=\pm 180°(2k+1)\ ;\ k=0,1,2,\cdots \tag{4.1.2}$$

零点，极点表达式分别为

$$\left|K_g\frac{\prod_{j=1}^{m}(s+z_j)}{\prod_{i=1}^{n}(s+p_i)}\right|_{s=s_g}=1 \tag{4.1.3}$$

和

$$\left.\sum_{j=1}^{m}\arg[s+z_j]-\sum_{i=1}^{n}\arg[s+p_i]\right|_{s=s_g}=\pm 180°(2k+1)\ ;k=0,1,2,\cdots \tag{4.1.4}$$

2. 根轨迹绘图法则

根轨迹绘图法则共有10条。

(1)连续

根轨迹增益 K_g 在由 $0\rightarrow\infty$ 变化时，s 平面上的根轨迹是连续的。

(2)对称

s 平面上的根轨迹图是实轴对称的。

(3)根轨迹的分支数

分支数等于 n，与系统的阶数相等。

(4)根轨迹的起点和终点

①n 条根轨迹起始于系统的 n 个开环极点；

②n 条根轨迹应该终止于系统的 n 个开环零点；

③当 $n>m$，n 条根轨迹中的 m 条根轨迹终止于 m 个有限零点，对于其余 $n-m$ 条根轨迹趋于无穷远处。

(5)实轴上的根轨迹

在实轴上选取实验点 s_i，如果实验点 s_i 的右方实轴上的开环零点数和极点数的总和为奇数，则实验点 s_i 所在的实验段是根轨迹，否则该实验段不是根轨迹。

(6)根轨迹的会合点和分离点

①实轴分离点和会合点的判别。如果实轴上相邻开环极点之间是根轨迹，则该段根轨迹上必有分离点；如果实轴上相邻开环零点之间是根轨迹，则该段根轨迹上必有会合点；如果实轴上根轨迹在一个开环零点与一个开环极点之间，则存在两种情况，或者既无分离点也无会合点，或者既有分离点也有会合点。

②实轴分离点和会合点的计算。两条根轨迹分离或者会合时根据重根法计算公式或者极值法计算公式可以计算分离点。

设开环传递函数为 $G_0(s)=\dfrac{K_g N(s)}{D(s)}$，重根法的分离点计算公式为

$$N'(s)D(s)-N(s)D'(s)=0 \tag{4.1.5}$$

极值法的分离点计算公式为

$$\frac{\mathrm{d}K_g}{\mathrm{d}s}=\frac{\mathrm{d}}{\mathrm{d}s}\left[\frac{D(s)}{N(s)}\right]=0 \tag{4.1.6}$$

(7)根轨迹的渐近线

渐近线与实轴的交点计算公式为

$$-\sigma=-\frac{\sum_{i=1}^{n}p_i-\sum_{j=1}^{m}z_j}{n-m} \tag{4.1.7}$$

渐近线与实轴的夹角计算公式为

$$\theta=\frac{180^\circ(2k+1)}{n-m};k=0,1,2,\cdots \tag{4.1.8}$$

(8)根轨迹与虚轴的交点

根轨迹可能与虚轴相交，交点坐标的 ω 值及相应的 K_g 值可由劳斯判据求得，也可在特征方程中令 $s=\mathrm{j}\omega$，然后使特征方程的实部和虚部分别为零求得。

(9)根轨迹的出射角和入射角

当系统的开环极点和零点位于复平面上时，根轨迹离开共轭复数极点的出发角称为根轨迹的出射角，根轨迹趋于共轭复数零点的终止角称为根轨迹的入射角。

出射角计算公式为

$$\varphi_k=\mp180^\circ(2k+1)+\sum_{j=1}^{m}\theta_j-\sum_{\substack{i=1\\i\neq k}}^{n}\varphi_i\Bigg|_{s=p_k};k=0,1,2,\cdots \tag{4.1.9}$$

入射角计算公式为

$$\theta_l=\pm180^\circ(2k+1)-\sum_{\substack{j=1\\j\neq l}}^{m}\theta_j+\sum_{i=1}^{n}\varphi_i\Bigg|_{s=z_l};k=0,1,2,\cdots \tag{4.1.10}$$

(10)闭环系统极点之和与闭环系统极点之积

当 $(n-m)\geqslant 2$ 时，闭环系统极点之和等于开环系统极点之和且为常数，即

$$-\sum_{j=1}^{n}s_j=-\sum_{j=1}^{n}p_j=-a_{n-1} \tag{4.1.11}$$

定义 n 个闭环极点的重心为

$$s_w=-\frac{1}{n}\sum_{j=1}^{n}s_j=-\frac{1}{n}a_{n-1} \tag{4.1.12}$$

闭环极点之积和开环零极点的关系为

$$\prod_{j=1}^{n}s_j=\prod_{j=1}^{n}p_j+K_g\prod_{i=1}^{m}z_i \tag{4.1.13}$$

4.1.2　设系统开环传递函数为

$$G_o(s) = \frac{K_g(s+2)}{s(s+3)(s^2+2s+2)}$$

试绘制系统的根轨迹。

解 按照根轨迹绘图法则，得到系统的根轨迹如图4.1.3所示。

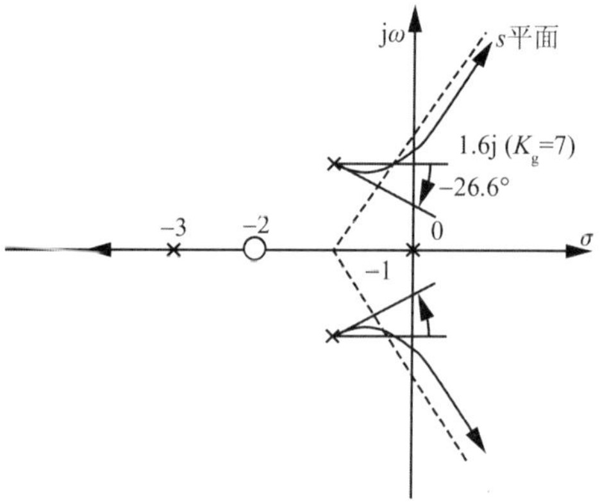

图4.1.3 根轨迹图(4.1.2)

3. 控制系统根轨迹绘图与根轨迹图分析

根轨迹绘图包括一般负反馈系统绘图、参量根轨迹绘图、条件稳定系统绘图、正反馈系统根轨迹绘图及带延迟环节系统的根轨迹绘图，它们是依据根轨迹绘图的10条法则来完成的。

控制系统的根轨迹图分析主要包括动态性能分析与稳态性能分析。

(1)动态性能分析

①确定系统闭环极点的分布与系统增益变化时闭环极点的走向；

②有无 s 平面右半平面的闭环极点。如果有，则闭环系统是不稳定的，需要确定系统闭环稳定时系统增益的临界值；

③能否确定系统的闭环主导极点的位置以及与其相对应的动态性能，如超调量与过渡时间等；

④除闭环主导极点之外，其他极点对于系统的影响如何。

(2)稳态性能分析

①系统的无差度可以由原点处开环极点的个数确定；

②系统的稳态误差分析可以由过根轨迹的闭环极点处的增益值确定有差系统的稳态误差大小。

4.1.3 设某条件稳定系统的开环传递函数为

$$G_o(s) = \frac{K(s^2+2s+4)}{s(s+4)(s+6)(s^2+1.4s+1)}$$

试绘制根轨迹图，并讨论使闭环系统稳定时 K 的取值范围。

解 利用绘制根轨迹的法则绘出系统的根轨迹，如图 4. 1. 4 所示。

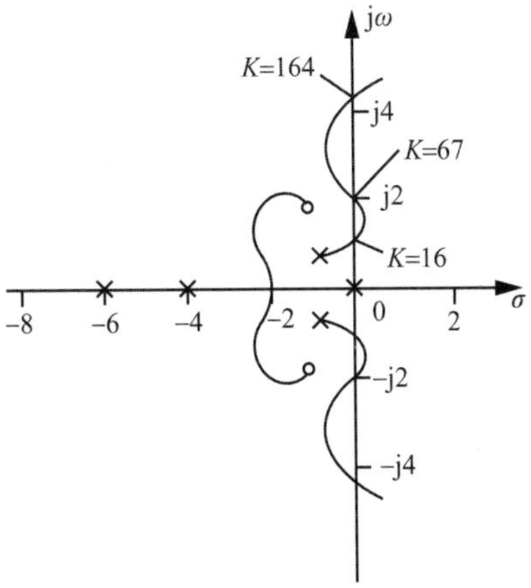

图 4. 1. 4 条件稳定系统的根轨迹图(4. 1. 3)

由图可见，当 $0 < K < 16$ 及 $67 < K < 164$ 时，闭环系统是稳定的，但当 $16 < K < 67$ 及 $K > 164$ 时，系统是不稳定的。因此，该系统是一个条件稳定系统。

4.2 第 4 章习题精解

4. 2. 1 设系统的开环零点、极点分布如图 4. 2. 1 所示，试绘制相应的根轨迹草图。

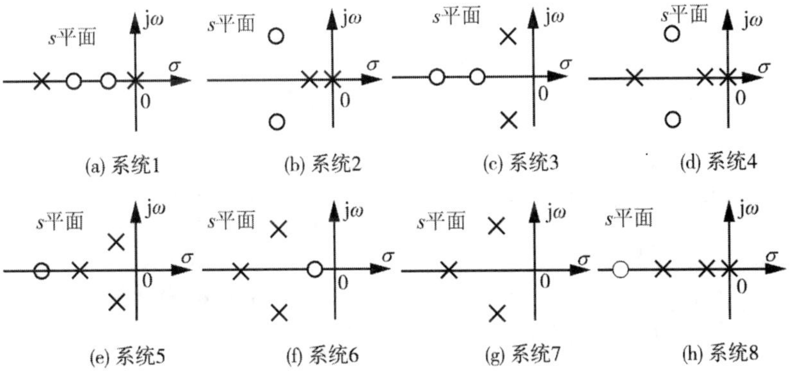

图 4. 2. 1 开环零点、极点分布图(4. 2. 1)

解 (1) 见图 4. 2. 1(a)。由于根轨迹的起点和终点均位于实轴上，且个数相等，所以根轨迹位于实轴上，如图 4. 2. 2 所示。

(2) 见图 4. 2. 1(b)。由于根轨迹的一对起点位于实轴上，一对有限终点位于 s 平面上，因此实轴上两个起点之间的线段必为根轨迹，在这段根轨迹上有一分离点，由此分离点，两条由起点出发的根轨迹分离，分别趋向有限终点，如图 4. 2. 3 所示。

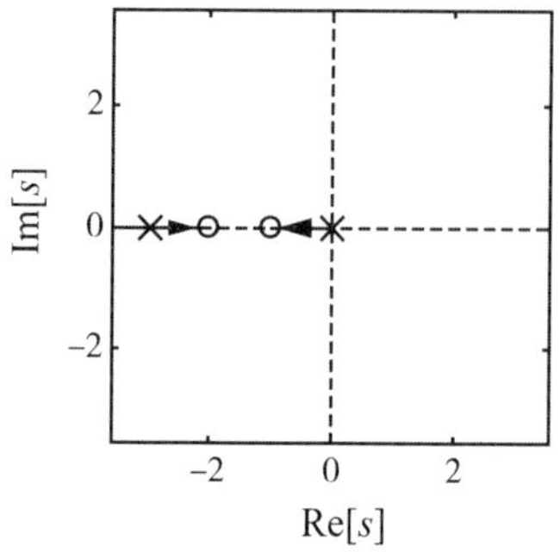

图 4.2.2　根轨迹图(4.2.1－1)

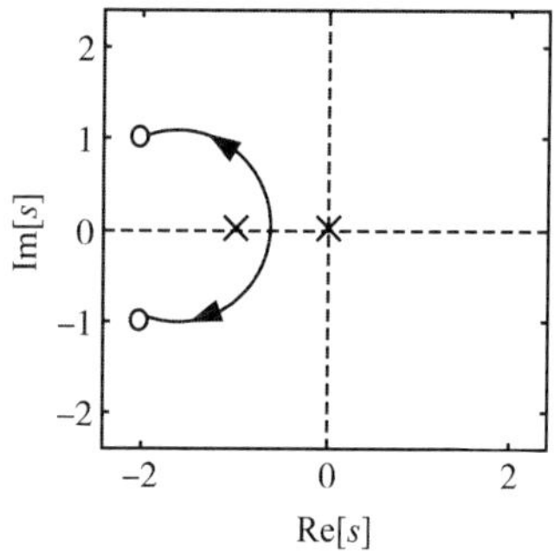

图 4.2.3　根轨迹图(4.2.1－2)

(3)见图 4.2.1(c)。由于根轨迹的一对有限终点位于实轴上，一对共轭起点位于 s 平面上，因此实轴上两个终点之间的线段必为根轨迹，在这段根轨迹上有一会合点，两条由起点分别出发的根轨迹在实轴上的会合点会合后，分别趋向有限终点。如图 4.2.4 所示。

(4)见图 4.2.1(d)。系统的根轨迹有三个有限起点，均位于实轴上，只有两个有限的共轭复数终点位于 s 平面上，因此另一个终点位于无穷远处。根据实轴上根轨迹的判断方法，两个靠近实轴的起点之间为根轨迹，在此根轨迹上有一分离点，根轨迹由此分离后，分别趋向两个有限终点。另一条根轨迹由实轴上的另一个起点出发，趋向于无穷远处。如图 4.2.5 所示。

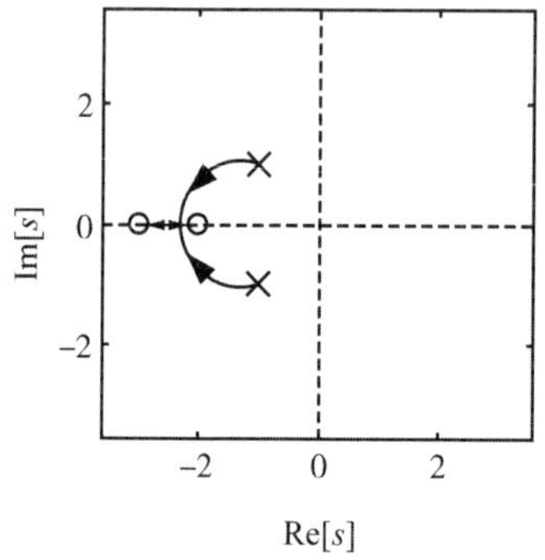

图 4.2.4　根轨迹图(4.2.1－3)

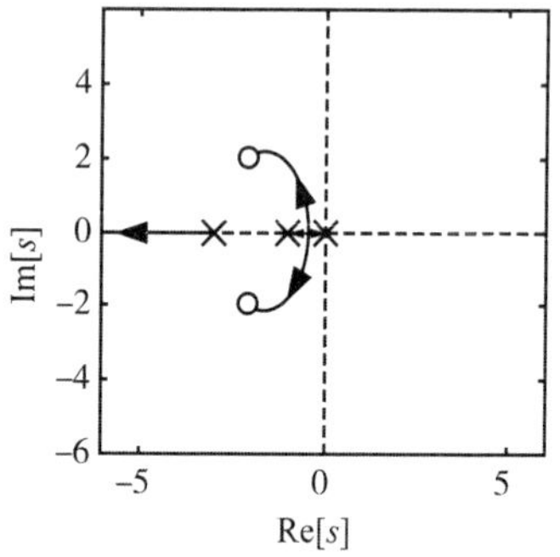

图 4.2.5　根轨迹图(4.2.1－4)

(5)见图 4.2.1(e)。系统有三个起点，一个有限零点。因此共有三条根轨迹，一条根轨迹在实轴上，由起点到终点；另外两条根轨迹趋向于无穷远处。根轨迹的渐近线与实轴的夹角

$$\theta = \frac{\pm 180°(2k+1)}{n-m} = \frac{\pm 180°(2k+1)}{3-1} = \pm 90°; k = 0,1,2,\cdots$$

根轨迹的渐近线与实轴的交点

$$-\sigma = -\frac{\sum_{i=1}^{3} p_i - \sum_{j=1}^{1} z_j}{n-m} = -\frac{\sum_{i=1}^{3} p_i - z_1}{3-1}$$

由有限起点、终点在 s 平面的相对位置，可近似估算出交点位置，根轨迹的大致形状如图 4.2.6 所示。

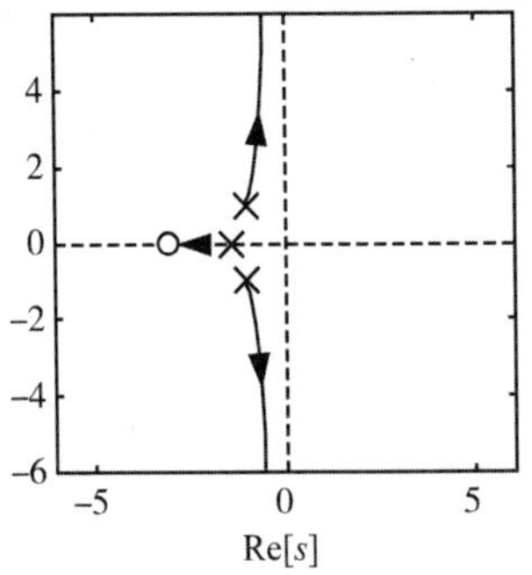

图 4.2.6　根轨迹图
(4.2.1－5)

(6) 见图 4.2.1(f)。系统有三个起点，一个有限零点，因此共有三条根轨迹。一条根轨迹在实轴上，由起点到终点；另外两条根轨迹趋向于无穷远处。根轨迹的渐近线与实轴的夹角

$$\theta = \frac{\pm 180^\circ(2k+1)}{n-m} = \frac{\pm 180^\circ(2k+1)}{3-1}$$

$$= \pm 90^\circ; k = 0,1,2,\cdots$$

根轨迹的渐近线与实轴的交点

$$-\sigma = -\frac{\sum_{i=1}^{3} p_i - \sum_{j=1}^{1} z_j}{n-m} = -\frac{\sum_{i=1}^{3} p_i - z_1}{3-1} = -\frac{\sum_{i=1}^{3} p_i - z_1}{2}$$

由有限起点、终点在 s 平面的相对位置，可近似估算出交点位置，根轨迹的大致形状如图 4.2.7 所示。

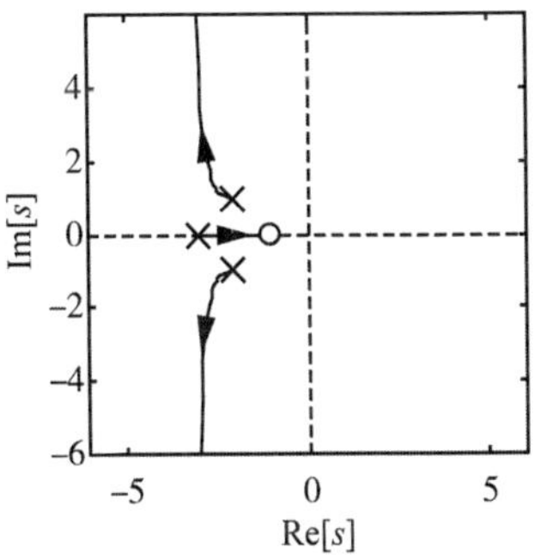

图 4.2.7　根轨迹图
(4.2.1－6)

(7) 见图 4.2.1(g)。系统有三个起点，无有限零点，因此共有三条根轨迹，根轨迹均趋向于无穷远处。根轨迹的渐近线与实轴的夹角

$$\theta = \frac{\pm 180^\circ(2k+1)}{n-m} = \frac{\pm 180^\circ(2k+1)}{3-0}$$

$$= \pm 60^\circ, 180^\circ; k = 0,1,2,\cdots$$

根轨迹的渐近线与实轴的交点

$$-\sigma = -\frac{\sum_{i=1}^{3} p_i}{n-m} = -\frac{\sum_{i=1}^{3} p_i}{3-0} = -\frac{\sum_{i=1}^{3} p_i}{3}$$

由有限起点、终点在 s 平面的相对位置，可近似估算出交点位置，根轨迹的大致形状如图 4.2.8 所示。

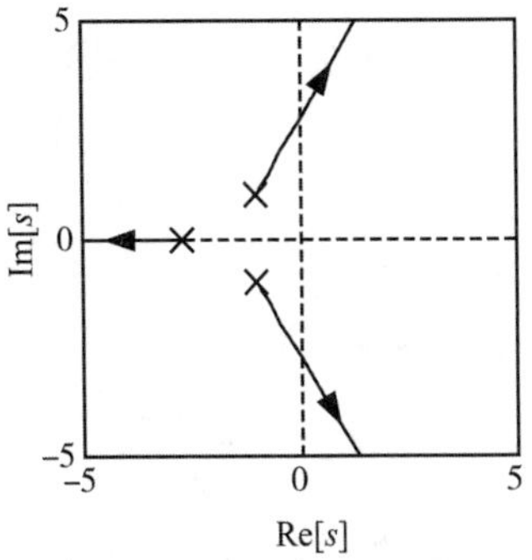

图 4.2.8　根轨迹图
(4.2.1－7)

(8) 见图 4.2.1(h)。系统有三个起点，一个有限零点，因此共有三条根轨迹。一条根轨迹在实轴上，由起点到终点；另两条根轨迹在实轴上由两个开环极点出发在分离点处分离后趋向于无穷远处。根轨迹的渐近线与实轴的夹角

$$\theta = \frac{\pm 180^\circ(2k+1)}{n-m} = \frac{\pm 180^\circ(2k+1)}{3-1}$$

$$= \pm 90^\circ; k = 0,1,2,\cdots$$

根轨迹的渐近线与实轴的交点

$$-\sigma = -\frac{\sum_{i=1}^{3} p_i - \sum_{j=1}^{1} z_j}{n-m} = -\frac{\sum_{i=1}^{3} p_i - z_1}{3-1} = -\frac{\sum_{i=1}^{3} p_i - z_1}{2}$$

由有限起点、终点在 s 平面的相对位置，可近似估算出交点位置，根轨迹的大致形状如图 4.2.9 所示。

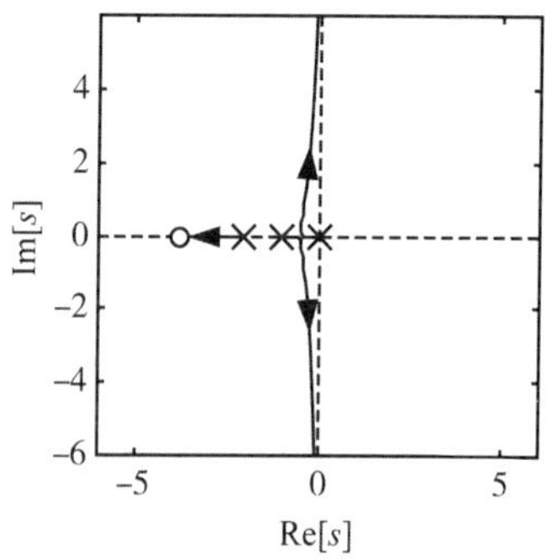

图 4.2.9　根轨迹图
(4.2.1-8)

4.2.2　设系统的开环传递函数为

(1) $G_0(s) = \dfrac{K_g}{(s+0.2)(s+0.5)(s+1)}$；

(2) $G_0(s) = \dfrac{K_g(s+2)}{s^2+2s+10}$；

(3) $G_0(s) = \dfrac{K_g}{(s+1)(s+5)(s^2+6s+13)}$。

试绘制控制系统的根轨迹草图。

解　(1) $G_0(s) = \dfrac{K_g}{(s+0.2)(s+0.5)(s+1)}$

①开环极点：

$$s_{1,2,3} = -1, -0.2, -0.5$$

开环零点为

$$s_{1,2,3} = \infty, \infty, \infty$$

②起点：-0.2，-0.5，-1

终点：∞，∞，∞

③实轴根轨迹：$[-0.5, -0.2]$，$[-1, -\infty)$。

④由于实轴上两个起点之间有根轨迹，则在此根轨迹上必有分离点。

$$N(s) = 1, \ D(s) = (s+0.2)(s+0.5)(s+1)$$

则

$$N'(s)D(s) - N(s)D'(s) = -(3s^2 + 3.4s + 0.8) = 0$$

因此得出分离点为

$$s_1 = -0.8\ (\text{舍去}), \ s_2 = -0.33$$

⑤因为有三条根轨迹趋于无穷远处，因此有三条渐近线。渐近线与实轴的夹角

$$\theta = \frac{\pm 180°(2k+1)}{n-m} = \frac{\pm 180°(2k+1)}{3-0}$$

$$= \pm 60°, \pm 180°; k = 0, 1, 2, \cdots$$

渐近线与实轴的交点

$$-\sigma = -\frac{\sum p - \sum z}{n-m} = -\frac{0.2+0.5+1}{3-0} = -0.57$$

⑥根轨迹与虚轴的交点。

将 $s = j\omega$ 代入特征方程

$$s^3 + 1.7s^2 + 0.8s + (0.1 + K_g)|_{s=jw} = 0$$

整理，得

$$j(-\omega^3+0.8\omega)+(-1.7\omega^2+0.1+K_g)=0$$

令实部与虚部分别为零，得到

$$\omega=\pm 0.8944$$

$$K_g=1.26$$

作根轨迹图，如图 4.2.10 所示。

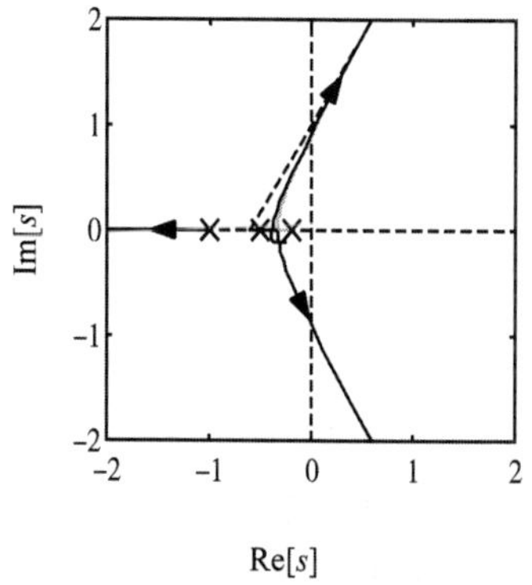

图 4.2.10 根轨迹图
(4.2.2-1)

(2) $G_2(s)=\dfrac{K_g(s+2)}{s^2+2s+10}$

①开环极点与开环零点。

由特征方程 $s^2+2s+10=0$，得到开环极点为：$-p_1=-1+j3$，$-p_2=-1-j3$，

由 $s+2=0$，得到开环零点为：$-z_1=-2$。

②起点：$-1+j3$，$-1-j3$，

终点：-2，$-\infty$

③实轴根轨迹：$[-2,\ -\infty)$。

④由于实轴上有限终点与无限终点之间有根轨迹，因此在此根轨迹上必存在会合点。由

$$K_g=-\frac{s^2+2s+10}{s+2}$$

$$\frac{dK_g}{ds}=\frac{s^2+4s-6}{(s+2)^2}=0$$

得

$$s_1=-5.16,\qquad s_2=1.16\ (\text{舍去})$$

因此会合点为

$$s_1=-5.16$$

⑤两个根轨迹的起点位于 s 平面，需计算出射角。由幅角条件，有

$$\arg\left[\frac{K_g(s+2)}{s^2+2s+10}\right]=\pm 180°(2k+1);k=0,1,2,\cdots$$

有

$$\arg[s+2]-\arg[s+1-3j]-\arg[s+1+3j]$$
$$=\pm 180°(2k+1)$$

即

$$\theta|_{s=-1+3j}=\mp 180°(2k+1)+\arg[s+2]-\arg[s+1+3j]$$
$$=\mp 180°(2k+1)+71.56-90°=161.6°$$

根轨迹为圆的一部分，如图 4.2.11 所示。

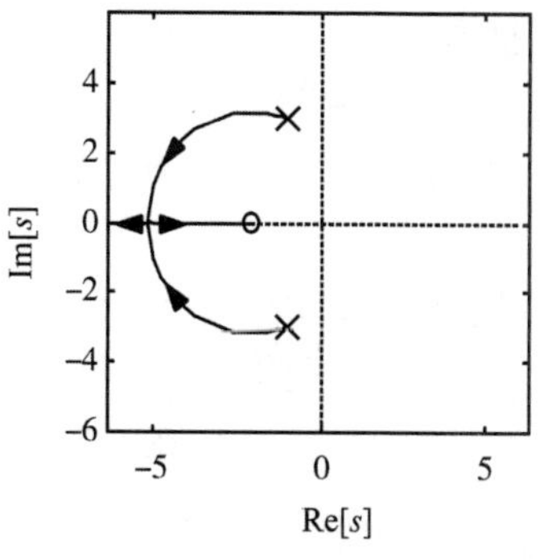

图 4.2.11 根轨迹图
(4.2.2-2)

(3) $G_1(s)=\dfrac{K_g}{(s+1)(s+5)(s^2+6s+13)}$

①开环极点为

$$(s+1)(s+5)(s^2+6s+13)=0$$

$$-p_1=-1,\ -p_2=-5,\ -p_{3,4}=-3\pm 2\mathrm{j}$$

开环零点为

$$s_{1,2,3,4}=\infty,\infty,\infty,\infty$$

②起点：-1，-5，$-3+2\mathrm{j}$，$-3-2\mathrm{j}$

终点：∞，∞，∞，∞。

③实轴根轨迹：$[-5,\ -1]$。

④有四条根轨迹趋于无穷远处，因此根轨迹的渐近线与实轴的夹角

$$\theta=\frac{\pm 180^\circ(2k+1)}{4-0}=\pm 45^\circ,\ \pm 135^\circ;k=0,1,2,\cdots$$

与实轴的交点

$$-\sigma=-\frac{1+5+6}{4-0}=-3$$

⑤分离点：

由于

$$K_{\mathrm{g}}=-(s+1)(s+5)(s^2+6s+13)$$

由

$$\frac{\mathrm{d}}{\mathrm{d}s}(K_{\mathrm{g}})=4s^3+36s^2+108s+108=0$$

解出

$$s=-3\ (\text{三重根})$$

因此，四条根轨迹都在此分离。

⑥虚轴交点：

将 $s=\mathrm{j}\omega$ 带入闭环特征方程，有

$$(\mathrm{j}\omega+1)(\mathrm{j}\omega+5)[(\mathrm{j}\omega)^2+6(\mathrm{j}\omega)+13]+K_{\mathrm{g}}=0$$

整理，得

$$\omega^4-54\omega^2+65+K_{\mathrm{g}}+(-12\omega^3+108\omega)\mathrm{j}=0$$

令实部与虚部分别为零，得

$$\omega=\pm 3$$

⑦出射角：

由幅角条件，有

$$\theta\big|_{s=-3+2\mathrm{j}}=\mp 180^\circ(2k+1)-\arg[s+1]-\arg[s+5]-\arg[s+3+2\mathrm{j}]=\mp 180^\circ(2k+1)-135^\circ-45^\circ-90^\circ=-90^\circ$$

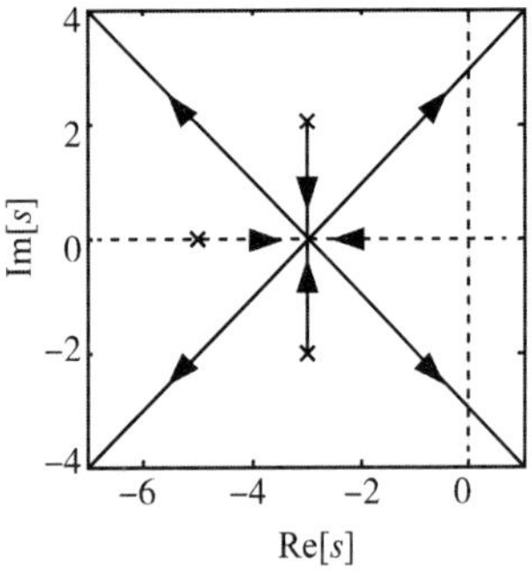

图 4.2.12　根轨迹图 (4.2.2－3)

绘制根轨迹，如图 4.2.12 所示。

4.2.3　设控制系统的结构图如图 4.2.13 所示。图

4.2.13(a)中，K_s 为速度反馈系数，试绘制以 K_s 为参变量的根轨迹图。图 4.2.13(b)中，τ 为微分时间常数，试绘制以 τ 为参变量的根轨迹图。

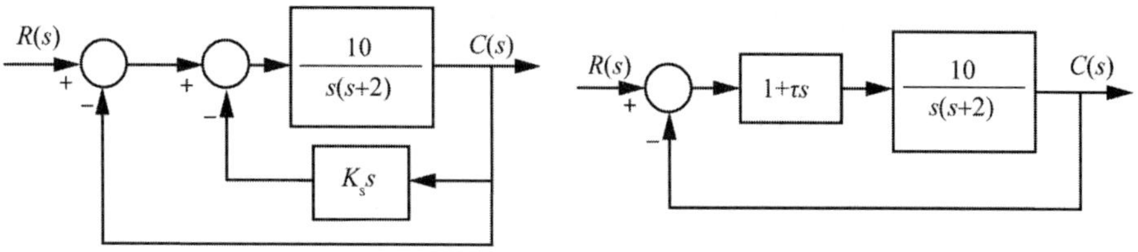

(a) 结构1　　(b) 结构2

图 4.2.13　控制系统结构图(4.2.3)

解　(1)见图 4.2.13(a)。单位反馈系统的开环传递函数即为局部反馈环节的闭环传递函数

$$G_o(s) = \frac{\dfrac{10}{s(s+2)}}{1 + K_s s\dfrac{10}{s(s+2)}} = \frac{10}{s^2 + 2s + 10K_s s}$$

由根轨迹方程

$$G_o(s) = \frac{10}{s^2 + 2s + 10K_s s} = -1$$

即闭环特征方程为

$$s^2 + 2s + 10K_s s + 10 = 0$$

方程两边同除 $s^2 + 2s + 10$，得到以参量 K_s 为等效增益的等效开环传递函数为

$$G_{Do}(s) = \frac{10K_s s}{s^2 + 2s + 10}$$

令 $K_g = 10K_s$，得

$$G_{Do}(s) = \frac{10K_s s}{s^2 + 2s + 10} = \frac{K_g s}{s^2 + 2s + 10}$$

作参量根轨迹如下：

①起点：$-1 + j3$，$-1 - j3$

终点：0，$-\infty$

②实轴根轨迹：$[0, -\infty)$。

③由于实轴上有限终点与无限终点之间有根轨迹，因此在此根轨迹上必存在会合点。由 $K_g = -\dfrac{s^2 + 2s + 10}{s}$，对 s 求导，得到

$$\frac{dK_g}{ds} = \frac{10 - s^2}{s^2} = 0$$

解出

$$s_1 = -3.16, \quad s_2 = 3.16\ (舍去)$$

因此会合点为

$$s_1 = -3.16$$

④两个根轨迹的起点位于 s 平面，需计算出射角。由幅角条件，有

$$\begin{aligned}\theta|_{s=-1+3j} &= \mp 180°(2k+1) + \arg[s] - \arg[s+1+3j] \\ &= \mp 180°(2k+1) + 108.43° - 90° \\ &= -161.57°\end{aligned}$$

根轨迹为圆的一部分，如图 4.2.14 所示。

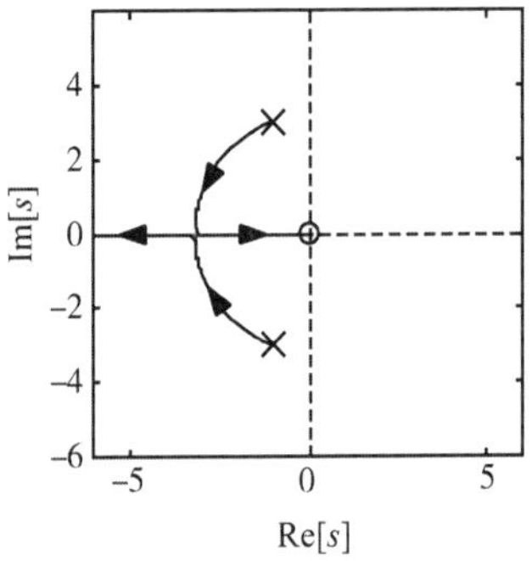

图 4.2.14　根轨迹图
(4.2.3－1)

(2) 见图 4.2.13(b)。单位反馈系统的开环传递函数为

$$G_o(s) = \frac{10(1+\tau s)}{s(s+2)}$$

由根轨迹方程

$$G_o(s) = \frac{10(1+\tau s)}{s(s+2)} = -1$$

即

$$10(1+\tau s) + s(s+2) = 0$$

方程两边同时除以 $s^2+2s+10$，得以参量 τ 为等效根轨迹增益的等效开环传递函数为

$$G_{Do}(s) = \frac{10\tau s}{s^2+2s+10}$$

令 $K_g = 10\tau$，得

$$G_{Do}(s) = \frac{10\tau s}{s^2+2s+10} = \frac{K_g s}{s^2+2s+10}$$

绘制根轨迹图的步骤与 **4.2.3**(1)相同。作根轨迹，如图 4.2.15 所示。

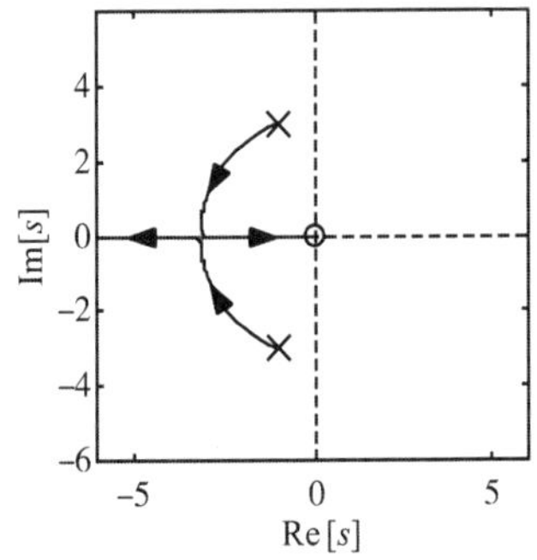

图 4.2.15　根轨迹图
(4.2.3－2)

4.2.4　设系统的开环传递函数为

$$G(s) = \frac{K_g(s+10)}{(s+1)(s^2+4s+8)}$$

试分别绘制负反馈系统和正反馈系统的根轨迹图。

解　由于

$$(s+1)(s^2+4s+8) = 0$$

开环极点为

$$-p_1 = -1,\quad -p_2 = -2+2j,\quad -p_3 = -2-2j$$

(1) 负反馈

①起点：−1，−2＋2j，−2－2j

终点：−10，∞，∞

②实轴根轨迹：[−10，−1]。

③分离点：由于实轴上起点与终点之间有根轨迹，所以，负反馈根轨迹无分离点。

④渐近线与实轴的夹角

$$\theta = \frac{\pm 180^\circ}{3-1} = \frac{\pm 180^\circ}{2} = \pm 90^\circ$$

渐近线与实轴的交点

$$-\sigma = -\frac{[1+(2+\mathrm{j}2)+(2-\mathrm{j}2)]-10}{2} = 2.5$$

⑤与虚轴的交点：

将 $s=\mathrm{j}\omega$ 代入特征方程 $s^3+5s^2+(12+K_g)s+(8+10K_g)=0$，得到

$$\mathrm{j}[-\omega^3+(12+K_g)\omega]+(-5\omega^2+8+K_g)=0$$

令实部与虚部分别为0，得

$$\omega = \pm 4.733, K_g = 10.4$$

⑥出射角：

由幅角条件，有

$$\theta|_{s=-2+2\mathrm{j}} = \mp 180^\circ(2k+1) + \arg[s+10] - \arg[s+1] - \arg[s+2+2\mathrm{j}]$$
$$= -180^\circ + 14.04^\circ - 116.56^\circ - 90^\circ = -12.52^\circ$$

作根轨迹，如图 4.2.16(a)所示。

(2)正反馈系统的根轨迹

由于正反馈根轨迹与负反馈根轨迹在 s 平面上是互补的，因此，对于正反馈作图，可以由负反馈根轨迹以“互补”原则作出。

①起点：与负反馈相同，-1，$-2+2\mathrm{j}$，$-2-2\mathrm{j}$

终点：　　-10，　∞，　∞

②实轴根轨迹：实轴段与负反馈的根轨迹互补，即

$$(-\infty, -10], [-1, +\infty)$$

③$(-\infty, -10]$之间有会合点。由

$$N(s) = s+10, D(s) = (s+1)(s^2+4s+8)$$
$$N'(s)D(s) - N(s)D'(s) = 2s^3+35s^2+100s+102 = 0$$

得

$$s_1 = -14.2715, s_{2,3} = -1.6143 \pm 1.148\mathrm{j}\ (\text{舍})$$

④渐近线与实轴的夹角

$$\theta = \frac{180^\circ \cdot 2k}{n-m} = \frac{180^\circ \cdot 2k}{2} = 0^\circ, 180^\circ; k = 0,1,2,\cdots$$

⑤与虚轴的交点：

将 $s=\mathrm{j}\omega$ 代入特征方程 $s^3+5s^2+(12+K_g)s+(8+10K_g)=0$，得到

$$\omega = 0, K_g = -0.8$$

⑥出射角：由互补特性得到

$$\bar{\theta}_{s_i} = \theta_{s_i} + 180^\circ = -12.53^\circ + 180^\circ = 167.47^\circ$$

根据互补特性将正反馈根轨迹作出，如图 4.2.16(b)所示。

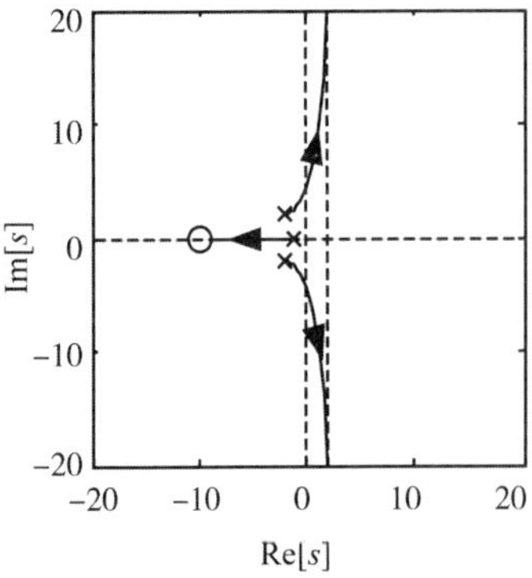

(a) 负反馈

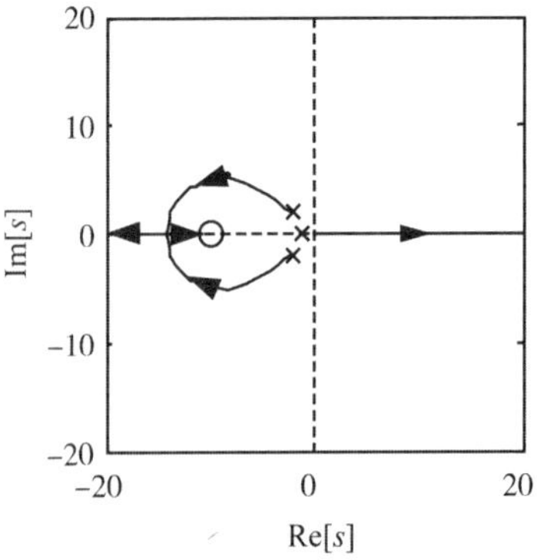

(b) 正反馈

图 4.2.16　根轨迹图(4.2.4)

4.2.5　设非最小相位系统的开环传递函数为

$$G_o(s) = \frac{K(1-0.5s)}{s(1+0.2s)}$$

试绘制该系统的根轨迹。

解　由于该系统是非最小相位的，因此需要绘制正反馈的根轨迹。将开环传递函数写为

$$G_o(s) = \frac{-0.5K(s-2)}{0.2s(s+5)} = \frac{K_z(s-2)}{s(s+5)}, K_z = -2.5K$$

①起点：0，−5

终点：+2，∞

②实轴根轨迹：实轴段与负反馈根轨迹互补，[−5，0]，[+2，+∞)。

③分离点和会合点分别为

$$N(s) = s-2,\quad D(s) = s(s+5)$$

$$N'(s)D(s) - N(s)D'(s) = s(s+5) - (s-2)(2s+5) = 0$$

$$s_1 = 5.74,\quad s_2 = -1.74$$

$s_1 = 5.74$ 为会合点，$s_2 = -1.74$ 为分离点。

④渐近线：由于根轨迹的终点皆在实轴上，因此不需计算渐近线。

⑤与虚轴交点：将 $s = j\omega$ 代入特征方程 $s^2 + (5+K_z)s - 2K_z = 0$，得

$$-\omega^2 + j\omega(5+K_z) - 2K_z = 0$$

令实部和虚部分别为0，解出

$$\begin{cases}\omega = 0\\ K_z = 0\end{cases} \quad 或 \quad \begin{cases}\omega = \pm\sqrt{10}\\ K_z = -5\end{cases}$$

根轨迹是个圆，根轨迹如图 4.2.17 所示。

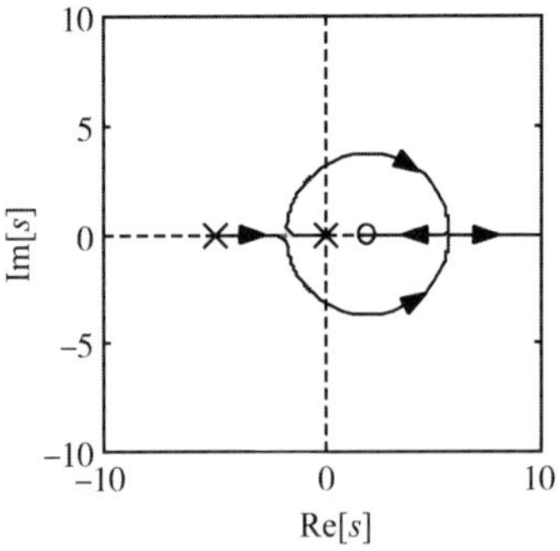

图 4.2.17　根轨迹图(4.2.5)

4.2.6　延迟系统的开环传递函数为

（1）$G_0(s) = K\mathrm{e}^{-\tau s}\quad (\tau = 1)$

（2）$G_0(s) = \dfrac{K\mathrm{e}^{-\tau s}}{s(s+p)}\quad (\tau = 0.5,\quad p = 2)$

试绘制该系统的根轨迹。

解　（1）$G_0(s) = K\mathrm{e}^{-\tau s}\quad (\tau = 1)$

闭环特征方程为

$$1 + K\mathrm{e}^{-s} = 0$$

由

$$K\mathrm{e}^{-s} = -1$$

令

$$s = \sigma + \mathrm{j}\omega$$

所以

$$K\mathrm{e}^{-(\sigma+\mathrm{j}\omega)} = K(\mathrm{e}^{-\sigma}\mathrm{e}^{-\mathrm{j}\omega}) = -1$$

幅角条件为

$$\omega = \pm\pi(2k+1);k = 0,1,2,\cdots$$

特征根的虚部为恒值。

幅值条件为

$$|K\mathrm{e}^{-\sigma}| = 1$$

特征根的实部为 K 的函数，根轨迹为直线，如图 4.2.18 所示。

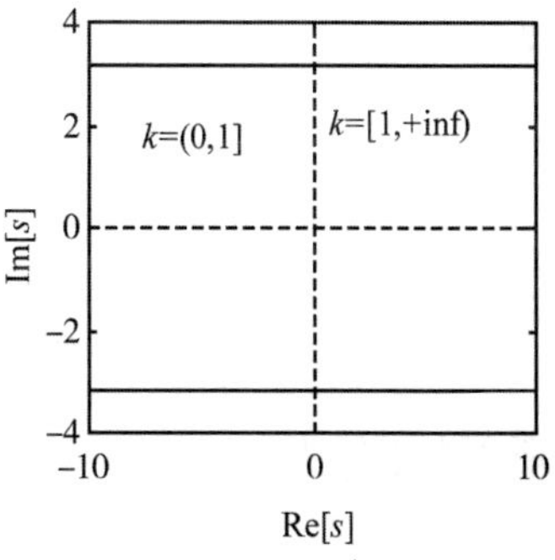

图 4.2.18　根轨迹图（4.2.6－1）

另外，对于延迟环节 e^{-Ts} 可以使用 Pade 展开，作原点邻域的近似根轨迹。展开式为

$$\mathrm{e}^{-Ts} = \frac{\mathrm{e}^{-\frac{1}{2}Ts}}{\mathrm{e}^{\frac{1}{2}Ts}} = \frac{1 - \frac{1}{2}Ts + \frac{1}{8}T^2s^2 - \frac{1}{48}T^3s^3 + \cdots}{1 + \frac{1}{2}Ts + \frac{1}{8}T^2s^2 + \frac{1}{48}T^3s^3 + \cdots}$$

二阶展开式为

$$\mathrm{e}^{-Ts} \approx \frac{1 - \frac{1}{2}Ts + \frac{1}{8}T^2s^2}{1 + \frac{1}{2}Ts + \frac{1}{8}T^2s^2}$$

所以，系统 $G_0(s) = K\mathrm{e}^{-\tau s}\quad (\tau = 1)$ 的二阶展开式为

$$G_0(s) \approx \frac{K(1 - \frac{1}{2}\tau s + \frac{1}{8}\tau^2s^2)}{1 + \frac{1}{2}\tau s + \frac{1}{8}\tau^2s^2} = \frac{K(s^2 - 4s + 8)}{s^2 + 4s + 8}$$

作近似根轨迹。

①起点：$s_{1,2} = -3 \pm \mathrm{j}\sqrt{3}$

　终点：$s_{1,2} = 3 \pm \mathrm{j}\sqrt{3}$

②实轴根轨迹：无。

③虚轴交点：将 $s=\mathrm{j}\omega$ 代入特征方程

$$(s^2+6s+12)+K(s^2-6s+12)=0$$

得

$$\omega=\pm 2\sqrt{3}$$

近似根轨迹如图 4.2.19 所示。

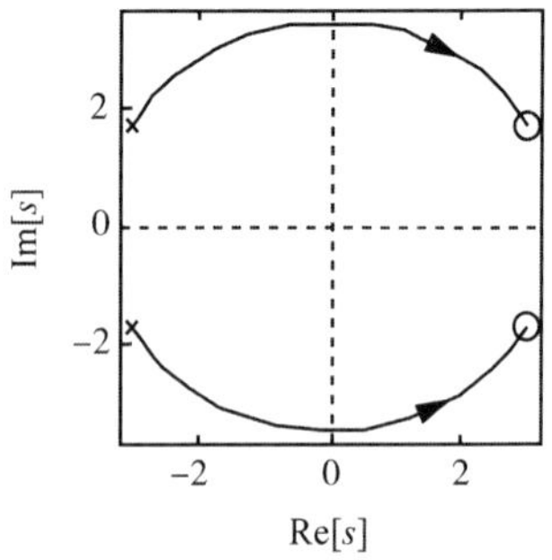

图 4.2.19　近似根轨迹图(4.2.6－1)

(2) $G_2(s)=\dfrac{K\mathrm{e}^{-\tau s}}{s(s+p)}\quad(\tau=0.5,\quad p=2)$

将参数代入，开环传递函数为

$$G_2(s)=\frac{K\mathrm{e}^{-0.5s}}{s(s+2)}$$

①起点，终点：

有限起点 2 个：$s=0,\ -2$，

无限起点：$-\infty$(无穷多个)

有限终点：无，无限终点：$+\infty$(无穷多个)

②实轴根轨迹：$[0,\ -2]$

③实轴分离点：

由

$$N(s)=\mathrm{e}^{-0.5s},\quad D(s)=s(s+2)$$

$$N'(s)D(s)-N(s)D'(s)=-0.5\mathrm{e}^{-0.5s}s(s+2)-\mathrm{e}^{-0.5s}(2s+2)=0$$

解出

$$s_1=-0.76,\quad s_2=-5.24\text{（舍去）}$$

④渐近线：由于延迟环节的多值性

当 ω 为定值，$K\to 0$ 时，有

$$\angle\left.\frac{K\mathrm{e}^{-0.5s}}{s(s+2)}\right|_{\substack{s=\sigma+\mathrm{j}\omega\\ \sigma\to-\infty}}=-2\pi-0.5\omega=\pm\pi(2k+1);k=0,1,2,\cdots$$

所以渐近线为

$$\omega=\mp 2\pi(2k+1)-4\pi,\ \omega=\pm 2\pi,\ \pm 4\pi,\cdots$$

当 $K\to\infty$，有

$$\angle\left.\frac{K\mathrm{e}^{-0.5s}}{s(s+2)}\right|_{\substack{s=\sigma+\mathrm{j}\omega\\ \sigma\to+\infty}}=-0.5\omega=\pm\pi(2k+1);k=0,1,2,\cdots$$

所以渐近线为

$$\omega=\mp 2\pi(2k+1),\ \omega=\pm 2\pi,\ \pm 6\pi,\cdots$$

⑤与虚轴交点：

特征方程为

$$s^2+2s+K\mathrm{e}^{-0.5s}=0$$

将 $s=\mathrm{j}\omega$ 代入方程，求得

$$\omega=0,\ K=0$$
$$\omega=\pm1.72,\ K=4.54$$
$$\omega=\pm12.87,\ K=167.74$$
$$\cdots$$

作根轨迹草图，如图 4.2.20 所示。

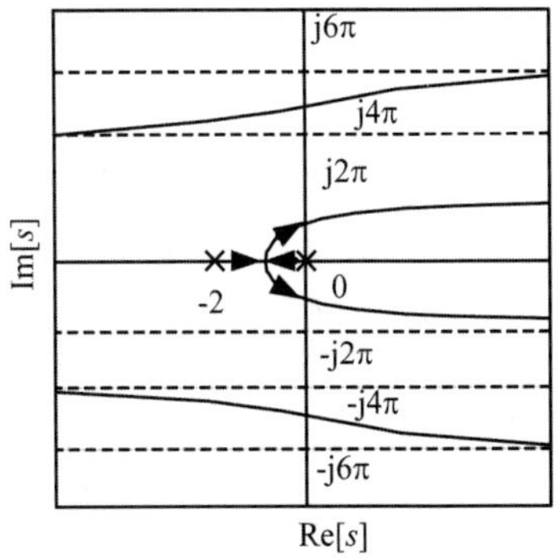

图 4.2.20　根轨迹图（4.2.6－2）

使用 Pade 展开近似作图。二阶展开式为

$$e^{-Ts}\approx\frac{1-\frac{1}{2}Ts+\frac{1}{8}T^2s^2}{1+\frac{1}{2}Ts+\frac{1}{8}T^2s^2}$$

所以，系统的二阶展开式为

$$G_2(s)=\frac{Ke^{-0.5s}}{s(s+2)}\approx\frac{K(s^2-8s+32)}{s(s+2)(s^2+8s+32)}$$

①起点：$0,\ -2,\ -6\pm j2\sqrt{3}$

终点：$6\pm j2\sqrt{3}$，无限终点 2 个

②实轴根轨迹：$[-2,\ 0]$

③实轴分离点：

$N(s)=K(s^2-12s+48)$，　$D(s)=s(s+2)(s^2-12s+48)$

由

$$N'(s)D(s)-N(s)D'(s)=0$$

解出

$$s_1=-0.76\text{，（其余舍去）}$$

④与虚轴交点：

特征方程为

$$s(s+2)(s^2+12s+48)+K(s^2-12s+48)=0$$

将 $s=j\omega$ 代入方程，得实部方程与虚部方程为

$$\omega^4-72\omega^2-K\omega^2+48K=0$$
$$-14\omega^3+96\omega-12K\omega=0$$

解出

$$K=\begin{bmatrix}0\\-61.7\\-61.7\\4.5\\4.5\end{bmatrix},\quad \omega=\begin{bmatrix}0\\7.75\\-7.75\\1.76\\-1.76\end{bmatrix}$$

虚轴交点为 $K=4.5$，　$\omega=\pm1.76$。

⑤出射角与入射角：按照幅角条件得到

$$\theta\big|_{s=-6+j2\sqrt{3}}=130.9^\circ,\ \varphi=\big|_{s=6+j2\sqrt{3}}=173.4^\circ$$

近似根轨迹，如图4.2.21所示。

4.2.7 设非最小相位系统的开环传递函数为

$$G_o(s)=\frac{K_g(s+1)}{s(s-1)(s^2+4s+16)}$$

试绘制该系统的根轨迹，并确定使闭环系统稳定的K_g范围。

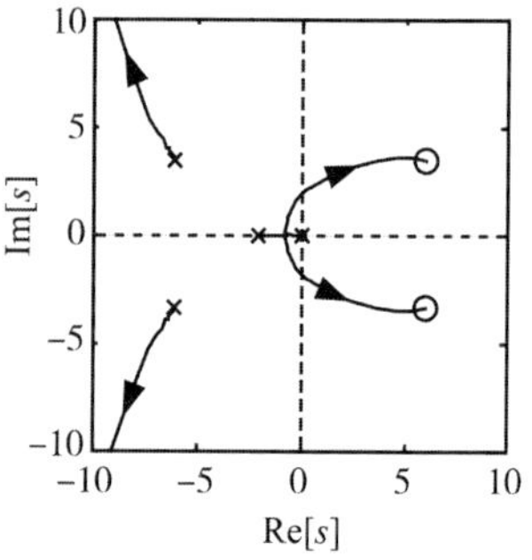

图4.2.21 近似根轨迹图(4.2.6-2)

解 ①起点：0，1，$-2\pm2\sqrt{3}\mathrm{j}$

终点：$-1,\infty,\infty,\infty$

②实轴根轨迹：[0，1]，[−1，−∞)。

③由于实轴上两个起点之间有根轨迹，则在此根轨迹上必有分离点，同时，实轴上有限终点与无限终点之间存在根轨迹，则在此根轨迹上必有会合点。由

$$N(s)=s+1,\ D(s)=s(s-1)(s^2+4s+16)$$

则

$$N'(s)D(s)-N(s)D'(s)=3s^4+10s^3+21s^2+24s-16=0$$

得

$$s_1=0.448\ (\text{分离点}),\ s_2=-2.26\ (\text{会合点})$$

④因为有三条根轨迹趋于无穷远处，因此有三条渐近线：

渐近线与实轴的夹角

$$\theta=\frac{\pm180^\circ(2k+1)}{n-m}=\frac{\pm180^\circ(2k+1)}{4-1}=\pm60^\circ,\ \pm180^\circ;k=0,1,2,\cdots$$

渐近线与实轴的交点

$$-\sigma=-\frac{\sum p-\sum z}{n-m}=-\frac{4+1-1}{4-1}=-1.33$$

⑤根轨迹与虚轴的交点：

由劳斯判据计算临界增益，特征方程为

$$s^4+3s^3+12s^2+(K_g-16)s+K_g=0$$

作劳斯表

s^4	1	12	K_g
s^3	3	K_g-16	
s^2	$12-[(K_g-16)/3]$	K_g	
s^1	$\{[12-(K_g-16)/3](K_g-16)-3K_g\}/[12-(K_g-16)/3]$		
s^0	K_g		

由劳斯判据，系统临界稳定，某一行的第一列为零，令

$$\{[12-(K_g-16)/3](K_g-16)-3K_g\}/[12-(K_g-16)/3]$$

则

$$K_g^2-59K_g+832=0$$

$$K_{g1}=23.3153\quad K_{g2}=35.6847$$

所以，系统稳定的增益取值为

$$23.3153 < K_g < 35.6847$$

根轨迹图，如图 4.2.22 所示。

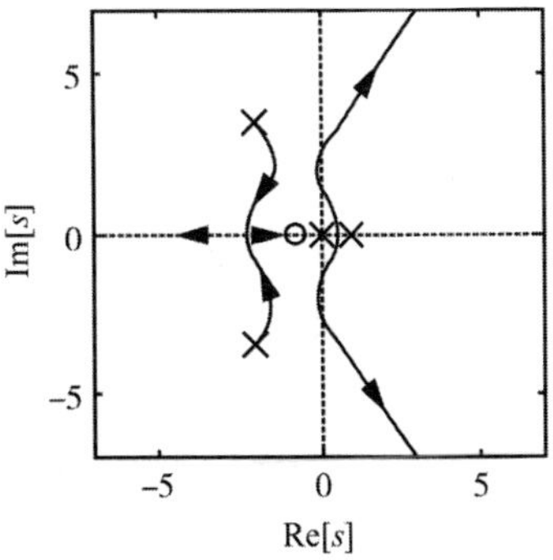

图 4.2.22 根轨迹图
(4.2.7)

4.2.8 设系统的开环传递函数为

$$G_o(s) = \frac{K_g}{s(s^2 + 4s + a)}$$

试讨论，a 为何值时，该系统的根轨迹在实轴上有：

(1) 无分离点；

(2) 一个三重分离点；

(3) 一个分离点与一个会合点；

(4) 只有一个分离点。

解 闭环特征方程为

$$s^3 + 4s^2 + as + K_g = 0$$

设三重极点为 $s = -p$，则闭环特征方程为

$$(s + p)^3 = 0$$

$$s^3 + 3ps^2 + 3p^2s + p^3 = 0$$

由对应系数相等，有

$$3p = 4$$

$$3p^2 = a$$

$$p^3 = K_g$$

解得

$$p = 4/3$$

$$a = 16/3$$

$$K_g = 64/27$$

因此 $a = 16/3$ 时，根轨迹有一个三重根。此时，系统三条根轨迹相交于一点，所以，根轨迹有一个三重分离点。

再当 $a = 4$ 时，根轨迹起点为重根 $s = -2$；当 $a < 4$ 时，根轨迹的起点为三个且均在实轴上，两条根轨迹起点之间存在根轨迹，根轨迹只有一个分离点。

又由分离点的计算公式

$$D(s) = s(s^2 + 4s + a), \quad N(s) = 1$$

$$N'(s)D(s) - N(s)D'(s) = 3s^2 + 8s + a = 0$$

解得分离点为

$$s_{1,2} = \frac{-8 \pm \sqrt{64 - 12a}}{6}$$

若存在分离点，其根为负实数，即

$$64 - 12a > 0, \quad 即\ a < \frac{16}{3}$$

所以，$a > \dfrac{16}{3}$ 时无分离点。又 $4 < a < \dfrac{16}{3}$ 时，分离点 $s_{1,2}$ 为不相等的负实数，且均位于实轴上起点和终点$[0, -\infty]$的根轨迹上，所以此时根轨迹有一个分离点与一个会合点。

综上所述：

(1) $a > 16/3$ 时，根轨迹无分离点；

(2) $a = 16/3$ 时，根轨迹有一个三重分离点；

(3) $4 < a < 16/3$ 时，根轨迹有一个分离点与一个会合点；

(4) $0 \leqslant a \leqslant 4$ 时，根轨迹只有一个分离点。

四种情况下的根轨迹图如图 4.2.23 所示。

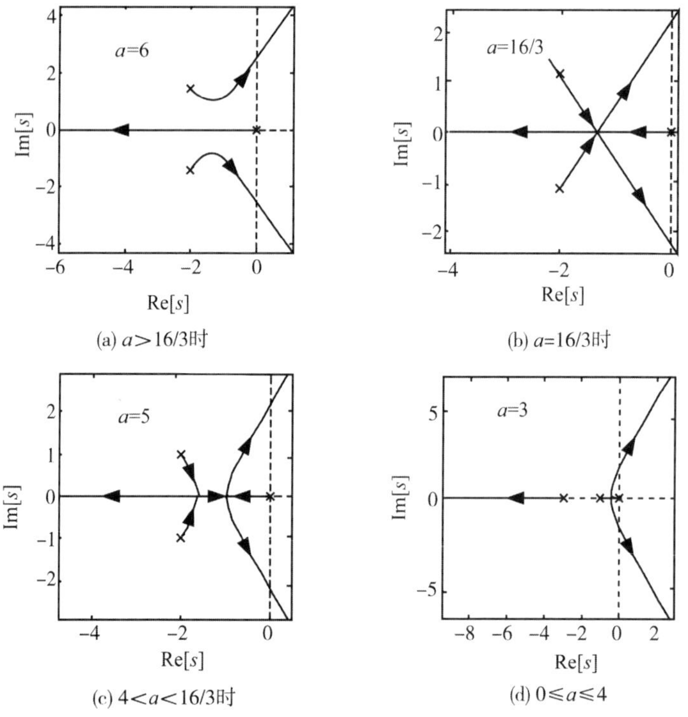

图 4.2.23　根轨迹图(4.2.8)

4.2.9　设单位反馈控制系统的开环传递函数为

$$G_o(s) = \frac{K_g(s+2)}{s(s+1)(s+4)}$$

若要求其闭环主导极点的阻尼角为60°，试用根轨迹法确定该系统的动态性能指标 M_p，t_s，t_p 和稳态性能指标 K_v。

解　根据绘制根轨迹的基本法则绘制根轨迹，如图 4.2.24 所示。

设闭环极点为

$$s_i = -\zeta\omega_n \pm j\omega_n\sqrt{1-\zeta^2}$$

当阻尼角为 60° 时，闭环极点的虚部与实部之比等于 1.732。由坐标原点作一条与负实轴夹角为 60° 的射线，与根轨迹相交点即为满足要求的闭环极点。由图中读出闭环极点为

$$s_{1,2} = -0.92 \pm 1.52\mathrm{j}$$

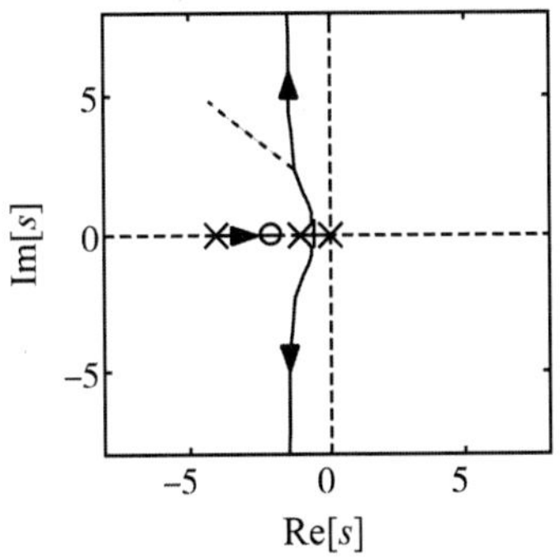

图 4.2.24　根轨迹
（4.2.9）

由幅值条件，有

$$\left|\frac{K_g(s+2)}{s(s+1)(s+4)}\right|_{s=-0.92+1.52\mathrm{j}} = 1$$

得出根轨迹增益为

$$K_g = 4.97$$

闭环特征方程为

$$K_g(s+2) + s(s+1)(s+4) = 0$$

得出第 3 个闭环极点为

$$s_3 = -3.16$$

（1）系统的动态性能。

由于阻尼角 $\beta = 60°$，阻尼比 $\zeta = \cos\beta = 0.5$，则峰值时间为

$$t_p = \frac{\pi}{\omega_d} = \frac{\pi}{\mathrm{Im}[s_i]}\bigg|_{s_i=-0.92+\mathrm{j}1.52} = \frac{\pi}{1.52} = 2.07\ \mathrm{s}$$

超调量为

$$M_p = \mathrm{e}^{-\frac{\zeta\pi}{\sqrt{1-\zeta^2}}} \times 100\% = 16.3\%$$

调节时间为

$$t_s = \frac{3}{\zeta\omega_n} = \frac{3}{\mathrm{Re}[s_i]} = 3.26\ \mathrm{s}$$

上述估算的性能指标是基于主导极点来计算的，由于远极点的影响和闭环零点的影响，与实际情况相比是有差别的。

（2）系统为 I 型系统，静态速度误差系数为

$$K_v = \frac{K_g \times 2}{4} = \frac{4.97 \times 2}{4} = 2.485$$

4.2.10　单位反馈控制系统，开环传递函数为

$$G_o(s) = \frac{K(s+1)}{s^2(s+10)}$$

（1）试作根轨迹草图；

（2）确定系统闭环根全部为负实根时，增益 K 的取值范围。

解　（1）作根轨迹草图。

①起点：0（二重根），−10

终点：−1，∞，∞

②实轴上的根轨迹：[−10，−1]

③求渐近线。

渐近线与实轴的夹角为

$$\theta = \frac{\pm 180°(2k+1)}{n-m} = \frac{\pm 180°(2k+1)}{3-1} = \pm 90°;k = 0,1,2,\cdots$$

渐近线与实轴的交点为

$$-\sigma = -\frac{\sum p - \sum z}{n-m} = -\frac{10-1}{3-1} = -4.5$$

④计算分离点。

由根轨迹方程得到

$$K = \frac{s^2(s+10)}{(s+1)}$$

由 $\frac{dK}{ds} = 0$，解出

$$2s^3 + 13s^2 + 20s = 0$$

所以分离点为

$$s_1 = -2.5,\quad K_1 = 31.25$$

$$s_2 = -4,\quad K_2 = 32$$

系统根轨迹图如图 4.2.25 所示。

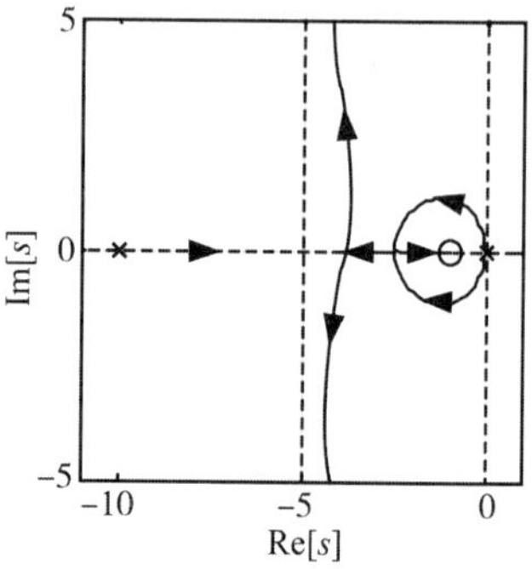

图 4.2.25　根轨迹图(4.2.10)

(2) 由于在实轴上有两个分离点，因此在这两个分离点之间的根轨迹全部位于负实轴上，此时，其他两个根也位于负实轴上。所以

$$31.25 < K < 32$$

时，系统闭环根全部为负实根。

4.2.11　设单位反馈控制系统的开环传递函数为 $G_o(s) = \frac{K_g(s+2)}{s(s+1)}$，根轨迹图与单位阶跃响应如图 4.2.26 所示。

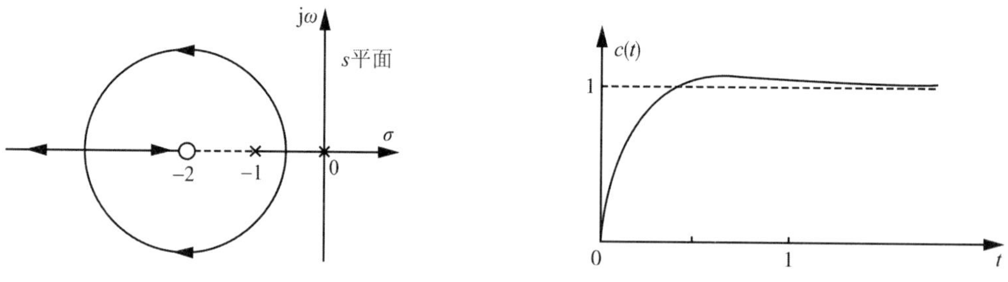

(a) 根轨迹图　　(b) 单位阶跃响应曲线

图 4.2.26　根轨迹图与单位阶跃响应(4.2.11)

(1) 当系统的阻尼振荡频率 $\omega_d = 1$ rad/s 时，试确定闭环主导极点的值与相应的增益值；

(2) 当系统的阻尼参数 $\zeta = 1$ 时，其单位阶跃响应如图 4.2.26(b)所示，试分析超

调量产生的原因。

解　(1) 闭环特征方程为

$$s^2+(1+K_g)s+2K_g=0$$

由于 $\omega_d=1\ \mathrm{rad/s}$，由于闭环极点的虚部长度为 ω_d，可设闭环主导极点为

$$s=a+\mathrm{j}$$

代入闭环特征方程，得到

$$(a+\mathrm{j})^2+(1+K_g)(a+\mathrm{j})+2K_g=0$$

令实部与虚部分别为0，得到实部方程与虚部方程分别为

$$a^2+a(1+K_g)+2K_g-1=0$$

$$2a+1+K_g=0$$

解出

$$a_1=-1,\quad K_{g1}=1;\quad a_2=-3,\quad K_{g2}=5$$

因此，当系统的阻尼振荡频率 $\omega_d=1\ \mathrm{rad/s}$ 时，闭环主导极点及相应的增益值为

$$s=-1\pm\mathrm{j},\quad K_g=1;\quad s=-3\pm\mathrm{j},\quad K_g=5$$

(2) 阻尼参数 $\zeta=1$ 时，系统为临界阻尼，代入闭环特征方程

$$s^2+(1+K_g)s+2K_g=0$$

解得增益为

$$K_g=3\pm2\sqrt{2}$$

当 $K_g=3+2\sqrt{2}=5.828$ 时，系统的闭环传递函数为

$$G_c(s)=\frac{5.8284s+11.6569}{s^2+6.8284s+11.6569}$$

系统有闭环零点 $s=-2$，由于系统闭环零点的影响，因此其阶跃响应为基本分量与导数分量的叠加，即

$$\begin{aligned}C(s)&=\frac{5.8284s+11.6569}{s^2+6.8284s+11.6569}\cdot\frac{1}{s}\\&=\frac{11.6569}{s^2+6.8284s+11.6569}\cdot\frac{1}{s}+\frac{5.8284s}{s^2+6.8284s+11.6569}\cdot\frac{1}{s}\end{aligned}$$

时间响应为

$$c(t)=c_1(t)+0.5\dot{c}_1(t)$$

同理，当 $K_g=3-2\sqrt{2}$ 时，

$$c(t)=c_2(t)+0.5\dot{c}_2(t)$$

因此该系统的阶跃响应有超调量，基本分量与导数分量及叠加后如图 4.2.27 所示。

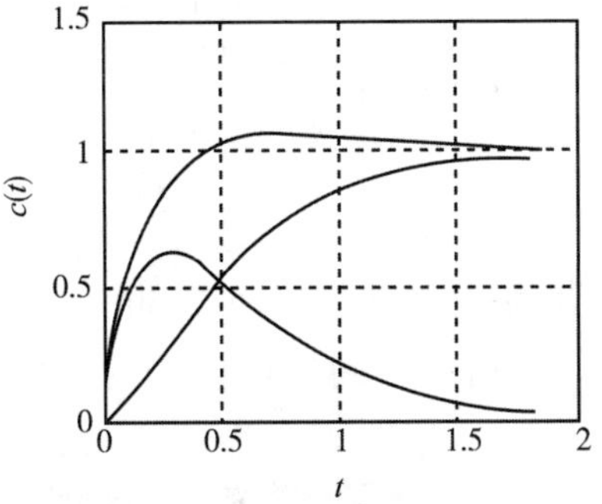

图 4.2.27　单位阶跃响应 (4.2.11)

4.2.12　设某随动系统的结构图如图 4.2.28 所示，其中检测比较放大环节：$K_1=0.8\ \mathrm{V/(°)}$，功率放大环节：$G_2(s)=\dfrac{250}{0.05s+1}$，执行电机(含减速

器)环节：$G_3(s)=\dfrac{0.156}{s(0.25s+1)}$ (°/V·s)。试用根轨迹法分析系统性能。若在系统中加入串联校正装置

$$G_c(s)=\frac{0.1(0.25s+1)}{0.025s+1}$$

试用根轨迹法分析系统的动态性能和稳态性能。

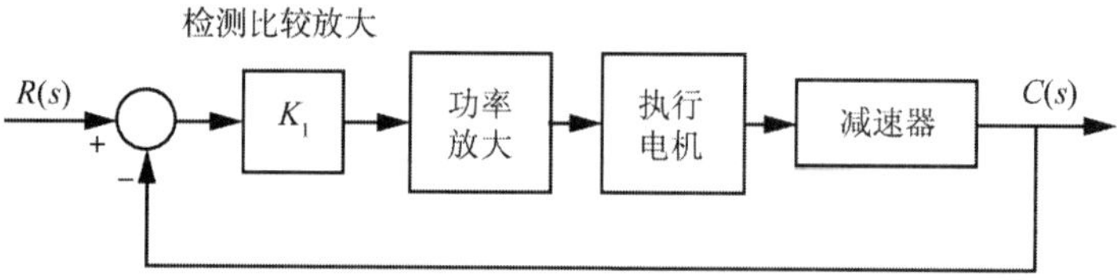

图4.2.28　系统结构图(4.2.12)

解　原系统的开环传递函数为

$$G_o(s)=\frac{0.8\times250\times0.156}{s(0.05s+1)(0.25s+1)}=\frac{2496}{s(s+20)(s+4)}$$

根据根轨迹绘制的基本法则绘制根轨迹增益 K_g 由0变化到无穷大时的根轨迹曲线，如图4.2.29所示。由特征方程计算根轨迹与虚轴的交点及临界根轨迹增益。

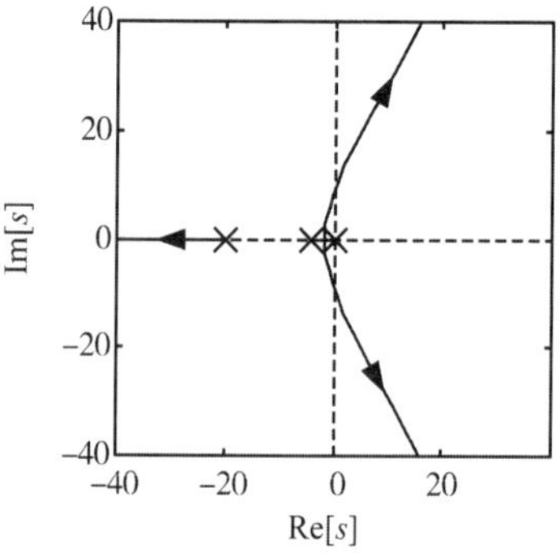

图4.2.29　根轨迹图(4.2.12－1)

特征方程为：

$$s^3+24s^2+80s+K=0$$

令 $s=j\omega$，解出临界增益为

$$K_{g1}=1920$$

而原系统根轨迹增益为

$$K_{g0}=2496$$

此根轨迹增益对应的根轨迹上的点位于 s 平面的右半部，因此系统不稳定。

增加校正装置后的开环传递函数为

$$G_o(s)=\frac{0.8\times250\times0.156\times0.1\times(0.25s+1)}{s(0.05s+1)(0.25s+1)(0.025s+1)}=\frac{2496}{s(s+20)(s+40)}$$

新的根轨迹图如图4.2.30所示。

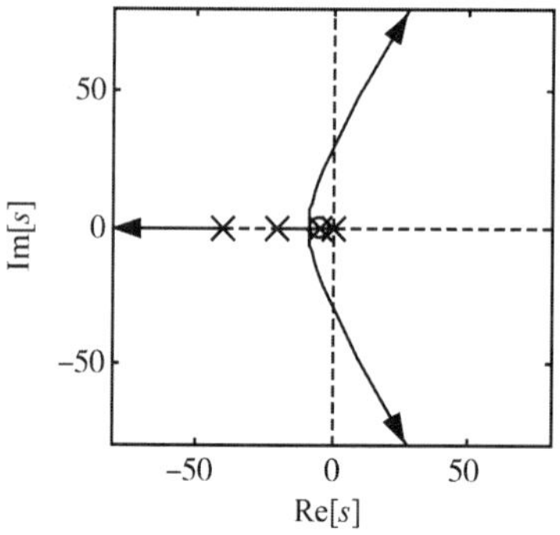

图4.2.30　根轨迹图(4.2.12－2)

由劳斯判据可以得到，系统稳定的临界增益为

$$K_L=48000$$

而2496＜48000，即根轨迹增益为2496时，根轨迹位于 s 平面的左半部，系统稳定。

由闭环特征方程

$$s(s+40)(s+20)+2496=0$$

计算闭环极点为

$$s_1=-42.5937$$

$$s_2=-12.8438$$

$$s_3=-4.5625$$

全部为负实轴上的单极点，系统是过阻尼的，阶跃响应无超调量。按照距离虚轴最近的闭环极点估计调节时间为

$$t_s=4\cdot\frac{1}{4.56}=0.877\ \mathrm{s}$$

仿真响应曲线如图 4.2.31 所示。

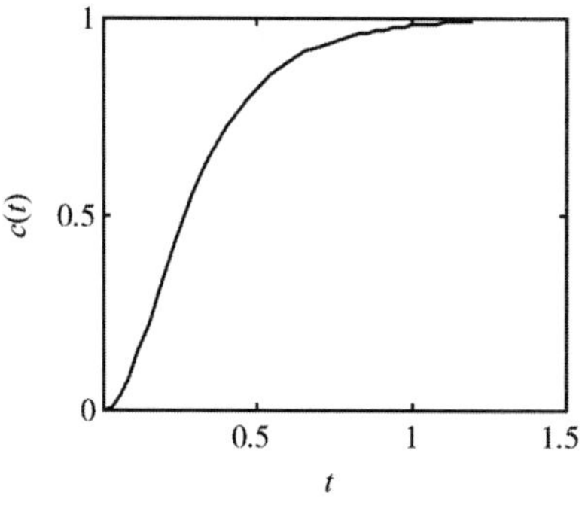

图 4.2.31　响应曲线（4.2.12）

系统为Ⅰ型系统，具有 $\nu=1$ 的无差度，系统的静态速度误差系数为

$$K_v=K_o=\frac{2496}{40\times20}=3.12$$

由于 K_v 较小，跟踪速度信号时系统的稳态精度不高。

4.2.13　已知单位反馈系统的开环传递函数为

$$G_o(s)=\frac{K(1+T_1s)}{s^2(1+T_2s)}$$

式中：$K>0,T_1>0,T_2>0$，试用根轨迹图法证明，当 $T_1>T_2$ 时，该闭环系统是稳定的。

解　$T_1<T_2$ 时，根轨迹图如图 4.2.32(a)所示；$T_1>T_2$ 时，根轨迹图如图 4.2.32(b)所示。

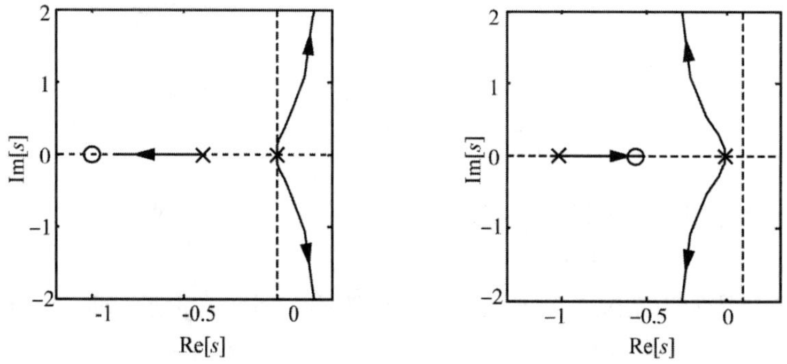

(a) $T_1<T_2$时　　(b) $T_1>T_2$时

图 4.2.32　根轨迹(4.2.13)

显然，由根轨迹图可以得到，$T_1<T_2$ 时，一对共轭复数根位于 s 平面的右半平面

上，系统是不稳定的，当 $T_1 = T_2$ 时，开环传递函数成为 $G_o(s) = \frac{K}{s^2}$，系统是临界稳定的，只有 $T_1 > T_2$ 时，系统的闭环根全部位于 s 平面的左半平面，系统是稳定的。

4.2.14 已知两系统的开环传递函数分别为：

$$G_{o1}(s) = \frac{K_1(s+2)}{s(s+1.5)},\ G_{o2}(s) = \frac{K_2(s+2)}{s^2+2s+1}$$

试用根轨迹法证明：负反馈时，系统 2 的闭环根集合为系统 1 闭环根集合的一个子集合。

解 方法 1：

作系统 1 的根轨迹如图 4.2.33(a)所示。

起点：$s=0$，-1.5；终点：-2，$-\infty$；实轴：$[-1.5, 0]$，$[-2, -\infty]$；分离点和会合点：$s_{1,2} = -1$，-3；根轨迹的共轭根部分为复平面上的圆，圆心为$(-2, 0)$，半径为 $r=1$。

作系统 2 的根轨迹如图 4.2.33(b)所示。

起点：$s=-1$，-1；终点：-2，$-\infty$；实轴：$[-1]$，$[-2, -\infty]$；分离点和会合点：$s_{1,2} = -1$，-3；根轨迹的共轭根部分为复平面上的圆，圆心为$(-2, 0)$，半径为 $r=1$。

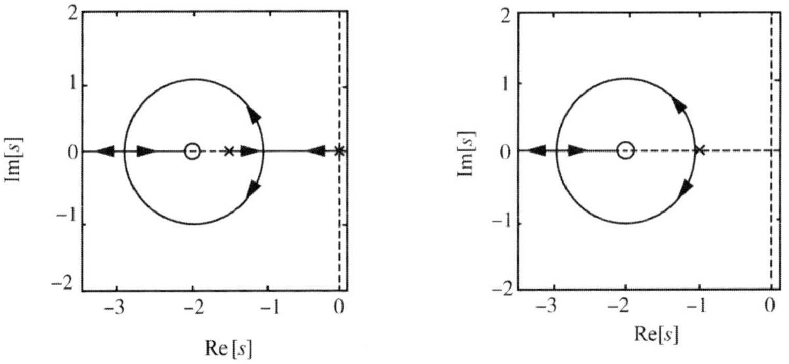

(a) 系统1　　(b) 系统2

图 4.2.33　根轨迹图(4.2.14)

(1)两系统共轭根部分为复平面上的圆$(-2, 0)$，$r=1$，两圆相同；

(2)实轴上$[-2, -\infty]$段相同；

(3)系统 2 根轨迹为系统 1 的 $K_1 \geqslant 1/2$ 的根轨迹，因此，负反馈时，系统 2 的闭环根集合为系统 1 闭环根集合的一个子集合。

方法 2：

系统 1 的特征方程为

$$s^2 + (1.5 + K_1)s + 2K_1 = 0$$

系统 2 的特征方程为

$$s^2+(2+K_2)s+(1+2K_2)=0$$

系统 1 的根轨迹为 $K_1\in[0,+\infty)$ 时的闭环根集合。系统 2 的根轨迹为 $K_2\in[0,+\infty)$ 时的闭环根集合。

当 $K_2=0$ 时，有 $s^2+2s+1=0$，与系统 1 特征方程比较，解出 $K_1=\frac{1}{2}$。则系统 2 的 $K_2\in[0,+\infty)$ 根轨迹解集合与系统 1 的 $K_1\in[\frac{1}{2},+\infty)$ 根轨迹解集合重合。因此，负反馈时，系统 2 的闭环根集合为系统 1 闭环根集合的一个子集合。

4.3 第 4 章扩充习题

4.3.1 设系统的开环传递函数为：

(1) $G_0(s)=\dfrac{K_g}{s(s+1)(s+2)}$

(2) $G_0(s)=\dfrac{K_g(s+2)}{(s+1)(s-1)}$

(3) $G_0(s)=\dfrac{K_g}{s(s+4)(s^2+4s+8)}$

试绘制控制系统的根轨迹草图。

4.3.2 设速度反馈系统结构图如图 4.3.1 所示。图中 K_b 为速度反馈系数，试绘制以 K_b 为参变量的根轨迹图。

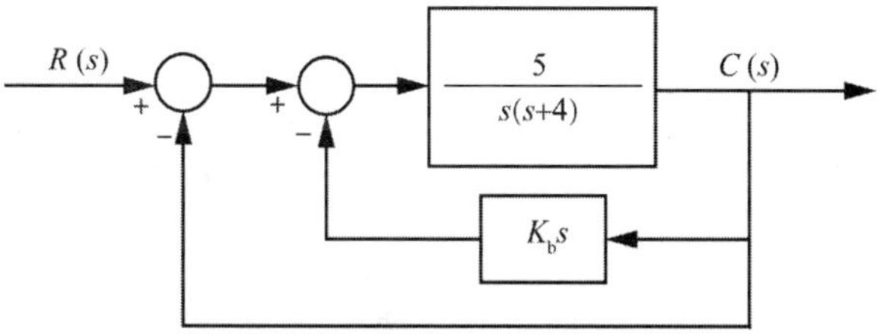

图 4.3.1　系统结构图(4.3.2)

4.3.3 设 PD 控制系统的结构如图 4.3.2 所示。图中 τ 为微分时间常数，试绘制以 τ 为参变量的根轨迹图。

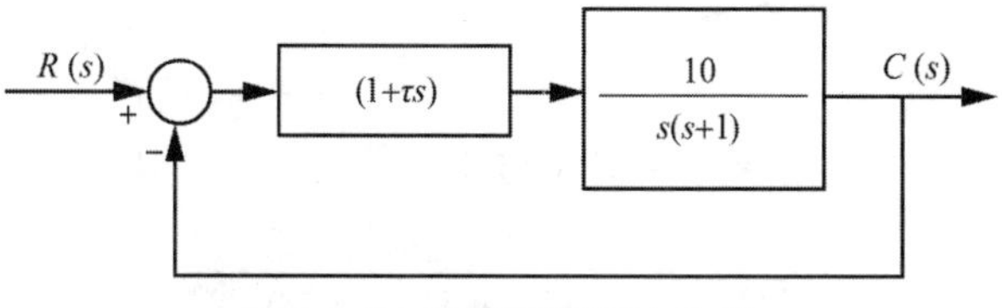

图 4.3.2　系统结构图(4.3.3)

4.3.4 设系统的开环传递函数为

$$G_o(s)=\frac{K_g(s+5)}{(s+1)(s^2+2s+10)},$$

试绘制该系统的根轨迹图，并确定系统临界稳定时的增益值 $K_{g临}$。

4.3.5 设非最小相位系统的开环传递函数为

$$G_o(s)=\frac{K_g(s^2+2s+2)}{s^2(s^2+4s+5)},$$

试绘制该系统的根轨迹草图，并计算出射角与入射角。

4.3.6 延迟系统的开环传递函数为

$$G_o(s)=\frac{K_g e^{-0.2s}}{s(s+4)},$$

试将延迟环节作一阶 Pade 展开，绘制系统的根轨迹草图，并与没有延迟环节时的根轨迹作比较。

（提示：延迟环节的 Pade 展开式为：$e^{-Ts}=\dfrac{e^{-\frac{1}{2}Ts}}{e^{\frac{1}{2}Ts}}=\dfrac{1-\frac{1}{2}Ts+\frac{1}{8}T^2s^2-\frac{1}{48}T^3s^3+\cdots}{1+\frac{1}{2}Ts+\frac{1}{8}T^2s^2+\frac{1}{48}T^3s^3+\cdots}$）

4.3.7 延迟系统的开环传递函数为

$$G_o(s)=\frac{K_g e^{-0.5s}}{s},$$

试将延迟环节作二阶 Pade 展开，绘制系统的根轨迹草图，并与没有延迟环节的根轨迹作比较。

4.3.8 设非最小相位系统的开环传递函数为

$$G_o(s)=\frac{K_g(s+1)}{s(s-0.5)(s^2+4s+20)},$$

试绘制该系统的根轨迹，并确定使闭环系统稳定的 K_g 取值范围。

4.3.9 设系统的开环传递函数为

$$G_o(s)=\frac{K_g}{s(s^2+as+a)},$$

试讨论，a 取何值时，该系统的根轨迹在实轴上：

(1)无分离点；

(2)一个三重分离点；

(3)一个分离点与一个会合点；

(4)只有一个分离点。

4.3.10 设单位反馈控制系统的开环传递函数为

$$G_o(s)=\frac{K_g(s+2)}{s(s+0.5)(s+20)},$$

若要求其闭环主导极点的阻尼角为60°，试用根轨迹法确定闭环主导极点的值与相应的根轨迹增益的值。

4.3.11　单位反馈控制系统，开环传递函数为

$$G_o(s)=\frac{K(s+1)}{s^2(s+10)},$$

试由根轨迹法确定系统闭环根含有共扼复数根时，增益 K 的取值范围。

4.3.12　设系统的开环零点、极点分布如图 4.3.3 所示，试粗略绘制根轨迹草图，并以互补方法绘制正反馈系统的根轨迹草图。

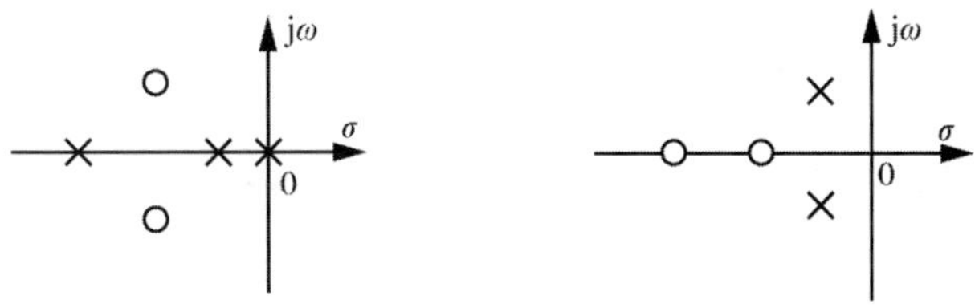

(a) 系统1　　(b) 系统2

图 4.3.3　开环零点、极点分布(4.3.12)

4.3.13　设单位反馈控制系统的开环传递函数为

$$G_o(s)=\frac{K_g(s+2)}{s(s+0.5)},$$

试作该系统的根轨迹图，并确定系统的阻尼频率 ω_d 为最大值时，闭环极点的值与相应的根轨迹增益的值。

4.3.14　已知单位反馈系统的开环传递函数为

$$G_o(s)=\frac{K(1+T_1s)}{s^2(1+T_2s)},$$

式中：$K>0, T_1>0, T_2>0$。试用根轨迹图法证明，当闭环根为三重根时，环节参数 T 的值与相应的增益 K 值。

4.3.15　已知两系统的开环传递函数分别为

$$G_{o1}(s)=\frac{K_1(s+2)}{s(s+1.5)},\ G_{o2}(s)=\frac{K_2(s+2)}{s^2+2s+1}$$

试确定欠阻尼时两系统具有最快响应时间时的闭环极点的值 s_i 与增益值 K_1，K_2。

4.4　第 4 章典型例题精讲

4.4.1　单位反馈控制系统，开环传递函数为

$$G_o(s)=\frac{K(s+1)}{s^2(s+10)}$$

(1) 试绘制根轨迹草图；

(2) 确定系统闭环根全部为负实根时，增益 K 的取值范围。

解　(1) 由绘制根轨迹基本法则

起点：0，0，-1

终点：$-1,\infty,\infty$

实轴：$[0]$，$[-10,\ -1]$

渐近线：

交点：$\sigma=-\dfrac{\sum p-\sum z}{n-m}=-\dfrac{10-1}{2}=-4.5$

夹角：$\theta=\dfrac{\pm180^\circ(2k+1)}{n-m}=\pm90^\circ$

分离点：$K=-\dfrac{s^2(s+10)}{(s+1)},\ \dfrac{\mathrm{d}K}{\mathrm{d}s}=0$

$$2s^3+13s^2+20s=0$$

$$s(s+2.5)(s+4)=0$$

$$s_{f1}=-4,\quad s_{f2}=-2.5$$

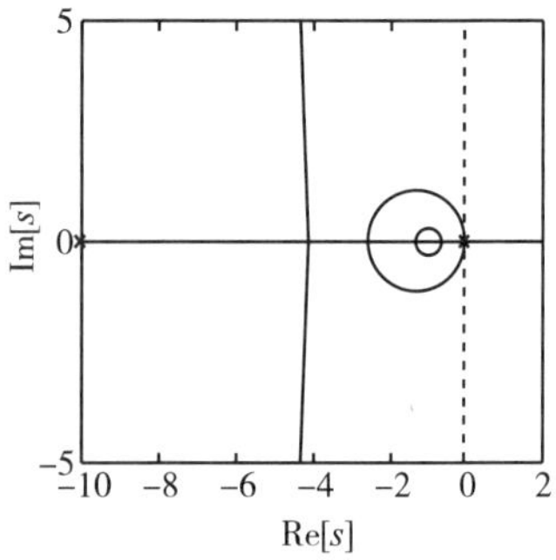

图 4.4.1 根轨迹图

(4.4.1)

原点出射角：$\theta_c=\pm90^\circ$，作根轨迹草图，如图 4.4.1 所示。

(2) 确定系统闭环根全部为负实根时，增益 K 的取值范围。

由幅值条件：$\left|\dfrac{K(s+1)}{s^2(s+10)}\right|_{s_i}=1$

$$s_1=-2.5,\ K_1=\left|\frac{s^2(s+10)}{(s+1)}\right|_{s_i=-2.5}=31.25$$

$$s_2=-4,\ K_2=\left|\frac{s^2(s+10)}{(s+1)}\right|_{s_i=-4}=32$$

增益 K 的取值范围为

$$31.25\leqslant K\leqslant32$$

4.4.2 已知单位反馈系统的开环传递函数为

$$G_o(s)=\frac{s+a}{s(s+1)^2}$$

(1)绘制当 a 从 $0\to\infty$时系统的闭环根轨迹图；

(2)当系统输入 $r(t)=t$ 时，确定使系统的稳态误差 $e_{ss}\leqslant0.5$ 时 a 的取值范围。

解 (1)系统的闭环特征方程为

$$s(s+1)^2+s+a=s^3+2s^2+2+a=0$$

等效开环传递函数为

$$G_{o等}(s)=\frac{a}{s^3+2s^2+2s}=\frac{a}{s(s+1+\mathrm{j})(s+1-\mathrm{j})}$$

起点：$0,\ -1+\mathrm{j},\ -1-\mathrm{j}$

终点：$\infty,\ \infty,\ \infty$

渐近线：$-\sigma=-\dfrac{2}{3}$；$\theta=\pm60^\circ,180^\circ$

出射角：$\mp45^\circ$

根轨迹与虚轴的交点：$\omega=\pm\sqrt{2}$，$a=4$。

绘制根轨迹，如图 4.4.2 所示。

(2)当系统输入 $r(t) = t$

$$e_{ss} = \frac{1}{K_v} \leqslant 0,5$$

$$K_v \geqslant 2$$

$$K_v = a$$

则 $e_{ss} \leqslant 0.5$ 时，a 的取值范围为

$$4 \geqslant a \geqslant 2$$

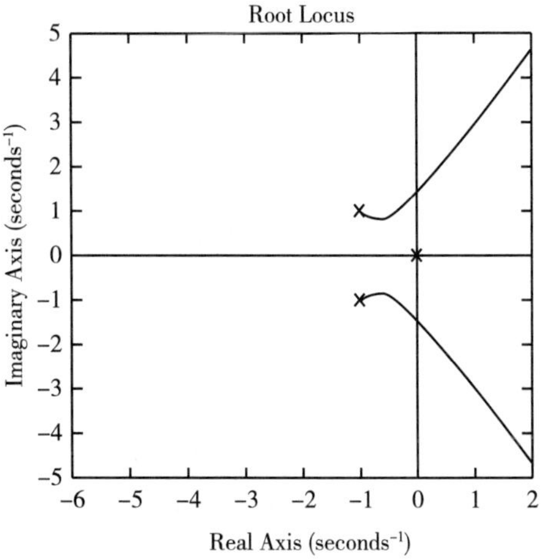

图 4.4.2　根轨迹图(4.4.2)

4.4.3　已知单位反馈系统的开环传递函数为

$$G(s) = \frac{K(s+1)}{s(s-1)(s+4)}, K \geqslant 0$$

(1)画出该系统的根轨迹(分离点试探一次即可)；

(2)确定系统稳定时 K 的取值范围；

(3)试分析该系统阶跃响应曲线的情况(分离点处 $K = 0.76$)。

解　(1) $n = 3$，有 3 条根轨迹

起点：0，1，−4

终点：−1，∞，∞

渐近线 2 条

$$-\sigma = -\frac{3-1}{2} = -1$$

$$\theta = \pm 90°$$

分离点：$s = 0.442$

与虚轴的交点：$\omega = \pm\sqrt{2} = 1.414$

$K = 6$

绘制根轨迹，如图4.4.3所示。

(2)系统稳定时, $K > 6$

(3)在分离点处 $K = 0.76$,

则当 $0 < K < 0.76$ 时，阶跃响应曲线为单调发散的曲线；

当 $0.76 < K < 6$ 时，阶跃响应曲线为振荡发散的曲线；

当 $K > 6$ 时，阶跃响应曲线为衰减振荡曲线。

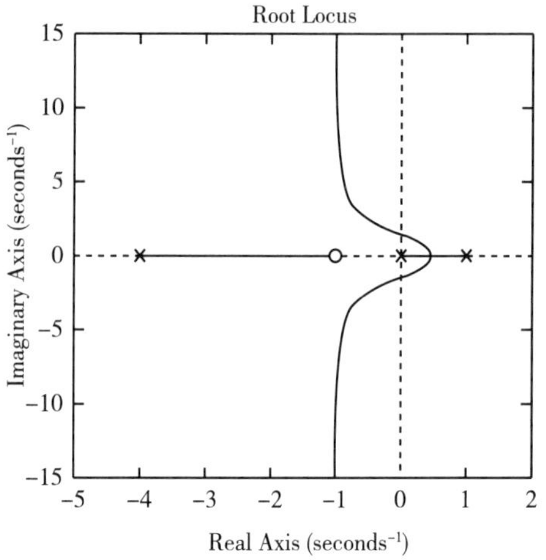

图4.4.3　根轨迹图(4.4.3)

4.4.4　单位反馈控制系统的结构图如图4.4.4所示。

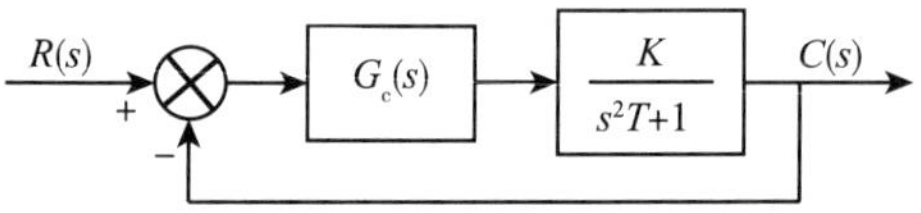

图4.4.4　系统结构图(4.4.4)

(1) $G_c(s) = 1 + Ts$ 时, $K = 10$ ，试作以 T 为参变量的根轨迹草图；

(2)在参量根轨迹图上，试确定系统有一对相等负实根时的 T 值；

(3)在上述(2)的取值下的闭环系统，其阶跃响应有超调量吗？为什么？

解　(1) $G_c(s) = 1 + Ts$ 时, $K = 10$,

开环传递函数为

$$G_o(s) = \frac{10(1 + Ts)}{s^2 - 1}$$

闭环传递函数为

$$G(s) = \frac{10(1 + Ts)}{s^2 + 10Ts + 9}$$

闭环特征方程为

$$s^2 + 10Ts + 9 = 0$$

等效开环传递函数为

$$G_D(s) = \frac{10Ts}{s^2 + 9}$$

起点：$-j3$，$+j3$

终点：∞，0

实轴根轨迹$[-\infty, 0]$

分离点与会合点

$$s = -3$$

出射角

$$\theta = \mp 180° + 180° - 180° = \mp 180°$$

绘制根轨迹如图 4.4.5 所示。

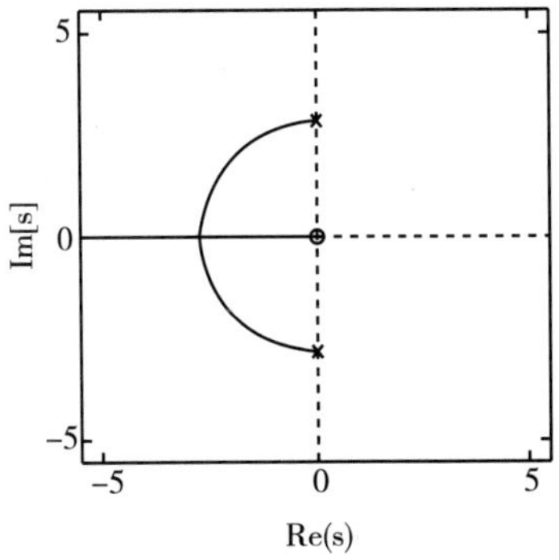

图 4.4.5　参量根轨迹（4.4.4）

(2)在参量根轨迹图上，在会合点处，系统有一对相等负实根。

$$\left|\frac{10Ts}{s^2 + 9}\right|_{s=-3} = 1$$

$$T = 0.6$$

(3)以上述(2)的方法设计的闭环系统，闭环传递函数为

$$G(s) = \frac{6s + 10}{s^2 + 6s + 9}$$

由于系统有闭环零点，其输出叠加微分响应项，因此其阶跃响应有超调量。阶跃响应曲线如图 4.4.6 所示。

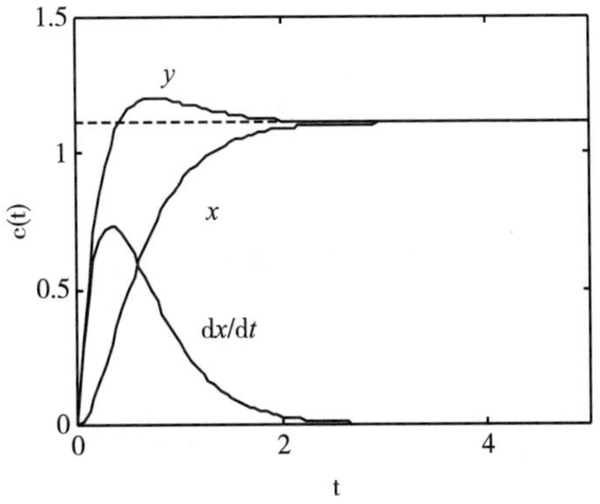

图 4.4.6　系统阶跃响应曲线（4.4.4）

4.4.5　已知系统的开环传递函数为

$$G_o(s) = \frac{K_g(s + 2)}{s^2 + 2s + 5}$$

(1)试绘制其根轨迹图；

(2)试求该系统的阶跃响应曲线为衰减振荡曲线时，K_g 的取值范围。

解 (1)由绘制根轨迹基本法则

起点：$-1+j2$，$-1-j2$

终点：-2，∞

会合点：$s_1=-4.235$，$s_2=0.235$（舍）

出射角：$\theta_1=\mp 180°+\arctan 2-90°=\mp 180°+63°-90°=-207°=153°$

$\theta_2=-153°$

根轨迹如图4.4.7所示。

(2)在分离点处

$$\left|\frac{K_g(s+2)}{s^2+2s+5}\right|_{s=-4.235}=1$$

则

$$K_g=6.5$$

因此该系统的阶跃响应曲线为衰减振荡曲线时，K_g 的取值范围是 $0<K_g<6.5$。

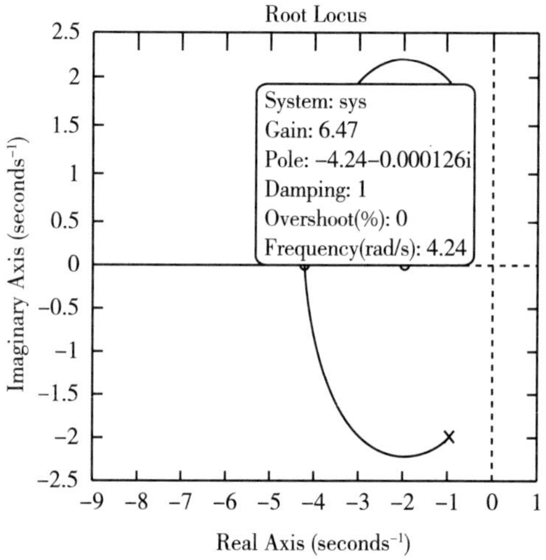

图4.4.7 根轨迹图(4.4.5)

第5章　频率分析法

本章重点

1. 控制系统的极坐标图与对数频率特性；
2. 典型环节的对数频率特性作图(折线近似)；
3. 控制系统的开环对数频率特性作图(折线近似)；
4. 应用奈奎斯特稳定性判据判别系统的稳定性；
5. 控制系统的开环对数频率特性分析。

5.1　第5章内容概述

1. 控制系统的频率特性

(1)频率特性的数学表示

控制系统的频率特性表示为

$$G(j\omega) = G(s)\big|_{s=j\omega} \tag{5.1.1}$$

用实部和虚部来表示可以表示为

$$G(j\omega) = P(\omega) + jQ(\omega) \tag{5.1.2}$$

用模和幅角可以表示为

$$G(j\omega) = |G(j\omega)|\arg[G(j\omega)] = A(\omega)\angle\varphi(\omega) \tag{5.1.3}$$

式中，$A(\omega) = |G(j\omega)|$，为 $G(j\omega)$ 的幅值，$\angle\varphi(\omega) = \arg[G(j\omega)]$，为 $G(j\omega)$ 的幅角。

(2)频率特性的作图

①极坐标图。极坐标图又称为奈奎斯特(Nyquist)图。以 ω 为变量，二阶欠阻尼系统的极坐标图如图5.1.1所示。

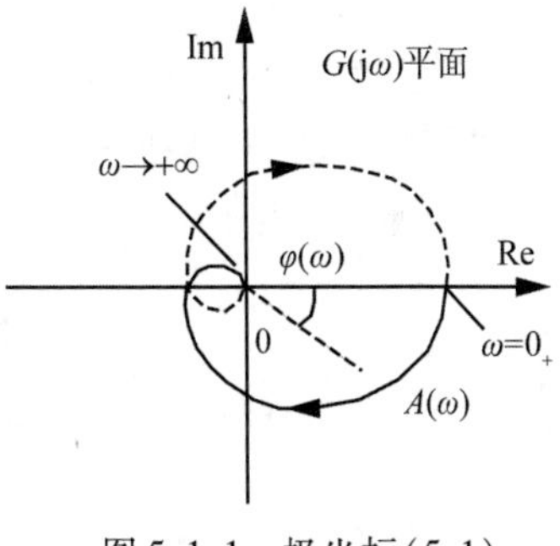

图5.1.1　极坐标(5.1)

②对数坐标图。对数坐标图又称为伯德(Bode)图。由于频率特性的矢量表达式为

$$\begin{aligned} G(j\omega) &= |G(j\omega)|\arg[G(j\omega)] \\ &= A(\omega)\angle\varphi(\omega) \end{aligned} \tag{5.1.4}$$

将 ω 轴取对数，则

$L(\omega) = 20\lg|A(\omega)|$ dB 称为对数幅频特性，是频率 ω 的函数。

$\varphi(\omega)$ 称为对数相频特性，也是频率 ω 的函数。

一阶惯性环节的对数频率特性如图 5.1.2 所示。

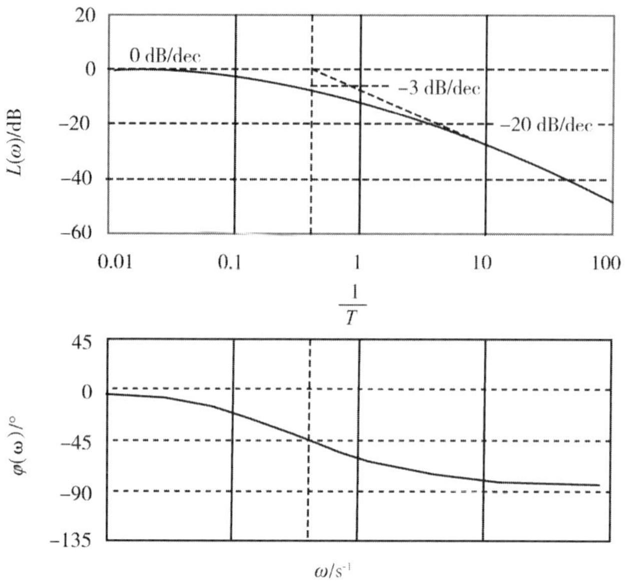

图 5.1.2　一阶惯性环节的伯德图(5.1)

2. 典型环节的频率特性

典型环节的极坐标图与对数频率特性可以参阅教材中对应章节。

3. 控制系统的开环对数频率特性

控制系统的开环对数频率特性可以使用两种方法完成。

(1)典型环节叠加作图

分别作出各基本环节的 $L_k(\omega)$，在图上叠加得到 $L_o(\omega)$，以及分别作出各基本环节的 $\varphi_k(\omega)$，在图上叠加得到 $\varphi_o(\omega)$。

(2)转折渐进作图

转折渐进作图主要是依照转折渐进表作出 $L_o(\omega)$，而开环对数相频特性 $\varphi_o(\omega)$ 仍然要依照方法(1)叠加作图。

步骤 1：由于

$$G_o(s) = \frac{k_o}{s^\nu} \cdot \frac{\prod_{k=1}^{m_1}(\tau_k s + 1)\prod_{l=1}^{m_2}(\tau_l^2 s^2 + 2\zeta_l \tau_l s + 1)}{\prod_{i=1}^{n_1}(T_i s + 1)\prod_{j=1}^{n_2}(T_j^2 s^2 + 2\zeta_j T s + 1)} = \frac{k_o}{s^\nu} \cdot G_n(s) \qquad (5.1.5)$$

在低频段有

$$G_{o}(j\omega) = \frac{k_{o}}{(j\omega)^{\nu}} \cdot G_{n}(j\omega)\big|_{\omega\downarrow\downarrow} = \frac{k_{o}}{(j\omega)^{\nu}} \tag{5.1.6}$$

在低频段作出 $L_{o\,低}$ 和 $\varphi_{o\,低}$。

步骤 2：由于

$$G_{n}(s) = \frac{\prod_{k=1}^{m_1}(\tau_k s + 1)\prod_{l=1}^{m_2}(\tau_l^2 s^2 + 2\zeta_l \tau_l s + 1)}{\prod_{i=1}^{n_1}(T_i s + 1)\prod_{j=1}^{n_2}(T_j^2 s^2 + 2\zeta_j T s + 1)} \tag{5.1.7}$$

全部是由一阶因子及二阶因子组成。

因此只要找出每个因子的转折频率及在转折频率处相应的转折斜率，从低频段到高频段逐步前进，就可以以渐进方式作出折线特性。

4. 频域稳定性判据

频域稳定性判据又称奈奎斯特(Nyquist)稳定性判据，简称奈氏稳定性判据。它是在频域中，利用系统的开环频率特性来获得闭环系统稳定性的判别方法。

(1)幅角定理描述

已知系统的开环频率特性 $G_{o}(j\omega)$，则闭环系统稳定的充分必要条件为：

当 $p = 0$ 时，围绕 $-1 + j0$ 点的角度增量为零，即

$$\underset{\omega:0\to\infty}{\Delta} \angle G_{o}(j\omega) = 0 \tag{5.1.8}$$

当 $p \neq 0$ 时，围绕 $-1 + j0$ 点的角度增量为 $p\pi$，即

$$\underset{\omega:0\to\infty}{\Delta} \angle G_{o}(j\omega) = p\pi \tag{5.1.9}$$

(2)保角定理描述

已知系统的开环频率特性 $G_{o}(j\omega)$，则闭环系统稳定的充分必要条件为：

当 $p = 0$ 时，逆时针包围 $-1 + j0$ 点的圈数为零，即

$$N = 0 \tag{5.1.10}$$

当 $p \neq 0$ 时，逆时针包围 $-1 + j0$ 点的圈数为

$$N = -p \tag{5.1.11}$$

(3)伯德图上的稳定判据

可以在伯德图上直接使用频域稳定性判据。如果系统是最小相位的，系统稳定的充要条件为：幅值裕度：$L_g > 0$ dB；相位裕度：$\gamma_c > 0°$。

注意：使用伯德图稳定判据时，除了限定是最小相位系统之外，还要注意相频特性 $\varphi(\omega)$ 多次穿越 $-180°$ 线的情况与幅频特性 $L(\omega)$ 多次穿越 0 dB 线的情况。这些复杂情况时的稳定性判别可以参阅教材相关内容。

5.1.1　已知单位反馈的最小相位系统，其开环对数幅频特性如图 5.1.3 所示，

(1)试求开环传递函数 $G_{o}(s)$；

(2)计算系统的稳定裕度。

解 （1）设系统的开环传递函数为

$$G_o(s) = \frac{K_o}{s^2} \cdot \frac{1 + T_1 s}{(1 + T_2 s)^2}$$

由图 5. 1. 3 可以得到 $T_1 = 1$，$T_2 = \frac{1}{10}$，计算出开环增益为 $K_o = 3.16$，系统的开环传递函数为

$$G_o(s) = \frac{3.16(1 + s)}{s^2 (1 + 0.1s)^2}$$

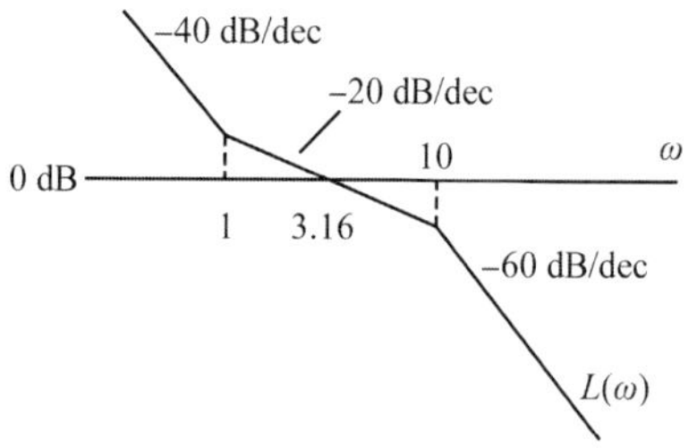

图 5. 1. 3　例题系统的开环对数幅频特性（5. 1. 1）

（2）求系统的稳定裕度

由于 $\omega_c = 3.16$，所以相位裕度为

$$\gamma_c = 180° + \varphi(\omega_c) = 180° - 142.6° = 37.4°$$

因为 $\gamma_c > 0$，所以闭环系统是稳定的。对数相频特性如图 5. 1. 4 所示。

幅值裕度为

$$L_g = -20\lg A(\omega_g)\big|_{\omega_g = 8.94} = 11.5 \text{ dB}$$

因为 $L_g > 0$ dB，所以也可以说明闭环系统是稳定的。

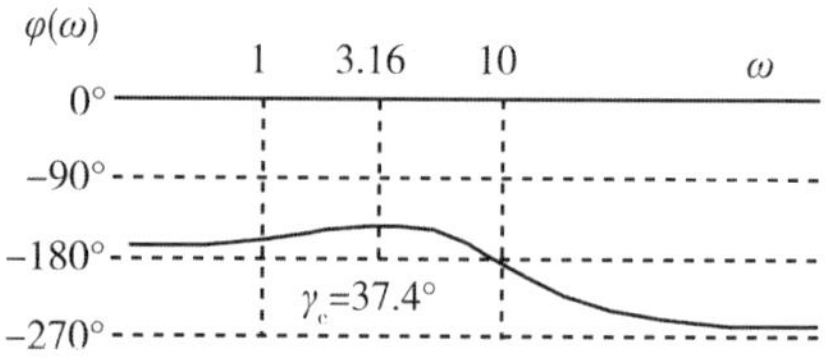

图 5. 1. 4　例题系统的对数相频特性（5. 1. 1）

5. 控制系统的开环频率特性分析

（1）开环频率特性的低频段确定了闭环系统的稳态性能

①低频段的斜率 $-\nu \cdot 20$ dB/dec 确定了系统的无差度 ν；

②低频段的高度确定了系统开环增益 K_o 的大小，进而确定了有差系统的误差大小。

（2）开环频率特性的中频段确定了闭环系统的动态性能

①幅值裕度 L_g 和相位裕度 γ_c。一个最小相位系统不仅要求其幅值裕度 L_g 和相位裕度 γ_c 全部是正值（系统稳定的条件），而且不能太小（动态性能要好）。为了使得系统的平稳性好，则应该使得相位裕度 γ_c 一般不要小于 30 °，幅值裕度 L_g 一般不要小于 6 dB。

②开环截止频率 ω_c。开环截止频率 ω_c 定义为对数幅频特性 $L(\omega)$ 穿过 0 dB 线时的角频率。

基于频率与时间成反比性质，开环截止频率 ω_c 是闭环系统响应的快速性在频率域中的描述，也就是说对于稳定系统：

如果 ω_c 比较小，则系统的时间响应就慢；

如果 ω_c 比较大，则系统的时间响应就快。

③中频段穿越斜率 ν_c。开环截止频率 ω_c 所对应的频率段上 $L(\omega)$ 的斜率。为了保证系统的动态性能，一般要求为 $\nu_c = -1$。

④中频段宽度 h。开环截止频率 ω_c 所对应的频率段其两端转折频率之比为

$$h = \frac{\omega_2}{\omega_1} \tag{5.1.12}$$

如果$L(\omega)$在ω_c处的穿越斜率ν_c保持为 -1，而且该段还保持一定的中频段宽度h，一般$h>5$，可以保证相位裕度$\gamma_c>0°$，则系统一定是稳定的，且动态性能比较好。

如果$L(\omega)$在ω_c处的穿越斜率ν_c为 -2，那么，系统或者是不稳定的，或者即使是稳定的，其平稳性也极差，会产生较大的振荡。

即使$L(\omega)$在ω_c处的穿越斜率ν_c为 -1，而两端的衔接频率ω_1与ω_2很近，也就是说，不能保持中频段宽度h为足够的宽度，那么，系统的动态性能也是比较差的。

(3)开环频率特性的高频段确定了闭环系统克服高频干扰的能力

高频段衰减率ν_h是$L(\omega)$在高频段的斜率，即

$$\nu_h=-(n-m)\cdot 20\ \text{dB/dec} \tag{5.1.13}$$

ν_h表示了开环对数幅频特性$L(\omega)$对于信号频谱中的高频分量衰减的程度。对于高频分量的衰减，就意味着系统克服高频干扰的能力，因此ν_h不应太小。对于高阶系统来说，其$L(\omega)$在高频段应尽快地衰减。在一般情况下，高频衰减率应为

$$\nu_h=-2\sim-5 \tag{5.1.14}$$

5.1.2　已知单位反馈系统的开环对数幅频特性如图 5.1.5 所示，试作系统的性能分析。

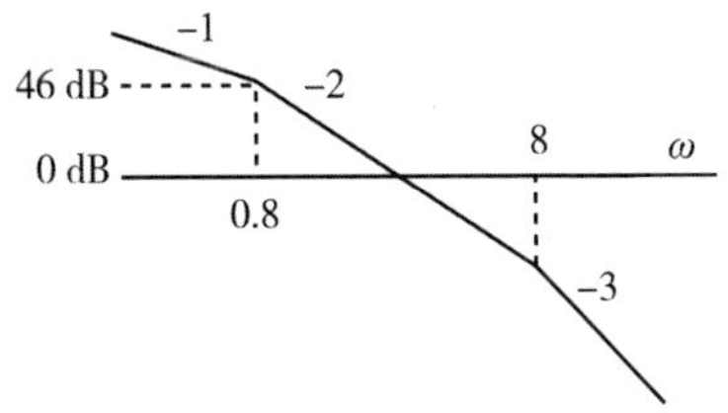

图 5.1.5　系统的伯德图(5.1.2)

解　(1)动态性能分析：计算得到开环截止频率为$\omega_c=2.53$，该处中频段穿越斜率为

$$\nu_c=-2$$

按照折线计算相位裕度为零，处于临界稳定状态，因此不满足系统的稳定性。准确的相位裕度是大于零的，即使如此，动态性能也极差。

(2)稳态性能分析：如果可以降低系统的增益使得系统稳定，可以考虑稳态性能。

初始段斜率为 -20 dB/dec，$\nu=1$，系统为Ⅰ型系统。所以系统的阶跃响应的稳态误差为零。由于开环增益为$K_o<6.4$，跟踪单位斜坡信号时稳态误差的大小为

$$e_{ss}=\frac{1}{K_o}>0.1563$$

5.2 第5章习题精解

5.2.1 计算图5.2.1所示电网络在输入为 $u_i(t)=\sin\omega t$ 时的稳态正弦输出 $u_o(t)$。

解 网络传递函数为

$$G(s)=\frac{U_o(s)}{U_i(s)}=\frac{40\cdot 10^3}{40\cdot 10^3+\dfrac{10\cdot 10^3}{s\cdot(10\cdot 10^{-6})(10\cdot 10^3)+1}}$$

$$=\frac{0.8(0.1s+1)}{0.08s+1}$$

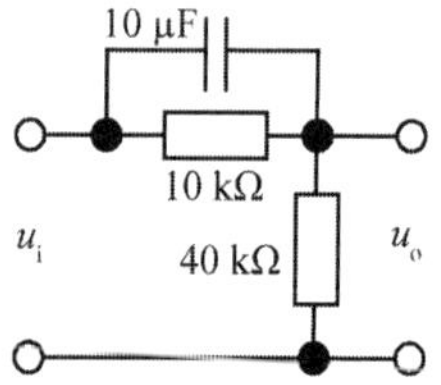

图5.2.1 电网络(5.2.1)

频率特性为

$$G(j\omega)=\frac{0.8(0.1j\omega+1)}{0.08j\omega+1}$$

$$=A(\omega)\angle\varphi(\omega)=0.8\sqrt{\frac{1+0.1^2\omega^2}{1+0.08^2\omega^2}}\angle(\arctan 0.1\omega-\arctan 0.08\omega)$$

输入为 $u_i(t)=\sin\omega t$，则输入的复数符号表示为

$$U_i(j\omega)=1\angle 0°$$

则

$$U_o(j\omega)=G(j\omega)U_i(j\omega)=G(j\omega)\cdot 1\angle 0°$$

$$=0.8\sqrt{\frac{1+0.1^2\omega^2}{1+0.08^2\omega^2}}\angle(\arctan 0.1\omega-\arctan 0.08\omega)$$

稳态正弦输出 $u_o(t)$ 为

$$u_o(t)=0.8\sqrt{\frac{1+0.1^2\omega^2}{1+0.08^2\omega^2}}\sin[\omega t+(\arctan 0.1\omega-\arctan 0.08\omega)]$$

5.2.2 已知系统的极坐标图如图5.2.2所示，试确定系统的传递函数。

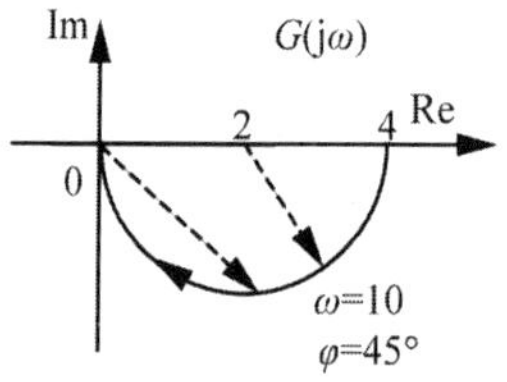

(a) 系统1

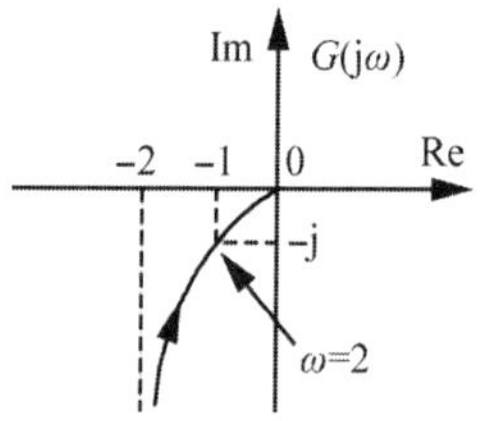

(b) 系统2

图5.2.2 系统的极坐标图(5.2.2)

解 (1)见图5.2.2(a)。由于曲线为第4象限的下半圆，初始角度为0°，终止角度为-90°，所以可设传递函数为

$$G(s)=\frac{K}{Ts+1}$$

$$G(j\omega) = \frac{K}{j\omega T + 1} = \frac{K}{\sqrt{(\omega T)^2 + 1}} \angle -\tan^{-1}\omega T = A(\omega)\angle\varphi(\omega)$$

由 $A(0) = 4$，得增益为

$$K = 4$$

又

$$-\arctan \omega T \big|_{\omega=10} = -45°$$

所以时间常数为

$$T = 0.1$$

代入设定式，得到传递函数为

$$G(s) = \frac{4}{0.1s + 1}$$

(2)见图 5.2.2(b)。由于极坐标图的起始角度为 $-90°$，终止角度为 $-180°$，所以传递函数中必含有一个积分环节和一个惯性环节。设传递函数为

$$G(s) = \frac{K}{s(Ts + 1)}$$

由于

$$\angle G(j\omega) = \angle\frac{1}{j\omega} + \angle\frac{1}{1 + j\omega T} = -90° - \arctan \omega T$$

当 $\omega = 2$ 时，频率特性的实部为 1，虚部为 $-j$，则

$$\angle G(j\omega) = -135°, \arctan \omega T = 45°, \omega T = 1$$

所以，时间常数为

$$T = 1/2 = 0.5$$

由于

$$G(j\omega) = \frac{K}{s(Ts + 1)} = \frac{-KT}{1 + T^2\omega^2} - j\frac{-K}{\omega(1 + T^2\omega^2)}$$

实部为

$$\mathrm{Re}[G(j\omega)] = \frac{-KT}{\omega^2 T^2 + 1}\bigg|_{\omega\to 0} = -2$$

所以得到

$$K = 4$$

代入设定式，得到传递函数为

$$G(s) = \frac{4}{s(0.5s + 1)}$$

5.2.3　作出下述传递函数的对数幅频特性 $L(\omega)$ 与对数相频特性 $\varphi(\omega)$。

(1) $G(s) = \frac{1}{Ts}$，$T = 10$ 及 $T = 0.1$ 时；

(2) $G(s) = \frac{T_1 s + 1}{T_2 s + 1}$，$T_1 > T_2$ 时，及 $T_1 < T_2$ 时；

(3) $G(s) = \dfrac{20}{s^2 + 1.9s + 10}$;

(4) $G(s) = \dfrac{K}{(T_1 s + 1)(T_2 s + 1)(T_3 s + 1)}$, $T_1 > T_2 > T_3$。

解 (1) $G(s) = \dfrac{1}{Ts}$，为一个积分环节和一个比例环节串联，系统各参数为

$$K = \frac{1}{T},\ L(\omega) = 20\lg K - 20\lg \omega, \qquad \varphi(\omega) = -90°$$

当 $T = 10$ 时

$$L(\omega) = -20 - 20\lg \omega$$
$$\omega = 1,\quad L(\omega) = -20\ \text{dB}$$

当 $T = 0.1$ 时

$$L(\omega) = 20 - 20\lg \omega$$
$$\omega = 1,\quad L(\omega) = 20\ \text{dB}$$

绘制伯德图如图 5.2.3 所示。

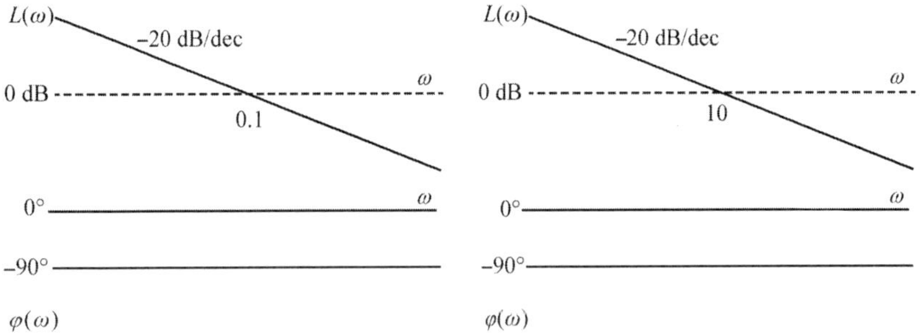

(a) T=10时　　(b) T=0.1时

图 5.2.3　伯德图(5.2.3-1)

(2) $G(s) = \dfrac{T_1 s + 1}{T_2 s + 1}$

系统为一个惯性环节与一个一阶微分环节串联，$L(\omega)$ 与 $\varphi(\omega)$ 分别为

$$L(\omega) = 20\lg \sqrt{1 + (T_1\omega)^2} - 20\lg \sqrt{1 + (T_2\omega)^2}$$
$$\varphi(\omega) = \arctan T_1\omega - \arctan T_2\omega$$

作折线特性如下：

当 $T_1 < T_2$，即 $\dfrac{1}{T_1} > \dfrac{1}{T_2}$ 时，幅频特性曲线斜率起始为0，在 $\dfrac{1}{T_2}$ 处转折为 -20 dB/dec，在 $\dfrac{1}{T_1}$ 处转折为0，角度由0°起始，先增后减，在两个转折频率的几何中点处有最大的相位角，但终止于0°。

当$T_1 > T_2$，即$\frac{1}{T_1} < \frac{1}{T_2}$时，幅频特性曲线斜率起始为0°，在$\frac{1}{T_1}$处转折为 −20 dB/dec，在$\frac{1}{T_2}$处转折为0，角度由0°起始，先增后减，在两个转折频率的几何中点处有最大的相位角，但终止于0°。

$T_1 = 0.2, T_2 = 2$，与$T_1 = 2, T_2 = 0.2$，折线频率特性如图 5.2.4 所示。

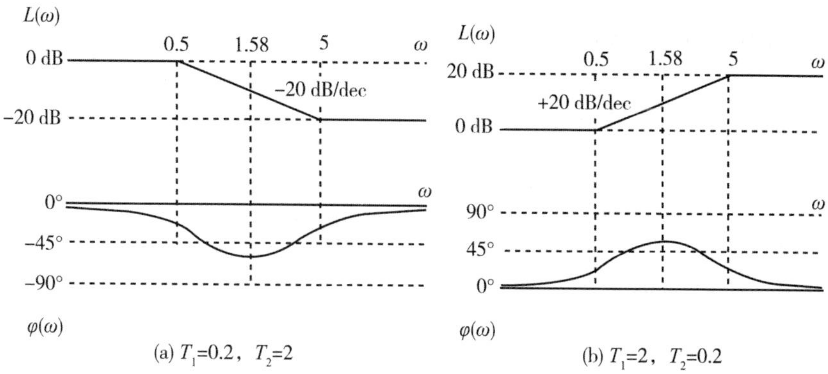

图 5.2.4　伯德图(5.2.3 −2)

(3) $G(s) = \frac{20}{s^2 + 1.9s + 10} = \frac{2}{0.1s^2 + 0.19s + 1}$

系统为一个比例环节和一个二阶振荡环节串联，系统各参数为

$$K = 2, \omega_n = \sqrt{10} = 3.16, \zeta = 0.3$$

对数幅频特性曲线起始部分斜率为 0，在$\omega = 3.16$处转折为 −40 dB/dec。对数相频特性的变化范围为$\varphi(\omega): 0° \to 180°$，作折线伯德图如图 5.2.5 所示。

又由于$\zeta = 0.3 < 0.707$，所以有谐振峰值，解出谐振频率与谐振峰值为

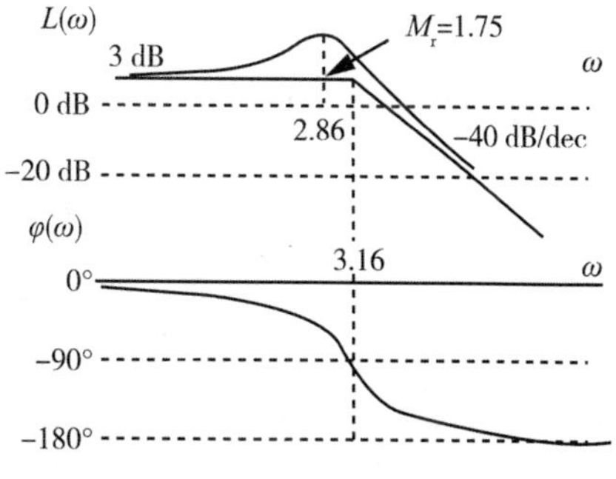

图 5.2.5　伯德图(5.2.3 −3)

$$\omega_r = \frac{1}{T}\sqrt{1 - 2\zeta^2} = 2.8636$$

$$M_r = \frac{1}{2\zeta\sqrt{1 - \zeta^2}} = 1.7471$$

在折线伯德图上补充谐振频率与谐振峰值如图 5.2.5 所示。

(4) $G(s) = \frac{K}{(T_1 s + 1)(T_2 s + 1)(T_3 s + 1)}, T_1 > T_2 > T_3$

系统为一个比例环节和三个惯性环节串联，转折频率分别为

$$\frac{1}{T_1} < \frac{1}{T_2} < \frac{1}{T_3}$$

起始部分的斜率为0，高度为20lg K，每遇到一个转折频率，斜率变化 $-20\ \text{dB/dec}$。角度的变化范围 $\varphi(\omega):0° \to 270°$。当 $T_1=2$，$T_2=0.2$，$T_3=0.02$，$K=10$，伯德图如图5.2.6所示。

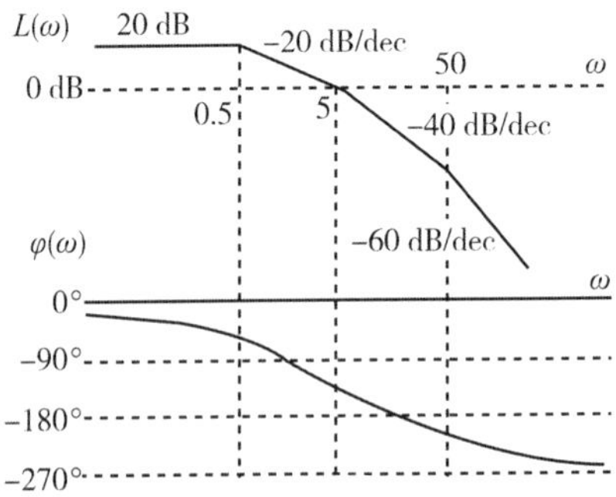

图5.2.6　伯德图(5.2.3-4)

5.2.4　已知两装置的传递函数分别为 $G_1(s)=\dfrac{100}{0.5s+1}$，$G_2(s)=\dfrac{100}{0.5s-1}$，作出它们的对数幅频特性 $L(\omega)$ 与对数相频特性 $\varphi(\omega)$，并比较有何不同。

解　对于 $G_1(s)$，有

$$G_1(\mathrm{j}\omega)=\frac{100}{0.5\mathrm{j}\omega+1}=\frac{100}{\sqrt{1+(0.5\omega)^2}}\angle-\arctan 0.5\omega$$

所以

$$L_1(\omega)=20\lg\frac{100}{\sqrt{1+(0.5\omega)^2}},\qquad \varphi_1(\omega)=-\arctan 0.5\omega$$

对于 $G_2(s)$，有

$$G_2(\mathrm{j}\omega)=\frac{100}{0.5\mathrm{j}\omega-1}=\frac{100}{\sqrt{1+(0.5\omega)^2}}\angle(-\pi+\arctan 0.5\omega)$$

所以

$$L_2(\omega)=20\lg\frac{100}{\sqrt{1+(0.5\omega)^2}},\qquad \varphi_2(\omega)=-\pi+\arctan 0.5\omega$$

绘制对数频率特性曲线，如图5.2.7所示。

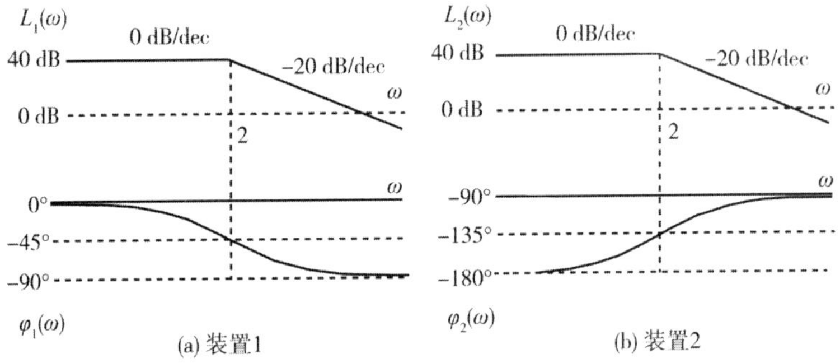

图5.2.7　对数频率特性(5.2.4)

从作图结果可以看出，两图的幅频特性是相同的，但是相频特性不同。$\varphi_1(\omega)$ 的变化是从0°变化到-90°，$\varphi_2(\omega)$ 的变化是从-180°变化到-90°。

5.2.5　作出下面传递函数的极坐标图的草图。

(1) $G(s)=\dfrac{K}{(T_1s+1)(T_2s+1)}$；

(2) $G(s)=\dfrac{K}{s(Ts+1)}$；

(3) $G(s) = \dfrac{K(T_1 s + 1)}{s(T_2 s + 1)}$，$T_1 < T_2$；

(4) $G(s) = \dfrac{K(T_1 s + 1)}{s^2(T_2 s + 1)}$，$T_1 > T_2$ 时，及 $T_1 < T_2$ 时。

解　(1) $G(s) = \dfrac{K}{(T_1 s + 1)(T_2 s + 1)}$

系统为一个比例环节和两个惯性环节串联，

$\omega \to 0$ 时，$|G(j\omega)| = K$，$\angle G(j\omega) = 0°$；

$\omega \to \infty$时，$|G(j\omega)| \to 0$，$\angle G(j\omega) \to (-180°)$；

$\omega: 0 \to \infty$时，角度单调递减。

当 $T_1 = 0.1$，$T_2 = 2$，$K = 100$ 时，极坐标草图如图 5.2.8 所示。

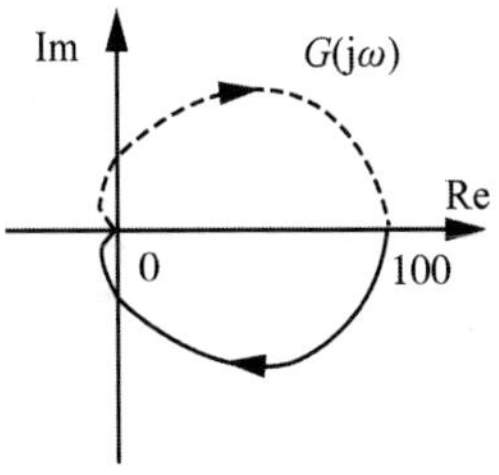

图 5.2.8　极坐标图
(5.2.5 - 1)

(2) $G(s) = \dfrac{K}{s(Ts + 1)}$

系统含有一个积分环节，因此

$\omega \to 0$ 时，$|G(j\omega)| = -\infty$，$\angle G(j\omega) = -90°$；

$\omega \to \infty$时，$|G(j\omega)| \to 0$，$\angle G(j\omega) \to (-180°)$；

$\omega: 0 \to \infty$时，角度单调递减。

当 $T = 0.5$，$K = 20$ 时，极坐标草图如图 5.2.9 所示。

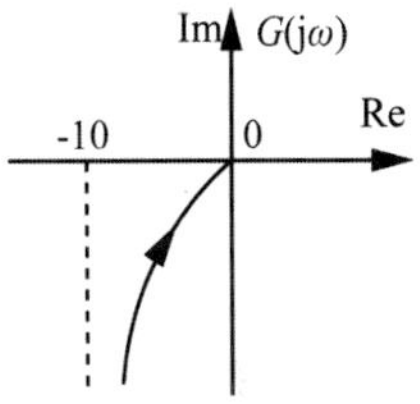

图 5.2.9　极坐标图
(5.2.5 - 2)

(3) $G(s) = \dfrac{K(T_1 s + 1)}{s(T_2 s + 1)}$，$T_1 < T_2$

系统含有一个积分环节，因此

$\omega \to 0$ 时，$|G(j\omega)| = -\infty$，$\angle G(j\omega) = -90°$；

$\omega \to \infty$时，$|G(j\omega)| \to 0$，$\angle G(j\omega) \to (-90°)$；

$\omega: 0 \to \infty$时，$\angle G(j\omega) = -90° + \arctan(T_1\omega) - \arctan(T_2\omega)$。

又 $T_1 < T_2$，所以角度由 $-90°$ 先减后增最后趋于 $-90°$。当 $T_1 = 0.1$，$T_2 = 2$，$K = 20$ 时，极坐标草图如图 5.2.10 所示。

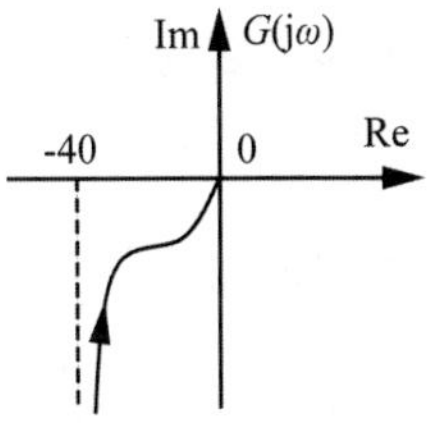

图 5.2.10　极坐标图
(5.2.5 - 3)

(4) $G(s) = \dfrac{K(T_1 s + 1)}{s^2(T_2 s + 1)}$

系统含有两个积分环节，因此

$\omega \to 0$ 时，$|G(j\omega)| = -\infty$，$\angle G(j\omega) = -180°$；

$\omega \to \infty$时，$|G(j\omega)| \to 0$，$\angle G(j\omega) \to (-180°)$；

$\omega: 0 \to \infty$时，$\angle G(j\omega) = -180° + \arctan(T_1\omega) - \arctan(T_2\omega)$。

当 $T_1 < T_2$ 时，角度由 $-180°$ 先减后增最后趋于 $-180°$。当 $T_1 > T_2$ 时，角度由 $-180°$ 先增后减最后趋于 $-180°$。绘制出极坐标草图，如图 5.2.11 所示。

5.2.6　已知最小相位系统的对数幅频特性如图 5.2.12 所示，试写出传递函数。

解　(1)见图 5.2.12(a)。系统伯德图的初始部分的斜率为 0，在 $\omega = 2$ 时变为 -20 dB/dec，因此系统是由一个比例环节和一个惯性环节组成的。惯性环节的时间常数为

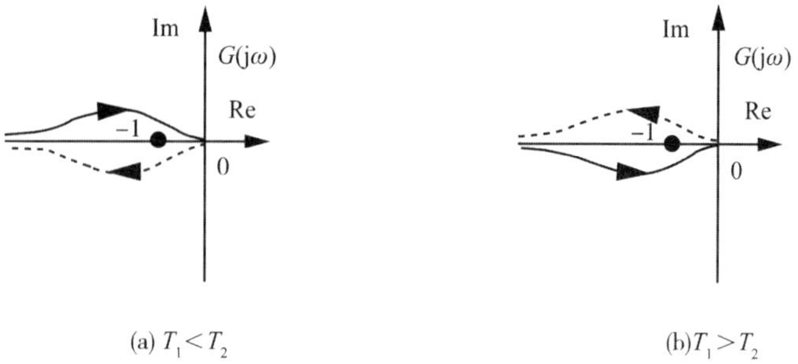

图 5.2.11　极坐标图(5.2.5-4)

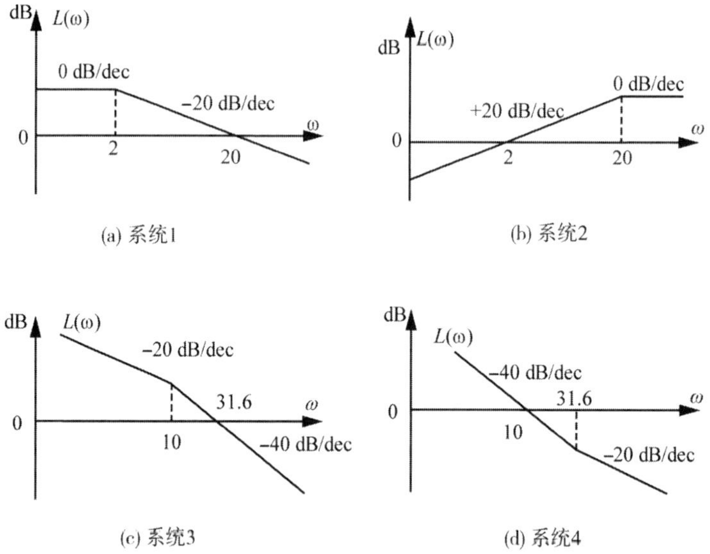

图 5.2.12　对数幅频特性(5.2.6)

$$T = \frac{1}{\omega} = 0.5$$

则传递函数为

$$G(s) = \frac{K}{Ts+1} = \frac{K}{0.5s+1}$$

而由图可知

$$\begin{aligned} 20\lg K &= 20(\lg 20 - \lg 2) \\ &= 20\lg 10 \\ K &= 10 \end{aligned}$$

所以

$$G(s) = \frac{10}{0.5s+1}$$

(2)见图 5.2.12(b)。系统伯德图的初始部分斜率为 +20 dB/dec，在 $\omega = 20$ 时变为0，因此系统是由一个比例环节、一个微分环节和一个惯性环节组成的。可设传递函数为

$$G(s) = \frac{Ks}{(Ts + 1)}$$

惯性环节的时间常数

$$T = \frac{1}{\omega} = \frac{1}{20} = 0.05$$

计算增益，由于

$$20\lg K = 20(\lg 1 - \lg 2) = -20\lg 2 = 20\lg \frac{1}{2}$$

增益为

$$K = 0.5$$

因此传递函数为

$$G(s) = \frac{0.5s}{0.05s + 1}$$

(3)见图 5.2.12(c)。系统伯德图的初始部分的斜率为 -20 dB/dec，在 $\omega = 10$ 时变为 -40 dB/dec，因此系统是由一个比例环节、一个积分环节和一个惯性环节组成的。则可设系统的传递函数为

$$G(s) = \frac{K}{s(Ts + 1)}$$

惯性环节的时间常数为

$$T = \frac{1}{\omega}\Big|_{\omega=10} = 0.1$$

由于

$$20\lg \frac{K}{\omega}\Big|_{\omega=10} = 40\lg \frac{31.6}{10}$$

解出

$$K = 100$$

因此，传递函数为

$$G(s) = \frac{100}{s(0.1s + 1)}$$

(4)见图 5.2.12(d)。系统伯德图的初始部分的斜率为 -40 dB/dec，在 $\omega = 31.6$ 时变为 -20 dB/dec，因此系统是由一个比例环节、两个积分环节和一个一阶微分环节组成的。设传递函数为

$$G(s) = \frac{K(Ts + 1)}{s^2}$$

时间常数为

$$T = \frac{1}{\omega}\Big|_{\omega=31.6} = 0.031\,6$$

由于

$$20\lg \frac{K}{\omega^2}\Big|_{\omega=10} = 0\text{ dB}$$

解出

$$K = 100$$

因此，传递函数为

$$G(s) = \frac{100(0.0316s + 1)}{s^2}$$

5.2.7 设开环系统的极坐标图如图5.2.13所示，其中，P 为 s 的右半平面上开环根的个数，ν 为开环积分环节的个数，试用奈氏稳定性判据判别系统的稳定性。

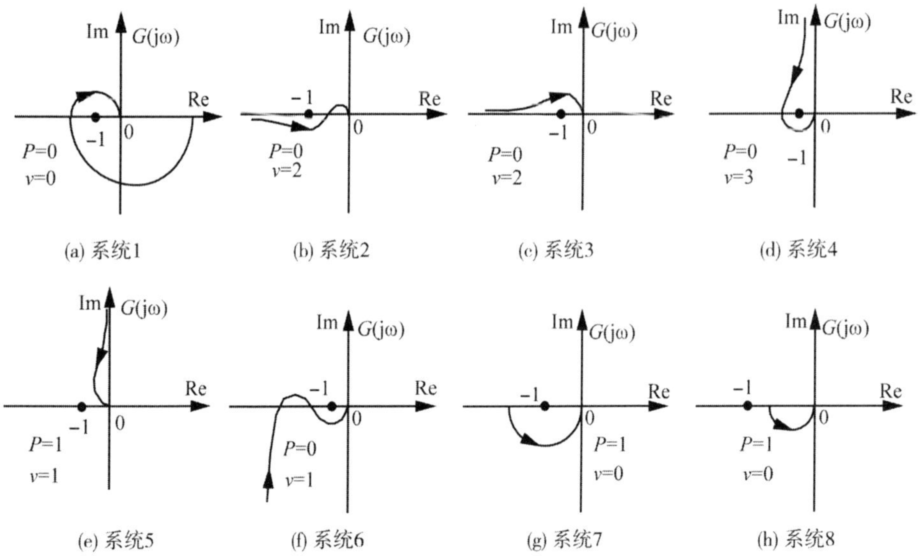

图5.2.13 极坐标图(5.2.7)

解 (1)见图5.2.13(a)。由于 $P = 0, \nu = 0$，因此稳定条件为：角度增量为0。图中曲线角度增量为 $-3\pi/2$，所以系统是不稳定的。

(2)见图5.2.13(b)。由于 $P = 0, \nu = 2$，因此稳定条件为：角度增量为0。由于 $\nu = 2$，在无穷大半圆处作角度为 $\varphi = 2 \times (\pi/2) = \pi$ 的增补线后，曲线的角度增量为0，所以系统是稳定的。

(3)见图5.2.13(c)。由于 $P = 0, \nu = 2$，因此稳定条件为：角度增量为0。由于 $\nu = 2$，在无穷大半圆处作角度为 $\varphi = 2 \times (\pi/2) = \pi$ 的增补线后，曲线的角度增量为 $-3\pi/2$，所以系统是不稳定的。

(4)见图5.2.13(d)。由于 $P = 0, \nu = 3$，因此稳定条件为：角度增量为0。由于 $\nu = 3$，曲线起始于第二象限。在无穷大半圆处作角度为 $\varphi = 3 \times (\pi/2) = 3\pi/2$ 的增补线后，曲线的角度增量为0，所以系统是稳定的。

(5)见图5.2.13(e)。由于 $P = 1, v = 1$，因此稳定条件为：角度增量为 $P\pi$，即为 π。由于 $\nu = 1$，在无穷大半圆处作角度为 $\varphi = \pi/2$ 的增补线后，图中曲线的角度增量为 $-\pi$，所以系统是不稳定的。

(6)见图5.2.13(f)。由于 $P = 0, v = 1$，因此稳定条件为：角度增量为0。由于

$\nu=1$，在无穷大半圆处作角度为 $\varphi = \pi/2$ 的增补线后，图中曲线的角度增量为0，所以系统是稳定的。

(7)见图 5.2.13(g)。由于 $P = 1$，$\nu = 0$，因此稳定条件为：角度增量为 $P\pi$，即为 π。图中曲线的角度增量为π，所以系统是稳定的。

(8)见图 5.2.13(h)。由于 $P = 1$，$\nu = 0$，因此稳定条件为：角度增量为 $P\pi$，即为 π。图中曲线的角度增量为0，所以系统是不稳定的。

5.2.8　已知最小相位系统的开环对数幅频特性如图 5.2.14 所示，试计算开环增益 K 与开环截止频率 ω_c 的值，并写出开环传递函数。

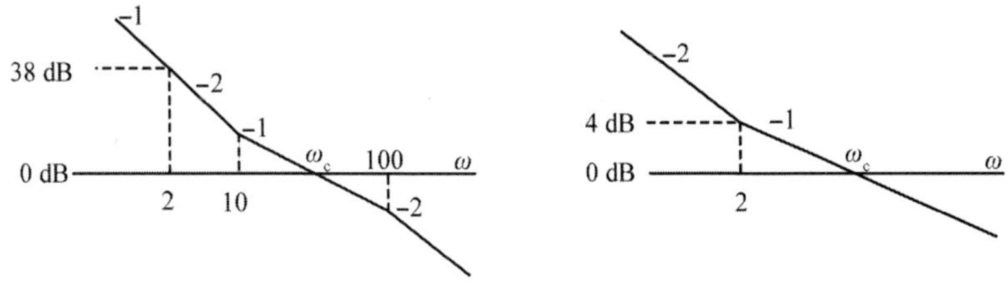

图 5.2.14　开环对数幅频特性(5.2.8)

解　(1) 见图 5.2.14(a)。系统的伯德图初始斜率为 -1，有一个积分环节；在 $\omega_1 = 2$ 处转折为 -2，有一个一阶惯性环节；在 $\omega_2 = 10$ 处转折为 -1，有一个一阶微分环节，在 $\omega_3 = 100$ 处转折为 -2，有一个一阶惯性环节。因此可设传递函数为

$$G(s) = \frac{K(T_2 s + 1)}{s(T_1 s + 1)(T_3 s + 1)}$$

时间常数分别为

$$T_1 = \frac{1}{\omega_1} = \frac{1}{2},\ T_2 = \frac{1}{\omega_2} = \frac{1}{10},\ T_3 = \frac{1}{\omega_3} = \frac{1}{100}$$

由于

$$20\lg \frac{K}{\omega}\Big|_{\omega=2} = 38\ \text{dB}$$

解出系统的开环增益为

$$K_o = 160$$

因此，系统的传递函数为

$$G(s) = \frac{160(0.1s + 1)}{s(0.5s + 1)(0.01s + 1)}$$

由于

$$20\lg \frac{\omega_c}{10} + 40\lg \frac{10}{2} = 38\ \text{dB}$$

解出系统的开环截止频率为

$$\omega_c = 31.7$$

(2)见图5.2.14(b)。系统的伯德图初始斜率为-2，有两个积分环节。在 $\omega_1=2$ 处转折为-1，有一个一阶微分环节。设定系统的传递函数为

$$G(s)=\frac{K(Ts+1)}{s^2}$$

时间常数

$$T=\frac{1}{\omega_1}=\frac{1}{2}=0.5$$

由于

$$20\lg\frac{K}{\omega^2}\Big|_{\omega=2}=4\ \text{dB}$$

解出系统的开环增益为

$$K_o=6.34$$

由于

$$20\lg\frac{\omega_c}{2}=4\ \text{dB}$$

解出系统的开环截止频率为

$$\omega_c=3.17$$

系统的开环传递函数为

$$G_o(s)=\frac{6.34(0.5s+1)}{s^2}$$

5.2.9 最小相位系统的开环频率特性如图5.2.15所示。

(1)试写出开环传递函数；

(2)用奈氏稳定性判据判别闭环系统的稳定性。

解 (1)系统的伯德图初始斜率为-2，有两个积分环节；在 $\omega_1=3$ 处转折为-1，有一个一阶微分环节；在 $\omega_2=30$ 处转折为-4，有三个一阶惯性环节。设定系统的传递函数为

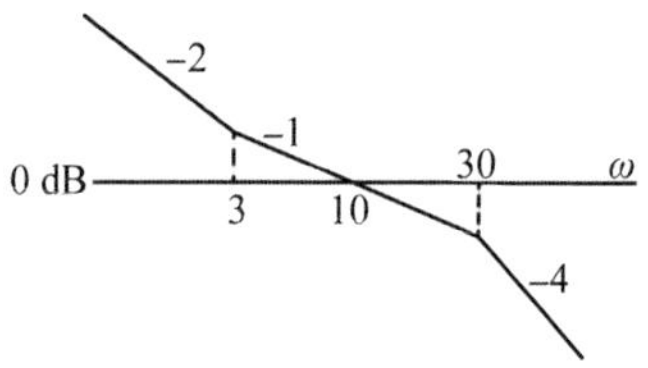

图5.2.15 开环对数幅频特性(5.2.9)

$$G(s)=\frac{K(T_1s+1)}{s^2(T_2s+1)^3}$$

由于

$$20\lg\frac{K}{\omega^2}\Big|_{\omega=3}=20\lg\frac{10}{3}$$

解出开环增益为

$$K=30$$

时间常数

$$T_1=\frac{1}{\omega_1}=\frac{1}{3},\ T_2=\frac{1}{\omega_2}=\frac{1}{30}$$

则开环传递函数为

$$G(s)=\frac{30\left(\frac{1}{3}s+1\right)}{s^2\left(\frac{1}{30}s+1\right)^3}$$

(2)用奈氏稳定性判据判别闭环系统的稳定性。计算系统的相位裕度，由于开环截止频率为 $\omega_c=10$，所以有

$$\varphi(\omega_c)\big|_{\omega_c=10}=-180^\circ+\arctan\frac{1}{3}\omega_c-3\arctan\frac{1}{30}\omega_c\big|_{\omega_c=10}=-162^\circ$$

则系统的相位裕度为

$$\gamma_c=180^\circ+\varphi(\omega_c)=18^\circ$$

相位裕度大于零。另外，$\varphi(\omega)=180^\circ$，则 $\omega_g=14.7$，因此系统的幅值裕度为 $L_g=L_{(\omega_g)}=6\text{ dB}$，所以系统是稳定的。

5.2.10　已知单位反馈系统的开环传递函数为

$$G(s)=\frac{K}{s(s+1)(0.1s+1)}$$

试计算：(1)使得开环系统的幅值裕度 L_g 为 20 dB 的增益 K 值；

(2)使得开环系统的相位裕度 γ_c 为 60° 的增益 K 值。

解　(1)令 $K=1$，作折线伯德图如图 5.2.16 所示。

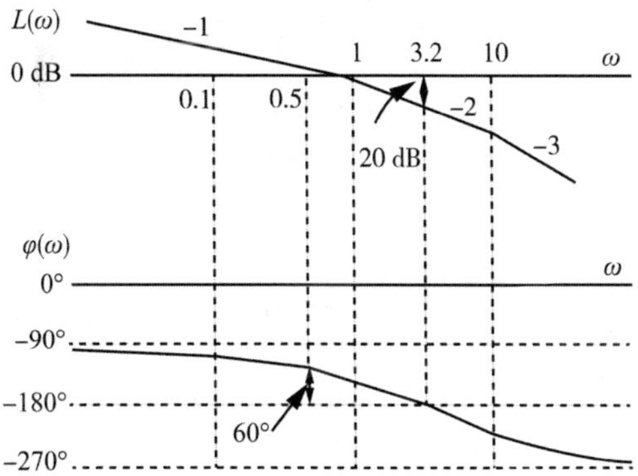

图 5.2.16　折线伯德图(5.2.10)

由幅角式

$$-90^\circ-\arctan\omega_g-\arctan 0.1\omega_g=-180^\circ$$

解得对应频率为

$$\omega_g\big|_{\varphi=180^\circ}=3.2$$

计算 $\omega_c=3.2$ 时的增益为

$$L(\omega_g=3.2)=20\lg A(3.2)=-20\text{ dB}$$

由折线伯德图直接得到幅值裕度 L_g 为 20 dB 的增益 K 值为

$$K=1$$

其精确计算值为

$$\left|\frac{K}{\omega_g\sqrt{1+\omega_g^2}\sqrt{1+(0.1\omega_g)^2}}\right|_{\omega_g=3.2}=0.1$$

解得

$$K=1.11$$

(2)计算开环系统的相位裕度 γ_c 为 $60°$ 的增益 K 值。

由于

$$\gamma_c=180°+\varphi(\omega)=60°,\quad \varphi(\omega)=-120°$$

计算相位角为 $-120°$时的频率，由幅角表达式

$$-90°-\arctan\omega-\arctan 0.1\omega=-120°$$

解得对应频率为

$$\omega\Big|_{\varphi=-120°}=0.5$$

由折线伯德图直接得到

$$20\lg\frac{K}{\omega_c}=0$$

则

$$K=\omega_c=0.5$$

准确计算值为

$$\left|\frac{K}{\omega\sqrt{1+\omega^2}\sqrt{1+(0.1\omega)^2}}\right|_{\omega=0.5}=1$$

$$K=0.56$$

5.2.11 已知单位反馈系统的开环传递函数为

$$G_o(s)=\frac{K(10s+1)}{s^2(s+1)(0.1s+1)}$$

作该系统的伯德图草图，并由奈氏稳定性判据确定使系统临界稳定的增益 K 值。

解 令 $K=1$，作折线伯德图如图5.2.17所示。

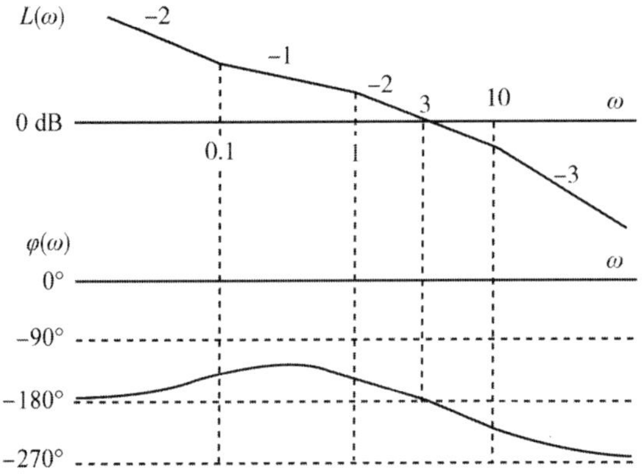

图5.2.17 折线伯德图(5.2.11)

系统临界稳定时，$\omega_c=\omega_g$。由幅角表达式有

$$\varphi(\omega)=-180^\circ-\arctan\omega-\arctan 0.1\omega+\arctan 10\omega=-180^\circ$$

$$\arctan 10\omega=\arctan\frac{\omega+0.1\omega}{1-0.1\omega^2}$$

$$\omega_g=3=\omega_c$$

由折线伯德图直接得到

$$K_{临}=1$$

使用幅值计算公式计算：系统的对数幅频特性在 ω_c 处的值为 0 dB，即

$$\left|\frac{K\sqrt{(10\omega)^2+1}}{\omega^2\sqrt{1+\omega^2}\sqrt{1+(0.1\omega)^2}}\right|_{\omega=3}=1$$

因此

$$K_{临}=0.99$$

5.2.12　已知某控制系统如图 5.2.18 所示，试计算系统的开环截止频率 ω_c 和相位裕度 γ_c。

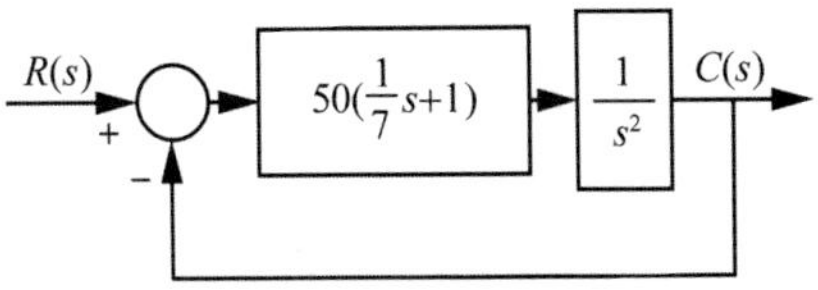

图 5.2.18　系统结构图(5.2.12)

解　方法 1：用折线伯德图计算。

作折线伯德图如图 5.2.19 所示。

由 $20\lg\left(\frac{50}{\omega^2}\right)\Big|_{\omega=7}=20\lg\left(\frac{\omega_c}{7}\right)$，得到

$$\omega_c=7.14$$

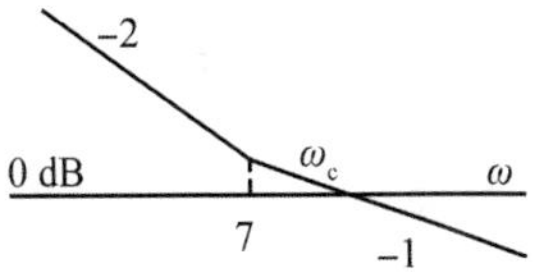

图 5.2.19　对数幅频特性(5.2.12)

相位裕度为

$$\gamma_c=180^\circ+\varphi(\omega_c)$$

$$=180^\circ+\left(-180^\circ+\arctan\frac{1}{7}\omega_c\right)\Big|_{\omega_c=7.14}$$

$$=45.57^\circ$$

由计算结果可知，有折线误差。

方法 2：直接由公式作解析计算。

开环频率特性为

$$G_o(j\omega)=\frac{50\left(1+\frac{1}{7}j\omega\right)}{(j\omega)^2}$$

由幅值计算公式

$$|G_o(j\omega)|=\left|\frac{50\left(1+\frac{1}{7}j\omega\right)}{(j\omega)^2}\right|_{\omega=\omega_c}=1$$

得到

$$\omega_c=9.03$$

$$\varphi(\omega_c)=-180^\circ+\arctan\frac{1}{7}\omega_c=-127.76^\circ$$

$$\gamma_c = 180° + \varphi(\omega_c) = 52.23°$$

系统的精确伯德图如图 5.2.20 所示。

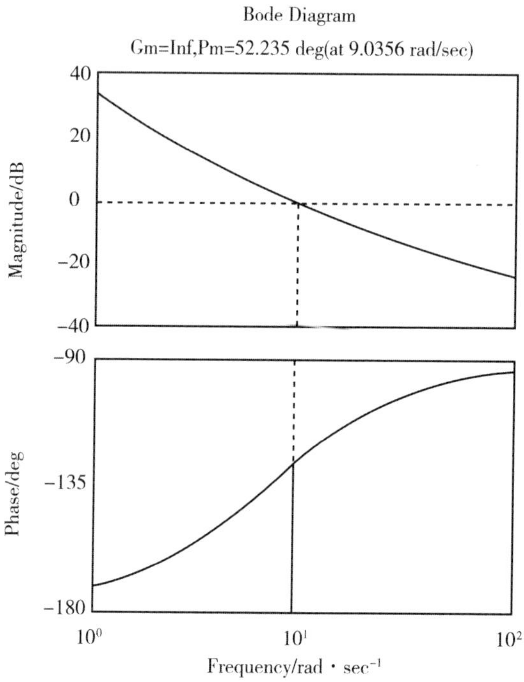

图 5.2.20　伯德图(5.2.12)

5.2.13　已知非最小相位系统的开环传递函数为 $G_o(s)H(s) = \dfrac{K(s-1)}{s(s+1)}$，试由频域稳定性判据判别闭环系统的稳定性。

解　系统的频率特性为

$$G_o(j\omega)H(j\omega) = \frac{K(j\omega - 1)}{j\omega(j\omega + 1)}$$

幅角为

$$\begin{aligned}\varphi(\omega) &= \angle G_o(j\omega)H(j\omega) \\ &= 180° - \arctan\omega - 90° - \arctan\omega \\ &= 90° - 2\arctan\omega\end{aligned}$$

因此，当 $\omega = 0$ 时，$\varphi(0) = 90°$，$A(0) = \infty$；当 $\omega \to \infty$时，$\varphi(\infty) \to -90°$，$A(\infty) = 0$，且幅角 $\varphi(\omega)$ 是单调递减的，幅值 $A(\omega)$ 也是单调递减的，作出奈奎斯特草图如图 5.2.21(a)所示。

稳定性分析：该系统 $p=0$，稳定条件为角度增量 $\underset{\omega:0\to\infty}{\angle\theta} = 0$。由奈奎斯特图可知，曲线的幅角从 90 °单调递减至 -90 °。系统为 I 型系统，$\nu = 1$，在无穷大半圆处作角度为 $\varphi = \pi/2$ 的增补线，如图 5.2.21(b)所示。曲线的角度增量为 $\underset{\omega:0\to\infty}{\angle\theta} = -\pi \neq 0$，所以系统是不稳定的。

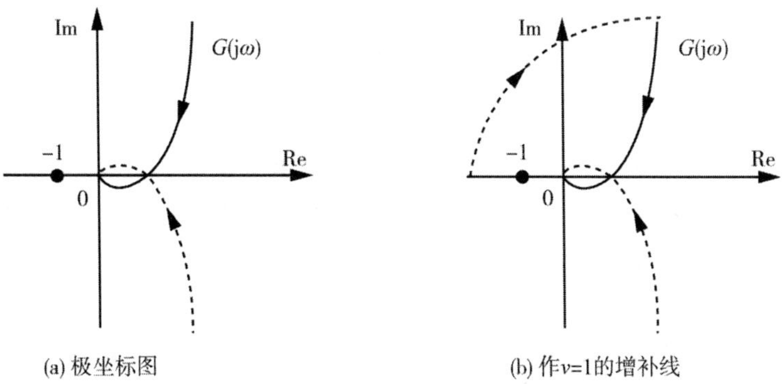

图 5. 2. 21　极坐标图(5. 2. 13)

5. 2. 14　已知最小相位系统的开环传递函数为 $G_o(s) = \dfrac{1 + Ts}{s^2}$，分别由折线伯德图和准确伯德图，确定相位裕度 γ_c 为 45°时参数 T 的值。

解　令 $T = 1$ 作折线伯德图如图 5. 2. 22(a)所示。

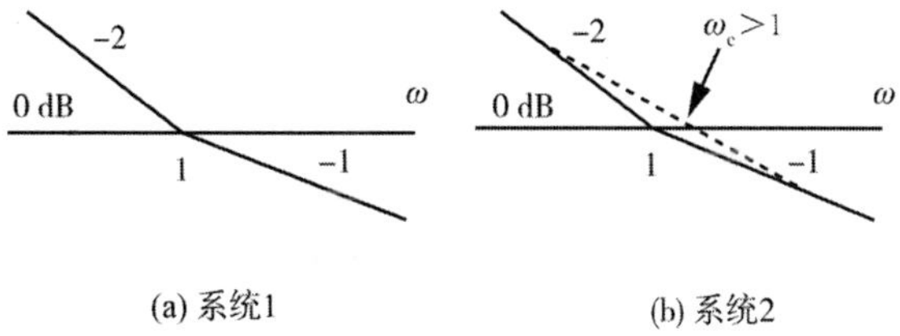

图 5. 2. 22　折线伯德图(5. 2. 14)

由于

$$\varphi(1) = -180^\circ + \arctan 1 = -135^\circ$$

所以

$$\omega_c = 1, \quad \gamma_c = 180^\circ + \varphi(\omega_c) = 45^\circ$$

因此折线伯德图时，$T = 1$ 。

准确伯德图时，由相频特性

$$\gamma_c = 180^\circ + \varphi(\omega_c) = 45^\circ, \ \varphi(\omega_c) = -135^\circ$$
$$\varphi(\omega_c) = -180^\circ + \arctan T\omega_c = -135^\circ$$
$$\arctan T\omega_c = 45^\circ$$
$$T\omega_c = 1$$

由幅频特性

$$|G(j\omega)| = \left|\frac{\sqrt{1 + (T\omega_c)^2}}{\omega_c^2}\right| = 1$$

得

$$\omega_c = \sqrt[4]{2} = 1.189$$

所以

$$T=\frac{1}{\omega_c}=0.84$$

精确伯德图如图 5.22(b)所示。

5.2.15 最小相位系统的开环对数幅频特性如图 5.2.23 所示。

(1) 试分别写出题中系统Ⅰ与系统Ⅱ的稳态性能，并确定两系统稳态性能的优劣；

(2) 试分别写出题中系统Ⅰ与系统Ⅱ的动态性能，并确定两系统动态性能的优劣。

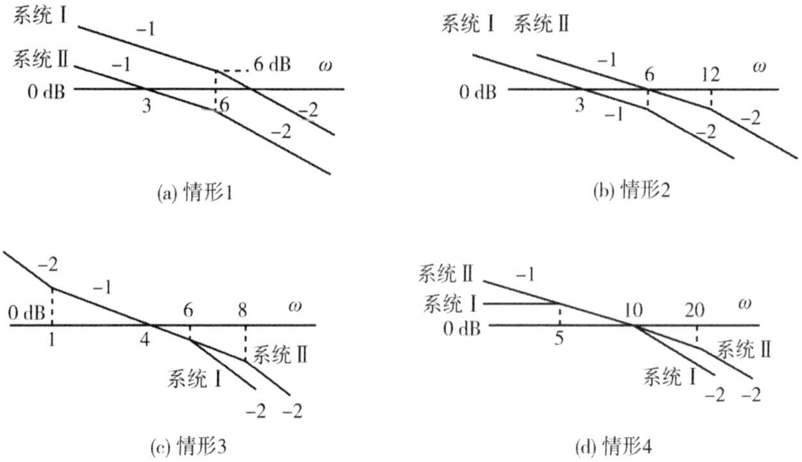

图 5.2.23 对数幅频特性(5.2.15)

解 (1)根据伯德图写出系统的传递函数

图 5.2.23(a)系统Ⅰ：

$$G(s)=\frac{12}{s\left(\frac{1}{6}s+1\right)}$$

系统Ⅱ：

$$G(s)=\frac{3}{s\left(\frac{1}{6}s+1\right)}$$

图 5.2.23(b)系统Ⅰ：

$$G(s)=\frac{3}{s\left(\frac{1}{6}s+1\right)}$$

系统Ⅱ：

$$G(s)=\frac{6}{s\left(\frac{1}{12}s+1\right)}$$

图 5.2.23(c)系统Ⅰ：

$$G(s)=\frac{4}{s^2\left(\frac{1}{6}s+1\right)}$$

系统Ⅱ：

$$G(s)=\frac{4}{s^2\left(\frac{1}{8}s+1\right)}$$

图 5.2.23(d)系统Ⅰ：

$$G(s)=\frac{2}{\left(\frac{1}{5}s+1\right)}\left(\frac{1}{10}s+1\right)$$

系统Ⅱ：

$$G(s)=\frac{10}{s\left(\frac{1}{20}s+1\right)}$$

(2)系统的性能分析

图 5.2.23(a)稳态性能：系统Ⅰ：$K_v=12$，系统Ⅱ：$K_v=3$，跟踪速度信号时，系

统Ⅰ的稳态误差小于系统Ⅱ。

动态性能：系统Ⅰ：$\omega_c=8.5$，$\gamma_c=35.2°$，系统Ⅱ：$\omega_c=3$，$\gamma_c=63°$，系统Ⅰ的快速性优于系统Ⅱ；系统Ⅱ的平稳性优于系统Ⅰ。

图 5.2.23(b) 稳态性能：系统Ⅰ：$K_v=3$，系统Ⅱ：$K_v=6$，跟踪速度信号时，系统Ⅰ的稳态误差大于系统Ⅱ。

动态性能：系统Ⅰ：$\omega_c=3$，$\gamma_c=63°$，系统Ⅱ：$\omega_c=6$，$\gamma_c=63°$，系统Ⅱ的快速性优于系统Ⅰ；两系统平稳性相同。

图 5.2.23(c)稳态性能：系统Ⅰ：$K_a=4$，系统Ⅱ：$K_a=4$，跟踪加速度信号时，两系统稳态误差相等。

动态性能：系统Ⅰ：$\omega_c=4$，$\gamma_c=19.6°$，系统Ⅱ：$\omega_c=4$，$\gamma_c=12.5°$，两系统快速性相同。系统Ⅰ的平稳性稍优于系统Ⅱ。

图 5.2.23(d) 稳态性能：系统Ⅰ：$K_p=2$，系统Ⅱ：$K_v=10$，系统Ⅰ有差跟踪位置信号，不能跟踪速度信号；系统Ⅱ有差跟踪速度信号，无差跟踪位置信号。

动态性能：系统Ⅰ：$\omega_c=10$，$\gamma_c=71.6°$，系统Ⅱ：$\omega_c=10$，$\gamma_c=63°$，两系统快速性几乎相同；两系统平稳性相差不大。

5.2.16　已知系统的开环传递函数为 $G_o(s)H(s)=\dfrac{s+2}{s^2+1}$，试由奈氏稳定性判据证明该系统是闭环稳定的。(提示：当频率 ω:0→∞时，在 $\omega=1_-$ 和 $\omega=1_+$ 处有间断点。在间断点处，其幅值 $A(1_+)=A(1_-)=\infty$。)

解　(1)作伯德图如图 5.2.24 所示。

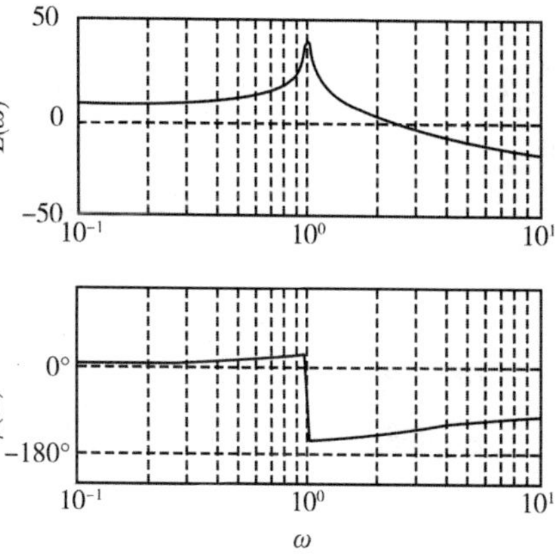

图 5.2.24　伯德图(5.2.16)

由于二阶分母多项式的阻尼比 $\zeta=0$，在 $\omega=1$ 处，幅值趋于无穷大，相频特性有相角为 $-\pi$的跳变。因为稳定裕度是对最小相位系统定义的，因此从特殊系统的伯德图上来判别稳定性是不方便。

(2)作奈氏图如图 5.2.25 所示。由于

$$G(j\omega)H(j\omega)=\frac{j\omega+2}{(j\omega)^2+1}=\frac{2}{-\omega^2+1}+j\frac{\omega}{-\omega^2+1}=\sqrt{\frac{4+\omega^2}{(1-\omega^2)^2}}\angle\arctan\frac{\dfrac{\omega}{-\omega^2+1}}{\dfrac{2}{-\omega^2+1}}$$

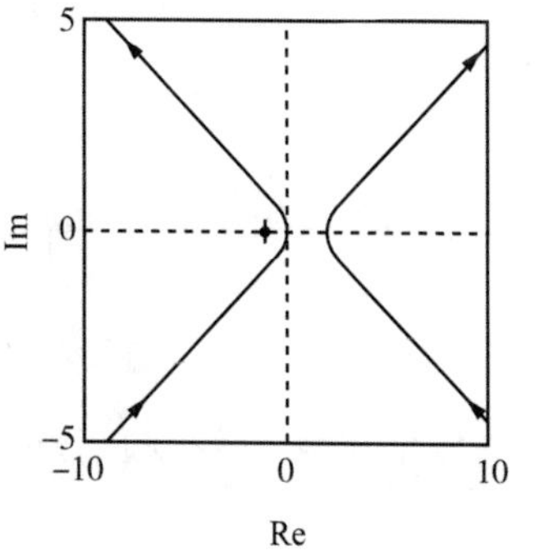

图 5.2.25　极坐标图(5.2.16)

频率 ω 为两端极限值时，幅值与幅角的值分别为

$$\begin{cases}A(0)=2\\ \varphi(0)=0\end{cases}\qquad \begin{cases}A(\infty)=0\\ \varphi(\infty)=-\pi/2\end{cases}$$

且当 ω 增加，在 $\omega=1$ 时有幅值 $A(1)=\infty$，但是相位角有跳变，即

$$\omega=1_-,\mathrm{Re}[G(\mathrm{j}\omega)]=+\infty,\quad \mathrm{Im}[G(\mathrm{j}\omega)]=+\infty$$

$$\omega=1_+,\mathrm{Re}[G(\mathrm{j}\omega)]=-\infty,\quad \mathrm{Im}[G(\mathrm{j}\omega)]=-\infty$$

因此有

$$\begin{cases}\varphi(\omega)\big|_{\omega=1_-}=\Phi\\ \varphi(\omega)\big|_{\omega=1_+}=\Phi-\pi\end{cases}$$

(3)稳定性判别

由于 $p=0$，$\nu=0$，稳定条件为：角度增量为0。在图中无穷大间断点处作增补线，增补角度为 $-\pi$，使得跳变点连续，则有角度增量为0，满足稳定条件，所以系统是稳定的。

5.2.17 已知带有比例－积分调节器的控制系统其结构图如图5.2.26所示，图中，参数 τ，T_a，K_s，T_i 为定值，且 $\tau>T_a$。试证明该系统的相位裕度 γ_c 有极大值 $\gamma_{c,\max}$，并计算当相位裕度 γ_c 为最大值 $\gamma_{c,\max}$ 时，系统的开环截止频率 ω_c 和增益 K_c 的值。

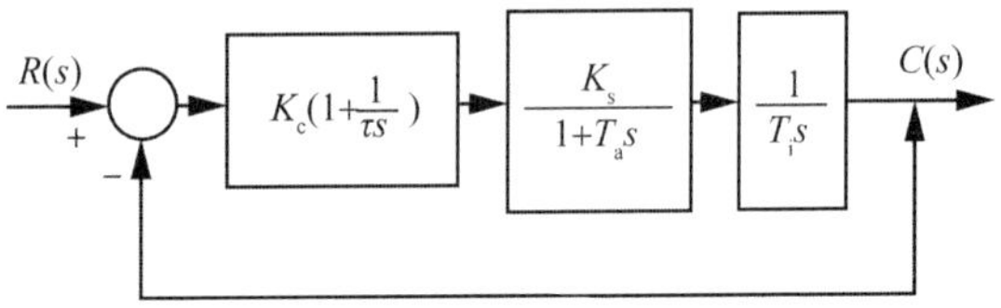

图5.2.26 系统结构图(5.2.17)

解 (1)证明该系统的相位裕度 γ_c 有极大值 $\gamma_{c,\max}$。

按照题目给定条件，系统开环传递函数写为

$$G_o(s)=\frac{K_cK_s}{\tau T_i}\cdot\frac{(\tau s+1)}{s^2(T_a s+1)}$$

因为 $\angle\frac{K_cK_s}{\tau\ T_i}=0°$，$\angle\frac{1}{s^2}=-\pi$，均为常数。在 $\angle\frac{\tau s+1}{T_a s+1}$ 中，转折频率分别为

$$\omega_\tau=\frac{1}{\tau},\ \omega_{T_a}=\frac{1}{T_a}$$

由于 $\tau>T_a$，所以有 $\omega_\tau<\omega_{T_a}$。当频率 ω 从0开始增加时，相位角从 $-180°$ 先增后减

$$\varphi'(\omega)=\arctan\tau\omega-\arctan T_a\omega$$

$\varphi'(\omega)$ 有极大值 $\varphi'(\omega)_{\max}$，则

$$\frac{\mathrm{d}\varphi'(\omega)}{\mathrm{d}\omega}=0$$

发生在两个转折频率 $\omega_\tau=\frac{1}{\tau}$ 和 $\omega_{T_a}=\frac{1}{T_a}$ 之间的几何中点处，即

$$\omega_m=\sqrt{\frac{1}{\tau}\cdot\frac{1}{T_a}}$$

时，$\varphi'(\omega)$ 有极大值 $\varphi'(\omega)_{\max}$，所以该系统可以有最大相位裕度 $\gamma_{c,\max}$。

伯德图如图 5.2.27 所示。

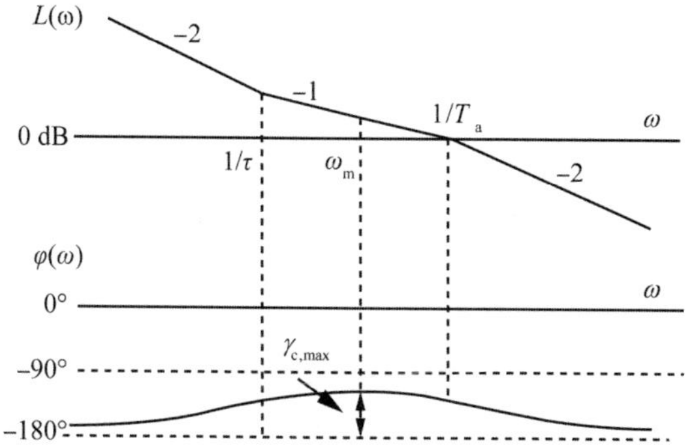

图 5.2.27　伯德图(5.2.17)

(2)最大相位裕度 $\gamma_{c,\max}$ 时，开环截止频率必定位于两个转折频率 $\omega_{\tau}=\dfrac{1}{\tau}$ 和 $\omega_{T_a}=\dfrac{1}{T_a}$ 的几何中点处，则开环截止频率为

$$\omega_c=\omega_m=\frac{1}{\sqrt{\tau T_a}}$$

相应地，系统的增益 K_c 应满足

$$20\lg\frac{K_cK_s}{\tau T_i}\cdot\frac{1}{\omega^2}\Big|_{\omega=\frac{1}{\tau}}=20\lg\frac{\omega_c}{1/\tau}=20\lg\sqrt{\frac{\tau}{T_a}}$$

解出

$$K_c=\frac{T_i}{K_s\sqrt{\tau T_a}}$$

5.2.18　某系统的开环传递函数为

$$G_o(s)=\frac{K(s+\omega_2)}{s(s+\omega_1)(s+\omega_3)(s+\omega_4)}$$

其中，$\omega_1<\omega_2<\omega_3<\omega_4$，$K=\omega_4\omega_c^2$，$\omega_c$ 为开环截止频率。试绘制开环对数幅频特性 $L(\omega)$，并确定 ω_c 的正确位置。

解　根据条件 $\omega_1<\omega_2<\omega_3<\omega_4$，作出开环对数幅频特性 $L(\omega)$ 如图 5.2.28 所示。

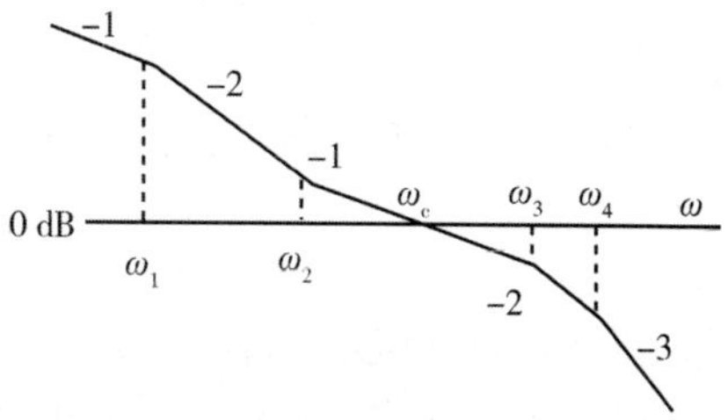

图 5.2.28　对数幅频特性(5.2.18)

由开环传递函数有增益表达式为

$$K_{开}=\frac{K\omega_2}{\omega_1\omega_3\omega_4}\Big|_{K=\omega_4\omega_c^2}=\frac{\omega_2\omega_c^2}{\omega_1\omega_3}$$

由伯德图，如果 $\omega_1<\omega_c<\omega_2$，则

$$20\lg K_{开}=20\lg\frac{\omega_1}{1}+40\lg\frac{\omega_c}{\omega_1}=\frac{\omega_c^2}{\omega_1}$$

与增益式比较，解出: $\omega_2 = \omega_3$，与给定条件不符合。

如果 $\omega_3 < \omega_c < \omega_4$，则

$$20\lg K_{开} = 20\lg \frac{\omega_1}{1} + 40\lg \frac{\omega_2}{\omega_1} + 20\lg \frac{\omega_3}{\omega_2} + 40\lg \frac{\omega_c}{\omega_3} = 20\lg \frac{\omega_c^2}{\omega_1 \omega_3}$$

ω_c 无解。

如果 $\omega_2 < \omega_c < \omega_3$，有

$$20\lg \frac{K_{开}}{\omega}\Big|_{\omega=\omega_1} = 20\lg \frac{\omega_c}{\omega_2} + 40\lg \frac{\omega_2}{\omega_1}$$

解出

$$K_{开} = \frac{\omega_2 \omega_c}{\omega_1}$$

令其与开环增益表述式相等，得到

$$\omega_c = \omega_3$$

5.3 第5章扩充习题

5.3.1 已知系统传递函数为

$$G(s) = \frac{s}{0.2s + 1}$$

输出响应的稳态分量 $y_w(t) = \sin 5t$，试确定输入信号 $r(t)$ 的表达式。

5.3.2 如果系统的单位脉冲响应为

$$y(t) = 2e^{-5t}(\sin 3t + \cos 3t)$$

试确定系统的频率特性 $G(j\omega)$。

5.3.3 作出下述传递函数的对数幅频特性 $L(\omega)$ 与对数相频特性 $\varphi(\omega)$。

(1) $G(s) = \dfrac{10}{0.2s + 1}$

(2) $G(s) = \dfrac{5s + 1}{0.5s + 1}$

(3) $G(s) = \dfrac{10}{s(3s + 1)(0.25s^2 + 0.25s + 1)}$

(4) $G(s) = \dfrac{0.5(4s + 1)}{s(2s + 1)}$

5.3.4 已知非最小相位系统的传递函数为

$$G(s) = \frac{10}{s(0.1s - 1)}$$

作出它们的对数幅频特性 $L(\omega)$ 与对数相频特性 $\varphi(\omega)$。

5.3.5 作出下面传递函数极坐标图的草图，

(1) $G(s) = \dfrac{15}{(0.25s + 1)(2s + 1)}$；

(2) $G(s)=\dfrac{200}{s(4s+1)}$；

(3) $G(s)=\dfrac{100(2s+1)}{s(0.2s+1)}$；

(4) $G(s)=\dfrac{100(0.2s+1)}{s^2(2s+1)}$。

5.3.6 已知最小相位系统的对数幅频特性如图5.3.1所示，试写出传递函数。

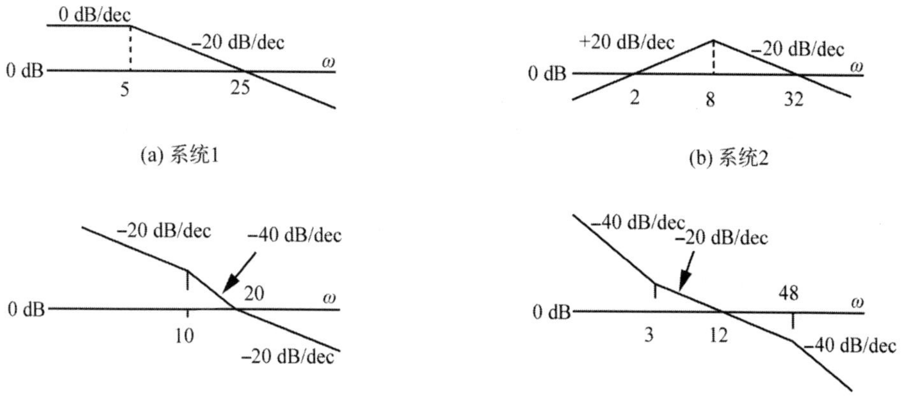

(a) 系统1 (b) 系统2 (c) 系统3 (d) 系统4

图5.3.1 对数幅频特性(5.3.6)

5.3.7 设开环系统的极坐标图如图5.3.2所示，其中，P为s的右半平面上开环极点的个数，ν为开环积分环节的个数，试用奈氏稳定性判据判别系统的稳定性。

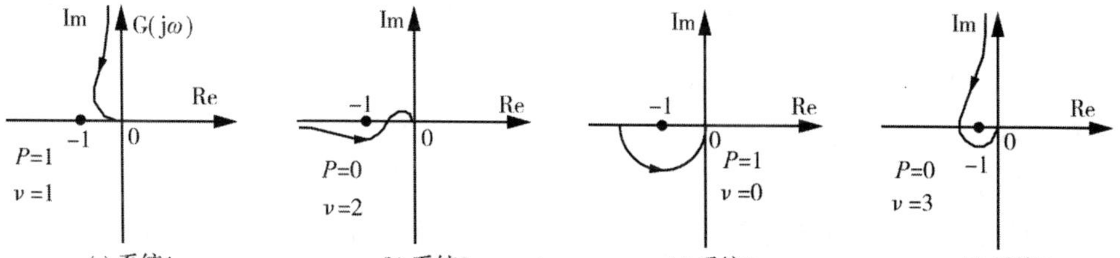

(a) 系统1 (b) 系统2 (c) 系统3 (d) 系统4

图5.3.2 极坐标图(5.3.7)

5.3.8 已知开环系统分别为

(1) $G_{o1}(s)=\dfrac{20(0.5s+1)}{s^2}$， $G_{o2}(s)=\dfrac{20}{s^2(0.5s+1)}$

(2) $G_{o1}(s)=\dfrac{20(0.2s+1)}{s(0.2s-1)}$， $G_{o2}(s)=\dfrac{2(0.2s+1)}{s(0.2s-1)}$

试作极坐标图草图，用奈氏稳定性判据判别系统的稳定性。

5.3.9 已知最小相位系统的开环对数幅频特性（折线）如图5.3.3所示，

(1)确定系统的开环传递函数$G_o(s)$；

(2)试计算系统的相位裕度 γ_c 与幅值裕度 L_g 。

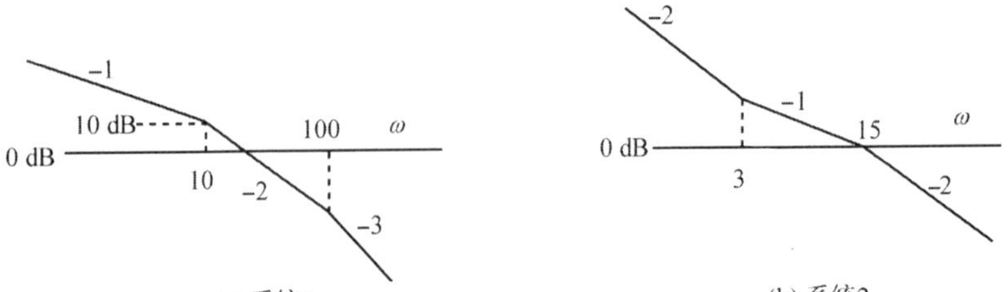

(a) 系统1　　(b) 系统2

图 5.3.3　对数幅频特性(5.3.9)

5.3.10　已知单位反馈系统的开环传递函数为

(1) $G_o(s) = \dfrac{K}{s(1+0.8s)(1+0.08s)}$

(2) $G_o(s) = \dfrac{K(10s+1)}{s^2(s+1)(0.1s+1)}$

试作该系统的折线伯德图草图，并由奈氏稳定性判据确定使系统临界稳定的增益 K 值。

5.3.11　已知某控制系统如图 5.3.4 所示，试计算系统的幅值裕度 L_g 和相位裕度 γ_c 。

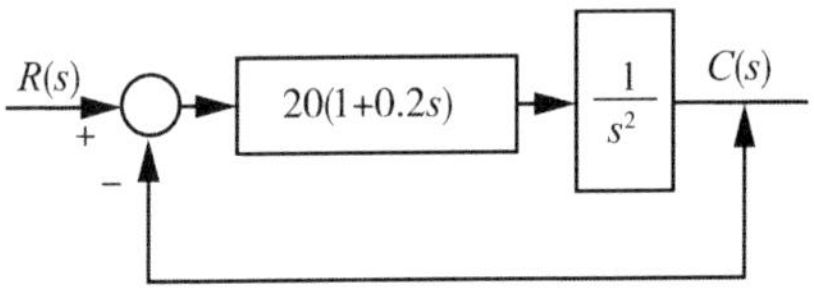

图 5.3.4　系统结构图(5.3.11)

5.3.12　已知非最小相位系统的开环传递函数为 $G_o(s)H(s) = \dfrac{K(0.2s-1)}{s^2(0.2s+1)}$，试由频域稳定性判据判别闭环系统的稳定性。

5.3.13　已知最小相位系统的开环传递函数为 $G_o(s) = \dfrac{1}{s(s+1)}$，分别由折线伯德图和准确伯德图计算系统的相位裕度 γ_c 。

5.3.14　最小相位系统的开环对数幅频特性如图 5.3.5 所示

(1)试分别题中系统Ⅰ与系统Ⅱ的稳态性能，并确定两系统稳态性能的优劣；

(2)试分别题中系统Ⅰ与系统Ⅱ的动态性能，并确定两系统动态性能的优劣。

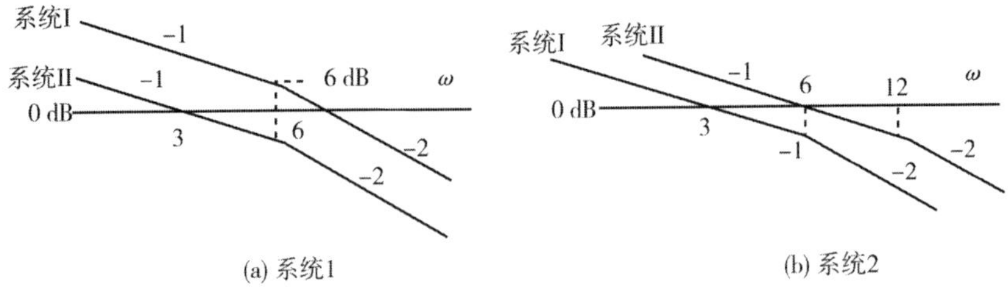

(a) 系统1　　(b) 系统2

图 5.3.5　对数幅频特性(5.3.14)

5.3.15　已知单位反馈的最小相位系统，开环对数幅频特性如图 5.3.6 所示，其中

T_1 与 T_2 已知，试确定系统为最大相位裕度 $\gamma_{c,max}$ 时的开环传递函数 $G_o(s)\Big|_{\gamma_c = \gamma_{c,max}}$。

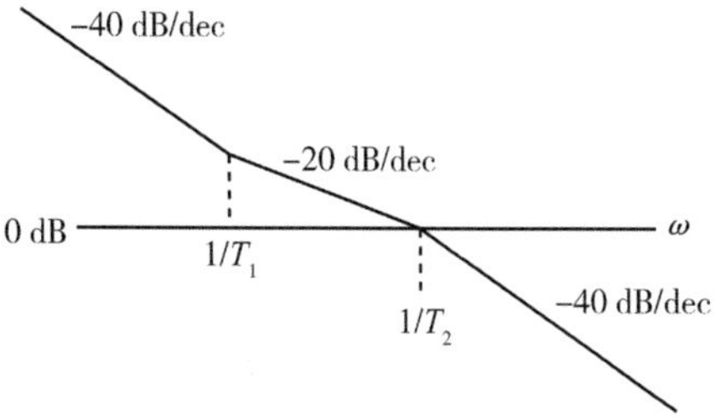

图 5. 3. 6　对数幅频特性(5. 3. 15)

5. 4　第 5 章典型例题精讲

5. 4. 1　已知系统的开环对数幅频特性曲线如图 5. 4. 1 所示，$L(10) = 20\text{db}$.

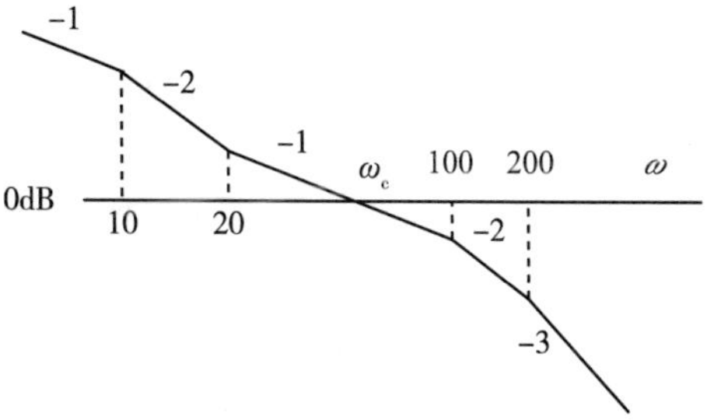

图 5. 4. 1　系统开环对数幅频特性曲线(5. 4. 1)

(1)试写出系统的开环传递函数；

(2)试求系统的相位裕度 γ_c。

解　(1)由系统开环对数幅频特性曲线，得系统的开环传递函数为

$$G_o(s) = \frac{K(0.05s + 1)}{s(0.1s + 1)(0.01s + 1)(0.005s + 1)}$$

$L(10) = 20\text{db}$，则

$$20\lg K = 20\lg 10 + 20$$

所以

$$K = 100$$

(2)由

$$20 - 40\lg 2 = 20\lg \frac{\omega_c}{20}$$

得

$$\omega_c = 50$$

则

$$\varphi(50) = -90° - \arctan 5 - \arctan 0.5 + \arctan 0.05 \times 50 - \arctan 0.005 \times 50$$
$$= -141°$$

相位裕度为

$$\gamma_c = 180° - 141° = 39°$$

5.4.2 已知系统的开环传递函数为

$$G_c(s) = \frac{K}{s(2s+1)(0.3s+1)}$$

(1) $K = 8$，绘制系统的开环对数幅频特性曲线；

(2)计算系统的相角裕度 γ_c；

(3)欲增大系统的相角裕度 γ_c，K 应如何调整。

解 (1) $K = 8$，绘制系统的开环对数幅频特性曲线，如图 5.4.2 所示。

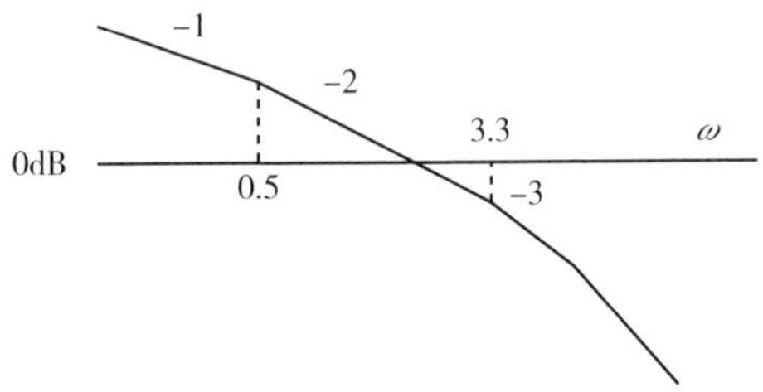

图 5.4.2 系统开环对数幅频特性曲线(5.4.2)

(2)由

$$20\lg\frac{8}{0.5} = 40\lg\frac{\omega_c}{0.5}$$

得

$$\omega_c = 2$$

则系统的相角裕度

$$\gamma_c = 180° - 90° - \arctan 2 \times 2 - \arctan 2 \times 0.3$$
$$= -17°$$

(3)欲增大系统的相角裕度 γ_c，K 应减小。

5.4.3 已知某最小相位系统的开环对数幅频特性曲线如图 5.4.3 所示。

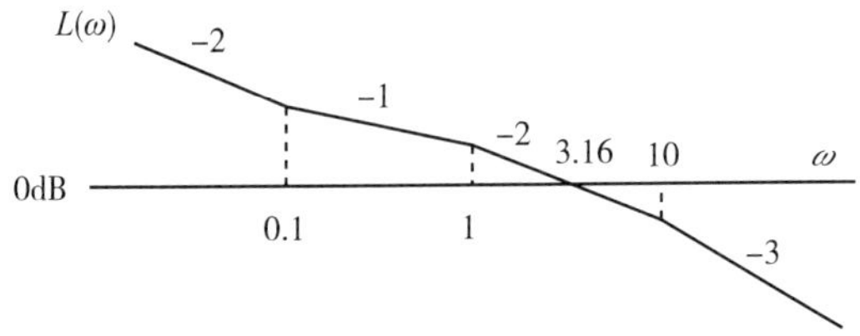

图 5.4.3 系统开环对数幅频特性曲线(5.4.3)

(1) 试求该系统的开环传递函数；

(2) 计算该系统的相角裕度 γ_c 并判断稳定性。

解 (1) 由伯德图，得出系统的开环传递函数表达式为

$$G(s) = \frac{K(10s+1)}{s^2(s+1)(0.1s+1)}$$

$\omega_c = 3.16$，因此

在 $\omega = 0.1$ 处，

$$h = 20\log 10 + 40\log 3.16 = 20\log 100$$

$$\frac{h}{\log\omega_c' - \log 0.1} = 40,\ \omega_c' = 1$$

则

$$K = 1$$

所以，开环传递函数为

$$G(s) = \frac{(10s+1)}{s^2(s+1)(0.1s+1)}$$

(2) 在开环截止频率处

$$\varphi(3.16) = -180° - \arctan 3.16 - \arctan 0.1 \times 3.16 + \arctan 10 \times 3.16$$
$$= -181.78°$$

$$\gamma_c = -1.78°$$

所以该系统不稳定。

5.4.4 已知最小相位系统的开环对数幅频特性如图 5.4.4 所示，

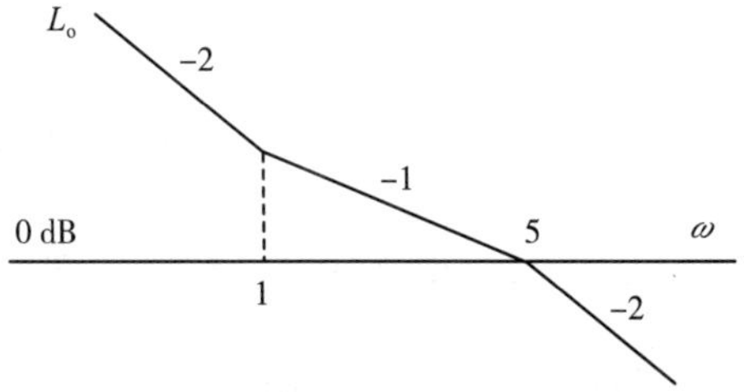

图 5.4.4 开环对数幅频特性曲线(5.4.4)

(1) 试确定使得该系统具有最大相位裕度 $\gamma_{c,\max}$ 时的开环增益 K_o 的值；

(2) 写出相应的开环截止频率 ω_c 和最大相位裕度 $\gamma_{c,\max}$。

解 (1) 系统的开环传递函数为

$$G(s) = \frac{K_o(s+1)}{s^2(0.2s+1)}$$

则

$$\gamma_c = 180° - 180° + \arctan\omega_c - \arctan 0.2\omega_c$$

该系统具有最大相位裕度 $\gamma_{c,\max}$，其最大值等于 $G'(s)=\dfrac{(s+1)}{(0.2s+1)}$（可看作超前校正环节）的最大正相角为 φ_m

则

$$\omega_c=\omega_m=\frac{1}{T\sqrt{\alpha}}=\frac{1}{1\sqrt{0.2}}=2.23$$

则

$$K_{o,\gamma_{cm}}=2.23$$

（2）$\omega_c=2.236$，$\gamma_{c,\max}=\arctan\omega_c-\arctan 0.2\omega_c\big|_{\omega_c=2.236}=41.81°$

5.4.5 已知单位反馈系统的开环传递函数为

$$G_o(s)=\frac{K_o(1+T_1s)}{s^2(1+T_2s)}$$

（1）若希望开环截止频率为 $\omega_c=10$，最大相位裕度为 $\gamma_{c,\max}=30°$，试采用频率法确定开环增益 K_o 和时间常数 T_1,T_2，确定静态速度误差系数 K_v。

（2）试作确定参数后的 $G_o(s)$ 的伯德图草图。

解 （1）由于该系统的相位裕度表达式为

$$\gamma_c=180°-180°+\arctan T_1\omega_c-\arctan T_2\omega_c=\arctan T_1\omega_c-\arctan T_2\omega_c$$

则该系统的最大相位裕度就等于超前校正环节 $G'(s)=\dfrac{(1+T_1s)}{(1+T_2s)}$ 的最大正相角 φ_m。

由希望 $\gamma_{c,\max}=30°$ 得

$$\alpha=\frac{1-\sin\varphi_m}{1+\sin\varphi_m}=\frac{1-\sin 30°}{1+\sin 30°}=0.333$$

而 $\omega_c=\omega_m=10$，则

$$\omega_1=\frac{1}{T_1}=\sqrt{\alpha}\omega_c=0.414\times 10=5.77,\quad T_1=0.173$$

$$\omega_2=\frac{1}{T_2}=\frac{1}{\sqrt{\alpha}}\omega_c=1.732\times 10=17.32,\quad T_2=0.0577$$

$$20\log\frac{K_o}{(5.77)^2}=20\log\frac{10}{5.77},\quad K_o=57.7$$

$$G_o(s)=\frac{57.5(1+0.173s)}{s^2(1+0.0577s)}$$

静态速度误差系数

$$K_v=K_o=57.7$$

（2）确定参数后的 $G_o(s)$ 的伯德图草图如图 5.4.5 所示。

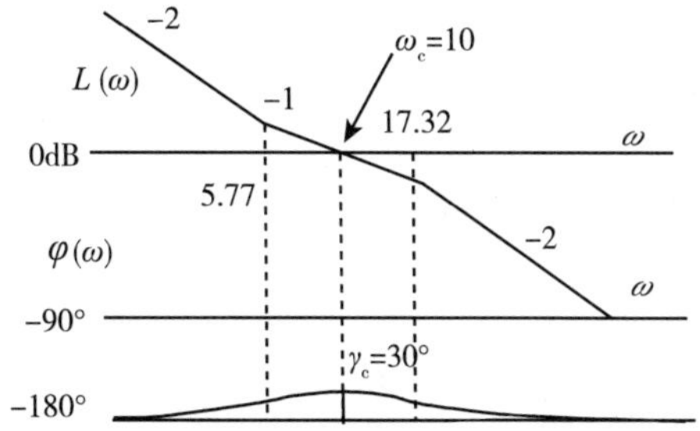

图 5.4.5　伯德图草图(5.4.5)

5.4.6　已知系统的开环传递函数为

$$G(s) = \frac{20(s+1)}{s(0.1s+1)(10s+1)}$$

(1)试绘制其开环对数幅频特性曲线；

(2)试求系统的开环截止频率 ω_c，相角裕度 γ_c，并判断系统的稳定性。

解　(1)系统的开环传递函数 $G(s)$ 的对数幅频特性曲线如图 5.4.6 所示。

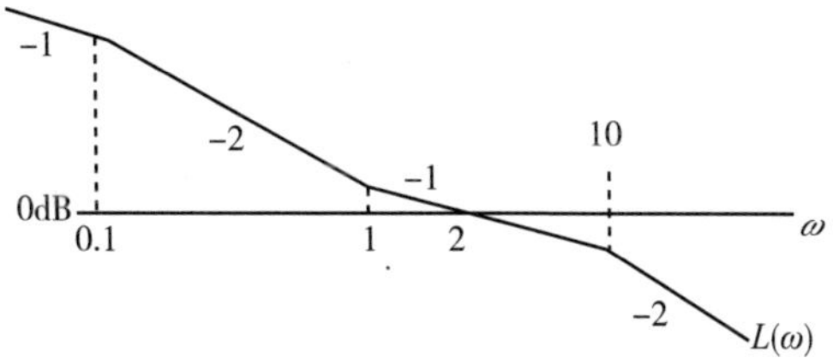

图 5.4.6　系统开环对数幅频特性曲线(5.4.6)

(2)由

$$20\lg\frac{K}{0.1} = 40\lg\frac{1}{0.1} + 20\lg\frac{\omega_c}{1}$$

得

$$\omega_c = 2$$

则

$$\begin{aligned}\gamma_c &= 180° - 90° + \arctan 2 - \arctan 0.2 - \arctan 20 \\ &= 90° + 63.4° - 11.3° - 87° = 55.13° > 0\end{aligned}$$

则系统稳定。

5.4.7　已知系统的开环传递函数为 $G_o(s) = \dfrac{K(T_1 s+1)}{s^2(T_2 s+1)}$，其中 $T_1 > T_2 > 0$，试求

(1)使该系统相角裕度 γ_c 取最大值时放大倍数 K 的表达式；

(2)写出最大相角裕度 γ_{cmax} 的表达式。

解 (1)系统相角裕度为

$\gamma_c = 180° - 180° + \arctan T_1\omega_c - \arctan T_2\omega_c = \arctan T_1\omega_c - \arctan T_2\omega_c$

当 $\omega_c = \dfrac{1}{\sqrt{T_1 T_2}}$ 时，相角裕度取极大值

则

$$\left|G_o(s)\right|_{\omega_c} = \left|\frac{K(T_1 s + 1)}{s^2(T_2 s + 1)}\right|_{\omega_c} = 1$$

则系统相角裕度 γ_c 取最大值时，放大倍数 K 的表达式为

$$K = \frac{1}{T_1\sqrt{T_1 T_2}}$$

(2) $\omega_c = \dfrac{1}{\sqrt{T_1 T_2}}$，最大相角裕度 γ_{cmax} 的表达式为

$$\gamma_{cmax} = \arctan T_1\omega_c - \arctan T_2\omega_c = \arctan T_1 \cdot \frac{1}{\sqrt{T_1 T_2}} - \arctan T_2 \cdot \frac{1}{\sqrt{T_1 T_2}} = \arctan\frac{T_1 - T_2}{2\sqrt{T_1 T_2}}$$

第 6 章　控制系统的校正方法

本 章 重 点

1. 校正装置与校正系统结构；
2. 根轨迹法微分、积分校正设计；
3. 频率法超前、滞后校正设计；
4. 频率法二阶参考模型校正设计；
5. 频率法四阶参考模型校正设计；
6. 频率法反馈校正设计基础；
7. 输入补偿与扰动补偿设计基础。

6.1　第 6 章内容概述

1. 性能指标描述

(1)稳态性能指标

①稳态误差 $e_{ss} = \lim\limits_{t\to\infty} e(t)$ 。

②系统的无差度 ν 。

③静态误差系数：静态位置误差系数 K_p ，静态速度误差系数 K_v ，静态加速度误差系数 K_a 。

(2)动态性能指标

①时域动态性能指标：延迟时间 t_d ，上升时间 t_r ，峰值时间 t_p ，超调量 M_p ，调节时间 t_s 等。

②频域动态性能指标。

开环频域指标为：开环增益 K_o ，低频段斜率 ν ，开环截止频率 ω_c ，中频段斜率 ν_c ，中频段宽度 h ，幅值裕度 L_g ，相位裕度 γ_c ，高频衰减率 ν_h 等参数。

闭环频域指标为：闭环谐振峰值 M_r ，闭环谐振频率 ω_r ，闭环频带宽度 ω_b 等参数。

2. 校正装置与校正系统结构

在控制系统中增加校正装置，可以改变原系统的性能，称为系统校正。根据校正装置在系统中的不同位置，校正结构主要可以分为串联校正与并联校正，如图 6.1.1 所示。

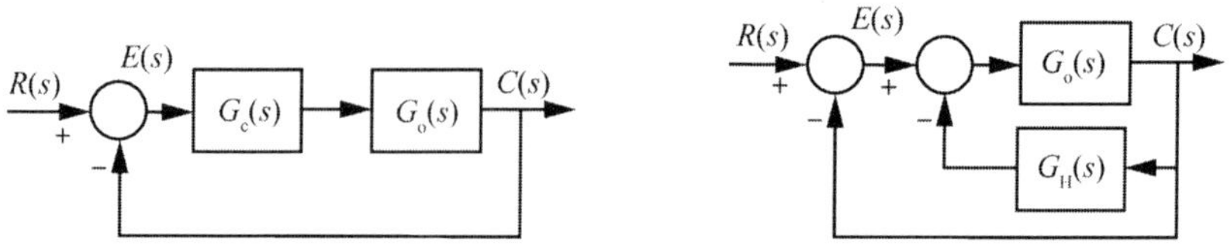

(a) 串联校正　　(b) 并联校正

图 6.1.1　两种基本的校正结构(6.1)

串联校正的等效开环传递函数为

$$G_{Do}(s) = G_c(s)G_o(s) \tag{6.1.1}$$

并联校正的等效开环传递函数为

$$G_{Do}(s) = \frac{G_o(s)}{1 + G_H(s)G_o(s)} \tag{6.1.2}$$

3. 根轨迹法校正设计

(1)根轨迹法微分校正

根轨迹法微分校正用于改善系统的超调量 M_p 和调节时间 t_s。微分校正的计算步骤如下：

①作原系统根轨迹图；

②根据动态性能指标，确定主导极点 s_i 在 s 平面上的正确位置；

③在新的主导极点上，由幅角条件计算所需补偿的相角差 φ；

④根据相角差 φ，确定微分校正装置的零、极点位置；

⑤由幅值条件计算根轨迹过主导极点时相应的根轨迹增益 K_g 的值。

6.1.1　已知系统的开环传递函数为

$$G_o(s) = \frac{4}{s(s+2)}$$

要求 $M_p < 20\%$，$t_s < 2$ s，试用根轨迹法作微分校正。

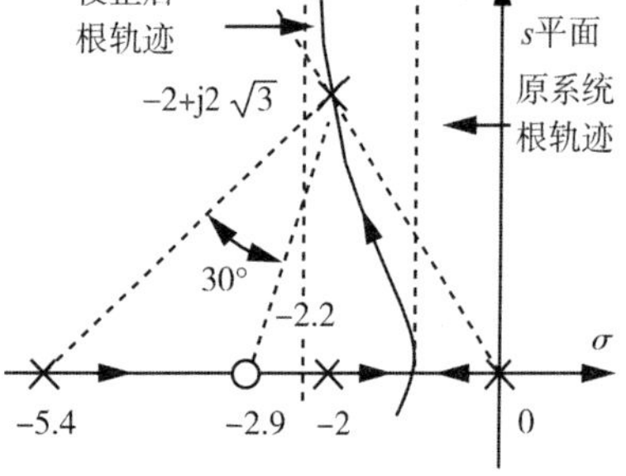

图 6.1.2　微分校正前后的根轨迹图(6.1.1)

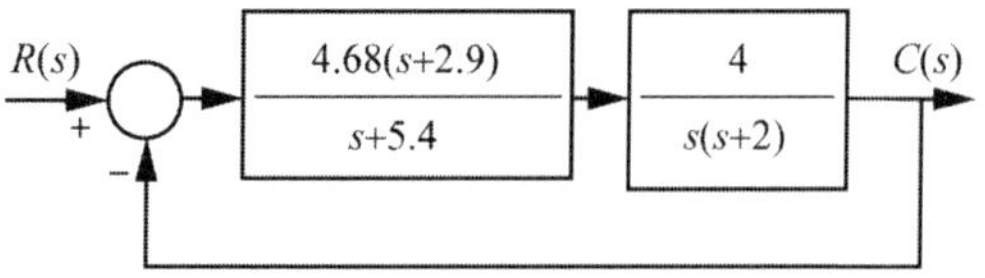

图 6.1.3　微分校正系统的结构图(6.1.1)

解　作原系统根轨迹，按照微分校正计算步骤，得到校正后系统的根轨迹图与结构图分别如图 6. 1. 2 和图 6. 1. 3 所示(详解参照原书)。

(2)根轨迹法积分校正

根轨迹法积分校正用于改善系统的稳态性能，校正计算步骤为：

①作原系统根轨迹图；

②验证系统的性能指标，如果满足动态性能指标，但不满足稳态性能指标，可以采用根轨迹法积分校正；

③在新的主导极点上，计算稳态性能，并确定积分装置应该提供的稳态增益的比例值 K_c ；

④根据比例值 K_c ，确定积分校正装置的开环偶极子位置。

6. 1. 2　已知系统的开环传递函数为

$$G_o(s) = \frac{K_g}{s(s+4)(s+6)}$$

要求：(1) $\zeta \geqslant 0.45$, $\omega_n \geqslant 2$ ，(2) $K_v \geqslant 15\ \mathrm{s}^{-1}$，设计校正装置。

解　作原系统根轨迹图，按照微分校正计算步骤，得到校正后系统的开环传递函数为

$$G_c(s)G_o(s) = \frac{s+0.05}{s+0.005} \cdot \frac{44.35}{s(s+4)(s+6)}$$

根轨迹图如图 6. 1. 4 所示，满足了给定的稳态精度要求。

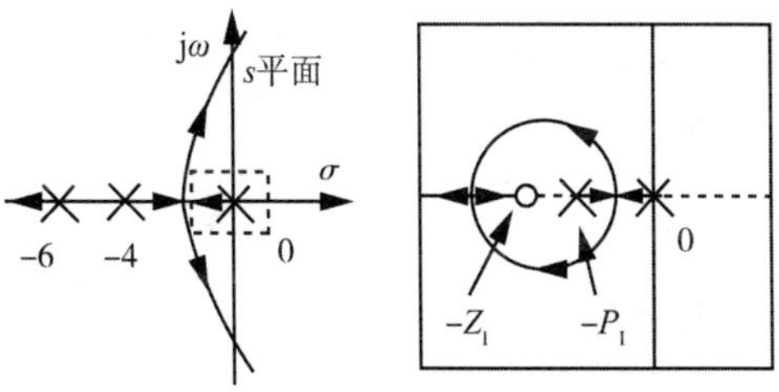

图 6. 1. 4　积分校正后的根轨迹图(6. 1. 2)

4. 频率法校正设计

(1)频率法超前校正

利用超前校正装置的相位超前特性来补偿原系统相位裕度的不足为频率法超前校正。校正设计计算步骤如下：

①满足稳态性能作原系统伯德图 $L_o(\omega)$ ；

②计算原系统的开环截止频率 ω_{co} 和相位裕度 γ_{co} ；

③计算需要补偿的最大相位超前角 φ_m : $\varphi_m = \gamma_c - \gamma_{co} + (5° \sim 20°)$ ；

④计算低频衰减率 α : $\alpha = \dfrac{1 - \sin\varphi_m}{1 + \sin\varphi_m}$ ；

⑤按照要求的性能指标确定新的开环截止频率 ω_c ;

⑥确定两转折频率 ω_1,ω_2 。

6.1.3 已知角位移随动系统的开环特性为

$$G_o(s) = \frac{K}{s(s+1)}$$

要求:(1) $r(t) = t$ 时, $e_{ss} \leqslant 0.1$ 弧度;(2) $\omega_c \geqslant 4.4\ \mathrm{s}^{-1}$, $\gamma_c \geqslant 45°$ 。试作频率法超前校正。

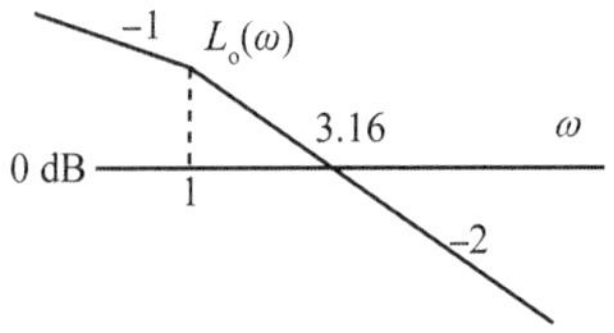

图 6.1.5 原系统开环特性(6.1.3)

解 满足稳态性能,确定开环增益 $K = 10$,作原系统伯德图 $L_o(\omega)$,如图 6.1.5 所示。

按照校正计算步骤得到校正后系统的开环传递函数为

$$G_{开}(s) = G_c(s)\cdot G_o(s) = \frac{1+0.45s}{1+0.11s}\cdot\frac{10}{s(s+1)}$$

校正系统的频率特性如图 6.1.6 所示。

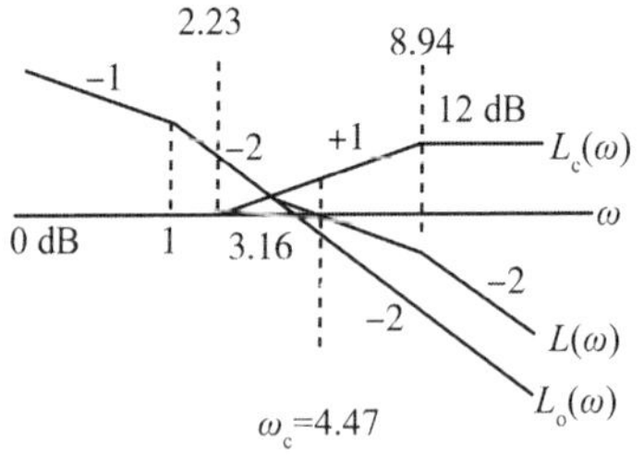

图 6.1.6 校正后的频率特性(6.1.3)

(2)频率法滞后校正

利用滞后校正装置的高频衰减特性来补偿原系统相位裕度的不足为频率法滞后校正。校正设计计算步骤如下:

①作原系统伯德图 $L_o(\omega)$;

②计算原系统的 ω_{co} 和 γ_{co} 。如果 γ_{co} 小于希望的 γ_c ,而且 ω_{co} 大于希望的 ω_c ,采用滞后校正;

③确定新的 ω_c 。在 $L_o(\omega)$ 上 ω_{co} 的左边找到满足希望的 γ_c 所对应的频率作为 ω_c ;

④计算高频衰减率 β ,满足 $L_o(\omega_c) = 20\lg\beta$;

⑤计算两转折频率 ω_1,ω_2 ,即

$$\omega_2 = \frac{1}{T} = \left(\frac{1}{5}\sim\frac{1}{10}\right)\omega_c\ ,\ \omega_1 = \frac{1}{\beta T} = \frac{1}{\beta}\omega_2$$

6.1.4 已知系统的开环传递函数为

$$G_o(s) = \frac{K}{s(0.1s+1)(0.2s+1)}$$

要求:(1) $K_v \geqslant 30$,(2) $\omega_c \geqslant 2.3\ \mathrm{s}^{-1}$, $\gamma_c \geqslant 40°$。试用频率法设计校正装置。

解 满足稳态性能作 $L_o(\omega)$,按照滞后校正设计计算步骤得到的校正装置为

$$G_1(s) = \frac{1+\frac{s}{\omega_2}}{1+\frac{s}{\omega_1}} = \frac{1+4s}{1+50s}$$

校正系统的频率特性如图 6.1.7 所示。

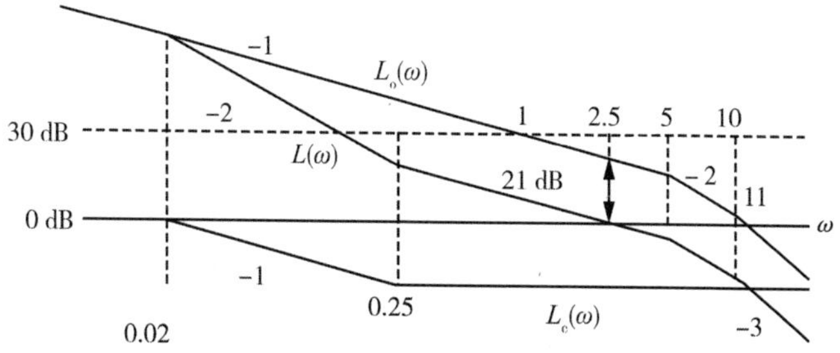

图 6.1.7 例题系统的滞后校正(6.1.4)

(3)频率法二阶参考模型校正

二阶参考模型的开环传递函数为

$$G_o(s) = \frac{\omega_c}{s(1+\frac{1}{2\omega_c}s)} \tag{6.1.3}$$

开环对数幅频特性如图 6.1.8 所示。

二阶参考模型的特点:

始端斜率为 -20 dB/dec,末端斜率为 -40 dB/dec,开环截止频率为 ω_c,一个转折频率为 $2\omega_c$。

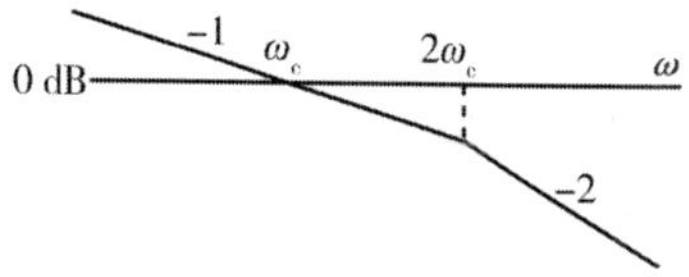

图 6.1.8 二阶参考模型(6.1.4)

二阶参考模型校正的计算步骤如下:

①作固有特性 $L_o(\omega)$;

②依照性能要求,作二阶模型特性 $L(\omega)$;

③两特性相减,得校正装置特性 $L_c(\omega)$,写出 $G_c(j\omega)$。

6.1.5 已知系统的开环模型为

$$G_o(s) = \frac{10}{(\frac{1}{6}s+1)(\frac{1}{30}s+1)}$$

要求 $K_v \geq 5$,$t_s < 0.3$ s,试用二阶参考模型法作校正。

解 按照二阶参考模型校正的计算步骤,得到校正装置为

$$G_c(s) = \frac{1.5(1+\frac{1}{6}s)}{s}$$

校正前后系统的伯德图如图 6.1.9 所示。

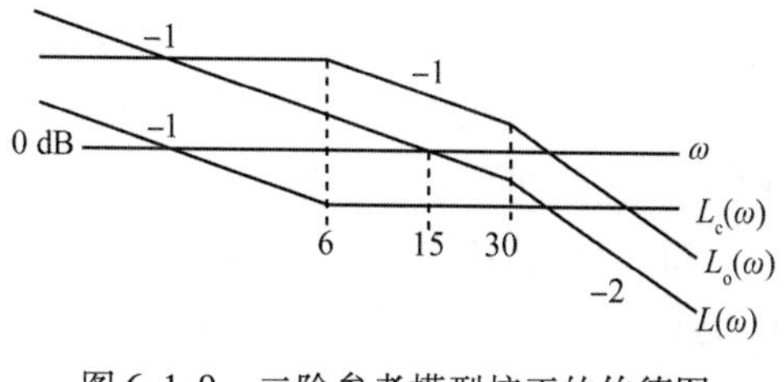

图 6.1.9 二阶参考模型校正的伯德图(6.1.5)

(4)频率法四阶参考模型校正

四阶参考模型的开环传递函数为

$$G_o(s) = \frac{K\left(1+\frac{1}{\omega_2}s\right)}{s\left(1+\frac{1}{\omega_1}s\right)\left(1+\frac{1}{\omega_3}s\right)\left(1+\frac{1}{\omega_4}s\right)} \tag{6.1.4}$$

对数幅频特性如图 6.1.10 所示。

校正计算步骤如下：

①作原系统固有特性 $L_o(\omega)$；

②按照给定的稳态精度 K_v，估算初始段高度并作斜率为 -1 的低频段特性；

③依照给定的调节时间 t_s，估算开环截止频率 ω_c 的值，要求 $\omega_c \geqslant (6\sim8)\frac{1}{t_s}$；

④按照给定的动态性能要求，估算中频段宽度 h 并作斜率为 -1 的频段特性。一般中频段宽度为

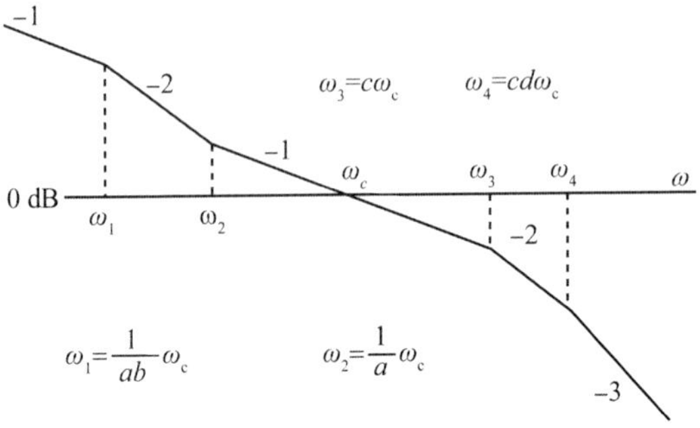

图 6.1.10　四阶参考模型(6.1.5)

$$h = \frac{\omega_3}{\omega_2} > 5$$

则确定了两个转折频率 ω_2，ω_3，另外过 ω_2 处作斜率为 -2 特性向低频段延伸，交低频段特性得到 ω_1；

⑤过 ω_3 处向高频段作斜率为 -2 频段特性，确定 ω_4 为 $\omega_4 \geqslant \omega_3$，一般可取为 $\omega_4 = 2\omega_3$；

⑥得到校正后的特性即四阶参考模型 $L(\omega)$。

由于

$$L(\omega) = L_c(\omega) + L_o(\omega)$$

将两曲线相减，即

$$L_c(\omega) = L(\omega) - L_o(\omega)$$

可求得校正特性 $L_c(\omega)$，写出校正装置的传递函数 $G_c(s)$。

6.1.6　已知系统的固有特性为

$$G_o(s) = \frac{20}{s(0.025s+1)(0.1s+1)}$$

要求：(1) $K_v \geqslant 200\ \text{s}^{-1}$；(2) $M_p \leqslant 25\%$，$t_s \leqslant 0.5$ s。试用四阶参考模型法作系统校正。

解　满足稳态要求作原系统固有特性 $L_o(\omega)$ 如图 6.1.11 所示。按照四阶参考模型校正的计算步骤，得到校正装置为

$$G_c(s) = \frac{10(0.25s+1)(0.1s+1)}{(2.5s+1)(0.01s+1)}$$

校正后系统开环传递函数为

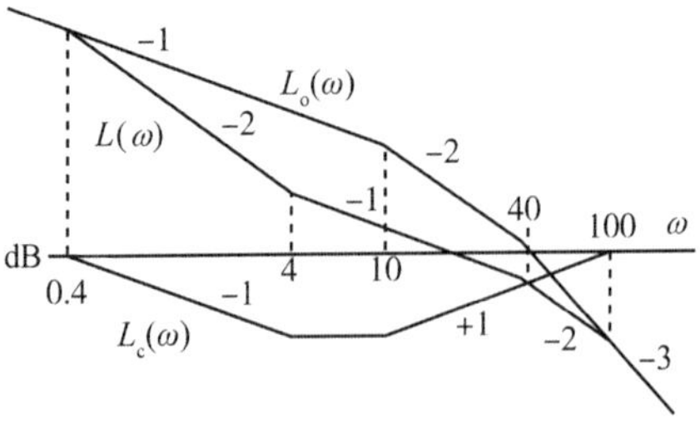

图 6.1.11　四阶参考模型校正(6.1.6)

$$G(s) = G_c(s) \cdot G_o(s) = \frac{200(0.25s+1)}{s(2.5s+1)(0.025s+1)(0.01s+1)}$$

校正前后系统的伯德图如图 6.1.11 所示。

(5)频率法反馈校正设计基础

反馈校正的基本原理：

在反馈校正中，是利用局部闭环特性以修改等效开环特性来实现校正作用的。反馈校正的结构图如图 6.1.12 所示。

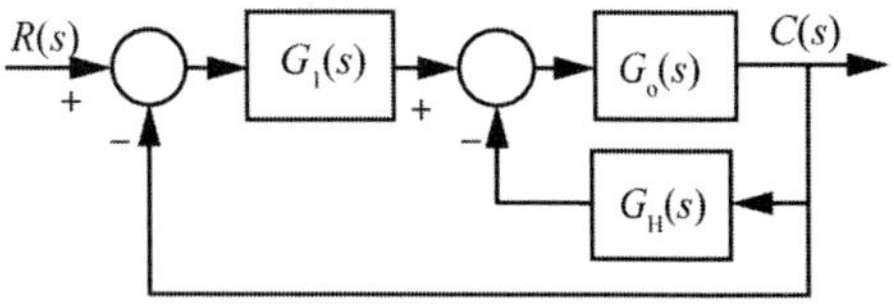

图 6.1.12　反馈校正系统的结构图

在图 6.1.12 中的局部闭环特性为

(6.1.6)

$$G_{Ho}(s) = \frac{G_o(s)}{1+G_H(s)G_o(s)} \tag{6.1.5}$$

当反馈作用很小时，有

$$G_{Ho}(s) = \left.\frac{G_o(s)}{1+G_H(s)G_o(s)}\right|_{G_H(s)\downarrow\downarrow} \approx G_o(s) \tag{6.1.6}$$

即局部闭环与反馈无关，其传输特性等于固有特性 $G_o(s)$ 。

当反馈作用很大时，有

$$G_{Ho}(s) = \left.\frac{G_o(s)}{1+G_o(s)G_H(s)}\right|_{G_o(s)G_H(s)\uparrow\uparrow} \approx \frac{1}{G_H(s)} \tag{6.1.7}$$

局部反馈与固有特性无关，传输特性决定于反馈特性 $G_H(s)$ 的倒数。

反馈校正计算步骤如下：

①作原系统固有特性 $L_o(\omega)$ ；

②依照给定性能指标作四阶参考模型特性 $L(\omega)$ ；

③划分受校频段与不受校频段；

④在受校频段内，应有

$$20\lg|G_o(j\omega)G_H(j\omega)| >> 0\ \text{dB} \tag{6.1.8}$$

在不受校频段内，应有

$$20\lg|G_o(j\omega)G_H(j\omega)| << 0\ \text{dB} \tag{6.1.9}$$

⑤作受校频段条件特性 $20\lg|G_o(j\omega)G_H(j\omega)|$ 与受校频段的倒特性，该倒特性就是反馈校正装置特性

$$L_H(\omega) = 20\lg|G_H(j\omega)| \tag{6.1.10}$$

⑥写出校正装置 $G_H(s)$ 。

6.1.7　已知角位移随动系统的固有特性为

$$G_o(s) = \frac{K}{s(0.1s+1)(0.02s+1)}$$

要求：(1)速度信号输入时应满足 $K_v \geqslant 200\ \text{s}^{-1}$；

(2)阶跃信号输入时应满足超调量 $M_p < 30\%$，调节时间 $t_s < 0.6\ \text{s}$。

试用频率法作反馈校正。

解 满足稳态要求，令 $K = 200$ 作固有特性 $L_o(\omega)$ 和四阶参考模型特性 $L(\omega)$。按照反馈校正设计计算步骤得到反馈校正装置为

$$G_H(s) = \frac{\frac{1}{75}s^2}{0.2s + 1}$$

校正前后系统的伯德图如图 6.1.13 所示。

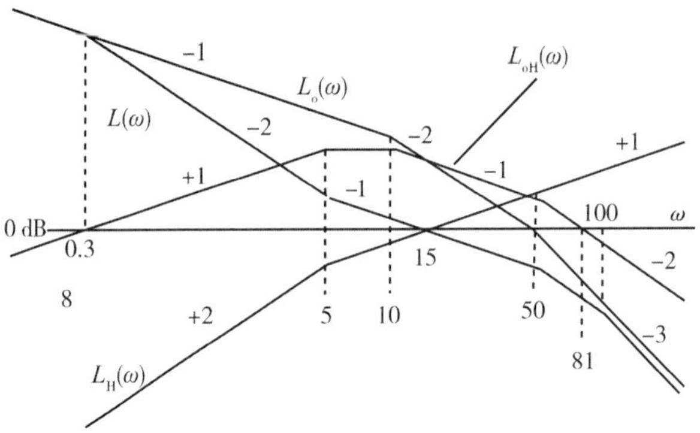

图 6.1.13 反馈校正的伯德图(6.1.7)

5. 控制系统的补偿设计

(1)扰动补偿设计

扰动补偿结构如图 6.1.14 所示。

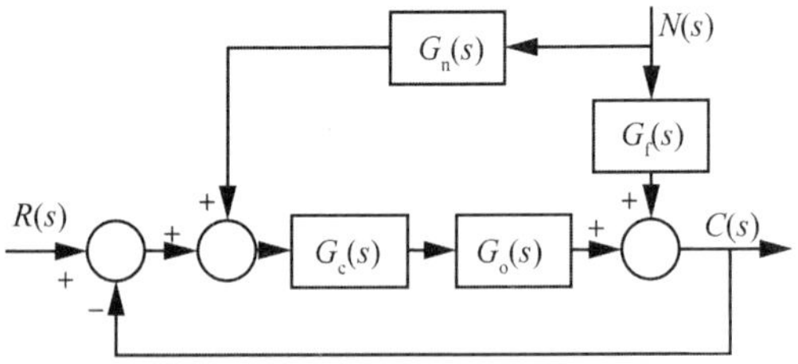

图 6.1.14 扰动补偿结构(6.1.7)

扰动补偿的全补偿条件为

$$G_n(s) = -\frac{G_f(s)}{G_c(s)G_o(s)} \tag{6.1.11}$$

(2)输入补偿设计

输入补偿结构如图 6.1.15 所示。

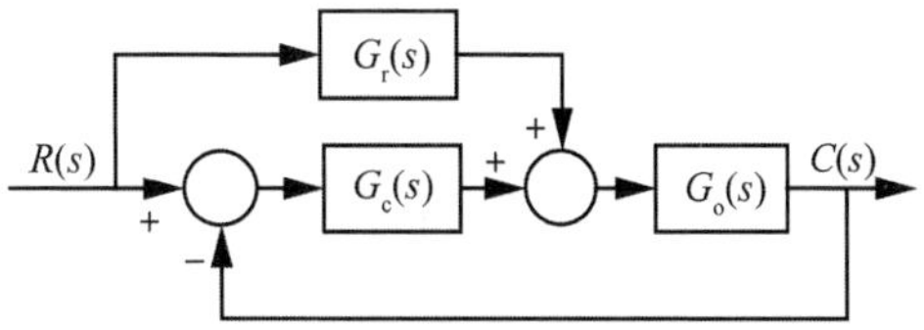

图 6.1.15　输入补偿结构(6.1.7)

输入补偿器的全补偿条件为

$$G_r(s) = \frac{1}{G_o(s)} \tag{6.1.12}$$

6.2　第 6 章习题精解

6.2.1　有源校正网络如图 6.2.1 所示，试写出传递函数，并说明可以起到何种校正作用。

解　由复数阻抗法求解

(1)见图 6.2.1(a)。R_4 与 C 串联支路的阻抗为

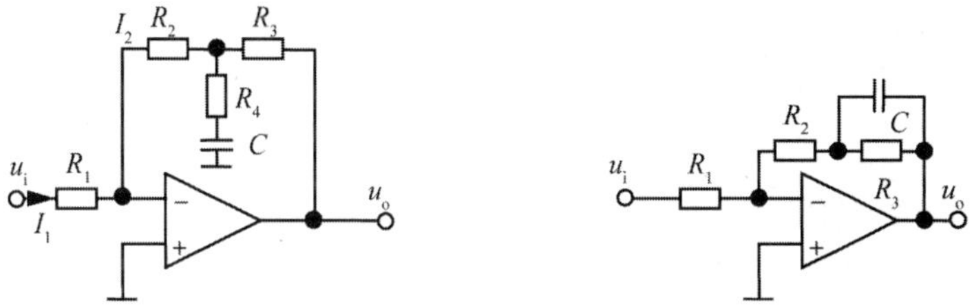

(a) 网络1　　(b) 网络2

图 6.2.1　有源校正网络(6.2.1)

$$Z_1 = \frac{R_4Cs + 1}{Cs}$$

R_2 与 Z_1 并联的阻抗为

$$Z_{12} = \frac{R_2(R_4Cs + 1)}{(R_2 + R_4)Cs + 1}$$

反馈支路的总阻抗为

$$Z_f = R_3 + \frac{1}{\dfrac{1}{R_2} + \dfrac{Cs}{R_4Cs + 1}} = R_3 + \frac{R_2(R_4Cs + 1)}{(R_2 + R_4)Cs + 1}$$

R_2 支路的电流为

$$I_2 = \frac{U_o}{Z_f} \cdot Z_{12} \cdot \frac{1}{R_2}$$

输入支路的电流为

$$I_1 = \frac{U_i}{R_1}$$

由电流相等，得

$$\frac{U_o}{Z_f} \cdot Z_{12} \cdot \frac{1}{R_2} = \frac{U_i}{R_1}$$

因此传递函数为

$$G(s) = -\frac{R_2R_3Cs + R_3R_4Cs + R_2R_4Cs + R_2 + R_3}{R_1(R_4Cs + 1)}$$

$$= -\frac{R_2 + R_3}{R_1} \cdot \frac{(R_4 + \frac{R_2R_3}{R_2 + R_3})Cs + 1}{R_4Cs + 1}$$

即

$$G(s) = -\frac{K(1 + T_1s)}{1 + T_2s}$$

式中，$K = \frac{R_2 + R_3}{R_1}$；$T_2 = R_4C$；$T_1 = (\frac{R_2R_3}{R_2 + R_3} + R_4)C$。对数幅频特性如图 6.2.2 所示。

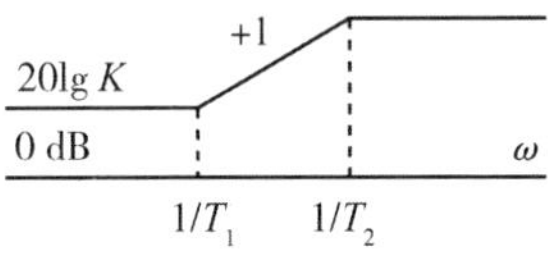

图 6.2.2 对数幅频特性 (6.2.1-1)

由于 $T_2 < T_1$，网络可以起到相位超前的作用。特别是，当 R_4 很小时，传递函数近似为

$$G(s) \approx -\frac{R_2 + R_3}{R_1}(1 + \frac{R_2R_3}{R_2 + R_3}Cs)$$

此时网络起比例微分(PD)作用。

(2) 见图 6.2.2(b)。R_3 与 C 串联支路的阻抗为

$$Z_1 = \frac{R_3}{sCR_3 + 1}$$

反馈支路的总阻抗为

$$Z_f = R_2 + \frac{R_3}{sCR_3 + 1} = \frac{sCR_2R_3 + R_2 + R_3}{sCR_3 + 1}$$

则

$$G(s) = \frac{U_o}{U_i} = -\frac{Z_f}{R_1} = -\frac{sCR_2R_3 + R_2 + R_3}{R_1(sCR_3 + 1)} = -\frac{R_2 + R_3}{R_1} \cdot \frac{sC(\frac{R_2R_3}{R_2 + R_3} + 1)}{sCR_3 + 1}$$

传递函数为

$$G_o(s) = -\frac{K(1 + T_1s)}{1 + T_2s}$$

式中，$K = \frac{R_2 + R_3}{R_1}$；$T_1 = \frac{R_2R_3}{R_2 + R_3}C$；$T_2 = R_3C$。频率特性如图 6.2.3 所示。由于 $T_2 > T_1$，网络可以起到相位滞后与高频衰减作用。

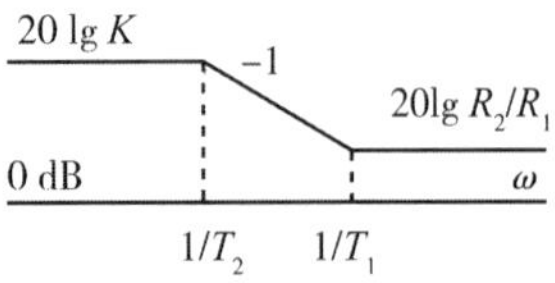

图 6.2.3 对数幅频特性 (6.2.1-2)

6.2.2　已知系统的开环传递函数为

$$G_o(s)H(s) = \frac{4}{s(s+1)}$$

试采用根轨迹法设计微分校正装置 $G_c(s)$，使得系统的超调量 $M_p < 20\%$，过渡时间 $t_s < 4\ \mathrm{s}$，并比较校正前后系统的稳态性能。

解　(1)绘制原系统的根轨迹。

根据绘制根轨迹的基本法则绘制根轨迹如图 6.2.4 所示，满足 $K_g = 4$ 的原系统根轨迹的闭环极点为一对共轭极点，即

$$s(s+1)+4=0$$

$$s_{1,2} = \frac{-1 \pm \mathrm{j}\sqrt{15}}{2}$$

其位置如图 6.2.4 所示。

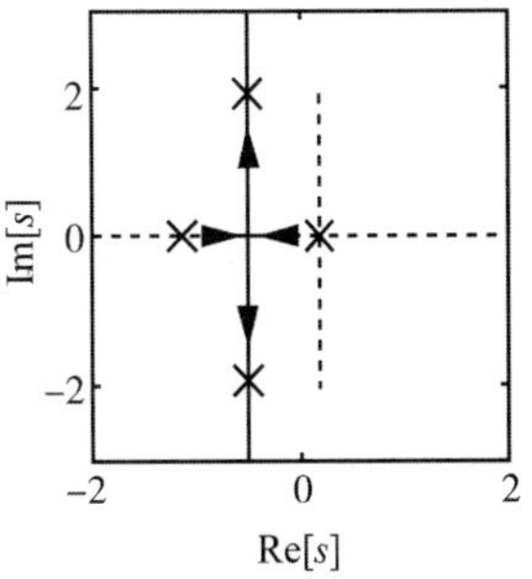

图 6.2.4　根轨迹图(6.2.2 − 1)

(2)系统分析。

从原系统根轨迹可以得到，由于在复平面上的根轨迹其实部为常数 −0.5，因此调整增益的大小可以通过调整系统的超调量 M_p，而过渡时间 t_s 则为常数，即

$$t_s = \frac{3}{\zeta\omega_n} = \frac{3}{|\mathrm{Re}[s_i]|} = \frac{3}{0.5} = 6\ \mathrm{s} > 4\ \mathrm{s}$$

不满足性能指标的要求。如欲减小过渡时间，闭环极点的位置需要在 s 平面上左移，也就是根轨迹需要左移。根轨迹的左移可以通过根轨迹的微分校正实现。

(3)根轨迹微分校正。

计算满足给定性能的闭环极点。由于 $M_p < 20\%$，令

$$\mathrm{e}^{-\zeta\pi/\sqrt{1-\zeta^2}} \times 100\% = 16\%,\ \zeta = 0.5,\ \beta = \arccos\zeta = 60^\circ$$

由于

$$t_s = \frac{4}{\zeta\omega_n} = 4,\quad \zeta\omega_n = 1$$

得到

$$\begin{cases} \zeta = 0.5 \\ \omega_n = 2 \end{cases}$$

因此满足性能指标的闭环极点为

$$s_i = -\zeta\omega_n + \mathrm{j}\omega_n\sqrt{1-\zeta^2} = -1 + \mathrm{j}1.732$$

在新的闭环极点上，幅角为

$$\arg[G_o(s)] = \arg\left[\frac{4}{s(s+1)}\right]\Bigg|_{s=-1+\mathrm{j}1.732} = -210^\circ < -180^\circ$$

不满足幅角条件，需要增加校正装置 $G_c(s)$，使得 $\arg[G_c(s)G_o(s)]_{s=s_i} = \pm 180^\circ$。则校正装置应提供的补偿角为

$$\arg[G_c(s)] = \pm 180^\circ - \arg[G_o(s)]\big|_{s=s_i} = 30^\circ$$

由分角法得到校正装置的零点与极点如图 6.2.5 所示。

由图中读出校正装置的零点、极点分别为

$$-p_D = -2.732, \quad -z_D = -1.464$$

则校正装置的传递函数为

$$G_c(s) = K_c \frac{s+1.464}{s+2.732}$$

$$\arg[G_c(s)] = \arg\left[K_c \frac{s+1.464}{s+2.732}\right]\bigg|_{s=-1+j1.732} = 30°$$

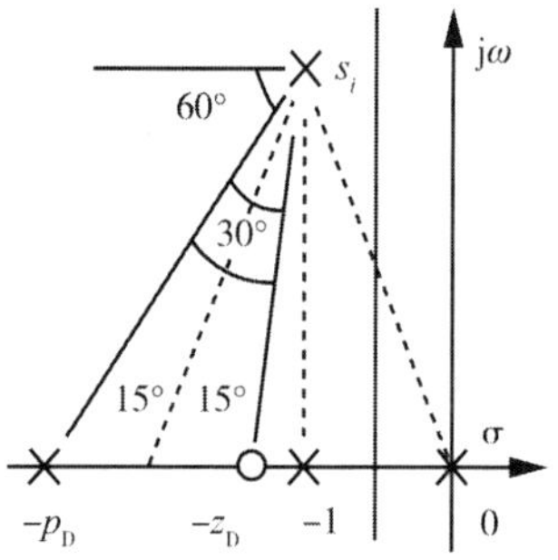

图 6.2.5　零点与极点图(6.2.2)

幅角条件满足要求。由幅值条件确定增益补偿，即

$$|G_c(s)G_o(s)| = \left|\frac{K_c(s+1.464)}{s+2.732}\frac{4}{s(s+1)}\right|_{s=-1+j1.732} = 1$$

解出增益补偿为

$$K_c = 1.183$$

校正系统的结构图如图 6.2.6 所示。

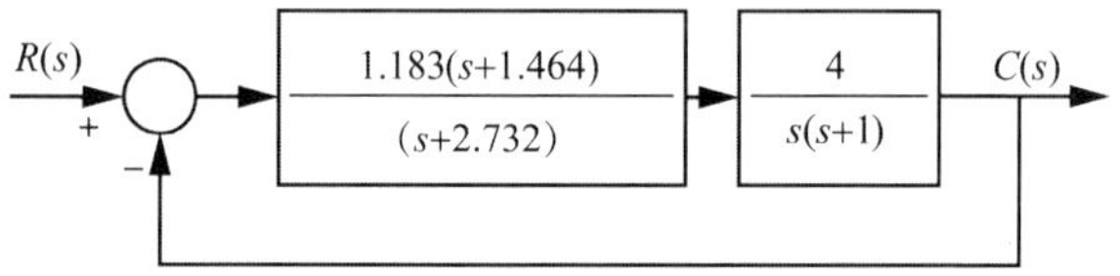

图 6.2.6　结构图(6.2.2)

校正后系统的根轨迹如图 6.2.7 所示，校正装置使得原系统的根轨迹向左移动。

作校正系统的时间仿真曲线如图 6.2.8 所示，基本满足给定的校正设计要求。由于系统闭环零点的影响，超调量 M_p约为 21%，比原设计值略大。

(4)校正前后稳态性能比较。

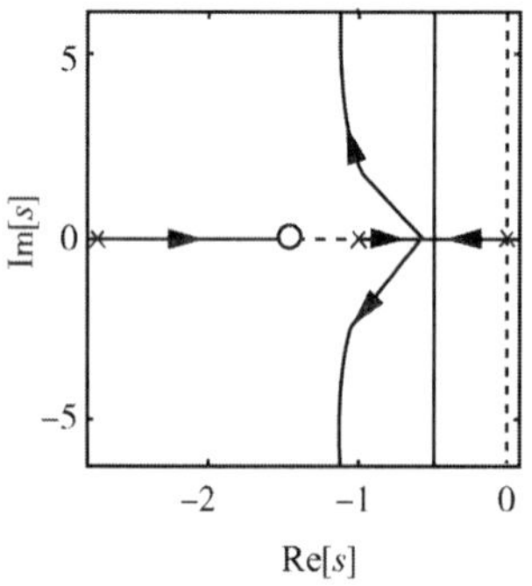

图 6.2.7　根轨迹图(6.2.2-2)

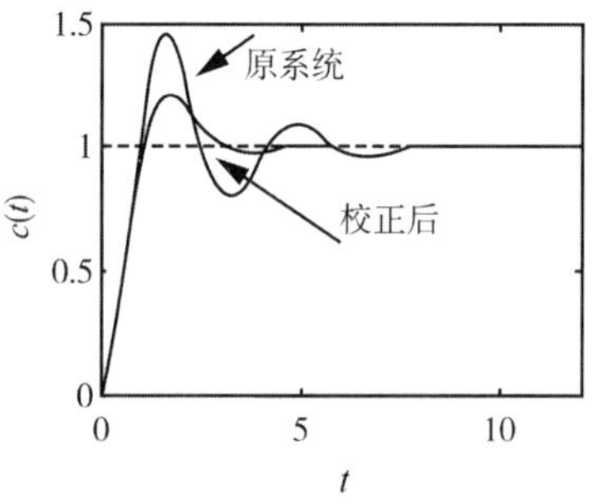

图 6.2.8　时间响应曲线(6.2.2)

校正前的静态速度误差系数为

$$K_v = 4$$

校正后的静态速度误差系数为

$$K_v = \frac{4 \times 1.183 \times 1.464}{2.732} = 2.54$$

校正后，稳态性能稍有降低。

6.2.3　系统结构图如图 6.2.9 所示，试用根轨迹法设计积分校正装置 $G_c(s)$，使得系统的超调量 $M_p < 5\%$，过渡时间 $t_s < 4$ s，单位斜坡输入时的稳态误差 $e_{ss} < 0.02$。

解　(1) 根据根轨迹绘制的基本法则作原系统根轨迹图如图 6.2.10 所示。

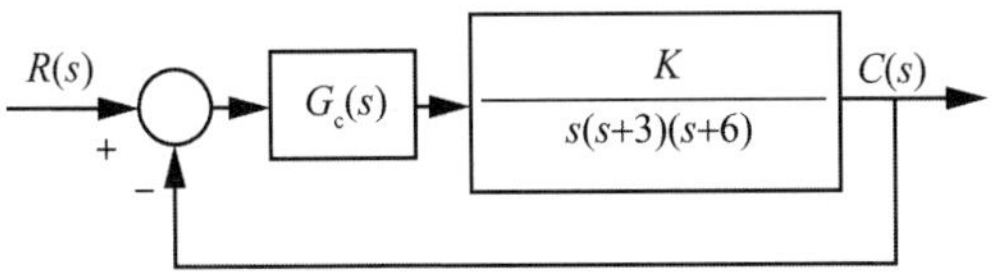

图 6.2.9　结构图(6.2.3)

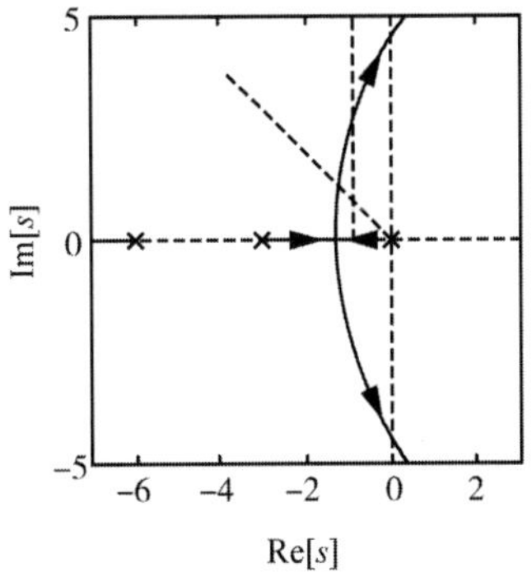

图 6.2.10　根轨迹图(6.2.3－1)

(2) 由性能指标 $M_p < 5\%$，$t_s < 4$ s，得出系统的动态性能参数为

$$e^{-\zeta\pi/\sqrt{1-\zeta^2}} \times 100\% = 5\%, \quad t_s = \frac{4}{\zeta\omega_n} = 4, \quad \zeta\omega_n = 1$$

解出

$$\begin{cases} \zeta = 0.707 \\ \omega_n = 1.06 \end{cases}$$

$$\beta = \arccos\zeta = 45°$$

由坐标原点作与负实轴夹角为 45° 的等 M_p 线，再作过 [－1, j0] 点与虚轴平行的等 t_s 线，如图 6.2.10 所示，两条直线左部的共同区域为满足性能指标的区域。由于此区域内有根轨迹，可以在此区域内根轨迹上选择闭环极点满足动态性能，因此不需要移动根轨迹。在满足性能指标区域内的原系统根轨迹上选择一点

$$s_{1,2} = -1.23 \pm 0.6\mathrm{j}$$

即为主导极点，满足幅角条件。再由幅值条件确定对应的根轨迹增益为

$$\left|\frac{K}{s(s+3)(s+6)}\right|_{s=-1.23\pm0.6\mathrm{j}} = 1$$

解得

$$K = 12.3$$

(3) 检验稳态性能。

根轨迹增益为 $K = 12.3$ 时，系统的静态速度误差系数为

$$K_v = \frac{K}{3 \times 6} = \frac{12.3}{3 \times 6} = 0.683$$

给定要求中单位斜坡输入时的稳态误差 $e_{ss} < 0.02$，即要求 $K_v > 50$，远远不能满足要求，需要作积分校正来改善稳态性能。校正装置需提供的放大倍数为

$$K_{vI} = \frac{50}{0.683} = 73.2$$

(4)设计积分校正装置。

设积分校正装置为

$$G_c(s) = \frac{s + Z_I}{s + P_I}$$

令 $K_{vI} = \dfrac{Z_I}{P_I} = 80$，取 $Z_I = 0.2, P_I = 0.0025$，校正装置的传递函数为

$$G_c(s) = \frac{s + 0.2}{s + 0.0025}$$

校正系统的开环传递函数为

$$G_c(s)G_o(s) = \frac{s + 0.2}{s + 0.0025} \cdot \frac{12.3}{s(s + 3)(s + 6)}$$

静态速度误差系数为

$$K_v = \frac{0.2 \times 12.3}{0.0025 \times 3 \times 6} = 54.67 > 50$$

满足给定的稳态性能要求。

作校正系统的根轨迹图如图 6.2.11(a)所示，与原系统根轨迹比较，积分校正基本不改变原根轨迹总体走向，只是原点附近的根轨迹作了改变，以补偿开环增益的不足。原点邻域的局部根轨迹如图 6.2.11(b)所示。

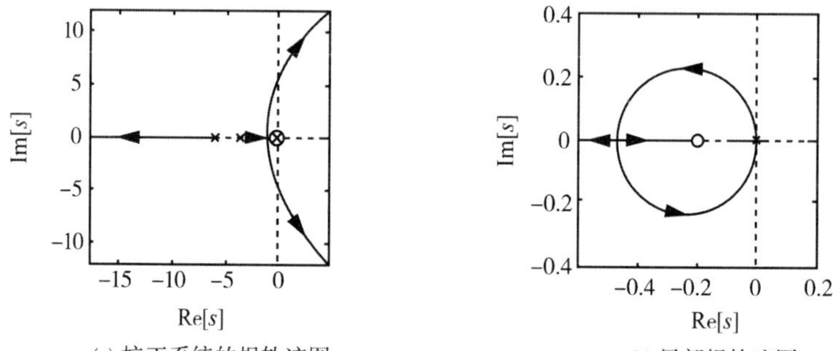

(a) 校正系统的根轨迹图

(b) 局部根轨迹图

图 6.2.11 根轨迹图(6.2.3－2)

6.2.4 系统的开环传递函数为

$$G_o(s)H(s) = \frac{K(s + 2)}{s(s + 1)}$$

当调整根轨迹增益 K 时，可以获得其阶跃响应在欠阻尼条件下各种满意的动态性能。试确定满足下述要求的增益 K 值：

(1)系统具有最大的超调量 $M_{p,max}$ 时；

(2)系统具有最大的阻尼振荡频率 $\omega_{d,max}$ 时；

(3)系统响应时间最快的 $t_{s,min}$ 时；

(4)系统的斜坡响应具有最小的稳态误差 $e_{ss,min}$ 时。

解　根据绘制根轨迹的基本法则绘制根轨迹如图 6.2.12 所示。

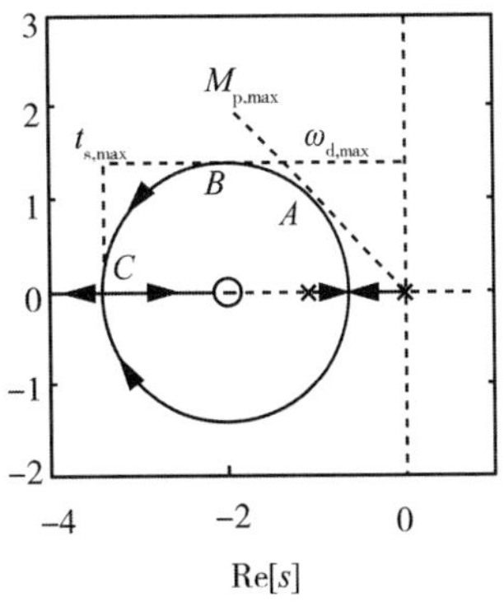

图 6.2.12　根轨迹图(6.2.4)

根轨迹绘图步骤如下：

起点：0，−1；终点：−2，−∞。

实轴上的根轨迹为：[−1，0]，[−2，−∞]。

计算分离点、会合点：

$$N(s)=s+2,$$

$$D(s)=s(s+1)$$

$$N'(s)D(s)-N(s)D'(s)=-(3s^2+3.4s+0.8)=0$$

解得 $s_1=-0.585$ (分离点)，$s_2=-3.414$ (会合点)

根轨迹在复平面上为一个圆。令 $s=\sigma+j\omega$，由根轨迹的幅角方程，得

$$\angle(\sigma+j\omega+2)-\angle(\sigma+j\omega+1)-90^\circ=180^\circ$$

$$\arctan\frac{\omega}{\sigma+2}-\arctan\frac{\omega}{\sigma+1}=-90^\circ$$

利用反正切公式

$$\arctan\frac{\dfrac{\omega}{\sigma+2}-\dfrac{\omega}{\sigma+1}}{1+\dfrac{\omega}{\sigma+2}\dfrac{\omega}{\sigma+1}}=-90^\circ$$

经整理，得出圆的方程为

$$(\sigma+2)^2+\omega^2=(\sqrt{2})^2$$

即圆心为(−2，0)，半径为 $\sqrt{2}$ 的圆。

(1)系统具有最大的超调量 $M_{p,max}$ 时。

系统的闭环极点在阻尼角 β 为 β_{max} 时具有最大的超调量 $M_{p,max}$，即图 6.2.12 中原点的射线与根轨迹相切的切点 A 处，由于坐标原点与圆心的距离为 2，圆心与切点之间的距离为 $\sqrt{2}$，所以，原点与切点的距离为 $\sqrt{2}$，所以切点的坐标为(−1，j)，对应的增益为

$$\left|\frac{K(s+2)}{s(s+1)}\right|_{s=-1+j}=1$$

即　　$K=1$

K 取不同值时，超调量变化的时间仿真曲线如图 6.2.13 所示。

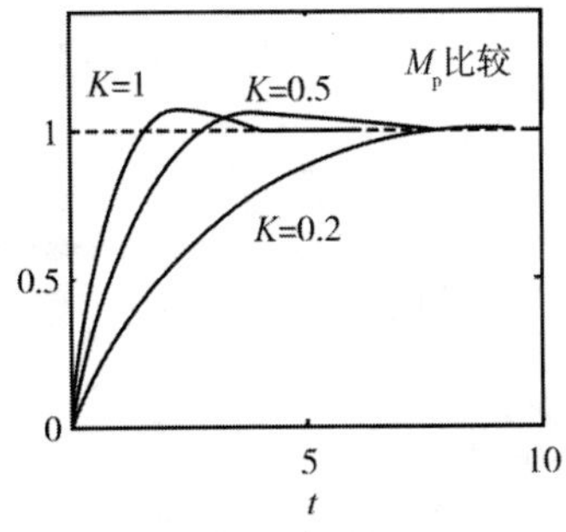

图 6.2.13　仿真曲线(6.2.4−1)

(2)系统具有最大的阻尼振荡频率 $\omega_{d,max}$ 时。

系统的闭环极点在其虚部 $\mathrm{Im}[s_i]$ 为 $\mathrm{Im}[s_i]_{max}$ 时具有最大的阻尼振荡频率 $\omega_{d,max}$，即图 6.2.12 中的水平

线与根轨迹相切的切点 B 处。此时 B 点的坐标为$(-2, \sqrt{2}\mathrm{j})$，计算此处的增益为

$$\left|\frac{K(s+2)}{s(s+1)}\right|_{s=-2+\sqrt{2}\mathrm{j}}=1$$

即

$$K=3$$

(3)系统响应时间最快的 $t_{s,\min}$ 时。

系统的闭环极点具有最大负实部时的共轭复数极点其响应最快，即图 6.2.12 中的 C 点，即会合点，此时坐标为$(-3.414, 0)$。

计算此处的增益为

$$\left|\frac{K(s+2)}{s(s+1)}\right|_{s=-3.414}=1$$

即

$$K=5.83$$

(4)系统的斜坡响应具有最小的稳态误差 $e_{ss,\min}$ 时。

系统的欠阻尼响应中其最大的根轨迹增益值满足问题(3)的要求，即图 6.2.12 中的 C 点处的根轨迹增益值

$$K=5.83$$

此处的静态速度误差系数最大，为

$$K_{v,\max}=5.83\times 2=11.66$$

不同增益时，超调量大小和过渡时间快慢的时域仿真曲线如图 6.2.14 所示。

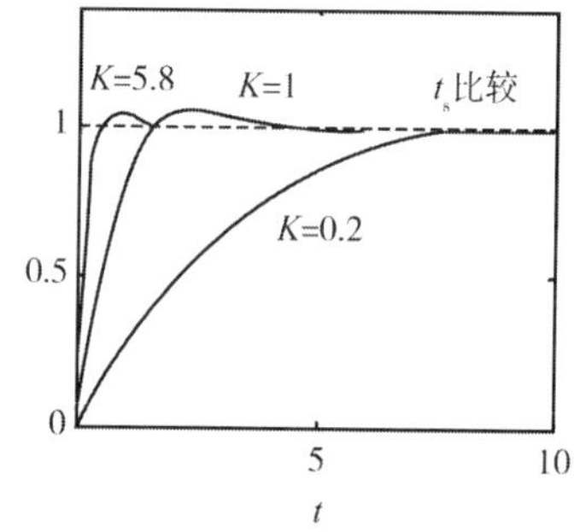

图 6.2.14　仿真曲线(6.2.4－2)

注意： 由于系统具有闭环零点，因此当 K 增大时，闭环零点的影响逐渐增大，或者说，时间响应中，微分附加分量逐渐增大。因此仿真曲线中的实际超调量是包含零点影响在内的。读者可进行微分附加分量分离后的系统分析。

6.2.5　已知双 T 网络如图 6.2.15 所示，试求它们的频率特性，作出伯德图，并说明作为校正装置使用有什么特点。

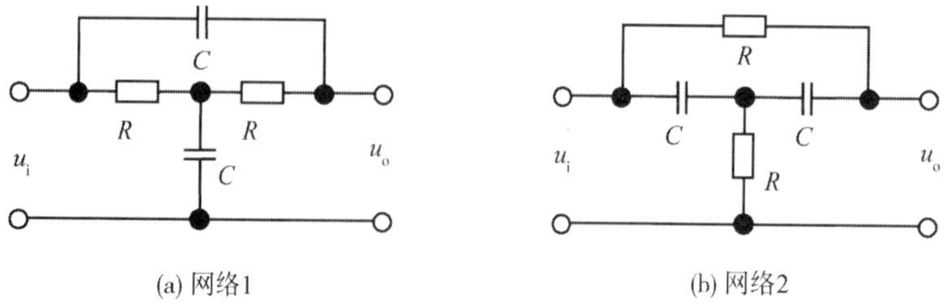

图 6.2.15　双 T 网络(6.2.5)

解　由复阻抗法得出图 6.2.15(a)与图 6.2.15(b)的传递函数均为

$$G(s)=\frac{U_o(s)}{U_i(s)}=\frac{R^2C^2s^2+2RCs+1}{R^2C^2s^2+3RCs+1}$$

作因式分解，频率特性为

$$G(j\omega)=\frac{(jRC\omega+1)(jRC\omega+1)}{(j2.618RC\omega+1)(j0.382RC\omega+1)}$$

绘制出系统的伯德图如图 6.2.16 所示。

由伯德图可以看出，该双 T 网络具有带阻作用，作为校正装置可以起到 PID 调节器的作用。令 $RC=1$，作出系统的伯德图和零点、极点图，如图 6.2.17 所示。

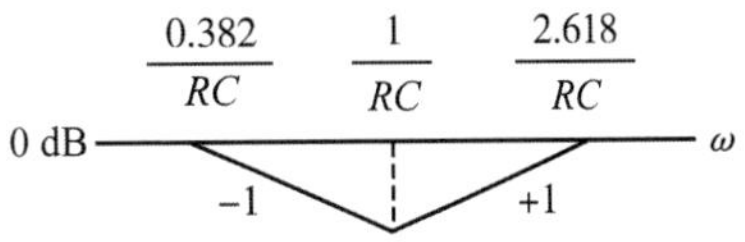

图 6.2.16 伯德图(6.2.5)

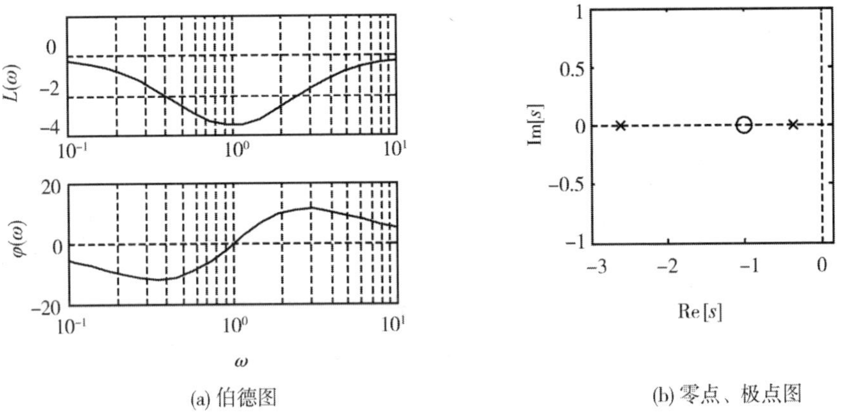

图 6.2.17 伯德图与零点、极点图(6.2.5)

6.2.6 已知系统的开环传递函数为

$$G_o(s)H(s)=\frac{K}{s(0.2s+1)}$$

试采用频率法设计超前校正装置 $G_c(s)$，使得系统实现如下的性能指标：

(1) 静态速度误差系数 $K_v\geqslant 100$；

(2) 开环截止频率 $\omega_c>30$；

(3) 相位裕度 $\gamma_c>20°$。

解 (1) 为满足稳态性能，令 $K=100$，作原系统的伯德图如图 6.2.18 所示。

$$20\lg K=20\lg 100=40\text{ dB}$$

$$\frac{20\lg 100-20\lg\frac{5}{1}}{\lg\omega_c-\lg 5}=40$$

得出固有特性的开环截止频率为

$$\omega_{co}=22<30$$

相位裕度为

$$\gamma_{co}=180°+(-90°-\arctan 0.2\omega_c)=12.76°<20°$$

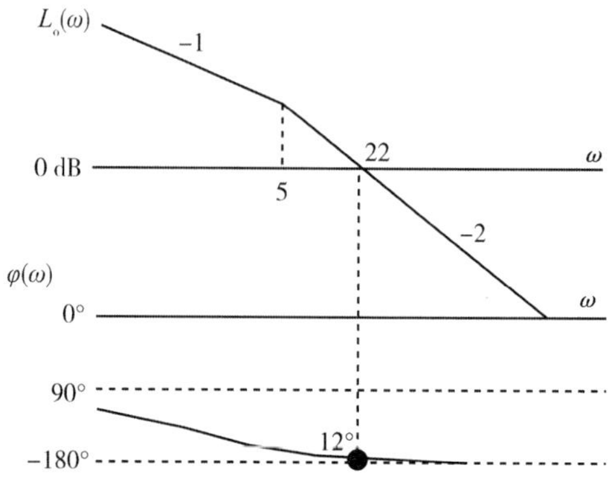

图 6.2.18　伯德图(6.2.6－1)

由于期望的 $\omega_c > \omega_{co}$，可以采用超前校正实现。

(2)计算超前校正装置。

计算超前装置的超前角 φ_m

$$\varphi_m = \gamma_c - \gamma_{co} + 20° = 20° - 12.76° + 20° = 27.24° \approx 30°$$

计算低频衰减率 α

$$\alpha = \frac{1 - \sin \varphi_m}{1 + \sin \varphi_m} = 0.33$$

计算校正装置中点增益

$$L_z = \frac{1}{2} 20\lg \frac{1}{\alpha} = 4.77 \text{ dB}$$

在原系统的伯德图中确定新的开环截止频率 ω_c，即

$$L_o \big|_{\omega_c} = 20\lg \left| G_o(s) \right|_{\omega = \omega_c} = -4.77 \text{ dB}$$

$$\frac{4.77}{\lg \omega_c - \lg 22} = 40$$

$$\omega_c = 29$$

确定校正装置的转折频率 ω_1 与 ω_2，即

$$\omega_1 = \sqrt{\alpha}\omega_c = 16.7$$

$$\omega_2 = \frac{1}{\sqrt{\alpha}}\omega_c = 50.23$$

校正装置为

$$G_c(j\omega) = K_c \cdot \frac{1}{\alpha} \cdot \frac{1 + j\frac{1}{\omega_1}\omega}{1 + j\frac{1}{\omega_2}\omega} = \frac{1 + j\,0.06\omega}{1 + j\,0.02\omega}$$

(3)检验计算结果。

校正系统的开环传递函数为

$$G(s) = G_c(s)G_o(s) = \frac{1+0.06s}{1+0.02s} \cdot \frac{100}{s(0.2s+1)}$$

校正结果为

$$\omega_c = 29 \approx 30$$

$$\gamma_c = 180° + (\arctan 0.06 \times 29 - 90° - \arctan 0.02 \times 29 - \arctan 0.2 \times 29)$$
$$= 39.6° > 20°$$

$$K_v = K_o = 100$$

可见，满足设计要求。校正后系统的伯德图如图 6.2.19 所示。

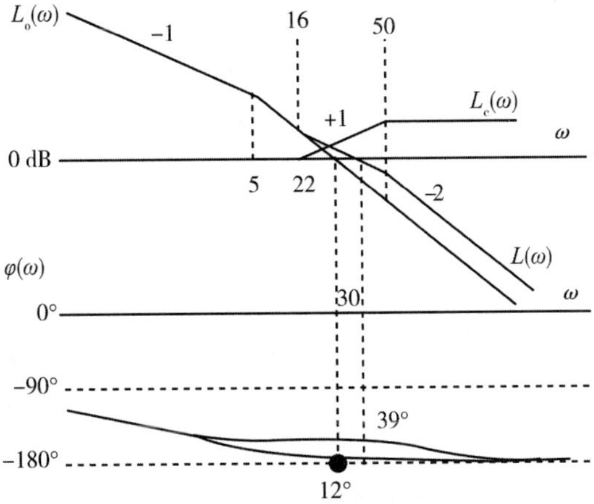

图 6.2.19　伯德图(6.2.6-2)

6.2.7　已知系统的开环传递函数为

$$G_o(s)H(s) = \frac{K}{s(0.02s+1)}$$

试采用频率法设计滞后校正装置 $G_c(s)$，使得系统实现如下的性能指标：

(1)静态速度误差系数 $K_v \geqslant 50$；

(2)开环截止频率 $\omega_c > 10$；

(3)相位裕度 $\gamma_c > 60°$。

解　(1)检验原系统的性能。

满足稳态性能指标，令 $K=50$，作原系统的伯德图如图 6.2.20 所示。

$$20\lg K = 20\lg 50 = 34 \text{ dB}$$

开环截止频率为

$$\frac{20\lg K}{\lg \omega_{co} - \lg 1} = 20$$

$$\omega_{co} = 50 > 10\,(\text{折线}),\ \omega_{co} = 39.3\,(\text{准确})$$

相位裕度为

$$\gamma_{co} = 180° + (-90° - \arctan 0.02\omega_{co}) = 51.83° < 60°$$

由于期望的 $\omega_c < \omega_{co}$，可以采用滞后校正。

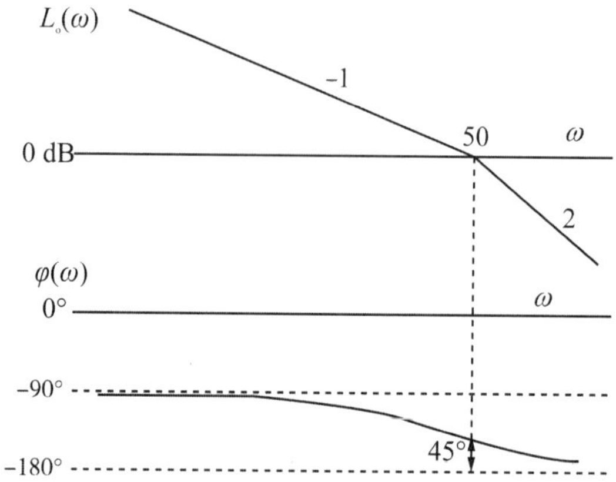

图 6.2.20　伯德图(6.2.7 -1)

(2)计算滞后校正装置。

确定开环截止频率 ω_c。在原伯德图上选取满足相位裕度的频率作为 ω_c，初选 $\omega_c = 20$，则

$\gamma_c = 180° + \varphi(\omega)\big|_{\omega=20} = 180° + (-90° - \arctan 0.02 \times 20) = 68.2° > 60°$

确定新的开环截止频率为

$$\omega_c = 20$$

计算高频衰减率 β。由于固有特性曲线 $L(\omega)\big|_{\omega_c=20} = 8$ dB，在 $\omega_c = 20$ 处校正装置要将原幅频特性衰减为 0 dB

$$L(\omega)\big|_{\omega_c=20} = 20\lg\beta = 8\ \text{dB}$$

所以有

$$\beta = 2.5$$

确定校正装置的转折频率 ω_1 与 ω_2，即

$$\omega_2 = \frac{1}{10}\omega_c = 2$$

$$\omega_1 = \frac{1}{\beta}\omega_2 = 0.8$$

校正装置的频率特性为

$$G_c(j\omega) = \frac{1 + j\dfrac{1}{\omega_2}\omega}{1 + j\dfrac{1}{\omega_1}\omega} = \frac{1 + j0.5\omega}{1 + j1.25\omega}$$

(3)检验计算结果。

校正系统的开环传递函数为

$$G(s) = G_c(s)G_o(s) = \frac{1 + 0.5s}{1 + 1.25s} \cdot \frac{50}{s(0.02s + 1)}$$

校正后系统的伯德图如图 6.2.21 所示。

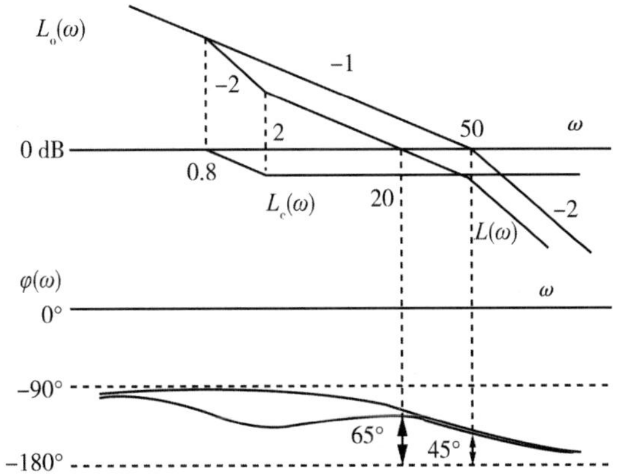

图 6.2.21　伯德图(6.2.7 – 2)

开环截止频率为

$$\omega_c = 20 > 10$$

相位裕度为

$$\gamma_c = 65.4° > 60°$$

速度误差系数为

$$K_v = K_o = 50$$

所以满足设计要求。

6.2.8　已知单位反馈系统的结构图如图 6.2.22 所示，其中 K 为前向增益，$\frac{1+T_1 s}{1+T_2 s}$ 为超前校正装置，$T_1 > T_2$，试用频率法确定使得系统具有最大相位裕度的增益 K 值。

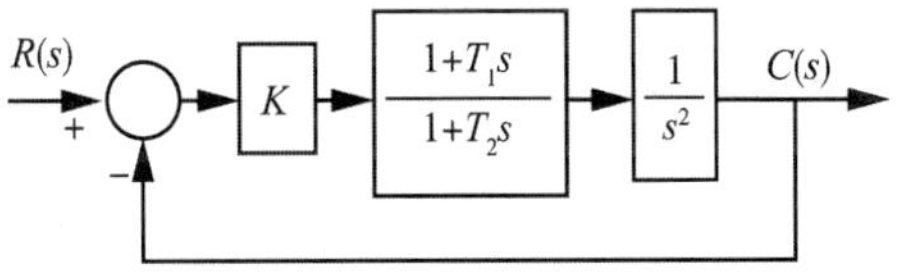

图 6.2.22　结构图(6.2.8)

解　系统的开环传递函数为

$$G_o(s) = \frac{K}{s^2} \cdot \frac{1+T_1 s}{1+T_2 s}$$

由于 $T_1 > T_2$，其伯德图如图 6.2.23 所示。

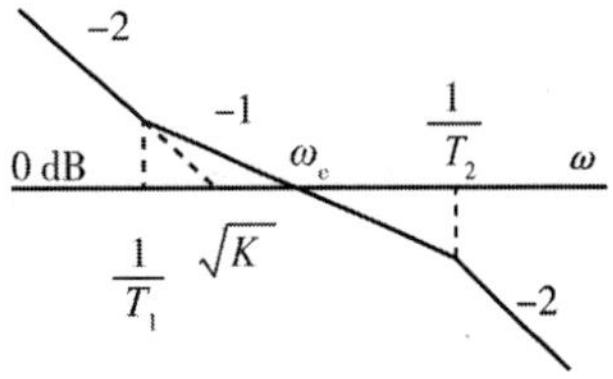

图 6.2.23　伯德图(6.2.8)

由于二重积分环节的角度恒为 – 180°，所以系统的最大相位裕度取决于超前校正装置。由超前校正的相频特性可知，当开环截止频率为两转折频率的几何中点时，系统有最大的相位裕度 $\gamma_{c,\max}$。

所以开环截止频率为

$$\omega_c = \frac{1}{T_1}\sqrt{\frac{1}{T_2} / \frac{1}{T_1}} = \frac{1}{\sqrt{T_1 T_2}}$$

又，斜率为 –40 dB/dec 的特性其延长线与 0 dB 线的交点其值为 $\sqrt{K}$，所以有

$$20\lg\frac{\omega_c}{1/T_1} = 40\lg\frac{\sqrt{K}}{1/T_1}$$

解出

$$K = \frac{1}{T_1\sqrt{T_1T_2}}$$

6.2.9 设单位反馈控制系统的开环传递函数为

$$G_o(s) = \frac{K}{s+1}$$

试采用二阶参考模型法设计校正装置 $G_c(s)$，使得校正后系统实现下述性能指标：

(1)静态速度误差系数 $K_v \geqslant 10$；

(2)阶跃响应的过渡时间 $t_s < 0.4$ s。

解 为满足稳态性能，取 $K=10$。作原系统特性 $L_o(\omega)$，如图6.2.24所示。由系统期望的性能指标

$$t_s = \frac{3}{\omega_c} < 0.4,\ \omega_c > 7.5$$

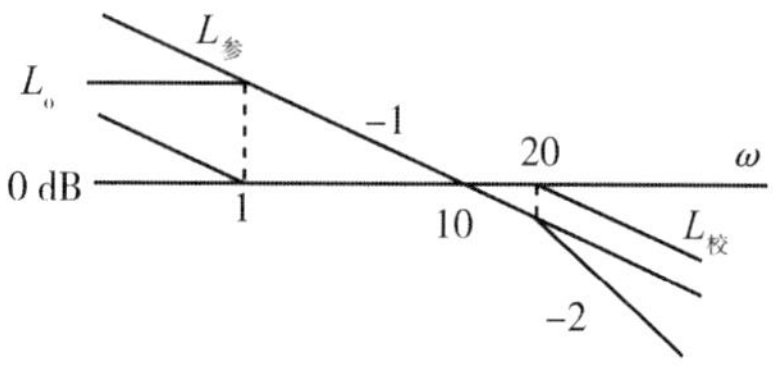

图6.2.24 伯德图(6.2.9)

取 $\omega_c = 10$，则期望的二阶参考模型为

$$G(s) = \frac{\omega_c}{s\left(\frac{1}{2\omega_c}s+1\right)} = \frac{10}{s\left(\frac{1}{20}s+1\right)}$$

作二阶参考特性 $L_{参}$ 如图6.2.24所示。校正装置特性为：$L_{校} = L_{参} - L_o$，如图6.2.24所示，则校正装置的传递函数为

$$G_c(s) = \frac{G(s)}{G_o(s)} = \frac{s+1}{s(0.05s+1)}$$

6.2.10 已知单位反馈系统的开环传递函数如下所示，试依照二阶参考模型作系统校正，使得系统的调节时间 $t_s < 0.5$ s。

(1) $G_o(s) = \dfrac{12}{s(s+0.5)(s+4)}$；

(2) $G_o(s) = \dfrac{5(s+1)}{s^2}$。

解 (1) $G_o(s) = \dfrac{12}{s(s+0.5)(s+4)}$

将开环传递函数写为归一化形式

$$G_o(s) = \frac{6}{s(2s+1)(0.25s+1)}$$

作原系统伯德图 L_o，如图6.2.25所示。

给定 $t_s = \dfrac{3}{\omega_c} < 0.5$ s, $\omega_c > 6$。取 $\omega_c = 6$，则二阶参考模型为

$$G(s) = \frac{\omega_c}{s\left(\frac{1}{2\omega_c}s+1\right)} = \frac{6}{s\left(\frac{1}{12}s+1\right)}$$

作二阶参考模型 $L_{参}$，则校正装置为 $L_{校}=L_{参}-L_{o}$，如图 6.2.25 所示。

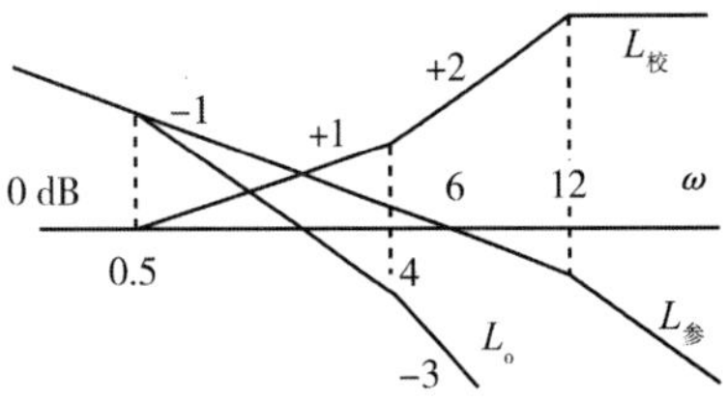

图 6.2.25　伯德图(6.2.10 − 1)

校正装置的传递函数为

$$G_c(s)=\frac{G(s)}{G_o(s)}\frac{(2s+1)(0.25s+1)}{0.083s+1}$$

(2) $G_o(s)=\dfrac{5(s+1)}{s^2}$

作原系统伯德图 L_o，如图 6.2.26 所示。

给定 $t_s=\dfrac{3}{\omega_c}<0.5\ \text{s}$，

$$\omega_c>6$$

取 $\omega_c=6$，则二阶参考模型为

$$G(s)=\frac{\omega_c}{s\left(\frac{1}{2\omega_c}s+1\right)}=\frac{6}{s\left(\frac{1}{12}s+1\right)}$$

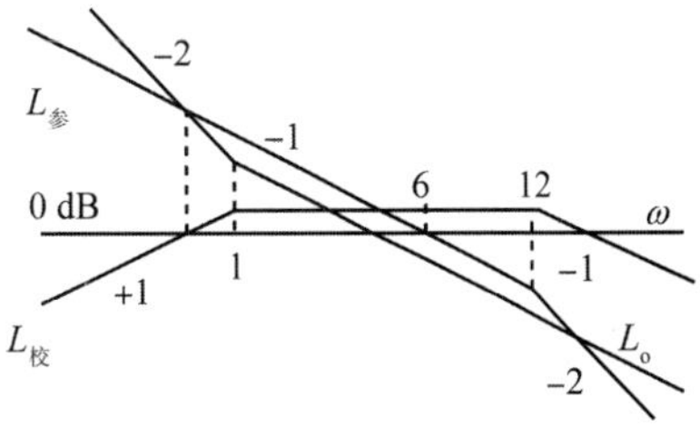

图 6.2.26　伯德图(6.2.10 − 2)

作二阶参考模型 $L_{参}$，则校正装置为 $L_{校}=L_{参}-L_{o}$，如图 6.2.26 所示。

校正装置的传递函数为

$$G_c(s)=\frac{G(s)}{G_o(s)}=\frac{1.2s}{(s+1)(0.083s+1)}$$

6.2.11　设角位移伺服系统的开环模型为 $G_o(s)=\dfrac{K}{s(0.2s+1)}$，试采用四阶参考模型法设计校正装置 $G_c(s)$，使得校正后实现下述性能指标：

(1)静态速度误差系数 $K_v\geqslant 200$；

(2)阶跃响应的过渡时间 $t_s<0.4\ \text{s}$；

(3)阶跃响应的超调量 $M_p<30\%$；

并计算相位裕度 γ_c 的大小。

解　(1)为满足稳态精度，令 $K=200$，作原系统的伯德图 $L_o(\omega)$，如图 6.2.27 所示。

$$20\lg K=20\lg 200=46\ \text{dB}$$

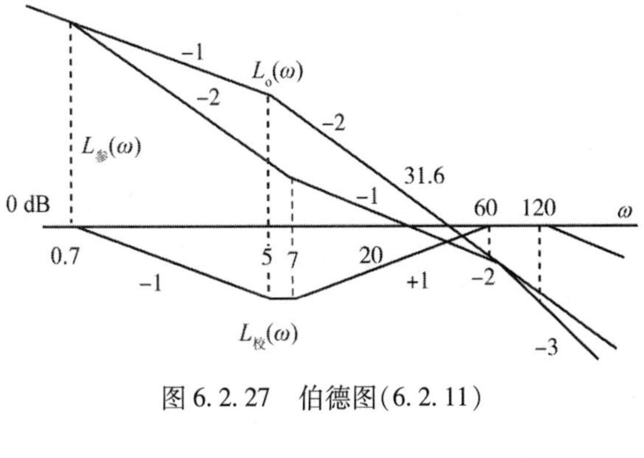

图 6.2.27　伯德图(6.2.11)

原系统开环截止频率为

$$\frac{46-20\lg\frac{5}{1}}{\lg\omega_{co}-\lg 5}=40$$

$$\omega_{co}=31.6$$

相位裕度为

$$\gamma_{co}=180^\circ+(-90^\circ-\arctan 0.2\times 31.6)=9^\circ$$

系统虽然是稳定的，但是存在严重的振荡。

(2)估算四阶参考模型参数。

计算开环截止频率 ω_c，给定 $t_s<0.4$，所以

$$\omega_c\geqslant(6\sim 8)\frac{1}{t_s},\ \omega_c\geqslant(15\sim 20)$$

取 $\omega_c=20$，作斜率为 -20 dB 的斜线。

计算中频段宽度 h，给定 $M_p<30\%$，得到

$$h=\frac{M_p\%+64}{M_p\%-16}=\frac{30+64}{30-16}=6.7,\qquad 取\ h=8$$

确定各转折频率

$$\omega_2=\frac{1}{\sqrt{h}}\omega_c=7.07\approx 7$$

$$\omega_3=\sqrt{h}\omega_c=56.6\approx 60$$

过 $\omega_2=7$ 作斜率为 -40 dB 的斜线与原系统伯德图低频段相交，求得第1衔接点为

$$20\lg\frac{5}{\omega_1}+40\lg\frac{31.6}{5}=20\lg\frac{20}{7}+40\lg\frac{7}{\omega_1}$$

$$\omega_1=0.7$$

取 ω_3 的2倍频作为 ω_4

$$\omega_4=2\omega_3=120$$

则四阶参考模型为

$$G(s)=\frac{200(\frac{1}{7}s+1)}{s(\frac{1}{0.7}s+1)(\frac{1}{60}s+1)(\frac{1}{120}s+1)}$$

作参考特性 $L_{参}$ 如图6.2.27所示，校正装置的特性为 $L_{校}$，$L_{校}=L_{参}-L_o$，如图6.2.27所示。

校正装置的传递函数为

$$G_c(s)=\frac{G(s)}{G_o(s)}=\frac{(0.2s+1)(0.143s+1)}{(1.43s+1)(0.017s+1)(0.0084s+1)}$$

(3)校验校正设计结果。

校正后，开环截止频率为

$$\omega_c=19.4$$

相位裕度为

$$\gamma_c = 45^\circ >> \gamma_{co} = 9^\circ$$

时域仿真结果如图 6.2.28 所示。超调量 M_p 约为 30%，过渡时间约为 0.4 s，且大大减小了振荡。

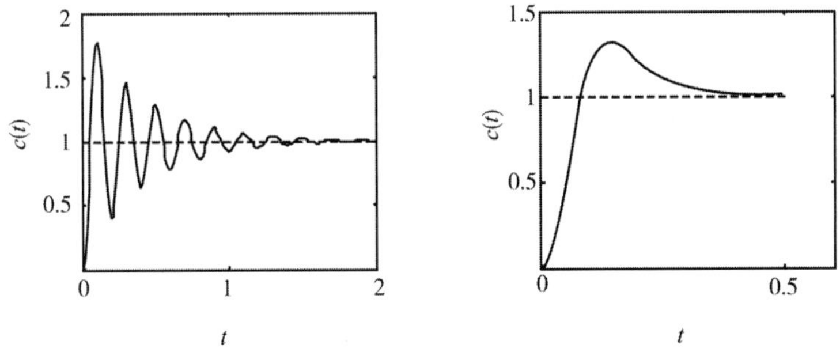

(a) 校正前阶跃响应仿真曲线　　(b) 校正后阶跃响应仿真曲线

图 6.2.28　仿真曲线(6.2.11)

6.2.12　设受控对象的开环模型为

$$G_o(s) = \frac{K}{s(s+1)(0.1s+1)}$$

试采用四阶参考模型法设计校正装置 $G_c(s)$，使得校正后实现下述性能指标：

(1) 静态速度误差系数 $K_v \geq 80$；

(2) 开环截止频率 $\omega_c > 2$。

解　(1) 为满足稳态精度，令 $K = 80$，作原系统的伯德图 $L_o(\omega)$，如图 6.2.29 所示。

原系统开环截止频率为

$$\frac{20\lg 80}{\lg \omega_{co} - \lg 1} = 40$$

$$\omega_{co} = 8.9$$

相位裕度为

$$\gamma_{co} = 180^\circ + (-90^\circ - \arctan 8.9 - \arctan 0.1 \times 8.9) = -35^\circ$$

系统不稳定。

(2) 计算四阶参考模型参数。

由于仅给定了开环截止频率 $\omega_c > 2$ 的性能指标，所以计算如下：

令开环截止频率 $\omega_c = 4$，满足开环截止频率要求。令中频段宽度 $h = 6$，保证稳定性要求。确定各转折频率

$$\omega_2 = \frac{1}{\sqrt{h}}\omega_c = 1.6$$

$$\omega_3 = \sqrt{h}\omega_c = 10\ (\text{为原系统转折})$$

过 $\omega_2 = 1.6$ 作斜率为 -40 dB 的斜线与原系统伯德图低频段相交，求得第 1 衔接点为

$$20\lg\frac{5}{\omega_1}+40\lg\frac{8.9}{1}=20\lg\frac{4}{1.6}+40\lg\frac{1.6}{\omega_1}$$

$$\omega_1=0.08$$

过 $\omega_3=10$ 作斜率为 -40 dB 的斜线与原系统伯德图高频段相交，求得第4衔接点为

$$20\lg\frac{10}{4}+40\lg\frac{\omega_4}{10}=40\lg\frac{20}{8.9}+60\lg\frac{\omega_4}{10}$$

$$\omega_4=20$$

则四阶参考模型为

$$G(s)=\frac{80\left(\frac{1}{1.6}s+1\right)}{s\left(\frac{1}{0.08}s+1\right)\left(\frac{1}{10}s+1\right)\left(\frac{1}{20}s+1\right)}$$

作参考特性 $L_{参}$ 如图 6.2.29 所示，校正装置的特性为 $L_{校}$，$L_{校}=L_{参}-L_o$，如图 6.2.29 所示。

故校正装置的传递函数为

$$G_c(s)=\frac{(s+1)(0.625s+1)}{(12.5s+1)(0.05s+1)}$$

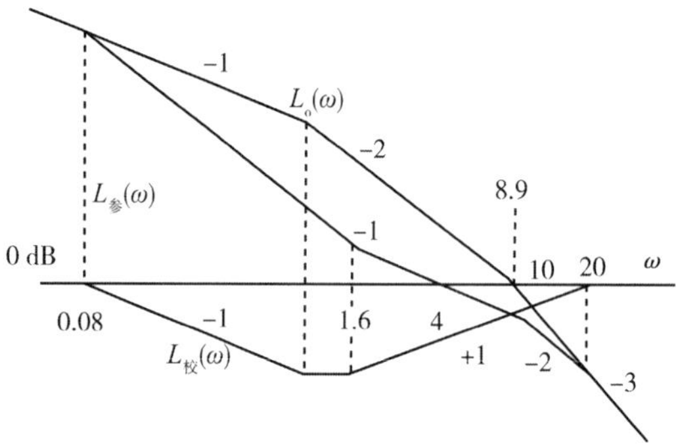

图 6.2.29　伯德图(6.2.12)

(3)校验校正设计结果。

校正后，开环截止频率为

$$\omega_c=4>2$$

相位裕度为

$$\gamma_c=36.2°$$

可见系统满足设计要求。

6.2.13　设受控对象的开环模型为

$$G_o(s)=\frac{126}{s(0.1s+1)(0.01s+1)}$$

试采用四阶参考模型法设计校正装置 $G_c(s)$，使得校正后系统实现下述性能指标：

(1)输入速度信号为 1 rad/s 时，稳态误差系数 $e_{ss}<1/126$ rad；

(2)开环截止频率 $\omega_c \geqslant 20$，相位裕度 $\gamma_c \geqslant 30°$。

解　(1) 原系统为 I 型系统，增益为126，可以满足稳态精度要求。

(2)校正装置设计。

作原系统的伯德图如图 6. 2. 30 所示。

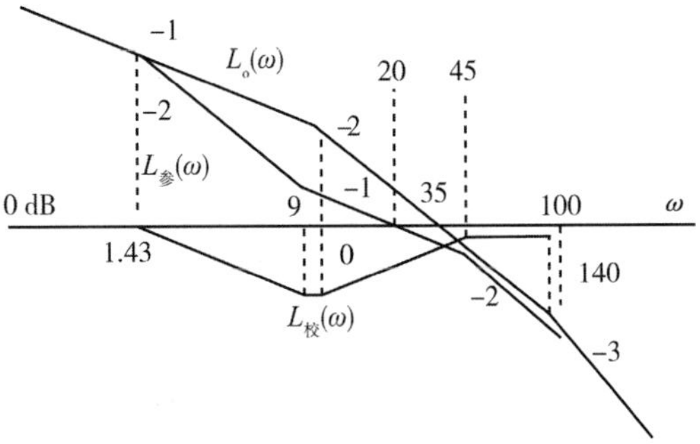

图 6. 2. 30　伯德图(6. 2. 13)

计算原系统开环截止频率 ω_{co}。由

$$20\lg K = 20\lg\frac{10}{1} + 40\lg\frac{\omega_{co}}{10}$$

解出

$$\omega_{co} = 35.5$$

相位裕度为

$$\gamma_{co} = 180° + (-90° - \arctan 0.1\omega_{co} - \arctan 0.01\omega_{co}) = -12°$$

系统不稳定。

按照给定要求作四阶参考模型特性，令开环截止频率 $\omega_c = 20$，满足给定要求。要求 $\gamma_c \geqslant 30°$，由公式

$$\gamma_c = \arctan\frac{h-1}{2\sqrt{h}}$$

得到中频段宽度为

$$h > 3$$

中频段宽度与相位裕度的关系曲线如图 6. 2. 31 所示。

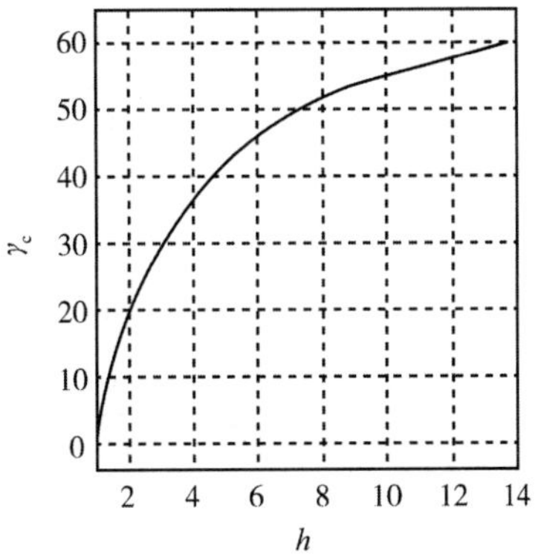

图 6. 2. 31　中频段宽段与相位裕度的关系曲线(6. 2. 13)

取中频段宽度为 $h = 5$，确定各转折频率

$$\omega_2 = \frac{1}{\sqrt{h}}\omega_c = \frac{1}{\sqrt{5}}\cdot 20 = 9$$

$$\omega_3 = \sqrt{h}\omega_c = \sqrt{5}\cdot 20 = 45$$

过 $\omega_2 = 9$ 作斜率为 −40 dB 的斜线与原系统伯德图低频段相交，求得第 1 衔接点为

$$20\lg\frac{10}{\omega_1}+40\lg\frac{35.5}{10}=20\lg\frac{20}{9}+40\lg\frac{9}{\omega_1}$$

$$\omega_1=1.43$$

过 $\omega_3=45$ 作斜率为 -40 dB 的斜线与原系统伯德图高频段相交，求得第4衔接点为

$$20\lg\frac{45}{20}+40\lg\frac{\omega_4}{45}=40\lg\frac{100}{35.5}+60\lg\frac{\omega_4}{100}$$

$$\omega_4=140$$

则满足性能指标的四阶参考模型为

$$G(s)=\frac{126\left(\frac{1}{9}s+1\right)}{s\left(\frac{1}{1.43}s+1\right)\left(\frac{1}{45}s+1\right)\left(\frac{1}{140}s+1\right)}$$

作参考特性 $L_{参}$ 和校正装置的特性 $L_{校}$，$L_{校}=L_{参}-L_o$，如图6.2.30所示。

校正装置的传递函数为

$$G_c(s)=\frac{G(s)}{G_o(s)}=\frac{(0.11s+1)(0.1s+1)(0.01s+1)}{(0.81s+1)(0.022s+1)(0.0071s+1)}$$

(3)校验校正设计结果。

校正后，开环截止频率为

$$\omega_c=20$$

相位裕度

$$\begin{aligned}\varphi(20)&=-90°-\arctan 0.81\omega_c-\arctan 0.022\omega_c-\arctan 0.0071\omega_c+\arctan 0.11\omega_c\\&=-142.7°\end{aligned}$$

$$\gamma_c=180°+\varphi(20)=37.3°>30°$$

满足要求。

6.2.14 随动系统的开环对数幅频特性如图6.2.32所示。将系统Ⅰ的频带加宽一倍成为系统Ⅱ：

(1)写出串联校正装置的传递函数 $G_c(s)$；

(2)比较两系统的动态性能和稳态性能有何不同。

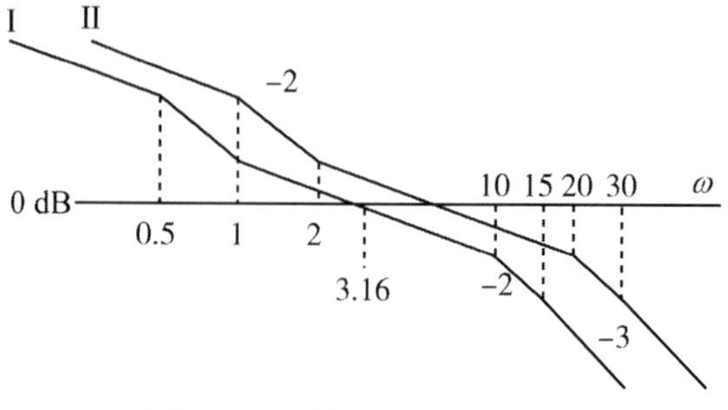

图6.2.32 伯德图(6.2.14－1)

解 (1)系统Ⅰ的传递函数为

$$G_{oI}(s)=\frac{K(s+1)}{s(2s+1)(0.1s+1)(0.067s+1)}$$

$$20\lg\frac{K}{\omega}\bigg|_{\omega=0.5}=20\lg\frac{3.16}{1}+40\lg\frac{1}{0.5}$$

解得
$$K=6.3$$
因此
$$G_{oI}(s)=\frac{6.3(s+1)}{s(2s+1)(0.1s+1)(0.067s+1)}$$

系统Ⅱ的传递函数为

$$G_{oII}(s)=\frac{K(0.5s+1)}{s(s+1)(0.05s+1)(0.033s+1)}$$

由于系统Ⅱ的频带是系统Ⅰ的两倍，即

$$\omega_{cII}=2\omega_{cI}=6.3$$

由
$$20\lg\frac{K}{\omega}\bigg|_{\omega=1}=20\lg\frac{6.3}{2}+40\lg\frac{2}{1}$$

解得
$$K=12.6$$
因此
$$G_{oII}(s)=\frac{12.6(0.5s+1)}{s(s+1)(0.05s+1)(0.033s+1)}$$

则校正装置的传递函数为

$$G_c(s)=\frac{G_{oII}(s)}{G_{oI}(s)}=\frac{2(2s+1)(0.5s+1)(0.1s+1)(0.067s+1)}{(s+1)^2(0.05s+1)(0.033s+1)}$$

校正装置的伯德图如图 6.2.33 所示。

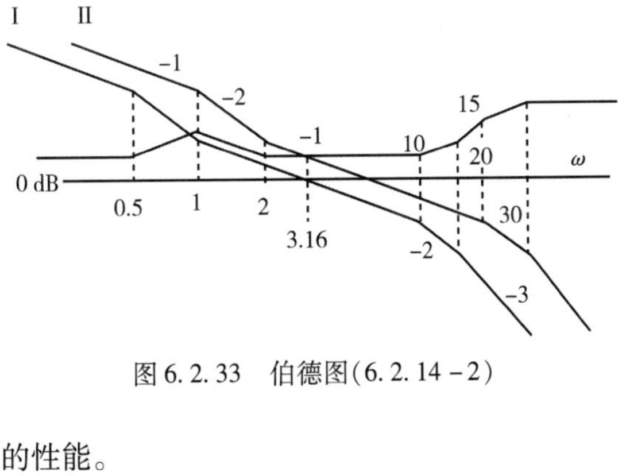

图 6.2.33　伯德图(6.2.14 −2)

(2)比较两系统的性能。

动态性能分析：

$$\gamma_{cI}=180°+(-90°-\arctan 2\omega_c-\arctan 0.1\omega_c-\arctan 0.067\omega_c+\arctan\omega_c)\big|_{\omega_c=3.16}$$
$$=52°$$

$$\gamma_{cII}=180°+(-90°-\arctan\omega_c-\arctan 0.05\omega_c-\arctan 0.033\omega_c+\arctan 0.5\omega_c)\big|_{\omega_c=6.3}$$
$$=52°$$

两系统的相位裕度相同，即 $\gamma_{cⅠ} = \gamma_{cⅡ}$ 。由于超调量与相位裕度成反比，因此阶跃响应的超调量相同。开环截止频率 $\omega_{cⅡ} = 2\omega_{cⅠ}$ ，系统Ⅱ的响应速度比系统Ⅰ快1倍。

稳态性能分析：

系统Ⅰ的开环增益 $K_{oⅠ} = 6.3$ ，系统Ⅱ的开环增益 $K_{oⅡ} = 12.6$ ，则单位斜坡输入时的稳态误差分别为

$$e_{ssⅠ} = 1/6.3 = 0.16 \text{，} e_{ssⅡ} = 1/12.6 = 0.08$$

稳态精度提高1倍。

两系统的阶跃响应曲线的比较如图6.2.34所示。

6.2.15 已知最小相位系统的三阶参考模型，其折线对数幅频特性如图6.2.35所示。

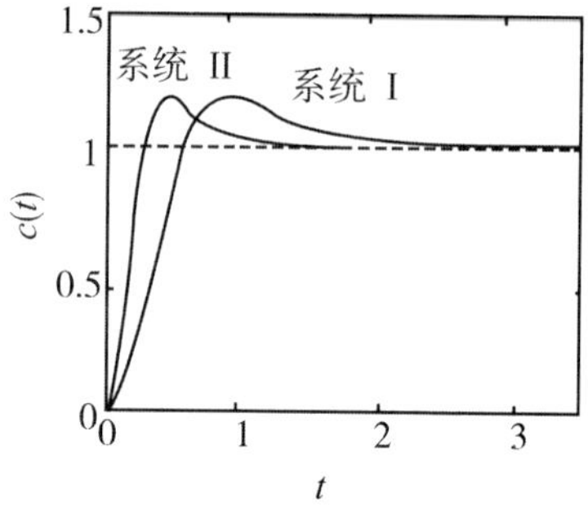

图6.2.34 时间响应曲线(6.2.14)

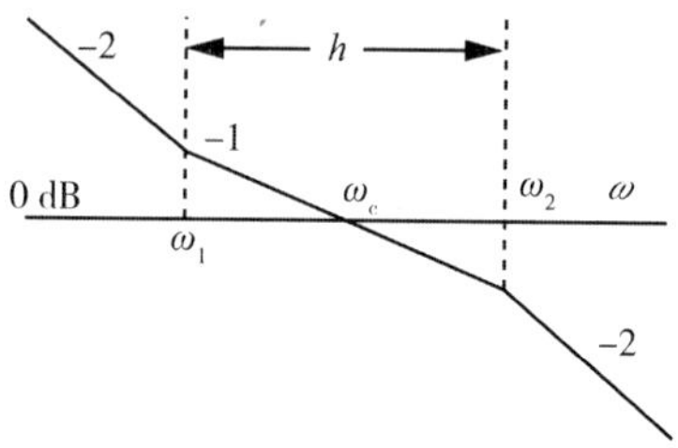

图6.2.35 对数幅频特性(6.2.15)

主要特点：

(1)斜率变化为2－1－2型；

(2) ω_1 ，ω_2 为两个转折频率；

(3) ω_c 为两个转折频率的几何中点；

(4)中频段宽度为 $h = \omega_2/\omega_1$ ；

(5)具有相位裕度极值 $\gamma_{c,max}$ 。

现有一系统开环传递函数为

$$G_o(s) = \frac{2}{s(1+0.25s)}$$

要求依照三阶参考模型，满足：$\omega_c = 4$，$h = 4$，设计校正装置 $G_c(s)$ 。

解 作原系统伯德图如图6.2.36所示。

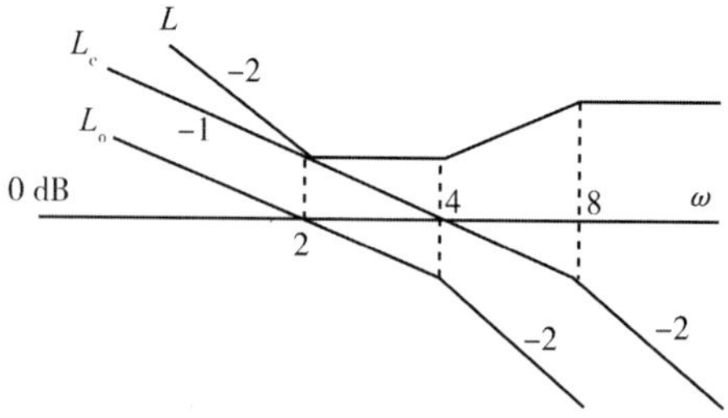

图6.2.36 伯德图(6.2.15)

由性能指标 $\omega_c = 4$，$h = 4$，得三阶参考模型的转折频率为

$$h = \frac{\omega_2}{\omega_1} = 4\text{，}\quad \omega_c = \sqrt{\omega_1\omega_2} = 4$$

$$\omega_1 = 2\text{，}\quad \omega_2 = 8$$

开环放大倍数为

$$20\lg K = 20\lg \frac{\omega_c}{2} + 40\lg \frac{2}{1}$$

$$K = 8$$

三阶参考模型为

$$G_{开}(s) = \frac{8(1+0.5s)}{s^2(1+0.125s)}$$

伯德图如图6.2.36所示。由于原系统为

$$G_o(s) = \frac{2}{s(1+0.25s)}$$

由伯德图 $L_c = L_{开} - L_o$ 求得

$$G_c(s) = \frac{4(0.5s+1)(0.25s+1)}{s(1+0.125s)}$$

6.2.16 控制系统如图6.2.37所示，试作复合校正设计，使得：

(1)系统的超调量 $M_p < 20\%$，确定前向增益值 K；

(2)设计输入补偿器 $G_r(s)$，使得该系统可以实现Ⅱ型精度。

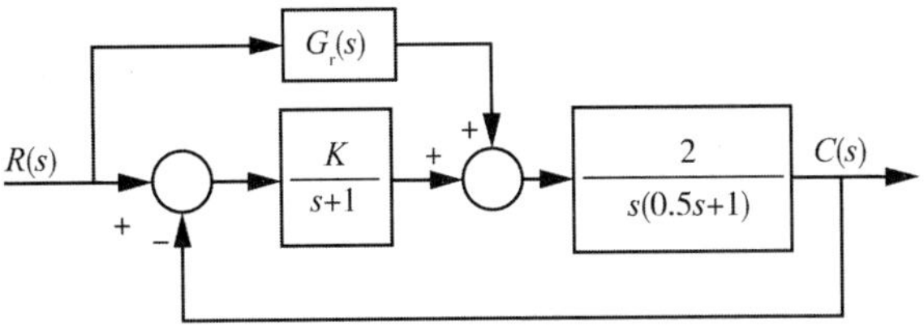

图6.2.37 控制系统(6.2.16)

解 (1)系统的开环传递函数为

$$G_o(s) = \frac{2K}{s(s+1)(0.5s+1)} = \frac{4K}{s(s+1)(s+2)}$$

根据绘制根轨迹的基本法则，作系统的根轨迹图，如图6.2.38所示。

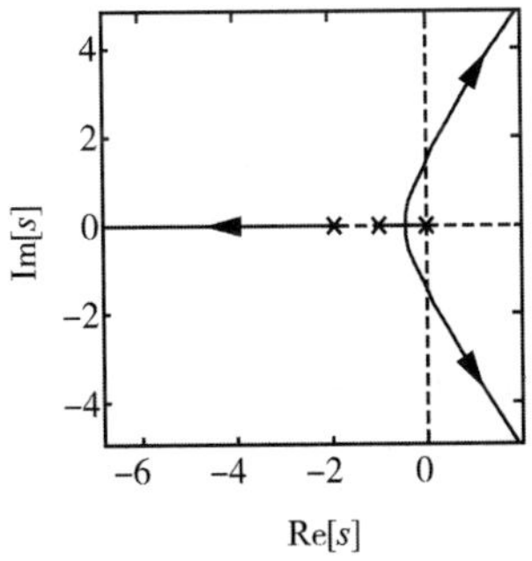

图6.2.38 根轨迹图(6.2.16)

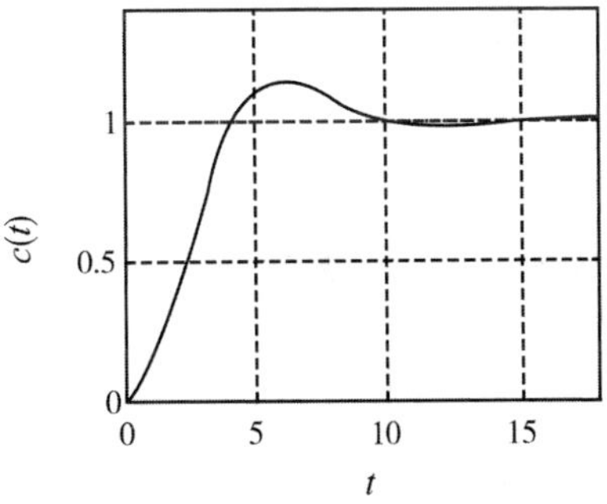

图6.2.39 仿真曲线(6.2.16)

由给定的超调量 $M_p < 20\%$，$M_p = e^{\frac{-\zeta\pi}{\sqrt{1-\zeta^2}}} \times 100\%$ 可以得到

$$\zeta > 0.455$$

由

$$\beta = \arccos\zeta$$

得

$$\beta < 62°$$

由坐标原点作一条射线，与负实轴的夹角为62°，则射线与负实轴之间的区域的根轨迹均能满足要求。则由根轨迹图上读出满足性能指标的主导极点为

$$s_{1,2} = -0.34 \pm 0.56\mathrm{j}$$

由根轨迹方程

$$|G_o(s)| = \left|\frac{4K}{s(s+1)(s+2)}\right|_{s=-0.34+0.56\mathrm{j}} = 1$$

则

$$4K = 1$$

$$K = 0.25$$

时域仿真结果如图6.2.39所示。

(2)令 $G_1(s) = \dfrac{K}{s+1}$，$G_2(s) = \dfrac{2}{s(0.5s+1)}$，可知输入全补偿器的全补偿条件为

$$G_r(s) = \frac{1}{G_2(s)}$$

初取 $G_r(s)$ 为理想的全补偿，即

$$G_r(s) = \frac{1}{G_o(s)} = 0.25s^2 + 0.5s$$

此时 $E(s) \equiv 0$ 。由于全补偿时 $G_r(s)$ 是二阶的，因此考虑近似补偿取二次项系数为零，则有

$$G_r(s) = 0.5s$$

此时，闭环传递函数为

$$G_c(s) = \frac{2s^2+2s+1}{s^3+3s^2+2s+1}$$

系统的误差为

$$E(s) = [1-G_c(s)]R(s) = \frac{s^3+s^2}{s^3+3s^2+2s+1}R(s)$$

如果输入信号为斜坡信号，$r(t) = t$， $R(s) = \dfrac{1}{s^2}$，稳态误差为

$$e_{ss} = \lim_{s\to 0} s\cdot E(s) = \lim_{s\to 0} s\cdot\frac{s^3+s^2}{s^3+3s^2+2s+1}\cdot\frac{1}{s^2} = 0$$

系统具有Ⅱ型精度。

或者，由闭环传递函数 $G_c(s)$ 求得单位反馈的等效开环传递函数为

$$G_{Do}(s) = \frac{G_c(s)}{1-G_c(s)} = \frac{2s^2+2s+1}{s^2(s+1)}$$

前向通路中有两个积分环节，该系统为Ⅱ型系统，斜坡信号输入时，可以使稳态误差为零。斜坡响应的仿真曲线如图6.2.40所示。

6.2.17 设控制系统如图6.2.41所示，为了将环节 $\dfrac{2}{s+1}$ 的频带宽度增加一倍再作校正设计，试设计局部闭环结构。

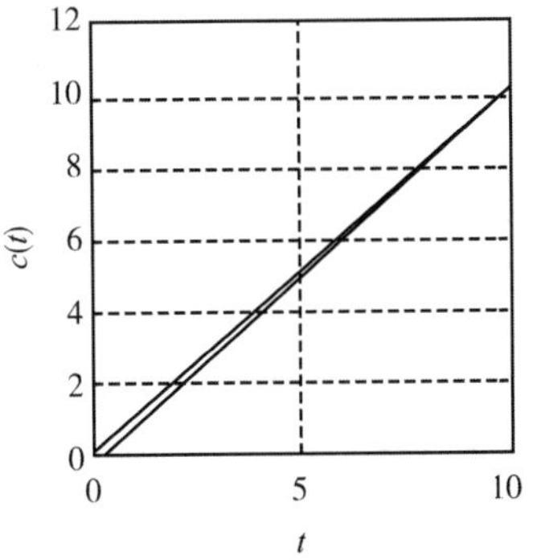

图 6.2.40 斜坡响应的仿真曲线(6.2.16)

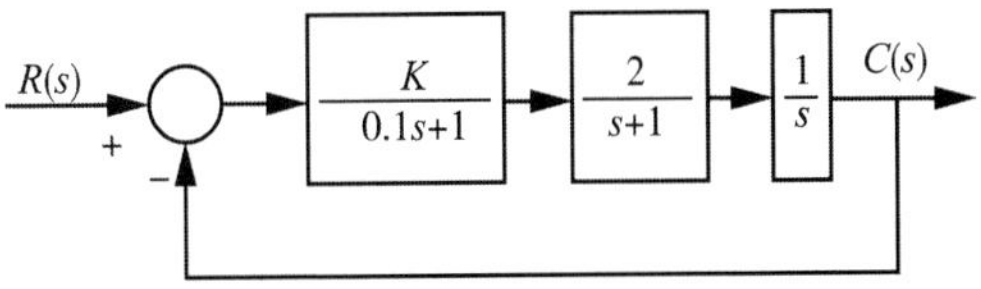

图 6.2.41 控制系统(6.2.17)

解 设局部反馈回路如图 6.2.42 所示，则局部反馈的传递函数为

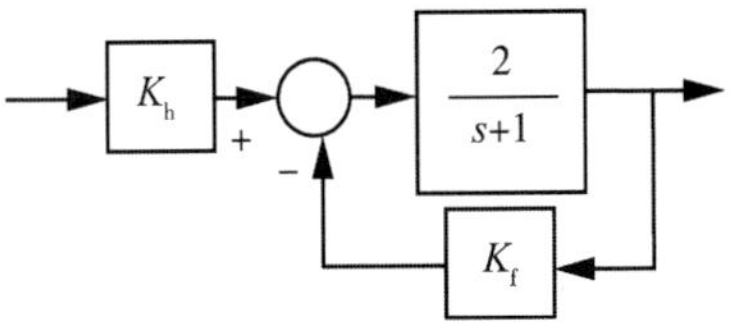

图 6.2.42 局部反馈(6.2.17)

$$G(s) = K_h \frac{\frac{2}{s+1}}{1 + K_f \frac{2}{s+1}} = \frac{2K_h}{s+1+2K_f}$$

$$= \frac{2K_h}{1+2K_f} \cdot \frac{1}{\frac{1}{1+2K_f}s+1}$$

将环节 $\frac{2}{s+1}$ 的频带宽度增加一倍即时间常数减小一半，则令

$$\frac{2K_h}{1+2K_f} = 2, \qquad \frac{1}{1+2K_f} = 0.5$$

解出

$$\begin{cases} K_f = 0.5 \\ K_h = 2 \end{cases}$$

则校正后的传递函数为

$$G(s) = \frac{2}{0.5s+1}$$

增益与原来相同，频带宽度展宽了一倍。增加局部反馈后的结构图如图 6.2.43 所示。

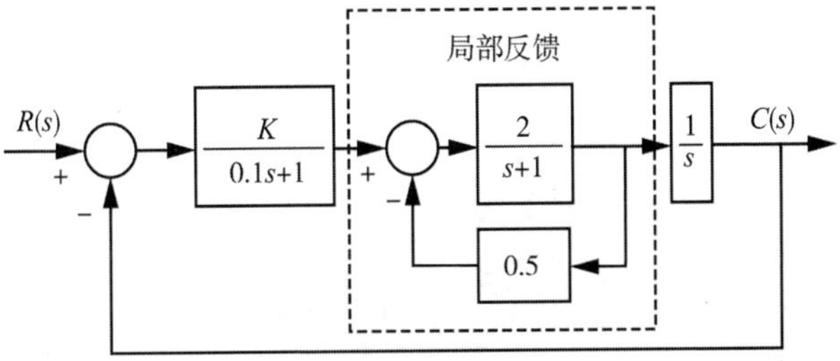

图 6.2.43 系统结构图(6.2.17)

6.3 第6章扩充习题

6.3.1 试写出图 6.3.1 所示校正装置的传递函数。

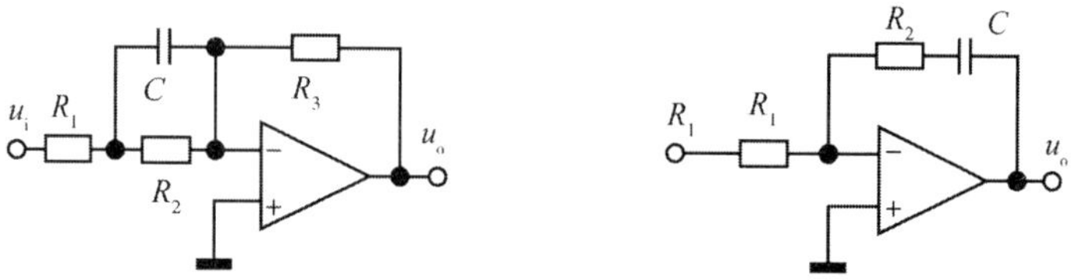

(a) 装置1　　(b) 装置2

图 6.3.1 校正装置(6.3.1)

6.3.2 已知系统的开环传递函数为

$$G_o(s) = \frac{10}{s(s+4)(s+6)}$$

试采用根轨迹法设计串联微分校正装置 $G_c(s)$，使得闭环主导极点为 $s_{1,2} = -1.5 \pm j1.5$，并计算校正后系统的稳态性能。

6.3.3 已知系统的结构图如图 6.3.2 所示，试用根轨迹法设计串联积分校正装置 $G_c(s)$，使得系统的超调量 $M_p < 5\%$，过渡时间 $t_s < 1$ s，单位斜坡输入时的稳态误差 $e_{ss} < 0.02$。

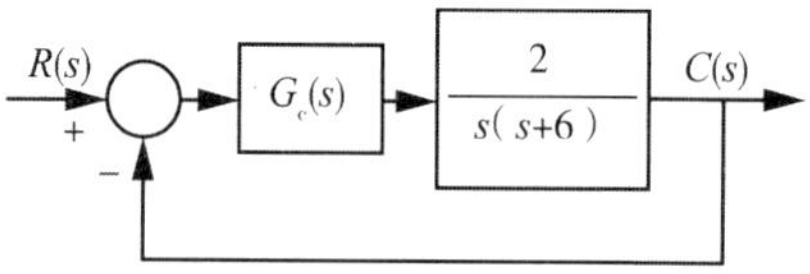

图 6.3.2 系统结构(6.3.3)

6.3.4 已知系统的开环传递函数为

$$G_o(s)H(s) = \frac{K(s+a)}{s(s+1)}$$

试由根轨迹法确定系统最大的阻尼振荡频率 $\omega_{d,max} = 0.866$ 时，参数 a 的取值。

6.3.5 已知无源电网络如图 6.3.3 所示，试确定其频率特性 $G(j\omega)$，并确定与频率 ω 无关时应满足的条件。

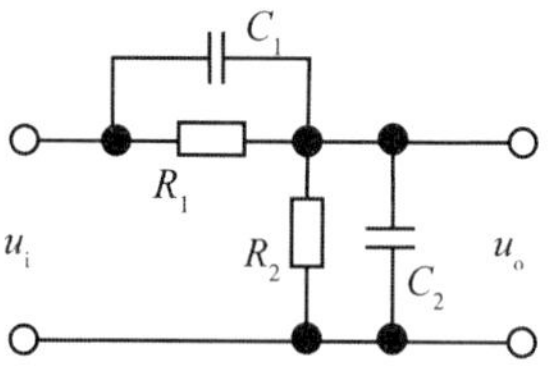

图 6.3.3 无源电网络(6.3.5)

6.3.6 已知系统的开环传递函数为

$$G_o(s)H(s) = \frac{10}{s(0.1s+1)}$$

试采用频率法作串联超前校正，满足：

(1) 静态速度误差系数 $K_v \geq 50$；

(2) 开环截止频率 $\omega_c > 20$ rad/s；

(3) 相位裕度 $\gamma_c > 30°$。

6.3.7 已知系统的开环传递函数为

$$G_o(s) = \frac{10}{s(0.04s+1)}$$

试采用频率法作滞后校正，满足：

(1) 静态速度误差系数 $K_v \geqslant 50$；

(2) 开环截止频率 $\omega_c > 15\ \mathrm{rad/s}$；

(3) 相位裕度 $\gamma_c > 50°$。

6.3.8　已知单位反馈系统的结构图如图 6.3.4 所示，试用频率法确定使得系统具有最大相位裕度的增益 K_c 值，并确定相应的稳态性能。

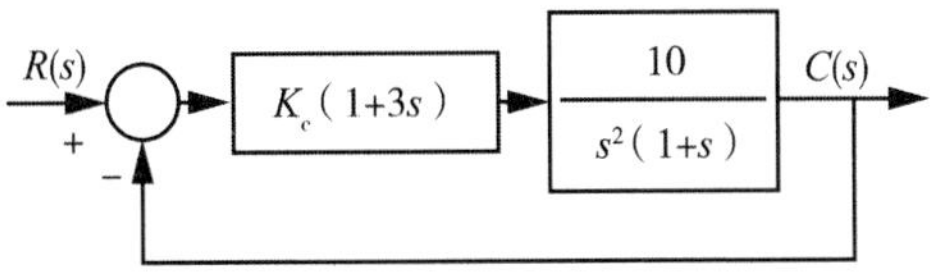

图 6.3.4　系统结构图(6.3.8)

6.3.9　设单位反馈控制系统的开环传递函数为

$$G_o(s) = \frac{20}{(s+1)(s+2)}$$

试作二阶参考模型校正，满足阶跃响应的过渡时间 $t_s < 0.5\ \mathrm{s}$。

6.3.10　已知单位反馈系统的开环传递函数为 $G_o(s) = \dfrac{20(s+1)}{s^2(s+2)}$，试依照二阶参考模型作系统校正，使得系统的开环截止频率为 $\omega_c = 10\ \mathrm{rad/s}$，确定系统的稳态性能。

6.3.11　设角位移伺服系统的开环模型为 $G_o(s) = \dfrac{20}{s(0.1s+1)}$，试采用四阶参考模型法设计校正装置 $G_c(s)$，使得校正后实现下述性能指标：

(1) 静态速度误差系数 $K_v \geqslant 100$；

(2) 开环截止频率 $\omega_c > 20\ \mathrm{rad/s}$；

(3) 中频段宽度 $h > 8$；

并计算校正后系统的相位裕度 γ_c。

6.3.12　设受控对象的开环模型为

$$G_o(s) = \frac{50}{(s+1)(0.1s+1)}$$

试采用四阶参考模型法设计校正装置 $G_c(s)$，使得校正后实现下述性能指标：

(1) 静态速度误差系数 $K_v \geqslant 100$；

(2) 开环截止频率 $\omega_c > 5\ \mathrm{rad/s}$。

6.3.13　设控制系统如图 6.3.5 所示，为了实现校正装置的校正作用，欲使得环节 $\dfrac{2}{1+0.4s}$ 在频率 $\omega < 5$ 时增益为单位 1，试设计局部闭环结构。

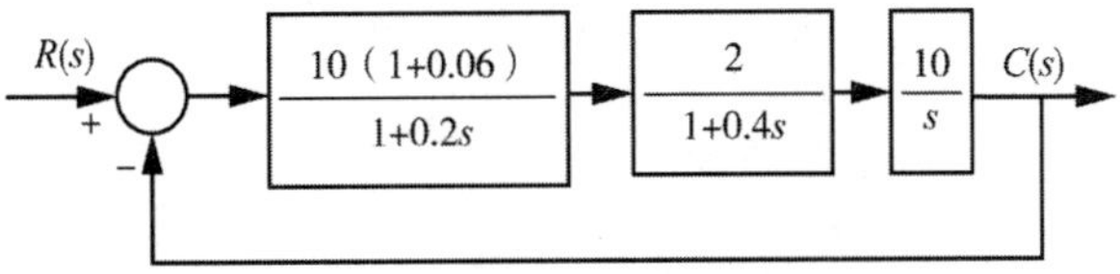

图 6.3.5　系统结构图(6.3.13)

6.3.14 已知系统结构图如图6.3.6所示:

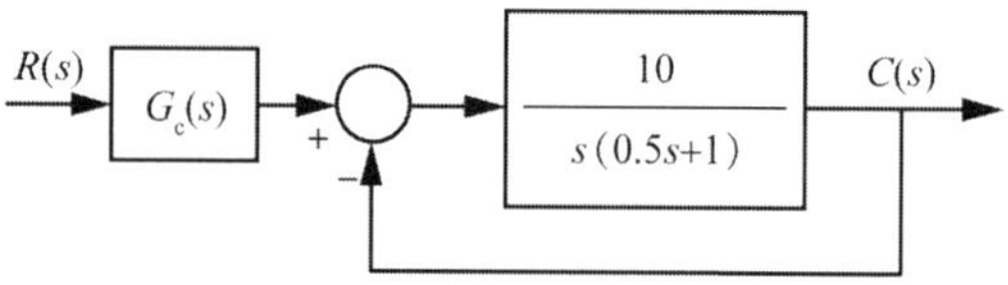

图6.3.6 系统结构图(6.3.14)

当$G_c(s)=1$时，对于斜坡信号输入$r(t)=t$，该系统为Ⅰ型有差系统。试证明：如果$G_c(s)=0.1(s+10)$，则系统具有Ⅱ型系统的无差度。

6.4 第6章典型例题精讲

6.4.1 已知某单位反馈系统的开环传递函数为

$$G_o(s)=\frac{10}{s(s+1)}$$

(1)计算该系统的相角裕度γ_c和幅值裕度L_g；

(2)设计串联超前校正装置

$$G_c(s)=\frac{1+Ts}{1+\alpha Ts}$$

使校正后系统的开环截止频率$\omega_c=5\ \text{rad/s}$；

(3)验证校正后系统的相角裕度是否满足$\gamma_c\geqslant 50°$，如不满足，请提出解决方案。

解 (1)绘制系统的开环伯德图，如图6.4.1所示

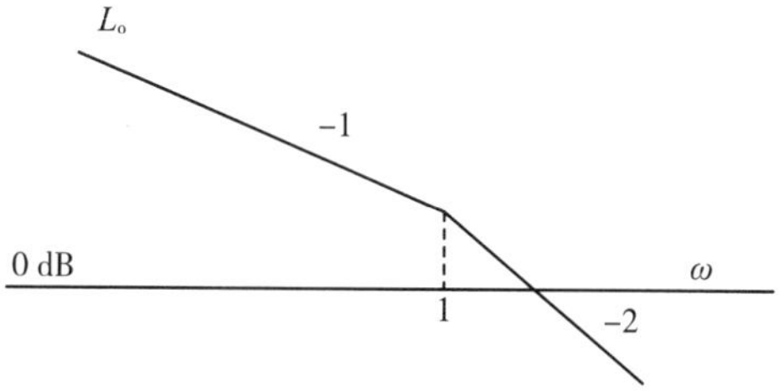

图6.4.1 开环伯德图(6.4.1)

由伯德图

$$20\lg K=20\lg\frac{\omega_{co}}{1}$$

得

$$\omega_{co}=3.16$$

则相角裕度为

$$\begin{aligned}\gamma_c&=180°-90°-\arctan\omega_c\\&=90°-72°=18°\end{aligned}$$

又因为$\omega_g=\infty$，则$L_g=\infty$。

(2)校正后开环截止频率$\omega_c=\omega_m=5$，则

$$L_o(\omega_c)=-40\lg\frac{5}{3.16}=-8\text{dB}$$

则$10\lg\frac{1}{\alpha}=8\text{dB}$

$$\alpha=0.16$$

$$T = \frac{1}{\omega_m \sqrt{\alpha}} = 0.5$$

则校正装置为

$$G_c(s) = \frac{1 + Ts}{1 + \alpha Ts} = \frac{1 + 0.5s}{1 + 0.08s}$$

(3)校正后系统的相角裕度为

$$\gamma_c = 180° - 90° - \arctan 5 + \arctan 2.5 - \arctan 0.4 = 90° - 78.7° + 68.2° - 21.8°$$
$$= 57.7° > 50°$$

满足设计要求。

6.4.2　已知单位反馈系统的开环传递函数为

$$G(s) = \frac{K}{s(s+1)(s+2)}$$

(1)确定使系统相角裕度 $\gamma_c = 40°$ 时的 K 值，绘制在此 K 值下的开环对数幅频特性曲线，计算系统在单位斜坡信号输入时的稳态误差 e_{ss}；

(2)设计滞后串联校正装置，使得校正后系统在输入单位斜坡信号时的稳态误差 $e_{ss} = 0.2$，$\gamma_c = 40°$。(滞后校正装置的滞后角度取 $-5°$)

解　(1)归一化

$$G(s) = \frac{K'}{s(s+1)(0.5s+1)}$$

要求系统相角裕度 $\gamma_c = 40°$，则

$$\varphi(\omega_c) = -90° - \arctan \omega_c - \arctan 0.5\omega_c = -140°$$

解得

$$\omega_c = 0.67$$
$$K' = 0.67$$

使系统相角裕度 $\gamma_c = 40°$ 时的 K 值为

$$K = 1.34$$

系统在输入单位斜坡信号时的稳态误差

$$e_{ss} = \frac{1}{K'} = \frac{1}{0.67} = 1.5$$

绘制系统开环对数幅频特性曲线，如图 6.4.2 所示。

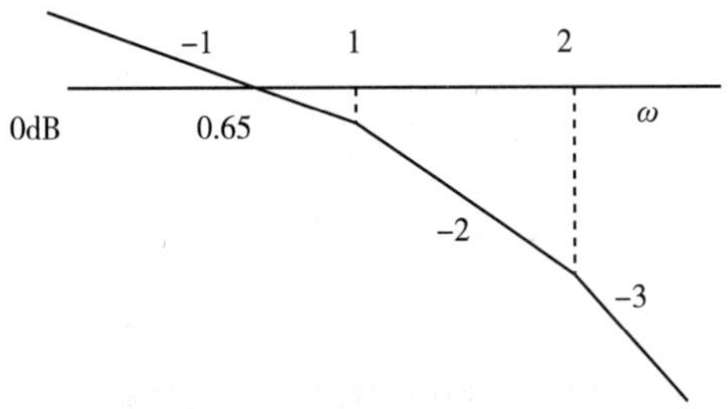

图 6.4.2　系统开环对数幅频特性曲线(6.4.2)

(2)希望校正后系统在输入单位斜坡信号时的稳态误差

$$e_{ss} = 0.2 = \frac{1}{K'}$$

则

$$K' = 5$$

相应的对数幅频特性曲线如图 6.4.3 所示。

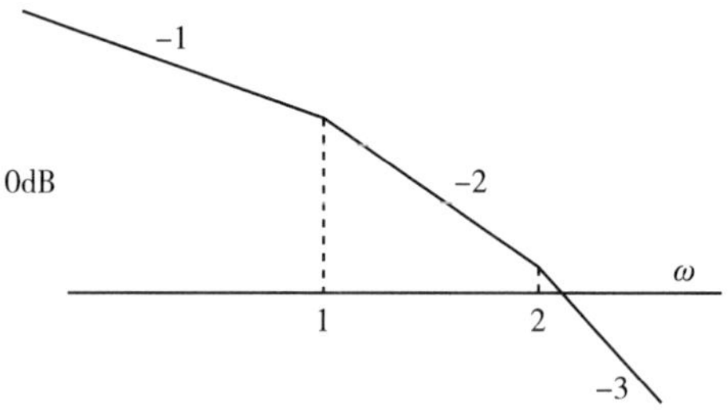

图 6.4.3　开环增益为 5 时的系统对数幅频特性曲线(6.4.2)

要求系统相角裕度 $\gamma_c = 40°$，则

$$\gamma_c + 5° = 45° = 180° + \varphi(\omega_c)$$

$$\varphi(\omega_c) = -90° - \arctan \omega_c - \arctan 0.5\omega_c = -135°$$

解得

$$\omega_c = 0.56$$

在固有特性上

$$L(0.56) = 20\lg\beta$$

$$\beta = 8.9$$

$$\omega_1 = \frac{1}{T} = (\frac{1}{5} \sim \frac{1}{10})\omega_c = 0.056$$

则滞后校正装置为

$$G_c(s) = \frac{Ts + 1}{\beta Ts + 1} = \frac{17.85s + 1}{159s + 1}$$

6.4.3　已知最小相位系统的开环对数幅频特性曲线如图 6.4.4 所示。

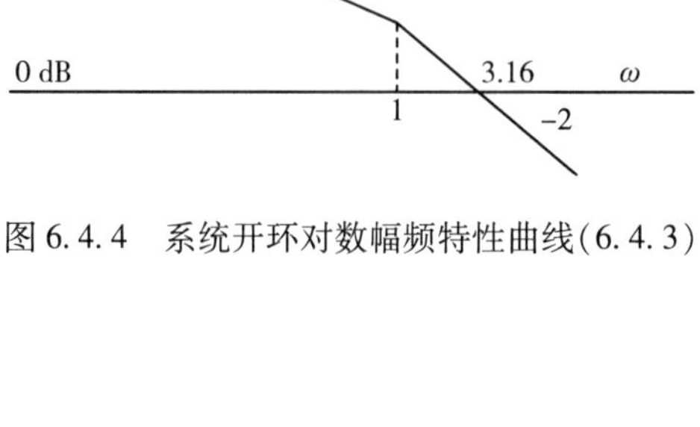

图 6.4.4　系统开环对数幅频特性曲线(6.4.3)

(1)写出开环传递函数 $G_o(s)$，计算该系统的相角裕度 γ_c；

(2)采用串联校正装置进行校正，校正装置的传递函数 $G_c(s)=\dfrac{1+0.5s}{1+0.08s}$，试确定校正后的开环截止频率 ω_c 及相角裕度 γ_c。

解 (1)开环传递函数为

$$G_o(s)=\frac{10}{s(s+1)}$$

由 $\omega_{co}=3.16$

$$\gamma_c=180°-90°-\arctan\omega_c=90°-72°=18°$$

(2)校正后的传递函数为

$$G(s)=\frac{10}{s(s+1)}\frac{0.5s+1}{0.08s+1}$$

加入校正装置的伯德图如图 6.4.5 所示。

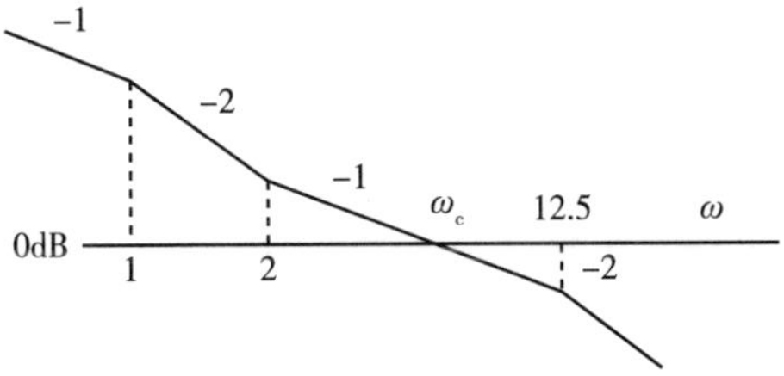

图 6.4.5 加入校正装置的伯德图(6.4.3)

校正后开环截止频率 $\omega_c=5$

校正后系统的相角裕度为

$$\gamma_c=180°-90°-\arctan 5+\arctan 2.5-\arctan 0.4=90°-78.7°+68.2°-21.8°$$
$$=57.7°$$

6.4.4 如图 6.4.6 所示为系统的固有特性对数幅频特性曲线 $L_o(\omega)$ 及校正后的对数幅频特性曲线 $L(\omega)$，$\omega_{co}=14.14$

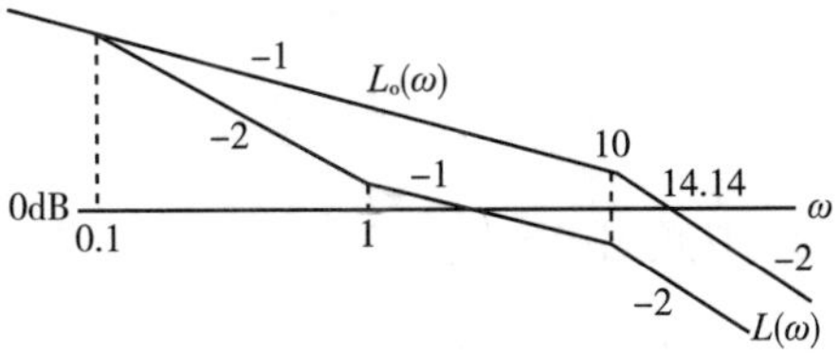

图 6.4.6 系统校正前后的对数幅频特性曲线(6.4.4)

(1)写出固有特性的传递函数 $G_o(s)$；

(2)写出校正后系统的开环传递函数 $G(s)$；

(3)求出校正装置的传递函数 $G_c(s)$，绘制对数幅频特性曲线，指出其为何种校正装置；

(4)试定量分析该校正方案对系统性能的影响。

解 (1)由于 $20\lg\dfrac{K}{0.1} = 20\lg\dfrac{10}{0.1} + 40\lg\dfrac{14.14}{10}$

则

$$K = 20$$

固有特性的开环传递函数为

$$G_o(s) = \frac{20}{s(0.1s+1)}$$

(2)校正后系统的开环传递函数为

$$G(s) = \frac{20(s+1)}{s(0.1s+1)(10s+1)}$$

(3)校正装置的传递函数为

$$G_c(s) = \frac{G(s)}{G_o(s)} = \frac{(s+1)}{(10s+1)}$$

其伯德图如图6.4.7所示，为滞后校正装置。

(4)分析校正方案对系统的影响：

$$20\lg\frac{20}{10} = 40\lg\frac{\omega_{co}}{10}$$

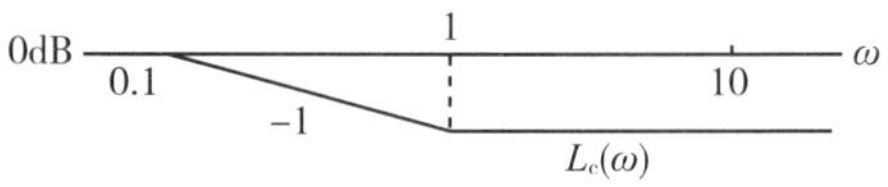

图6.4.7 校正装置伯德图(6.4.4)

因此校正前 $\omega_{co} = 14.14$

$\gamma_{co} = 180° - 90° - \arctan 0.1 \times 14.14$

$\quad = 35.3°$

由 $20\lg\beta = 20\text{dB}$，在固有特性上

$$L(2) = 20\text{dB}$$

则校正后 $\omega_c = 2$

$$\gamma_c = 180° - 90° + \arctan 2 - \arctan 0.2 - \arctan 20$$
$$= 90° + 63.4° - 11.3° - 87° = 55.13°$$

加入滞后校正后，系统的相角裕度增大，稳定程度提高，超调量减小，动态响应平稳。但开环截止频率变小，系统快速性变差。因为开环增益不变，所以稳态精度不变。

6.4.5 已知单位反馈系统的开环传递函数为 $G_o(s) = \dfrac{5(s+1)}{s^2}$，试选择合适的方法作系统校正，使校正后的系统同时满足以下性能指标：

(1)动态性能：调节时间 $t_s < 0.5$ s；

(2)稳态性能：静态速度误差系数 $K_v > 12\ \text{s}^{-1}$。

试求出：

(1)校正后系统的传递函数 $G(s)$；

(2)校正装置的传递函数 $G_c(s)$；

(3)作出固有特性、校正装置及校正后特性的伯德图。

解 (1)作原系统的伯德图 $L_o(\omega)$，如图 6.4.8 所示。

由 $t_s = \dfrac{3}{\omega_c} < 0.5\ \text{s}$，得 $\omega_c = 6$

由 $K_v = 12$，得 $K_v = K_{开} = \omega_c = 12$

同时满足动特性及静特性，作 $\omega_c = 12$ 的二阶参考模型 $L_{参}(\omega)$，如图 6.4.8 所示，则校正装置为

$$L_{校}(\omega) = L_{参}(\omega) - L_o(\omega)$$

参考模型传递函数为

$$G_{参}(s) = \frac{12}{s(1 + \frac{1}{24}s)}$$

固有特性传递函数为

$$G_o(s) = \frac{5(s+1)}{s^2}$$

校正装置的传递函数为

$$G_c(s) = \frac{2.4s}{(s+1)(1 + \frac{1}{24}s)}$$

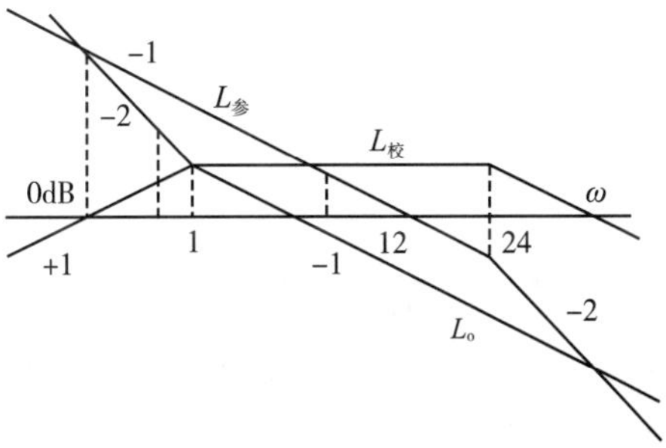

图 6.4.8 校正前后及校正装置伯德图(6.4.5)

6.4.6 已知某单位反馈系统的开环传递函数为

$$G_o(s) = \frac{400}{s^2(0.01s+1)}$$

推荐系统的串联校正装置特性曲线如图 6.4.9 所示，该校正网络由最小相位系统组成。

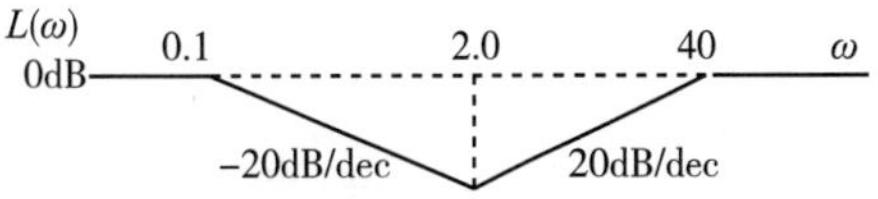

图 6.4.9 串联校正装置特性曲线(6.4.6)

(1)试说明该校正网络是否可以改善系统的相角裕度 γ_c，给出依据。

(2)试说明校正后的系统是否可以将 12Hz

的正弦噪声削弱10倍左右，给出依据。

解 (1)校正装置的传递函数为

$$G_c(s) = \frac{(0.5s+1)^2}{(10s+1)(0.025s+1)}$$

校正后的开环传递函数为

$$G_o(s) = \frac{400(0.5s+1)^2}{s^2(0.01s+1)(10s+1)(0.025s+1)}$$

由伯德图

$$40\lg\frac{\sqrt{K}}{0.1} = 60\lg\frac{2}{0.1} + 20\lg\frac{\omega_c}{2}$$

则校正后系统的开环截止频率

$$\omega_c = 10$$

则

$$\begin{aligned}\varphi(10) &= -180° - 2\arctan 0.5\times 10 - \arctan 0.025\times 10 - \arctan 0.01\times 10 - \arctan 10\times 10 \\ &= -131.72°\end{aligned}$$

$\gamma_c = 48.28°$

校正前

$$\omega_{co} = 20$$

$$\gamma_c = -11.3°$$

因此，该校正网络可以改善系统的相角裕度。

(2)当$f=12\text{Hz}$时，

$$\omega_{co} = 2\pi f = 75.36\ \text{rad/s}$$

$$L(75.24) = 20\log A(75.24) = -12 - 10.92 = -22.92$$

$$A(75.24) = 0.07$$

因此，校正后的系统可以将12Hz的正弦噪声削弱10倍左右。

6.4.7 已知单位反馈系统的开环固有特性 $G_o(s)$ 的对数幅频特性曲线如图6.4.10所示，串联校正装置 $G_c(s)$ 的对数幅频特性曲线如图6.4.11所示。

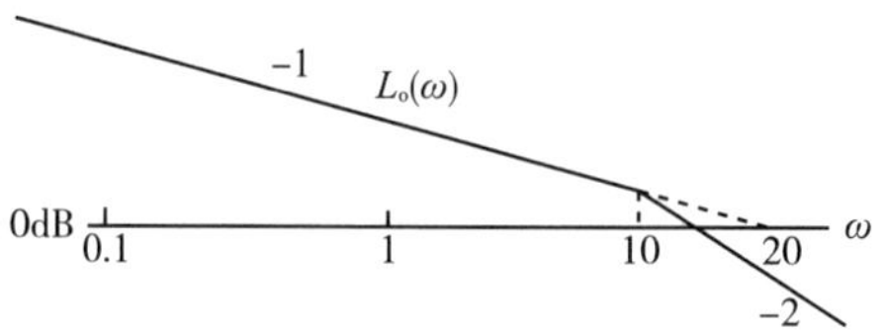

图6.4.10 固有特性 $G_o(s)$ 的对数幅频特性曲线(6.4.7)

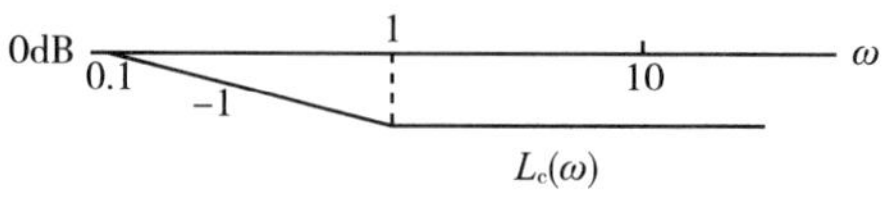

图6.4.11 串联校正装置 $G_c(s)$ 的对数幅频特性曲线(6.4.7)

(1)试写出校正后系统的开环传递函数 $G(s)$；

(2)绘制校正后系统的开环传递函数 $G(s)$ 的对数幅频特性曲线；

(3)试定量分析该校正方案对系统性能的影响。

解　(1)固有特性的开环传递函数为

$$G_o(s) = \frac{20}{s(0.1s+1)}$$

校正装置的传递函数为

$$G_c(s) = \frac{(s+1)}{(10s+1)}$$

则校正后系统的开环传递函数为

$$G(s) = G_o(s)G_c(s) = \frac{20(s+1)}{s(0.1s+1)(10s+1)}$$

(2)校正后系统的开环传递函数 $G(s)$ 的对数幅频特性曲线如图 6.4.12 所示。

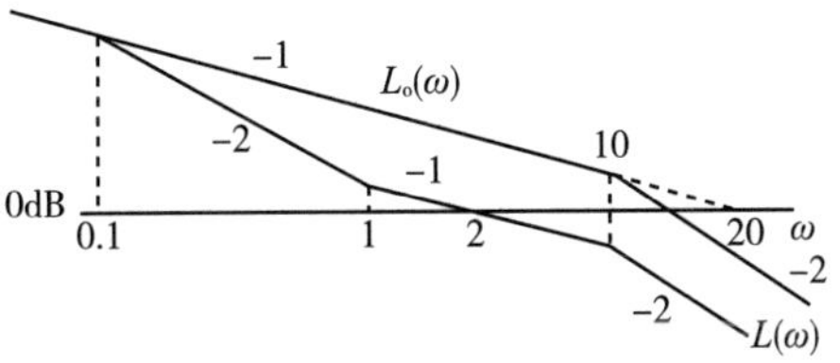

图 6.4.12　校正前后的对数幅频特性曲线(6.4.7)

(3)分析校正方案对系统的影响

$$20\lg\frac{20}{10} = 40\frac{\omega_{co}}{10}$$

因此校正前

$$\omega_{co} = 14.14$$

则

$$\gamma_{co} = 180^\circ - 90^\circ - \arctan 0.1 \times 14.14 = 35.3^\circ$$

由

$$20\lg\beta = 20\text{dB}$$

在固有特性上 $L(2) = 20\text{dB}$，

则校正后 $\omega_c = 2$

$$\gamma_c = 180^\circ - 90^\circ + \arctan 2 - \arctan 0.2 - \arctan 20$$
$$= 90^\circ + 63.4^\circ - 11.3^\circ - 87^\circ = 55.13^\circ$$

加入滞后校正后，系统的相角裕度增大，稳定程度提高，超调量减小，动态响应平稳。但开环截止频率变小，系统快速性变差。因为开环增益不变，所以稳态精度不变。

6.4.8 已知系统的结构图如图 6.4.13 所示。

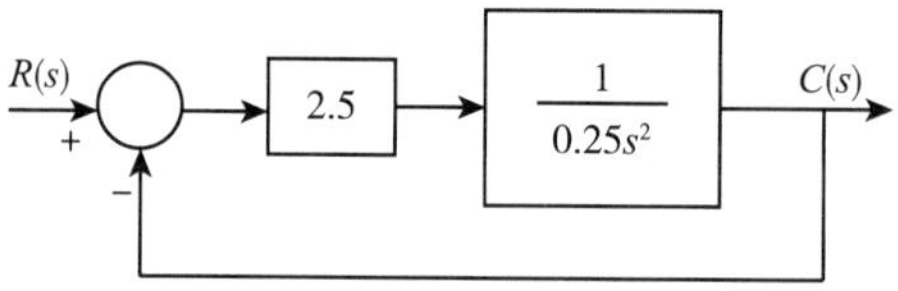

图 6.4.13 系统结构图(6.4.8)

(1)绘制系统固有特性的开环伯德图，计算固有特性的 ω_{co}，γ_{co}；

(2)保持系统的稳态精度不变，试采用频率法设计串联校正装置 $G_c(s)$，使校正后的开环截止频率 $\omega_c = 6$，并验证校正后的系统是否满足 $\gamma_c > 50°$？若不满足，说明解决方案。

(3)若不采用串联校正装置而采用速度反馈校正，试画出系统的结构图，并确定使系统超调量 $M_p = 15\%$ 的速度反馈系数。

解 (1)固有特性的伯德图如图 6.4.14 所示。

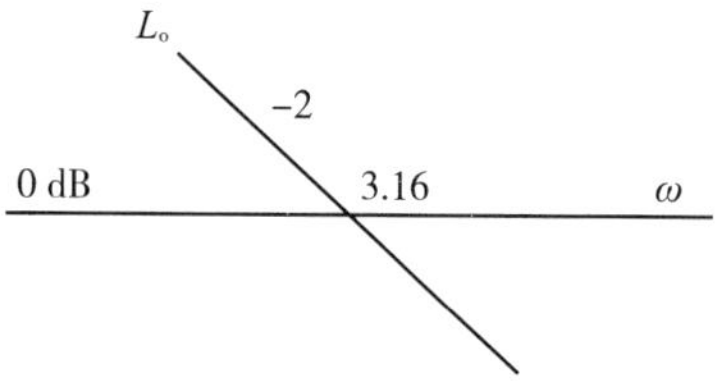

图 6.4.14 固有特性的伯德图(6.4.8)

则固有特性的开环截止频率为

$$\omega_{co} = \sqrt{10} = 3.16$$

相位裕度为

$$\gamma_{co} = 180° - 180° = 0°$$

(2)设计串联校正装置。

因为要求保持系统的稳态精度不变，$\omega_c = 6$，则采用超前校正装置实现，$\omega_c = \omega_m = 6$，

$$L_o(\omega_c) = 10\lg\frac{1}{\alpha} = 11.12$$

$$\alpha = 0.078$$

$$T = \frac{1}{\sqrt{\alpha}\omega_m} = \frac{1}{\sqrt{0.078}\cdot 6} = \frac{1}{1.66} = 0.6$$

串联校正装置

$$G_c(s) = \frac{Ts+1}{\alpha Ts+1} = \frac{0.6s+1}{0.047s+1}$$

校正后的相角裕度

$\gamma_c = 180° - 180° + \arctan 0.6 \times 6 - \arctan 0.047 \times 6 = 74.47° - 15.6° = 59° > 50°$

满足要求。

(3)采用速度反馈进行校正，则校正后的结构图如图 6.4.15 所示。

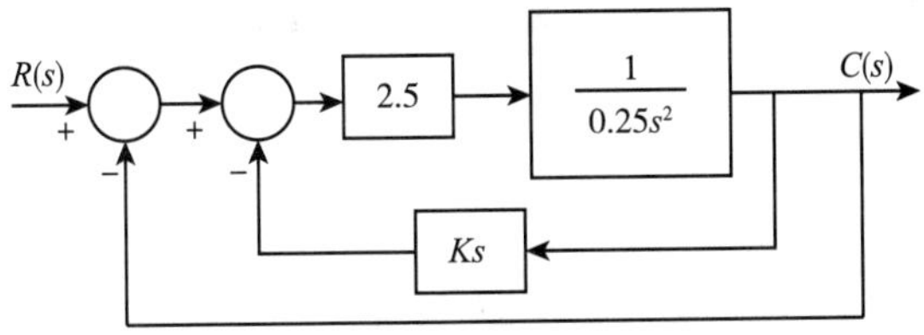

图 6.4.15　校正后系统的结构图(6.4.8)

则闭环传递函数为

$$G(s) = \frac{\dfrac{10}{s^2 + 10Ks}}{1 + \dfrac{10}{s^2 + 10Ks}} = \frac{10}{s^2 + 10Ks + 10}$$

要求 $M_p = 15\%$，则 $\zeta = 0.52$

$$\omega_n = \sqrt{10} = 3.16,\ 2\zeta\omega_n = 10K = 3.28$$

则速度反馈系数为

$$K = 0.328$$

第 7 章　非线性控制系统分析

本 章 重 点

1. 典型非线性特性；
2. 基本相平面作图；
3. 非线性系统奇点邻域分析；
4. 描述函数法自持振荡分析。

7.1　第 7 章内容概述

1. 典型非线性特性

典型的本质非线性特性有以下几种：

（1）继电特性，如图 7.1.1 所示。

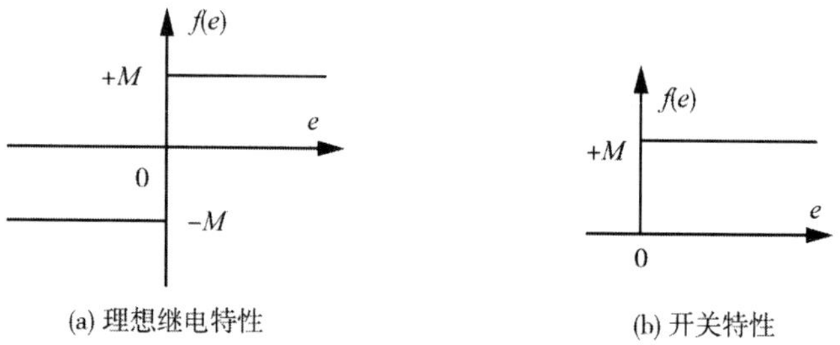

图 7.1.1　继电特性的输入、输出关系(7.1)

（2）饱和特性，如图 7.1.2 所示。

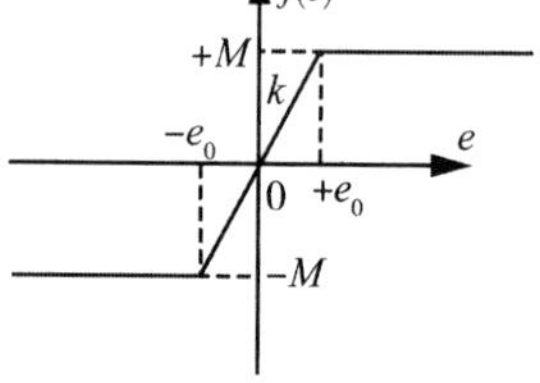

图 7.1.2　饱和特性(7.1)

(3)死区特性，如图 7.1.3 所示。

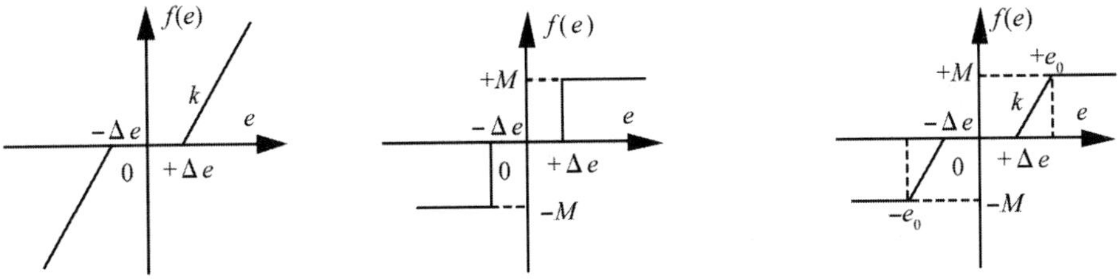

(a) 线性+死区特性　　(b) 继电+死区特性　　(c) 饱和+死区特性

图 7.1.3　带有死区特性的各种情况(7.1)

(4)滞环特性，如图 7.1.4 所示。

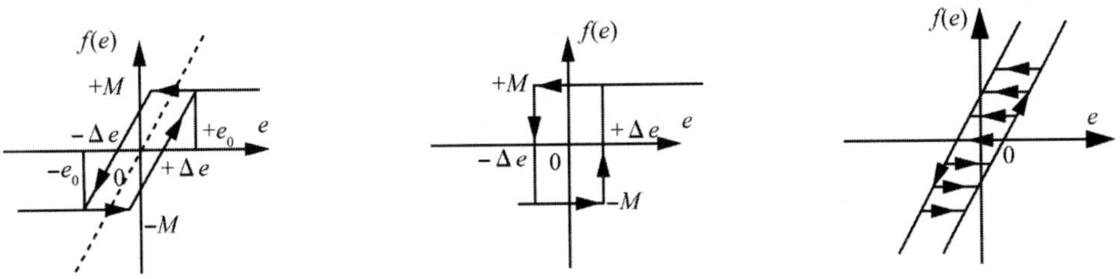

(a) 饱和+滞环特性　　(b) 继电+滞环特性　　(c) 齿轮间隙滞环特性

图 7.1.4　带有滞环特性的各种情况(7.1)

(5)摩擦特性，如图 7.1.5 所示。

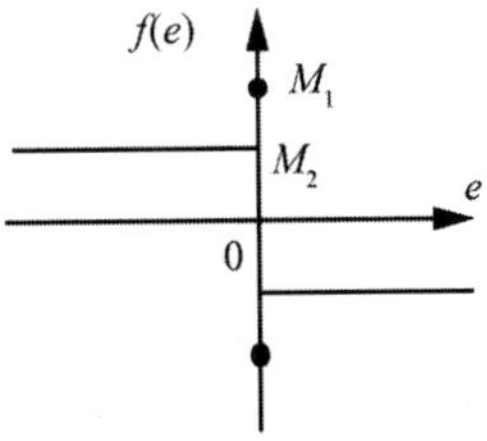

图 7.1.5　摩擦非线性特性(7.1)

2. 相平面法系统分析

(1)相平面与相轨迹

二阶系统的微分方程为

$$\ddot{x}+f(x,\dot{x})=0 \tag{7.1.1}$$

以二阶系统的两个独立变量，作为平面坐标构成相平面。相应地，这两个独立变量称为相变量，通常是位置量 x 和速度量 $\dot{x}$。给定两个初始条件

$$\begin{cases} x(0)=x_0 \\ \dot{x}(0)=\dot{x}_0 \end{cases}$$

以相变量 x 和 $\dot{x}$ 描述的二阶系统的运动在相平面上移动的轨迹则称为相轨迹，相平面与线性定常二阶欠阻尼系统的相轨迹如图 7.1.6 所示。

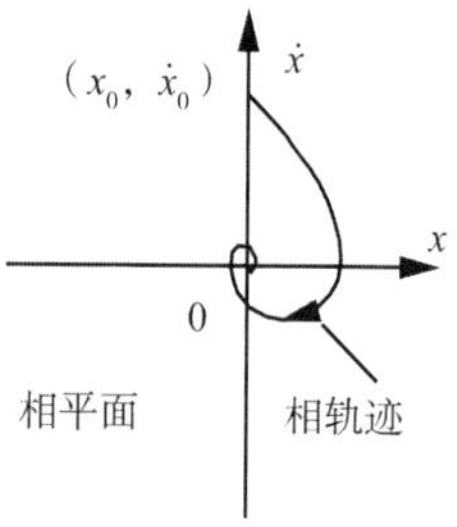

图 7.1.6　相平面与相轨迹(7.1)

(2)相平面作图

①解析法。当方程不显含 $\dot{x}$ 时，可以采用一次积分法求得相轨迹方程来作图，即方程为

$$\ddot{x}+f(x)=0 \tag{7.1.2}$$

因为 $\ddot{x}=\dot{x}\dfrac{\mathrm{d}\dot{x}}{\mathrm{d}x}$，代入方程，得到 $\dot{x}\mathrm{d}\dot{x}=-f(x)\mathrm{d}x$，方程两边作一次积分，可得相轨迹方程为

$$\int\dot{x}\mathrm{d}\dot{x}=\int-f(x)\mathrm{d}x \tag{7.1.3}$$

7.1.1　二阶系统为

$$\ddot{x}+\omega_0^2x=0$$

作该系统的相平面图。

解　由解析法作出相轨迹，如图 7.1.7 所示。

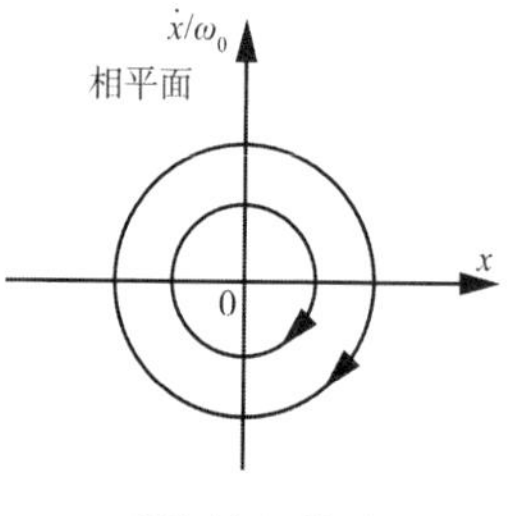

图 7.1.7　系统的相轨迹(7.1.1)

②等倾线法作图。相轨迹的斜率方程为 $\dfrac{\mathrm{d}\dot{x}}{\mathrm{d}x}=-\dfrac{f(x,\dot{x})}{\dot{x}}$，令斜率为给定值 α，即

$$\frac{\mathrm{d}\dot{x}}{\mathrm{d}x}=-\frac{f(x,\dot{x})}{\dot{x}}\bigg|_{\dot{x}_i}^{x_i}=\alpha$$

则得到相平面上相轨迹的等倾线方程为

$$\dot{x}=-\frac{f(x,\dot{x})}{\alpha} \tag{7.1.4}$$

给定一个斜率值 α，根据等倾线方程，便可以在相平面上作出一条等倾线。改变 α 的值，便可以作出若干条等倾线充满整个相平面。

7.1.2　二阶系统为

$$\ddot{x}+\dot{x}+x=0$$

试用等倾线法作该系统的相平面图。

解　将 $\ddot{x} = \dot{x}\dfrac{\mathrm{d}\dot{x}}{\mathrm{d}x} = \dot{x}\alpha$ 代入方程，得等倾线方程为

$$\dot{x} = -\frac{1}{1+\alpha}x$$

方程为过原点的直线方程，等倾线的斜率为

$$k = -\frac{1}{1+\alpha}$$

给定一系列相轨迹斜率 α 的值，便得到一系列等倾线斜率的 k 值，可以作出等倾线，如图 7.1.8 所示。

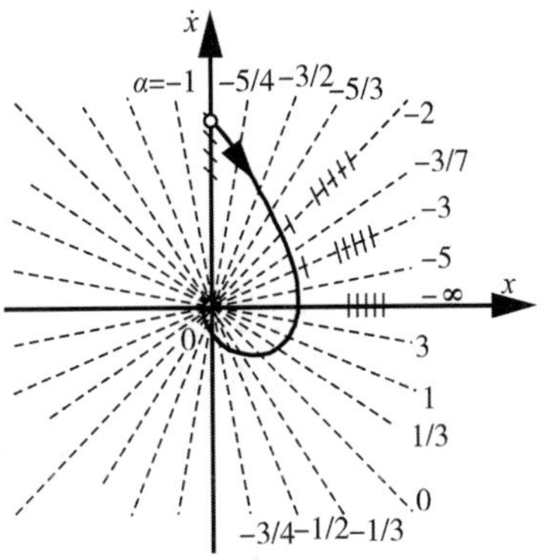

图 7.1.8　等倾线法作相轨迹(7.1.2)

等倾线作出后，从给定的初值出发，依照相轨迹斜率作分段折线，就可以画出系统的相轨迹，如图 7.1.8 所示。

(3)相轨迹的运动特性

①相轨迹的运动方向。上半平面的相轨迹右行；下半平面的相轨迹左行；穿过实轴的相轨迹斜率为 $\pm\infty$ 。

相轨迹的运动方向如图 7.1.9 所示。

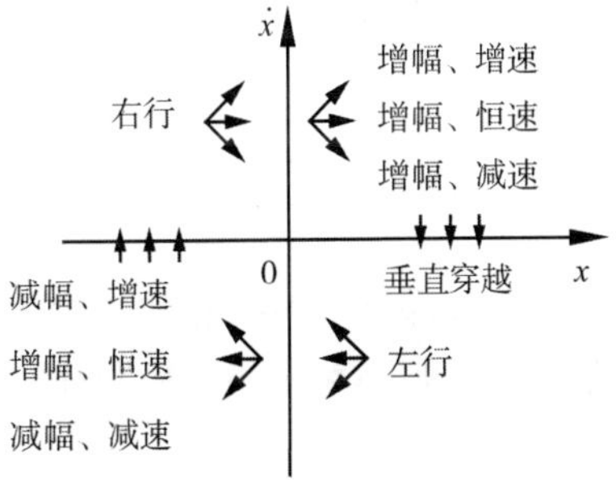

图 7.1.9　相轨迹的运动方向(7.1.2)

②相轨迹的对称。满足 $f(x,\dot{x}) = f(x,-\dot{x})$ 时，相轨迹 x 轴对称。

满足 $f(x,\dot{x}) = -f(-x,\dot{x})$ 时，相轨迹 $\dot{x}$ 轴对称。

满足 $f(x,\dot{x}) = -f(-x,-\dot{x})$ 时，相轨迹原点对称。

相轨迹的对称如图 7.1.10 所示。

③相轨迹的时间信息。在相平面图上，时间变量 t 为隐变量。需要从相平面图上得到相变量与时间的函数关系曲线 $x(t)$ 、$\dot{x}(t)$ 时，可以采用增量法逐步求解得到。

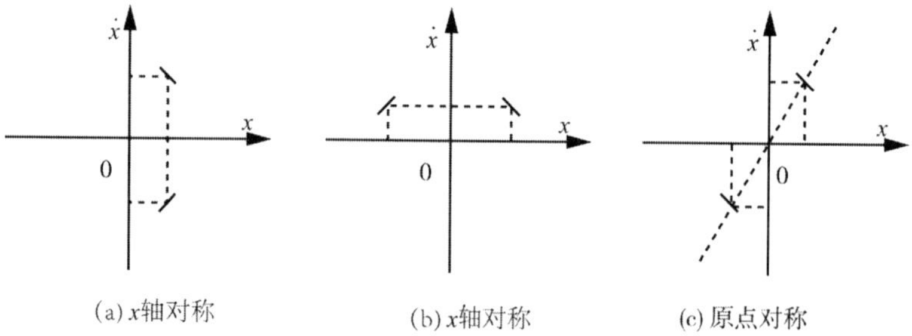

图 7.1.10　相轨迹的对称(7.1.2)

④相轨迹的奇点。二阶非线性系统为 $\ddot{x}+f(x,\dot{x})=0$，在相平面上满足

$$\begin{cases}\dot{x}=0\\ f(x,\dot{x})=0\end{cases} \tag{7.1.5}$$

的点定义为相轨迹的奇点，或者称为系统的奇点。

⑤极限环。极限环是非线性系统的运动在相平面上的一种特殊的运动情况。在时间响应上表现为非线性的自持振荡，在相平面上为闭合的相轨迹，如图 7.1.11 所示。

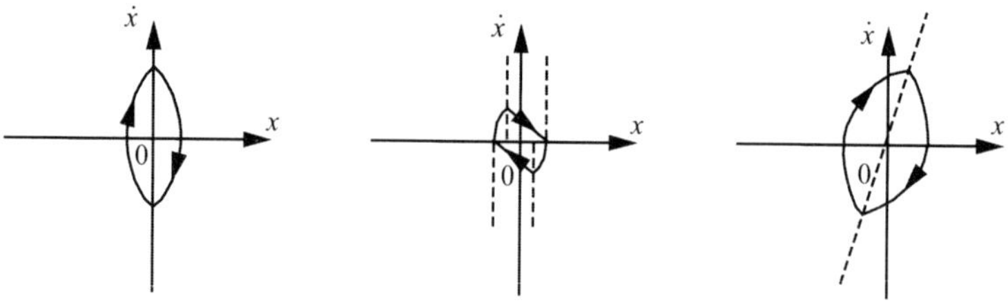

图 7.1.11　几种极限环的自持振荡情况(7.1.2)

在极限环邻域，相轨迹的运动如果趋向于极限环而形成自持振荡，则称为稳定极限环；否则称为不稳定极限环，如图 7.1.12 所示。

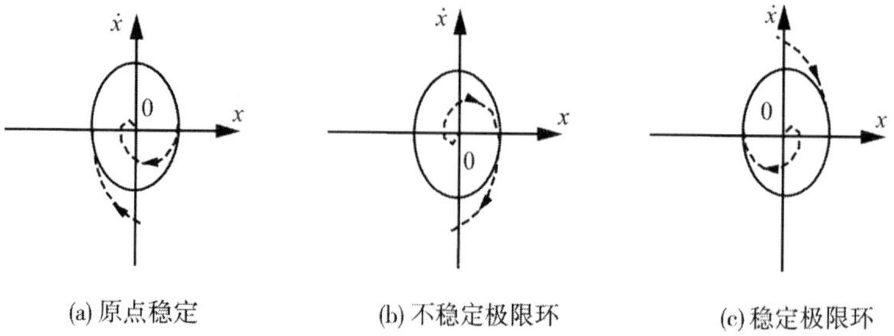

图 7.1.12　极限环稳定与不稳定情况(7.1.2)

(4) 奇点邻域的运动性质

二阶线性定常系统为

$$\ddot{x} + 2\zeta\omega_n\dot{x} + \omega_n^2 x = 0 \tag{7.1.6}$$

当阻尼比为不同的取值范围时，奇点的性质与名称以及相轨迹的走向如表 7.1.1 所示。

表 7.1.1　二阶线性定常系统奇点的性质

阻尼比取值	特征根分布	时间响应	相轨迹及奇点的性质
$\zeta > 1$	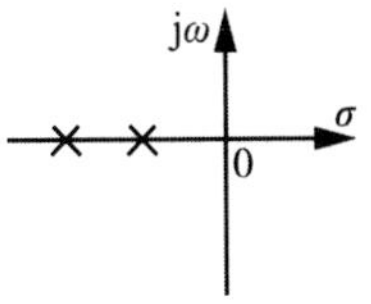	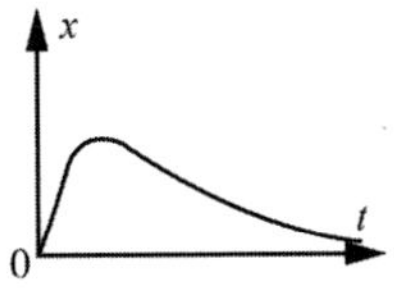	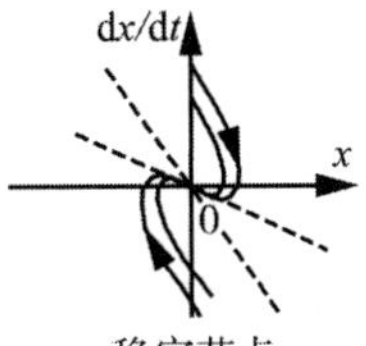 稳定节点
$0 < \zeta < 1$	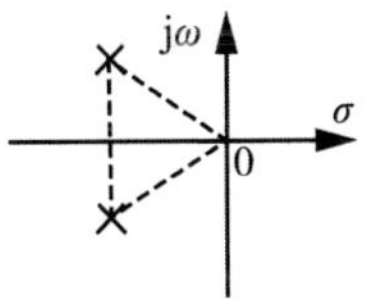	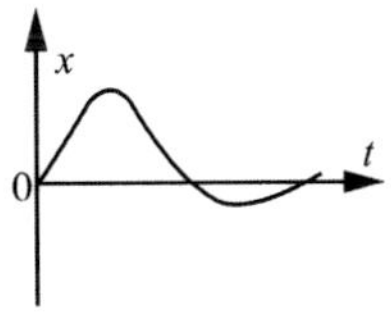	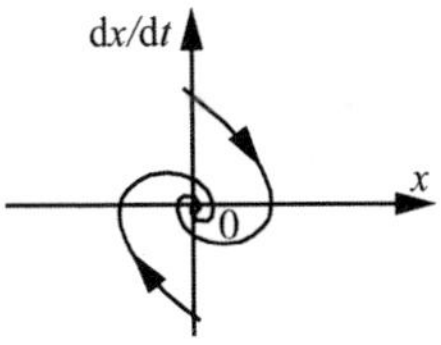 稳定焦点
$\zeta = 0$	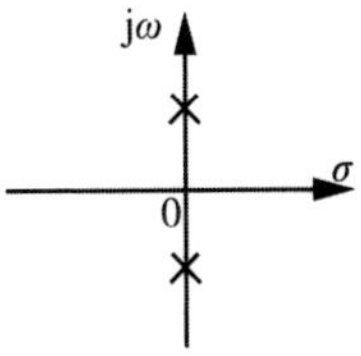	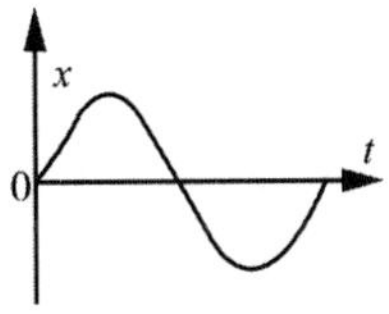	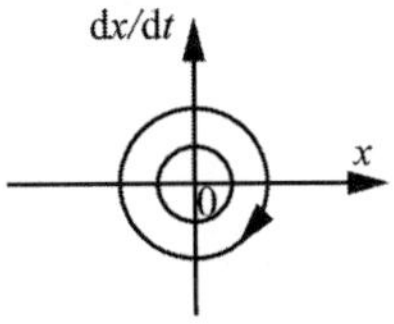 中心点
$-1 < \zeta < 0$	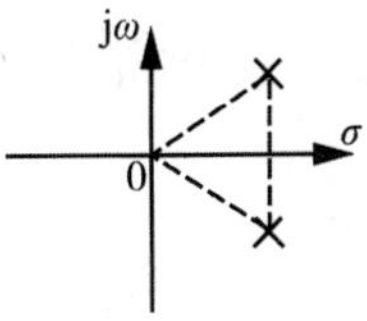	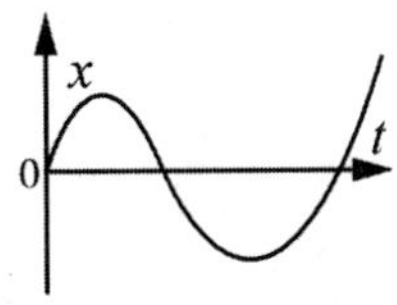	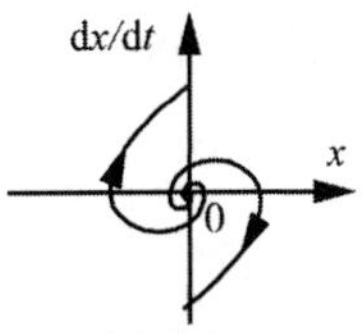 不稳定焦点

续表

阻尼比取值	特征根分布	时间响应	相轨迹及奇点的性质
$\zeta < -1$	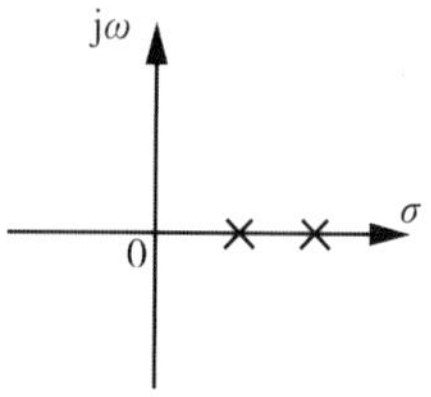	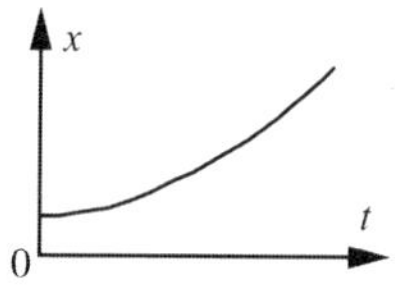	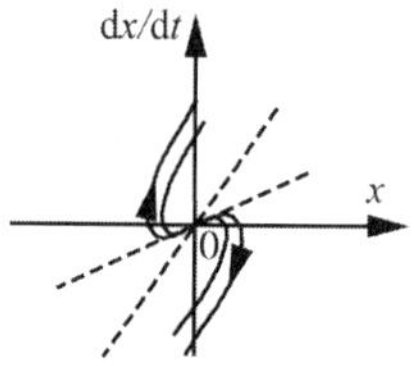 不稳定节点
$\ddot{x} + 2\zeta\omega_n\dot{x} - \omega_n^2 x = 0$	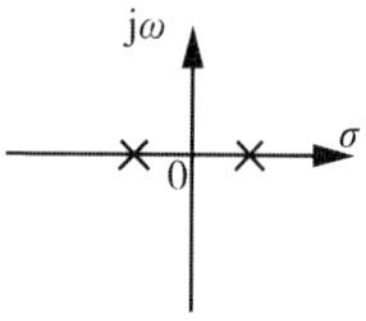	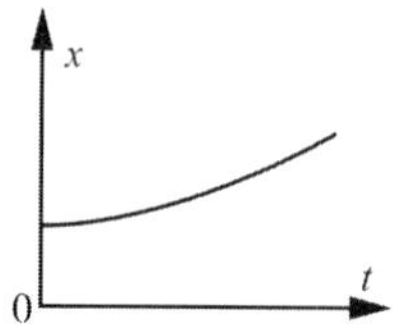	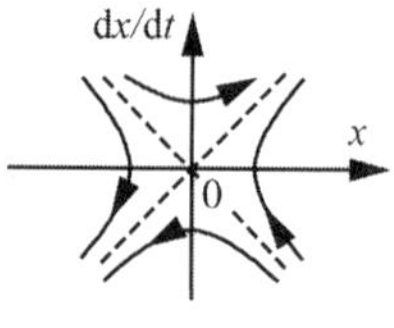 鞍点

对于可线性化的二阶非线性系统，可以计算奇点邻域的线性化方程。

由于一般二阶非线性系统为

$$\ddot{x} + f(x,\dot{x}) = 0 \tag{7.1.7}$$

在奇点邻域的线性化方程为

$$\ddot{x} + \frac{\partial f(x,\dot{x})}{\partial \dot{x}}\bigg|_{\substack{x_0\\ \dot{x}_0}} \dot{x} + \frac{\partial f(x,\dot{x})}{\partial x}\bigg|_{\substack{x_0\\ \dot{x}_0}} x = 0 \tag{7.1.8}$$

即

$$\ddot{x} + a_1\dot{x} + a_0 x = 0 \tag{7.1.9}$$

其中，

$$a_1 = \frac{\partial f(x,\dot{x})}{\partial \dot{x}}\bigg|_{\substack{x_0\\ \dot{x}_0}} \tag{7.1.10}$$

为非线性函数 $f(x,\dot{x})$ 对 $\dot{x}$ 的偏导数在奇点 $(x_0,\dot{x}_0)$ 上的数值，同理，

$$a_0 = \frac{\partial f(x,\dot{x})}{\partial x}\bigg|_{\substack{x_0\\ \dot{x}_0}} \tag{7.1.11}$$

为非线性函数 $f(x,\dot{x})$ 对 x 的偏导数在奇点 $(x_0,\dot{x}_0)$ 上的数值。

得到线性化方程之后，可以根据奇点的性质来确定奇点邻域系统运动的相轨迹。

7.1.3 已知二阶非线性系统的运动方程为

$$\ddot{x} + \dot{x} + \sin x = 0$$

试计算系统的奇点，并确定奇点的性质。

解 由奇点定义式(7.1.5)解出相轨迹的奇点为 $\dot{x} = 0$，$x = k\pi$，$k = 0, 1, 2, \cdots$，该系统的奇点个数为无穷多个。在奇点邻域作线性化，可以得到线性化方程。由运动方程有

$$f(x, \dot{x}) = \dot{x} + \sin x$$

求得线性化系数为

$$a_1 = \frac{\partial f(x, \dot{x})}{\partial \dot{x}}\bigg|_{\substack{x_0 \\ \dot{x}_0}} = 1$$

$$a_0 = \frac{\partial f(x, \dot{x})}{\partial x} = \cos x \bigg|_{\substack{x=0 \\ \dot{x}=0}}$$

当 k 为偶数时，有

$$a_0 = \frac{\partial f(x, \dot{x})}{\partial x} = \cos x \bigg|_{\substack{x=0,2\pi,4\pi,\cdots \\ \dot{x}=0}} = 1$$

线性化方程为

$$\ddot{x} + \dot{x} + x = 0$$

特征根为

$$s_{1,2} = -\frac{1}{2} \pm \mathrm{j}\frac{\sqrt{3}}{2}$$

为带负实部的共轭复数根，因此奇点性质为稳定焦点。

当 k 为奇数时，有

$$a_0 = \frac{\partial f(x, \dot{x})}{\partial x} = \cos x \bigg|_{\substack{x=\pi,3\pi,\cdots \\ \dot{x}=0}} = -1$$

线性化方程为

$$\ddot{x} + \dot{x} - x = 0$$

特征根为

$$s_{1,2} = -\frac{1}{2} \pm \frac{\sqrt{5}}{2},\ s_1 = 0.618,\ s_2 = -0.618$$

特征根一正一负位于 s 平面的实轴上，奇点性质为鞍点。

(5)相平面法系统运动分区特性分析

在相平面图上，典型非线性系统相轨迹的运动是由分区的运动组合而成的。

7.1.4 继电型控制系统如图 7.1.13 所示，系统在阶跃信号作用下，试用相平面法分析该系统的运动。

解 系统以误差 $e(t)$ 为运动变量的方程为

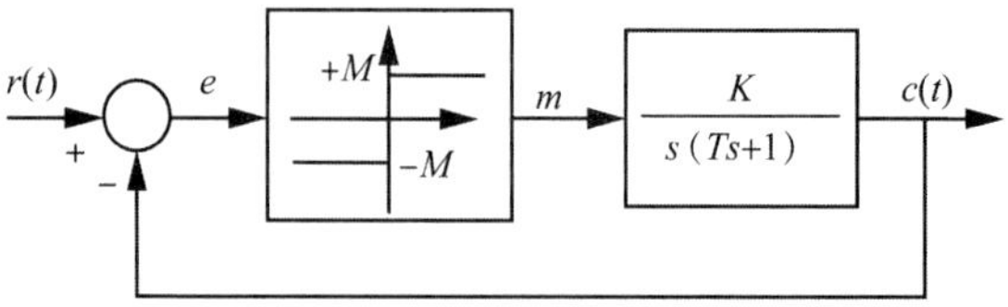

图 7.1.13　继电型非线性控制系统(7.1.4)

$$T\ddot{e} + \dot{e} = -Km$$

当 $e > 0$ 时，运动方程为

$$T\ddot{e} + \dot{e} = -KM$$

等倾线方程为

$$\dot{e} = -\frac{KM/T}{\alpha + 1/T}$$

这是水平线方程，在 $e - \dot{e}$ 平面上作出右半平面的相轨迹如图 7.1.14 所示。

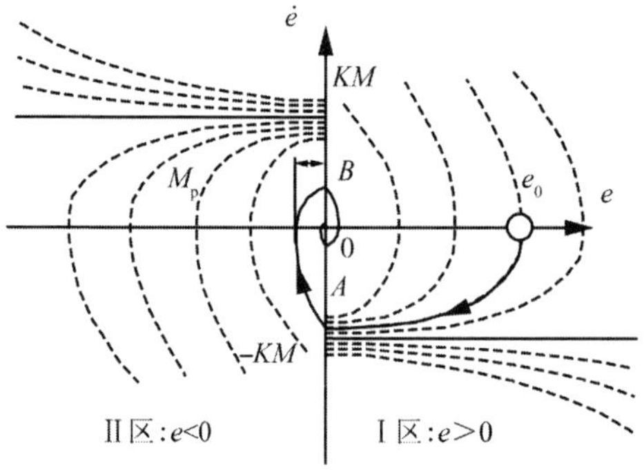

图 7.1.14　继电型非线性系统的相轨迹(7.1.4)

同理，当 $e < 0$ 时，运动方程为

$$T\ddot{e} + \dot{e} = KM$$

等倾线方程为

$$\dot{e} = \frac{KM/T}{\alpha + 1/T}$$

$e - \dot{e}$ 平面上左半平面的相轨迹如图 7.1.14 所示。

3. 描述函数法系统分析

(1)描述函数的定义

含有本质非线性环节的控制系统，其结构图一般如图 7.1.15 所示。

定义非线性环节的描述函数为输出信号的基波分量与输入正弦信号之比，可表示为

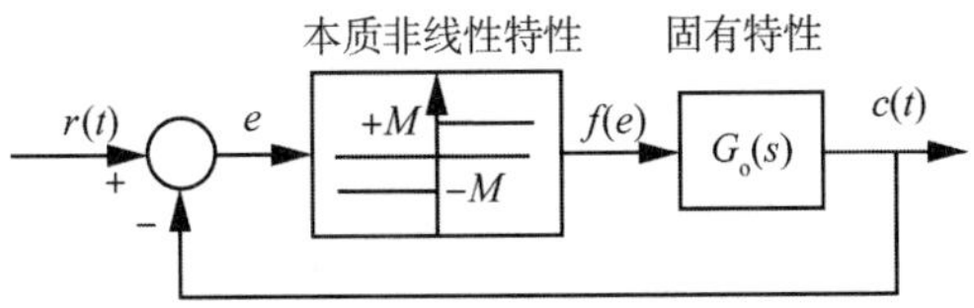

图 7.1.15　含有本质非线性环节的控制系统(7.1-1)

$$N(\Delta) = \frac{\sqrt{A_1^2 + B_1^2}}{X} \angle \arctan \frac{A_1}{B_1} \qquad (7.1.12)$$

式中，$N(\Delta)$ 表示与变量 Δ 的函数关系。如果 $N(\Delta)$ 是输入信号幅值 X 的函数，则可表示为 $N(X)$。如果 $N(\Delta)$ 是输入信号频率 ω 的函数，则可表示为 $N(\mathrm{j}\omega)$。

(2)非线性系统的描述函数分析

①非线性系统的稳定性分析。当控制系统的非线性部分以描述函数 $N(X)$ 来表示时，系统如图 7.1.16 所示。

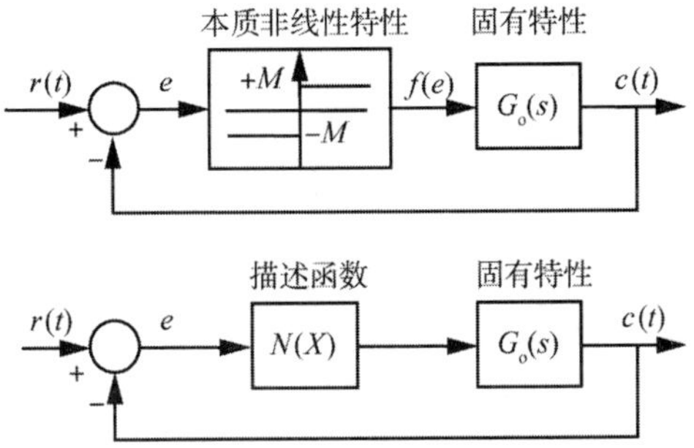

图 7.1.16　含有本质非线性环节的控制系统(7.1-2)

由结构图可得到的谐波线性化后的闭环频率特性为

$$\frac{C(\mathrm{j}\omega)}{R(\mathrm{j}\omega)} = \frac{N(X)G_o(\mathrm{j}\omega)}{1 + N(X)G_o(\mathrm{j}\omega)} \qquad (7.1.13)$$

闭环特征方程为

$$1 + N(X)G_o(\mathrm{j}\omega) = 0 \qquad (7.1.14)$$

得到

$$G_o(\mathrm{j}\omega) = -\frac{1}{N(X)} \qquad (7.1.15)$$

因此，可以得到非线性系统的稳定性如下描述。

首先求得非线性系统的描述函数 $N(X)$，然后在极坐标图上作描述函数 $N(X)$ 的负倒数曲线 $-\dfrac{1}{N(X)}$，同时将固有特性 $G_o(\mathrm{j}\omega)$ 也作在极坐标图上。由奈氏稳定性判据得到：当 $G_o(\mathrm{j}\omega)$ 曲线不包围 $-\dfrac{1}{N(X)}$ 曲线时，该非线性系统是稳定的。当 $G_o(\mathrm{j}\omega)$ 曲线包围 $-\dfrac{1}{N(X)}$ 曲线时，该非线性系统不稳定。两种情况分别如图 7.1.17(a)和(b)所示。

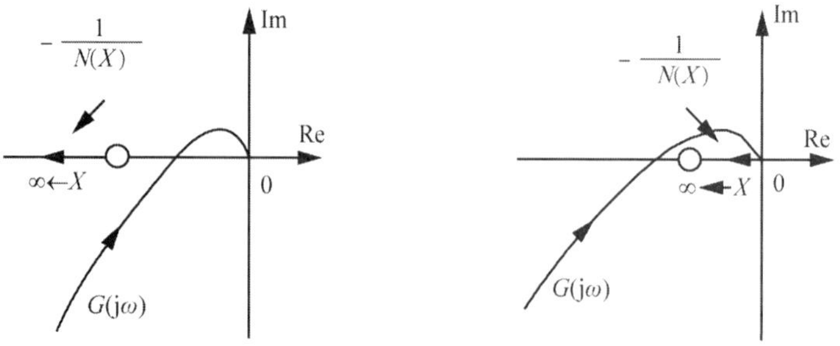

(a) 不包围$-\frac{1}{N(X)}$曲线　　(b) 包围$-\frac{1}{N(X)}$曲线

图 7.1.17　非线性系统的稳定性(7.1)

②非线性系统的自持振荡分析。当 $G_o(j\omega)$ 曲线与 $-\frac{1}{N(X)}$ 曲线相交时，该非线性系统的稳定性由临界点邻域的运动性质来决定。即系统可能是稳定的、发散的，或者是自持振荡的，分别如图 7.1.18 所示。

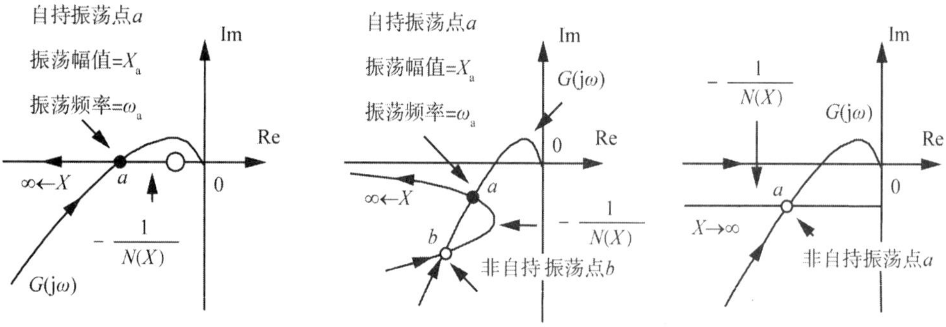

(a) 自持振荡点　　(b) 两个临界稳定点　　(c) 非自持振荡点

图 7.1.18　$-\frac{1}{N(X)}$ 曲线与 $G_o(j\omega)$ 曲线相交时的稳定性(7.1)

7.1.5　已知死区 + 继电特性的非线性控制系统如图 7.1.19 所示，其中继电特性参数为 $M = 1.7$，死区特性参数为 $\Delta = 0.7$，应用描述函数法作系统分析。

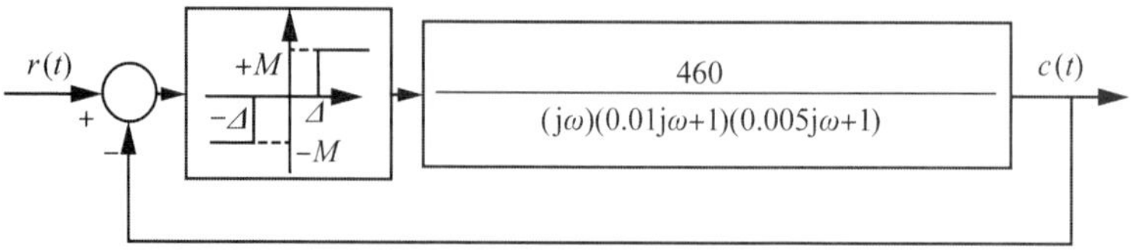

图 7.1.19　死区 + 继电型非线性控制系统(7.1.5)

解　带死区的继电型非线性环节的描述函数为

$$N(X)=\frac{4M}{\pi X}\sqrt{1-\left(\frac{\Delta}{X}\right)^2}$$

其负倒数函数为

$$-\frac{1}{N(X)}=-\frac{\pi X}{4M\sqrt{1-\left(\frac{\Delta}{X}\right)^2}}$$

作 $-\frac{1}{N(X)}$ 曲线和 $G(j\omega)$ 曲线如图 7. 1. 20 所示。

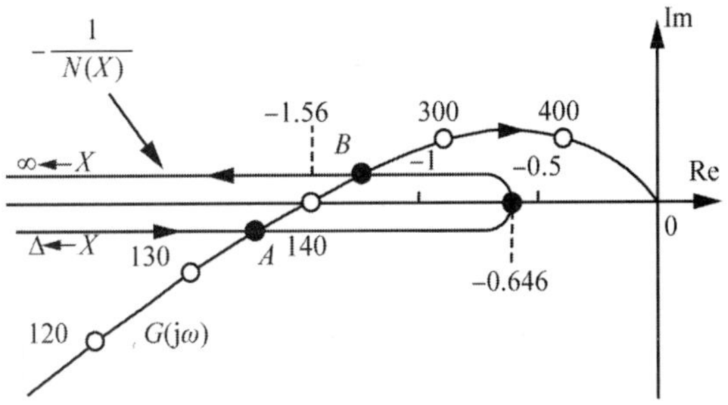

图 7. 1. 20　死区继电型非线性系统的描述函数分析(7. 1. 5)

当 $M=1.7$，$\Delta=0.7$ 时，$-\frac{1}{N(X)}$ 曲线的端点值为 $-\frac{1}{N(X)}\Big|_{\substack{\Delta=0.7\\M=1.7}}=-0.646$。因此，$G(j\omega)$ 曲线与 $-\frac{1}{N(X)}$ 曲线在 $1.56\angle-180^\circ$ 处两次相交，两次相交的 X 值分别为

$$\begin{cases}X_A=0.716\\X_B=3.3\end{cases}$$

在 B 点邻域两边的运动，基于奈氏稳定性判据而形成自持振荡。振荡频率与振荡幅值如图 7. 1. 20 所示，分别为

$$\begin{cases}\omega_B=140\\X_B=3.3\end{cases}$$

7. 2　第 7 章习题精解

7. 2. 1　设某非线性控制系统如图 7. 2. 1 所示，试确定自持振荡的幅值和频率。

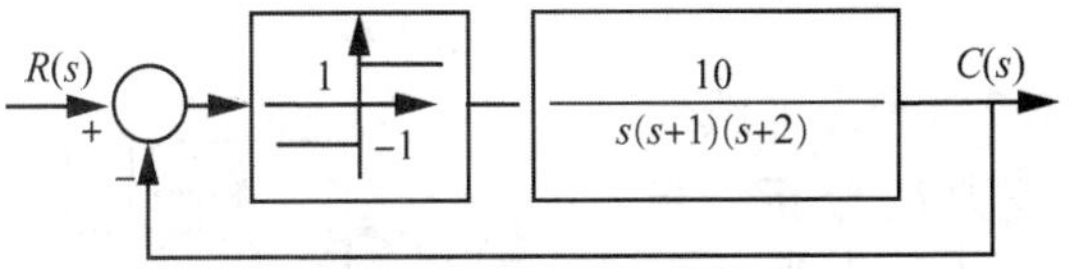

图 7. 2. 1　非线性控制系统(7. 2. 1)

解　图 7. 2. 1 所示非线性特性为继电特性，其描述函数为

$$N(X) = \frac{4M}{\pi X}$$

是输入正弦信号幅值 X 的函数。其负倒数特性为

$$-\frac{1}{N(X)} = -\frac{\pi X}{4M}$$

当 X 由 0 开始变化时，曲线沿负实轴从 0 变化到 $-\infty$。

固有特性为

$$G_o(s) = \frac{10}{s(s+1)(s+2)}$$

令 X 从 0 变化到无穷与 ω 从 0 变化到无穷，分别在复平面上作出两条特性曲线，如图 7.2.2 所示。

由于非线性系统的稳定条件为

$$G_o(s) = -\frac{1}{N(X)}$$

图 7.2.2 中被奈奎斯特曲线包围的部分振幅增加，不被奈奎斯特曲线包围的部分振幅减小，因此在两曲线交点处形成极限环。计算极限环振荡的频率 ω_x 与振幅 X_ω。

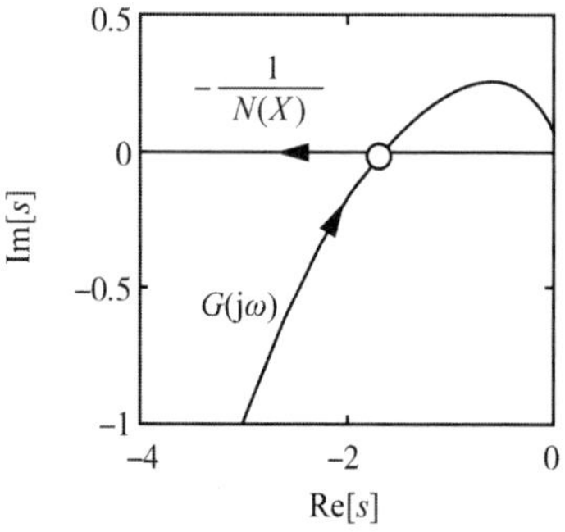

图 7.2.2　负倒数特性(7.2.1)

计算 $G_o(j\omega)$ 与负实轴的交点。在交点处的幅角满足

$$-90^\circ - \arctan\omega_x - \arctan\frac{1}{2}\omega_x = -180^\circ$$

则

$$\omega_x = 1.414$$

$$|G(j\omega)|_{\omega_x=1.414} = \left|\frac{10}{j\omega(j\omega+1)(j\omega+2)}\right|_{\omega_x=1.414} = 1.66$$

$-\frac{1}{N(X)}$ 曲线与 $G_o(j\omega)$ 相交，两者模相等，即

$$\left|-\frac{1}{N(X)}\right| = \left|-\frac{\pi X}{4M}\right|_{M=1} = |G_o(j\omega)| = 1.66$$

得到极限环振荡幅值为

$$X_\omega = 2.12$$

极限环振荡参数为

$$\omega_x = 1.414,\ X_\omega = 2.12$$

7.2.2　设如图 7.2.3 所示非线性系统，试应用描述函数法分析，当 $K=10$ 时，系统的稳定性，并确定临界稳定时增益 K 的值。

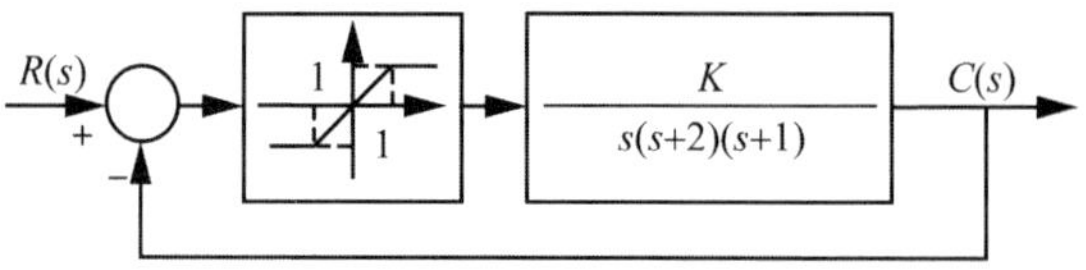

图 7.2.3　非线性系统(7.2.2)

解　该题的非线性特性是饱和特

性，当 $X<1$ 时，系统的传输关系为线性关系，比例为 1。其描述函数为

$$N(X)=\frac{2}{\pi}\left[\arcsin\frac{1}{X}+\frac{1}{X}\sqrt{1-\left(\frac{1}{X}\right)^2}\right],X<1$$

其负倒数特性为

$$-\frac{1}{N(X)}=-\frac{\pi}{2}\frac{1}{\left[\arcsin\frac{1}{X}+\frac{1}{X}\sqrt{1-\left(\frac{1}{X}\right)^2}\right]}$$

$K=10$ 时，固有特性为

$$G_o(s)=\frac{10}{s(s+1)(s+2)}$$

令 X 从 1 变化到无穷，ω 从 0 变化到无穷，分别在复平面上作出两条特性曲线，如图 7.2.4 所示。两曲线相交点处产生极限环。

计算 $G_o(j\omega)$ 与负实轴的交点。在交点处的幅角满足

$$-90^\circ-\arctan\omega-\arctan\frac{1}{2}\omega=-180^\circ$$

解得

$$\omega_x=1.414$$

$$|G(j\omega)|_{\omega_x=1.414}=\left|\frac{10}{j\omega(j\omega+1)(j\omega+2)}\right|_{\omega_x=1.414}=1.66$$

$-\frac{1}{N(X)}$ 曲线与 $G_o(j\omega)$ 相交，两者模相等，即

$$\left|-\frac{1}{N(X)}\right|=\left|-\frac{\pi}{2}\frac{1}{\left[\arcsin\frac{1}{X}+\frac{1}{X}\sqrt{1-\left(\frac{1}{X}\right)^2}\right]}\right|=|G_o(j\omega)|=1.66$$

因此，极限环振荡幅值为

$$X_\omega=2.0331$$

极限环振荡参数为

$$\omega_x=1.414,\ X_\omega=2.0331$$

在两曲线相交的临界点向邻域右方的扰动，使得被 $G_o(j\omega)$ 曲线包围的 $-\frac{1}{N(X)}$ 曲线的部分以幅值增大而趋于临界点；在两曲线相交的临界点向邻域左方的扰动，使得被 $G_o(j\omega)$ 曲线包围的 $-\frac{1}{N(X)}$ 曲线的部分以幅值减小而趋于临界点，因此，临界点为稳定的自持振荡点。

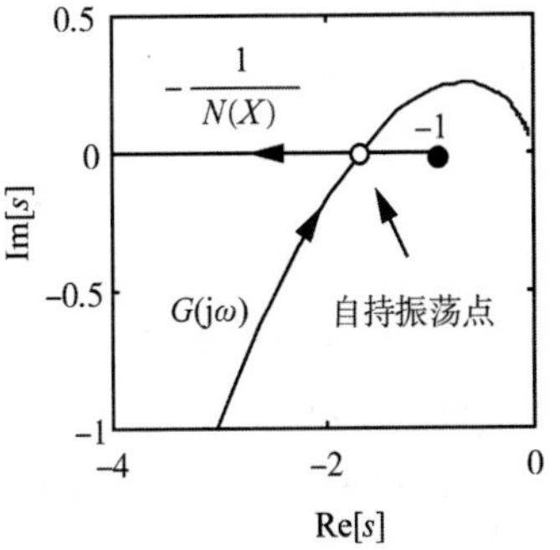

图 7.2.4　奈奎斯特曲线与 $-1/N(X)$ 曲线(7.2.2)

当 K 值增加时，两曲线的交点，即稳限环稳定点沿负实轴向左移动，极限环是稳定的，临界稳定增益 $K_{临}$ 趋于无穷大。

无饱和特性时系统的闭环传递函数为

$$G_c(s) = \frac{K}{s(s+1)(s+2)+K}$$

闭环特征方程为

$$s^3 + 3s^2 + 2s + K = 0$$

由劳斯判据，作劳斯表

$$\begin{array}{lll} s^3 & 1 & 2 \\ s^2 & 3 & K \\ s^1 & \dfrac{6-K}{3} & \\ s^0 & K & \end{array}$$

得出系统稳定时 K 值的范围，即

$$0 < K < 6$$

增益 $K=10$ 时，系统不稳定。但是，增加了饱和特性之后，系统不会发散，满足了某些特定条件下控制的需要。

7.2.3 设某非线性控制系统的结构图如图 7.2.5 所示，试应用描述函数法分析该系统的稳定性。为使系统稳定，非线性参数 a，b 应如何调整？

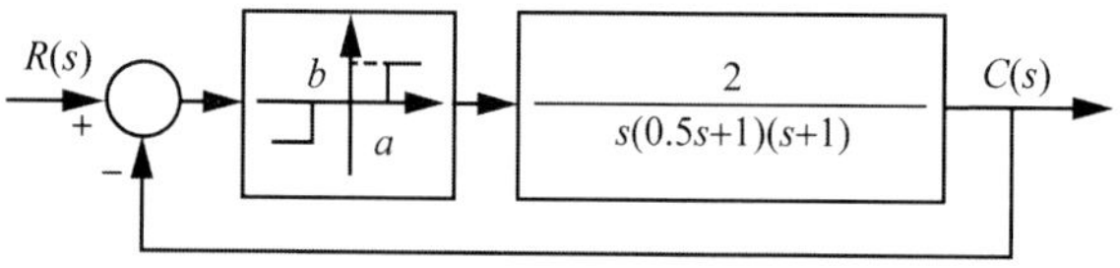

图 7.2.5 非线性系统(7.2.3)

解 该题的非线性特性是继电加死区特性。当 $b < X < a$ 时，输出为0。其描述函数为

$$N(X) = \frac{4b}{\pi X}\sqrt{1-\left(\frac{a}{X}\right)^2}$$

其负倒数特性为

$$-\frac{1}{N(X)} = -\frac{\pi X}{4b}\frac{1}{\sqrt{1-\left(\frac{a}{X}\right)^2}}$$

固有特性为

$$G_o(s) = \frac{2}{s(0.5s+1)(s+1)}$$

X 从 0 变化到无穷与 ω 从 0 变化到无穷，分别在复平面上作出两条特性曲线，如图 7.2.6 所示。在两曲线相交点处产生极限环。

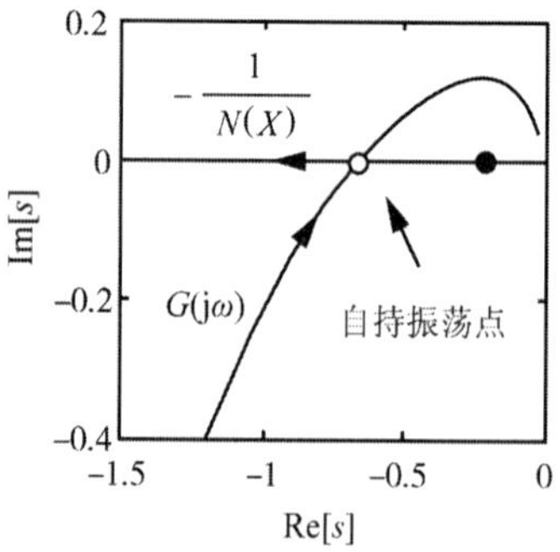

图 7.2.6 负倒数特性(7.2.3)

计算 $G_o(j\omega)$ 与负实轴的交点。在交点处的幅角满足

$$-90° - \arctan\omega_x - \arctan\frac{1}{2}\omega_x = -180°$$

$$\omega_x = 1.414$$

$$|G(j\omega)|_{\omega_x=1.414} = \left|\frac{2}{j\omega(j\omega+1)(j0.2\omega+1)}\right|_{\omega_x=1.414} = 0.667$$

$-\dfrac{1}{N(X)}$ 曲线与 $G_o(j\omega)$ 相交，两者模相等，即

$$\left|-\frac{1}{N(X)}\right| = \left|-\frac{\pi X}{4b}\frac{1}{\sqrt{1-\left(\frac{a}{X}\right)^2}}\right| = |G_o(j\omega)| = 0.667$$

在两曲线相交的临界点向邻域右方的扰动，使得被 $G_o(j\omega)$ 曲线包围的 $-\dfrac{1}{N(X)}$ 曲线的部分以幅值增大而趋于临界点；在两曲线相交的临界点向邻域左方的扰动，使得被 $G_o(j\omega)$ 曲线包围的 $-\dfrac{1}{N(X)}$ 曲线的部分以幅值减小而趋于临界点。因此，临界点为稳定的自持振荡点。由曲线可以看出，自持振荡频率为常数，$-\dfrac{1}{N(X)}$ 曲线在自持振荡点的模为常数。因此非线性参数 a 增加，可以减小振荡的幅值；同理，非线性参数 b 减小，也可以减小自持振荡的幅值。

7.2.4　试确定下述二阶非线性微分方程的奇点及其类型。

(1) $\ddot{x}+0.5\dot{x}+2x+x^2=0$　　　(2) $\ddot{x}-(1-x^2)\dot{x}+x=0$

(3) $\ddot{x}-(0.5-3x^2)\dot{x}+x+x^2=0$

解　(1) $\ddot{x}+0.5\dot{x}+2x+x^2=0$

由奇点的定义

$$\begin{cases}\dot{x}=0\\ f(x,\dot{x})=0\end{cases}$$

得到奇点方程为

$$\begin{cases}\dot{x}=0\\ 0.5\dot{x}+2x+x^2=0\end{cases}$$

解得系统的奇点分别为

$$\begin{cases}\dot{x}=0\\ x=0\end{cases}\quad\begin{cases}\dot{x}=0\\ x=-2\end{cases}$$

在奇点邻域，其线性化方程为

$$\ddot{x}+\frac{\partial f(x,\dot{x})}{\partial\dot{x}}\bigg|_{\substack{x_0\\ \dot{x}_0}}\dot{x}+\frac{\partial f(x,\dot{x})}{\partial x}\bigg|_{\substack{x_0\\ \dot{x}_0}}x=0$$

在奇点 $\begin{cases}\dot{x}=0\\ x=0\end{cases}$ 的邻域，有

$$\left.\frac{\partial f(x,\dot{x})}{\partial \dot{x}}\right|_{\substack{x=0\\ \dot{x}=0}} = 0.5$$

$$\left.\frac{\partial f(x,\dot{x})}{\partial x}\right|_{\substack{x=0\\ \dot{x}=0}} = 2x+2\left.\right|_{\substack{x=0\\ \dot{x}=0}} = 2$$

线性化方程为

$$\ddot{x} + 0.5\dot{x} + 2x = 0$$

特征根为

$$s_{1,2} = \frac{-0.5 \pm \mathrm{j}\sqrt{7.75}}{2}$$

为位于 s 平面左半平面的共轭复数根，因此奇点类型为稳定焦点。

在奇点 $\begin{cases}\dot{x}=0\\ x=-2\end{cases}$ 的邻域，有

$$\left.\frac{\partial f(x,\dot{x})}{\partial \dot{x}}\right|_{\substack{\dot{x}_0=0\\ x_0=-2}} = 0.5$$

$$\left.\frac{\partial f(x,\dot{x})}{\partial x}\right|_{\substack{\dot{x}_0=0\\ x_0=-2}} = 2x+2\left.\right|_{\substack{\dot{x}_0=0\\ x_0=-2}} = -4+2 = -2$$

线性化方程为

$$\ddot{x} + 0.5\dot{x} - 2x = 0$$

特征根为

$$s_1 = 1.186,\ s_2 = -1.685$$

其值为一正一负两个实根，因此该奇点类型为鞍点。

(2) $\ddot{x} - (1-x^2)\dot{x} + x = 0$

由奇点方程

$$\begin{cases}\dot{x} = 0\\ -(1-x^2)\dot{x} + x = 0\end{cases}$$

解得系统的奇点为

$$\begin{cases}\dot{x} = 0\\ x = 0\end{cases}$$

线性化系数为

$$\left.\frac{\partial f(x,\dot{x})}{\partial \dot{x}}\right|_{\substack{x_0=0\\ \dot{x}_0=0}} = -(1-x^2)\left.\right|_{\substack{x_0=0\\ \dot{x}_0=0}} = -1$$

$$\left.\frac{\partial f(x,\dot{x})}{\partial x}\right|_{\substack{x_0=0\\ \dot{x}_0=0}} = 2x\cdot\dot{x}+1\left.\right|_{\substack{x_0=0\\ \dot{x}_0=0}} = 1$$

在奇点邻域，线性化方程为

$$\ddot{x}-\dot{x}+x=0$$

特征根为

$$s_{1,2}=\frac{1\pm \mathrm{j}\sqrt{3}}{2}$$

为位于 s 平面右半平面的共轭复数根，因此奇点类型为不稳定焦点。

(3) $\ddot{x}-(0.5-3x^2)\dot{x}+x+x^2=0$

由奇点方程

$$\begin{cases}\dot{x}=0\\ -(0.5-3x^2)\dot{x}+x+x^2=0\end{cases}$$

解得系统的奇点分别为

$$\begin{cases}\dot{x}=0\\ x=0\end{cases}\quad\begin{cases}\dot{x}=0\\ x=-1\end{cases}$$

在奇点 $\begin{cases}\dot{x}=0\\ x=0\end{cases}$ 的邻域，线性化系数为

$$\left.\frac{\partial f(x,\dot{x})}{\partial \dot{x}}\right|_{\substack{x_0=0\\ \dot{x}_0=0}} = -(0.5-3x^2)=-0.5$$

$$\left.\frac{\partial f(x,\dot{x})}{\partial x}\right|_{\substack{x_0=0\\ \dot{x}_0=0}} = 6x\cdot\dot{x}+1+2x\left.\right|_{\substack{x_0=0\\ \dot{x}_0=0}} = 1$$

线性化方程为

$$\ddot{x}-0.5\dot{x}+x=0$$

特征根为

$$s_{1,2}=\frac{0.5\pm \mathrm{j}\sqrt{3.75}}{2}$$

为位于 s 平面右半平面的共轭复数根，因此奇点类型为不稳定焦点。

在奇点 $\begin{cases}\dot{x}=0\\ x=-1\end{cases}$ 的邻域，线性化系数为

$$\left.\frac{\partial f(x,\dot{x})}{\partial \dot{x}}\right|_{\substack{x_0=-1\\ \dot{x}_0=0}} = -(0.5-3x^2)=2.5$$

$$\frac{\partial f(x,\dot{x})}{\partial x}\bigg|_{\substack{x_0=-1\\ \dot{x}_0=0}} = 6x\dot{x} + 1 + 2x\bigg|_{\substack{x_0=-1\\ \dot{x}_0=0}} = -1$$

线性化方程为

$$\ddot{x} + 2.5\dot{x} - x = 0$$

特征根分别为

$$s_1 = 0.35,\ s_2 = -2.85$$

其值为一正一负两个实根，因此该奇点类型为鞍点。

7.2.5 试用等倾线法画出下列方程的相平面草图。

(1) $\ddot{x} + |\dot{x}| + x = 0$

(2) $\ddot{x} + \dot{x} + |x| = 0$

(3) $\ddot{x} + A\sin x = 0$

解 (1) $\ddot{x} + |\dot{x}| + x = 0$

相轨迹的斜率方程为

$$\alpha = \frac{d\dot{x}}{dx} = -\frac{f(\dot{x},x)}{\dot{x}}$$

$$f(\dot{x},x) = |\dot{x}| + x$$

则等倾线方程为

$$\begin{cases}\dot{x} = -\dfrac{1}{\alpha+1}x, & \dot{x} > 0\\ \dot{x} = -\dfrac{1}{\alpha-1}x, & \dot{x} < 0\end{cases}$$

等倾线为过原点的直线族，分为上下两部分，如图 7.2.7 所示。

给定初值为 $\begin{cases}\dot{x} = 0\\ x = 1\end{cases}$ 与 $\begin{cases}\dot{x} = 0\\ x = 0.5\end{cases}$ 的相平面图，如图 7.2.8 所示。

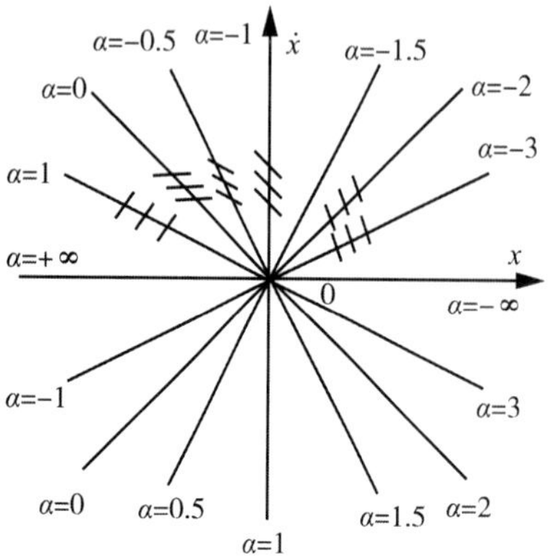

图 7.2.7 等倾线(7.2.5-1)

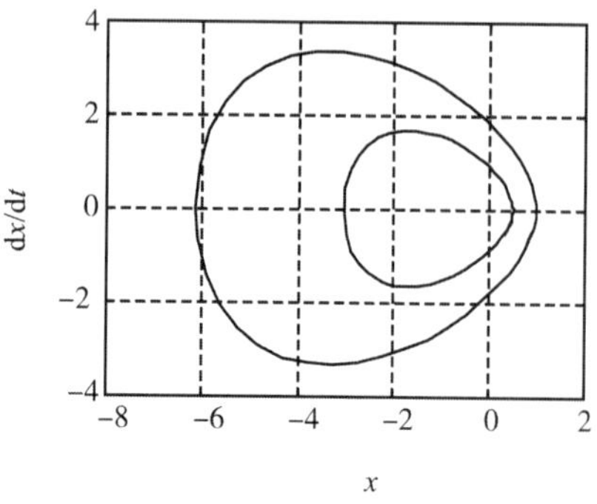

图 7.2.8 相平面图(7.2.5-1)

(2) $\ddot{x}+\dot{x}+|x|=0$

$$\alpha=\frac{\mathrm{d}\dot{x}}{\mathrm{d}x}=-\frac{f(\dot{x},x)}{\dot{x}}$$

$$f(\dot{x},x)=\dot{x}+|x|$$

则等倾线方程为

$$\begin{cases}\dot{x}=-\dfrac{x}{\alpha+1}, & x>0\\ \dot{x}=\dfrac{x}{\alpha+1}, & x<0\end{cases}$$

等倾线为过原点的直线族，分为左右两部分，如图 7.2.9 所示。

初值分别为[0，1]，[0，0.5]和[1，0]的相平面图，如图 7.2.10 所示。

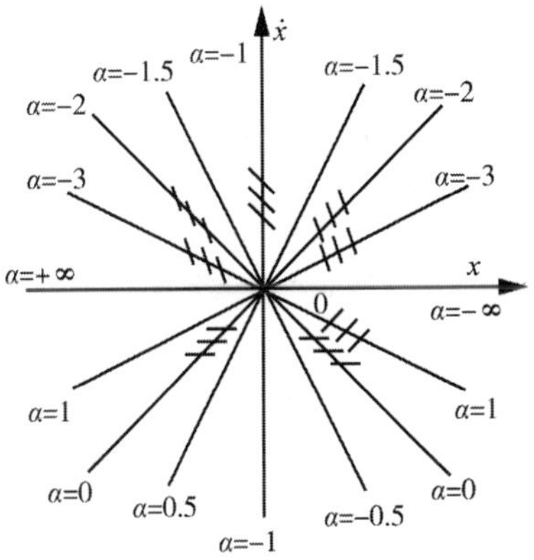

图 7.2.9　等倾线(7.2.5－2)

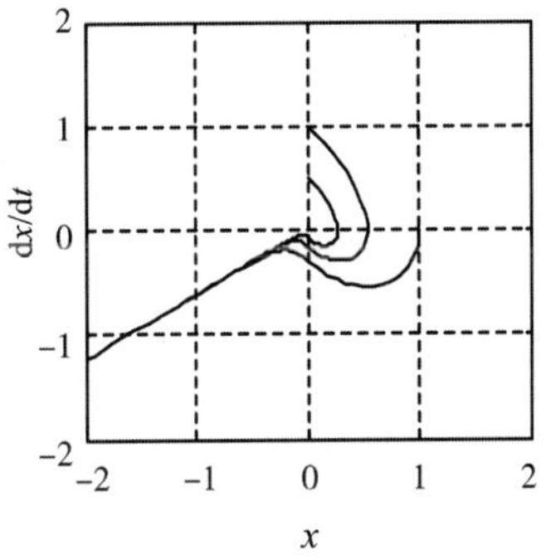

图 7.2.10　相平面图(7.2.5－2)

(3) $\ddot{x}+A\sin x=0$

相轨迹的斜率方程为

$$\alpha=\frac{\mathrm{d}\dot{x}}{\mathrm{d}x}=-\frac{f(\dot{x},x)}{\dot{x}}$$

$$f(\dot{x},x)=A\sin x$$

则等倾线方程为

$$\frac{\dot{x}}{A}=-\frac{1}{\alpha}\sin x$$

等倾线为正弦曲线族。等倾线和相轨迹如图 7.2.11 所示。

7.2.6　设某二阶非线性系统结构图如图 7.2.12 所示，给定初始条件，

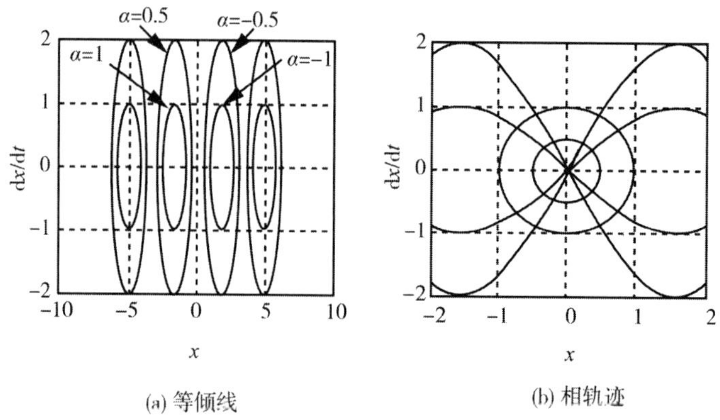

图 7.2.11　等倾线与相轨迹(7.2.5)

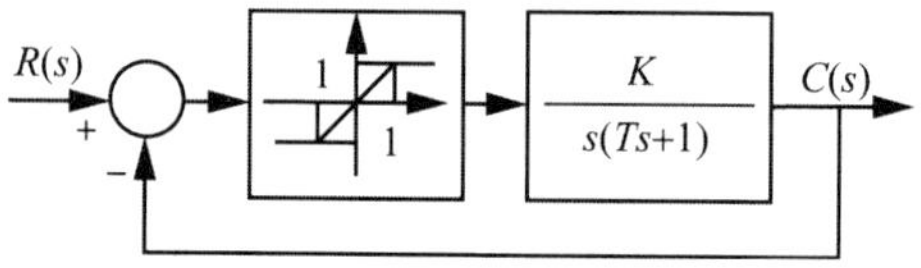

图 7.2.12　非线性系统结构图(7.2.6)

$$\begin{cases} e_0 = 0.2 \\ \dot{e}_0 = 0 \end{cases}$$

试用等倾线法作出系统的相轨迹图。

解　设非线性部分的输出为 m，则

$$\frac{C(s)}{M(s)} = \frac{K}{s(Ts+1)}$$

化为微分方程为

$$T\ddot{c} + \dot{c} = Km$$

$$m = \begin{cases} 1, & e > 1 \\ e, & -1 < e < 1 \\ -1, & e < -1 \end{cases}$$

令 $K=1$，则系统方程为

$$T\ddot{c} + \dot{c} = \begin{cases} 1, & e > 1 \\ e, & -1 < e < 1 \\ -1, & e < -1 \end{cases}$$

由于

$$e(t) = r(t) - c(t)$$

又 $r(t)=0$

所以

$$e=-c,\ \dot{e}=-\dot{c},\ \ddot{e}=-\ddot{c}$$

得到误差方程为

$$\begin{cases} T\ddot{e}+\dot{e}=-1,\ e>1 \\ T\ddot{e}+\dot{e}=-e,\ -1<e<1 \\ T\ddot{e}+\dot{e}=1,\ e<-1 \end{cases}$$

系统的运动分为三个区，由相轨迹的切线方程

$$\alpha=-\frac{f(x,\dot{x})}{\dot{x}}$$

得到等倾线方程分别为

$$\begin{cases} \dot{e}=-\dfrac{1}{T\alpha+1},\ e>1 \\ \dot{e}=-\dfrac{1}{T\alpha+1}e,\ -1<e<1 \\ \dot{e}=\dfrac{1}{T\alpha+1},\ e<-1 \end{cases}$$

分区内的等倾线如图 7. 2. 13 所示。

给定初始条件 $\begin{cases} e_0=0.2 \\ \dot{e}_0=0 \end{cases}$ 绘制出相轨迹如图 7. 2. 14 所示，当 $-1<e<+1$ 时，系统是在线性区内运动的。

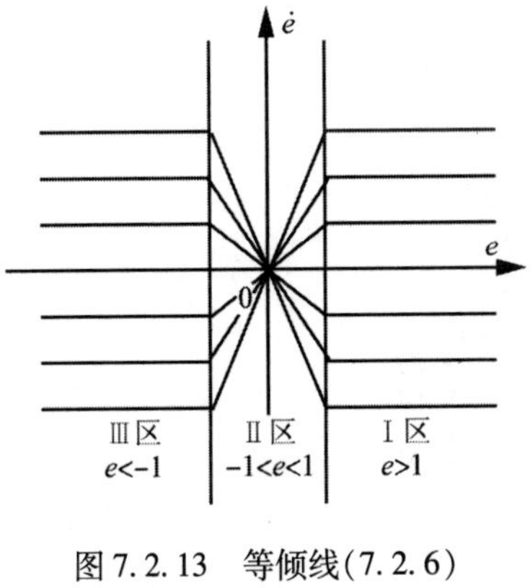

图 7. 2. 13　等倾线(7. 2. 6)

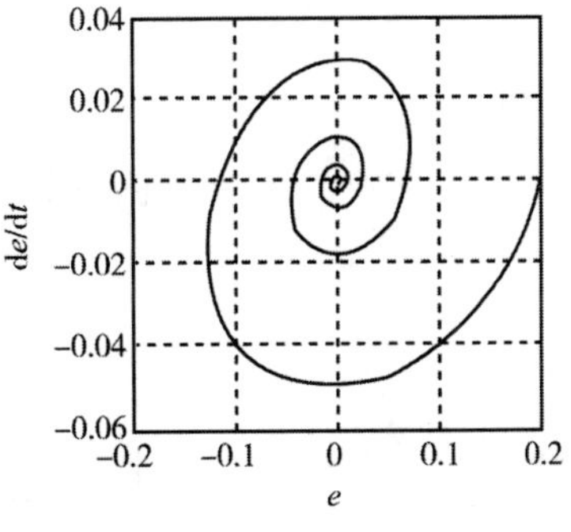

图 7. 2. 14　相轨迹(7. 2. 6)

7. 2. 7　设采用了非线性反馈的某控制系统结构图如图 7. 2. 15 所示，试采用等倾线法绘制输入信号为 $r(t)=R\cdot 1(t)$ 时系统的相轨迹图。

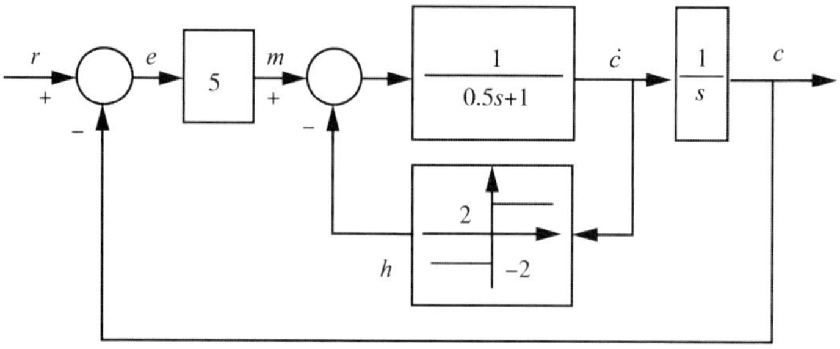

图 7.2.15　非线性反馈系统(7.2.7)

解　系统各部分的信号如图 7.2.15 所示。

(1)列出运动方程，线性部分为

$$\begin{cases}0.5\ddot{c}+\dot{c}=m-h\\m=5e\\e=r-c\end{cases}$$

非线性部分为

$$h=\begin{cases}+2, & \dot{c}>0\\-2, & \dot{c}<0\end{cases}$$

先令输入信号 $r=0$，得到分区运动方程为

$$\begin{cases}0.5\ddot{c}+\dot{c}+5c=-2, & \dot{c}>0\\0.5\ddot{c}+\dot{c}+5c=+2, & \dot{c}<0\end{cases}$$

由 $e=-c$，$\dot{e}=-\dot{c}$，$\ddot{e}=-\ddot{c}$，得到误差方程为

$$\begin{cases}0.5\ddot{e}+\dot{e}+5e=+2, & \dot{e}<0\\0.5\ddot{e}+\dot{e}+5e=-2, & \dot{e}>0\end{cases}$$

即

$$\begin{cases}\ddot{e}+2\dot{e}+10e=+4, & \dot{e}<0\\\ddot{e}+2\dot{e}+10e=-4, & \dot{e}>0\end{cases}$$

由于非线性的作用，系统的运动分为上下两个区。

(2)由方程 $\begin{cases}\dot{e}=0\\f(e,\dot{e})=0\end{cases}$，计算系统的奇点。

当 $\dot{e}<0$ 时，方程的奇点为 $e=0.4$，奇点附近的运动方程为

$$\ddot{e}+2\dot{e}+10=0$$

当 $\dot{e}>0$ 时，方程的奇点为 $e=-0.4$，奇点附近的运动方程为

$$\ddot{e}+2\dot{e}+10=0$$

系统特征方程的根均为

$$s_{1,2}=-1\pm \mathrm{j}3$$

即特征根是位于 s 平面左半平面的共轭复数根，所以两个奇点的性质均为稳定焦点。

作变量代换 $u=10e\pm 4$，$\dot{u}=10\dot{e}$，$\ddot{u}=10\ddot{e}$，得到分区运动方程为

$$\begin{cases}\ddot{u}+2\dot{u}+10u=0, & \dot{u}<0\\ \ddot{u}+2\dot{u}+10u=0, & \dot{u}>0\end{cases}$$

以 u 为变量的相平面和以 e 为变量的相平面只是坐标轴的平移。对于奇点的等倾线方程

$$\dot{u}=-\frac{10}{\alpha+2}u$$

是过奇点的直线族，作上下分区的等倾线，如图 7.2.16 所示。

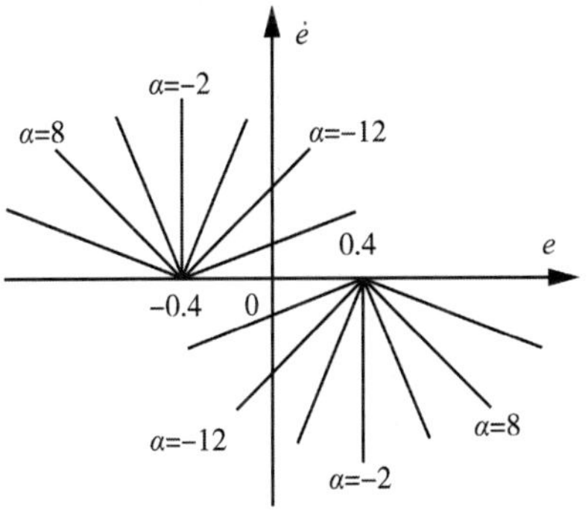

图 7.2.16　等倾线(7.2.7)

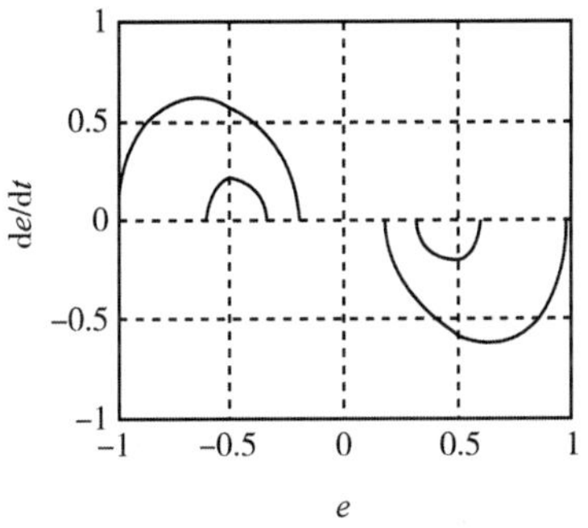

图 7.2.17　相轨迹(7.2.7)

当 $r=1(t)$ 时的相平面图是 $r=0$ 时的相平面图的平移，相平面图如图 7.2.17 所示。

7.2.8　某种非线性积分器，输入信号为正弦信号 $u_{\mathrm{i}}(t)=A\sin\omega t$ 时，其输入输出波形如图 7.2.18 所示。分段算式为

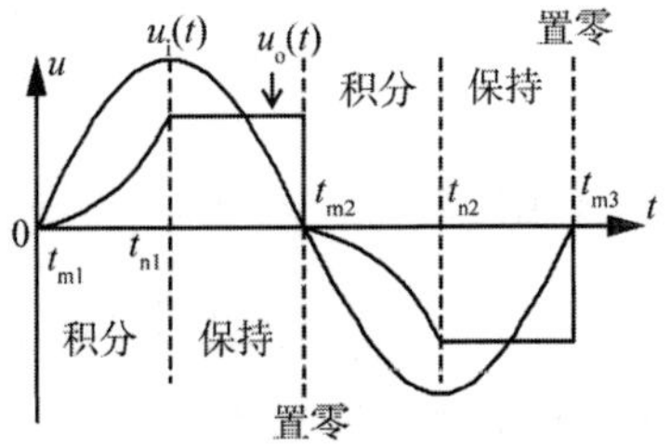

图 7.2.18　非线性积分器(7.2.8)

$$u_{\mathrm{o}}(t)=\begin{cases}0, & u_{\mathrm{i}}(t)=0,\ t=t_{\mathrm{m}}\\ \dfrac{1}{\tau}\displaystyle\int_{t_{\mathrm{m}}}^{t}u_{\mathrm{i}}(t)\mathrm{d}t, & u_{\mathrm{i}}\dot{u}_{\mathrm{i}}>0,\ t_{\mathrm{m}}<t<t_{\mathrm{n}}\\ \dot{u}_{\mathrm{o}}(t)=\dfrac{1}{\tau}\displaystyle\int_{t_{\mathrm{m}}}^{t_{\mathrm{n}}}u_{\mathrm{i}}(t)\mathrm{d}t, & \dot{u}_{\mathrm{i}}=0,\ t=t_{\mathrm{n}}\\ u_{\mathrm{o}}(t_{\mathrm{n}}), & u_{\mathrm{i}}\dot{u}_{\mathrm{i}}<0,\ t>t_{\mathrm{n}}\end{cases}$$

试由描述函数法证明该种非线性积分器的相位滞后角为 -27.6°。

证明 给定输入正弦信号为 $u_i(t) = A\sin\omega t$，则 1/4 周期的积分值为

$$u_{o1}(t) = \frac{1}{\tau}\int_0^t A\sin\omega t\mathrm{d}t = \frac{A}{\omega\tau}(1-\cos\omega t),0 < \omega t < \frac{\pi}{2}$$

由于

$$u_{o1}(t)\bigg|_{t=\frac{\pi}{2\omega}} = \frac{1}{\tau}\int_0^{\frac{\pi}{2\omega}} A\sin\omega t\mathrm{d}t = \frac{A}{\omega\tau}$$

所以

$$u_{o2}(t) = \frac{A}{\omega\tau},\quad \frac{\pi}{2} < \omega t < \pi$$

$$u_{o3}(t) = \frac{1}{\tau}\int_{\frac{\pi}{\omega}}^t A\sin\omega t\mathrm{d}t = -\frac{A}{\omega\tau}(1+\cos\omega t),\quad \pi < \omega t < \frac{3\pi}{2}$$

由于

$$u_{o3}(t)\bigg|_{t=\frac{3\pi}{2\omega}} = \frac{1}{\tau}\int_{\frac{\pi}{\omega}}^{\frac{3\pi}{2\omega}} A\sin\omega t\mathrm{d}t = -\frac{A}{\omega\tau}$$

所以

$$u_{o4}(t) = -\frac{A}{\omega\tau},\quad \frac{3\pi}{2} < t < 2\pi$$

基波余弦分量的幅值为

$$A_1 = \frac{2}{\pi}\int_0^{\pi} u_o(t)\cos\omega t\cdot\mathrm{d}(\omega t) = -\frac{0.5A}{\omega\tau}$$

基波正弦分量的幅值为

$$B_1 = \frac{2}{\pi}\int_0^{\pi} u_o(t)\sin\omega t\cdot\mathrm{d}(\omega t) = \frac{0.955A}{\omega\tau}$$

所以，基波分量为

$$u_1(t) = -\frac{0.5A}{\omega\tau}\cos\omega t + \frac{0.955A}{\omega\tau}\sin\omega t = A_{o1}\sin(\omega t+\varphi_{o1})$$

则基波振幅为

$$A_{o1} = \sqrt{A_1^2+B_1^2} = \frac{1.08A}{\omega\tau}$$

基波相位为

$$\varphi_{o1} = \arctan\frac{-0.5A/\omega\tau}{0.955A/\omega\tau} = -27.6°$$

写出它的描述函数为

$$N(\mathrm{j}\omega) = \frac{u_{o1}(t)}{u_i(t)} = \left(\frac{1.08A}{\omega\tau}\mathrm{e}^{\mathrm{j}-27.6°}\right)/(A\mathrm{e}^{\mathrm{j}0°}) = \frac{1.08}{\omega\tau}\mathrm{e}^{-\mathrm{j}27.6°}$$

其幅值为

$$|N(\mathrm{j}\omega)| = \frac{1.08}{\omega\tau}$$

$$\angle N(\mathrm{j}\omega) = -27.6°$$

因此，可证得滞后角为常数值 $-27.6°$。

7.2.9　Karybakas 非线性积分器在输入信号为余弦信号 $u_i(t) = A\cos\omega t$ 时，其输入输出波形如图 7.2.19 所示。

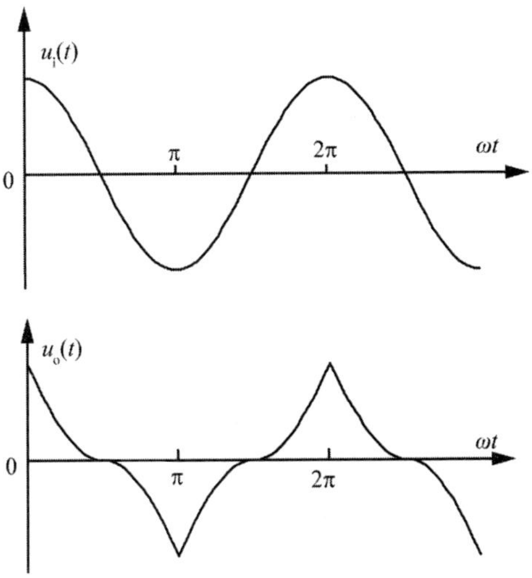

图 7.2.19　Karybakas 非线性积分器(7.2.9)

由分段算式

$$u_o(t) = \begin{cases} \dfrac{1}{T_I}\displaystyle\int_0^t |u_i(t)|\mathrm{d}t, \dot{u}_i(t) > 0 \\ -\dfrac{1}{T_I}\displaystyle\int_0^t |u_i(t)|\mathrm{d}t, \dot{u}_i(t) < 0 \end{cases}$$

得到分段函数表达式为

$$u_o(t) = \begin{cases} \dfrac{A}{\omega T_I}(-\sin\omega t + 1), & 0 \leqslant \omega t \leqslant \dfrac{\pi}{2} \\ \dfrac{A}{\omega T_I}(\sin\omega t - 1), & \dfrac{\pi}{2} \leqslant \omega t \leqslant \pi \\ \dfrac{A}{\omega T_I}(-\sin\omega t - 1) & \pi \leqslant \omega t \leqslant \dfrac{3\pi}{2} \\ \dfrac{A}{\omega T_I}(\sin\omega t + 1), & \dfrac{3\pi}{2} \leqslant \omega t \leqslant 2\pi \end{cases}$$

试由描述函数法证明该种非线性积分器的相位滞后角为 0°。

证明　由输出曲线的分段表达式可以得到，基波分量中的正弦函数项的系数为零，而余弦项的系数为

$$A_1 = \frac{2}{\pi}\int_0^{\pi} u_o(t)\cos\omega t \cdot \mathrm{d}(\omega t) = \frac{0.637A}{\omega T_I}$$

所以，基波分量为

$$u_1(t) = \frac{0.637A}{\omega T_I}\cos\omega t$$

写出它的描述函数为

$$N(\mathrm{j}\omega) = \frac{u_{o1}(t)}{u_i(t)} = \left(\frac{0.637A}{\omega T_I}\mathrm{e}^{\mathrm{j}0°}\right)/(A\mathrm{e}^{\mathrm{j}0°}) = \frac{0.637A}{\omega T_I}\mathrm{e}^{\mathrm{j}0°}$$

其幅值为

$$|N(\mathrm{j}\omega)| = \frac{0.637}{\omega T_I}$$

幅角为

$$\angle N(\mathrm{j}\omega) = 0°$$

因此，可证得滞后角为 0°。

7.2.10　已知二阶系统的结构图如图 7.2.20 所示，试采用非线性输入控制方法，使得系统单位阶跃响应的超调量为零，设计分段阶跃信号的幅值 R_1 和 R_2，并确定切换时间 t_c。

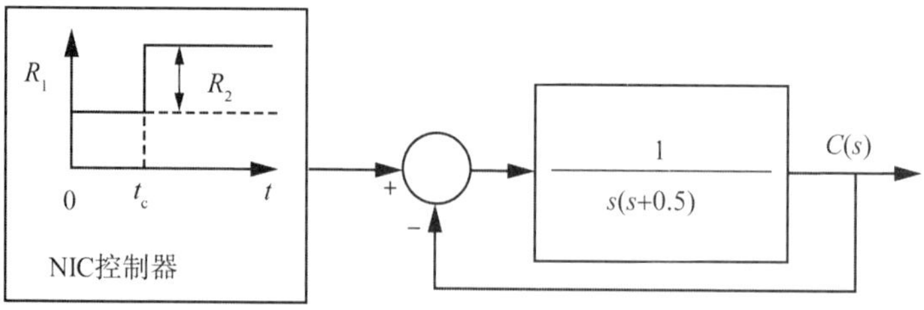

图 7.2.20 分段阶跃控制系统(7.2.10)

解 (1)计算原系统参数

闭环传递函数为

$$G_c(s) = \frac{1}{s^2 + 0.5s + 1}$$

系统的闭环特征方程为

$$s^2 + 0.5s + 1 = 0$$

所以，系统参数为

$$\begin{cases} \zeta = 0.25 \\ \omega_n = 1 \end{cases}$$

性能指标为

$$M_p = e^{-\frac{\zeta}{\sqrt{1-\zeta^2}}\pi} \times 100\% = 44\%$$

$$t_p = \frac{\pi}{\omega_n \sqrt{1-\zeta^2}} = 3.24 \text{ s}$$

系统阶跃响应曲线如图 7.2.21 所示。

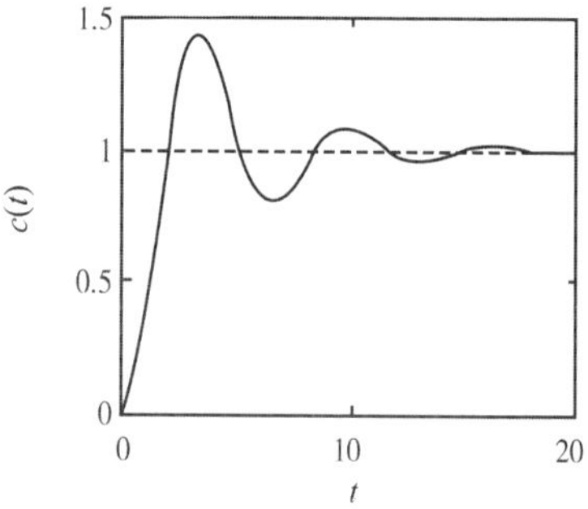

图 7.2.21 阶跃响应曲线(7.2.10)

(2)由分段阶跃信号的幅值 R_1 和 R_2 的关系

$$\begin{cases} R_1 + R_2 = 1 \\ R_1 = \dfrac{1}{1+M_p} \\ R_2 = 1 - R_1 \end{cases}$$

得到

$$R_1 = 0.7, \quad R_2 = 0.3$$

切换时间为系统阶跃响应的峰值时间

$$t_c = t_p = 3.24 \text{ s}$$

加入分段阶跃信号的后系统仿真曲线如图 7.2.22 所示。

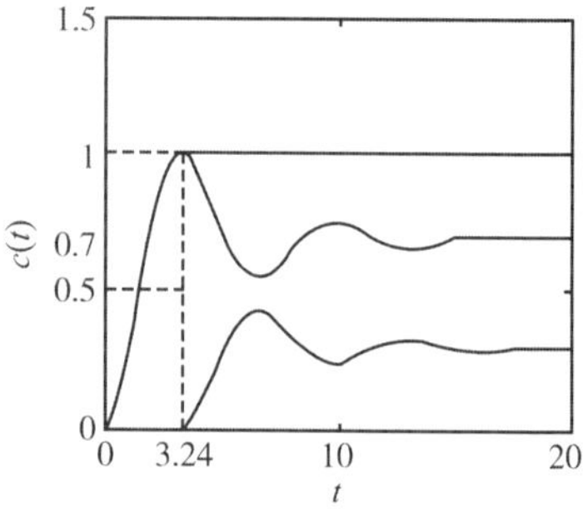

图 7.2.22 分段阶跃响应曲线(7.2.10)

7.3 第 7 章扩充习题

7.3.1 设继电型非线性控制系统如图 7.3.1 所示，试由描述函数法作自持振荡分析。

7.3.2　设饱和型非线性系统如图 7.3.2 所示，试应用描述函数法分析系统的稳定性。

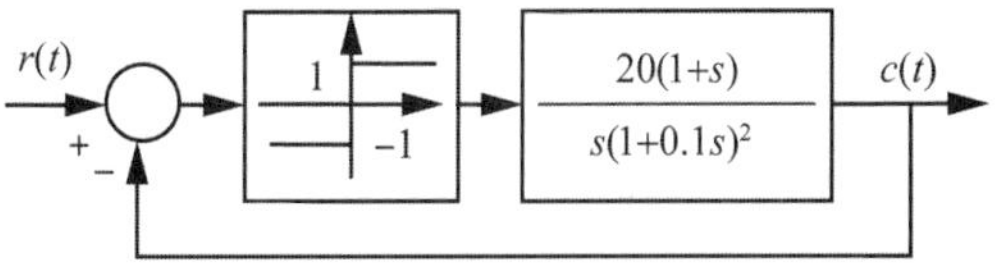

图 7.3.1　继电型非线性系统(7.3.1)

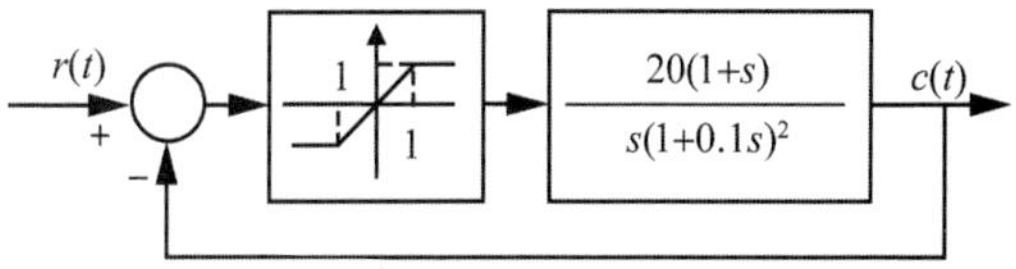

图 7.3.2　饱和型非线性控制系统(7.3.2)

7.3.3　已知非线性系统如图 7.3.3 所示，

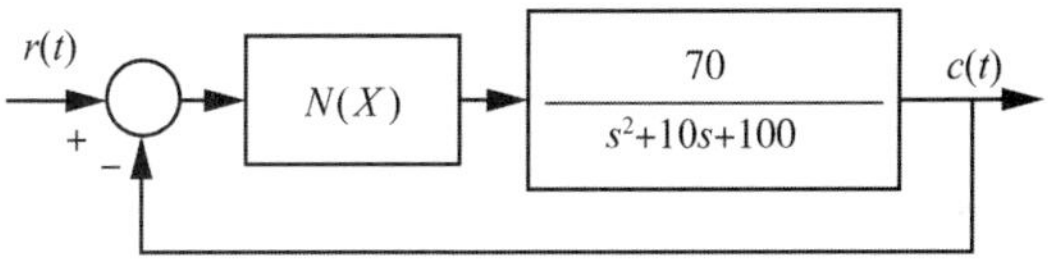

图 7.3.3　非线性系统(7.3.3)

其中，非线性特性的描述函数为

$$N(X) = \frac{4}{\pi X}\sqrt{1-\left(\frac{1}{X}\right)^2} - \mathrm{j}\frac{4}{\pi X^2},\quad X \geqslant 1$$

试作该系统的自持振荡分析。

7.3.4　继电型非线性控制系统如图 7.3.4 所示，试应用相平面法分析系统的运动规律。

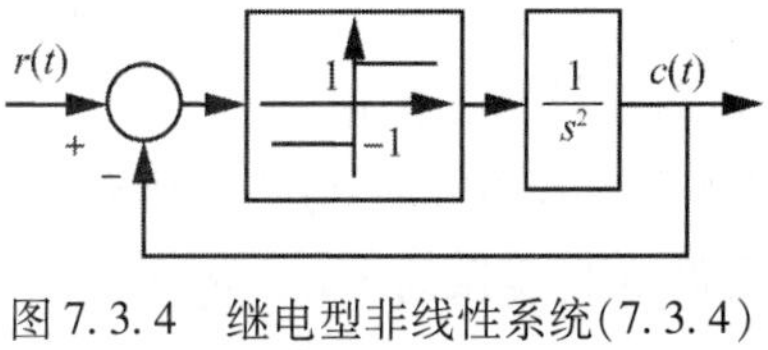

图 7.3.4　继电型非线性系统(7.3.4)

7.3.5　带死区的继电型非线性控制系统如图 7.3.5 所示，试用相平面法分析系统的运动规律。

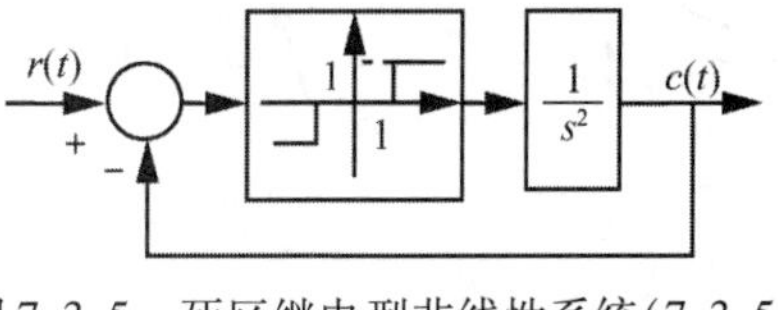

图 7.3.5　死区继电型非线性系统(7.3.5)

7.3.6　带滞环继电特性的系统如图 7.3.6 所示，试用相平面法分析系统的周期特性。

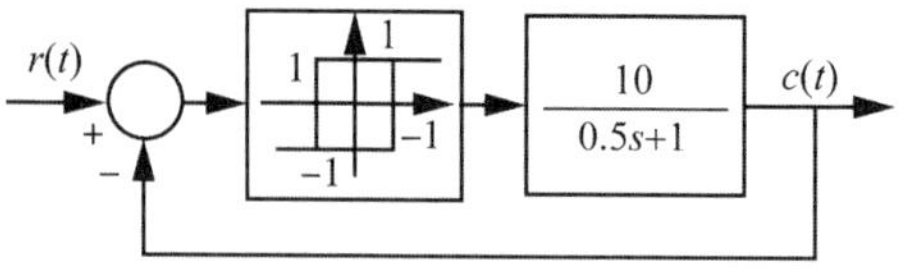

图 7.3.6　滞环继电型非线性系统(7.3.6)

7.3.7　试确定下述二阶非线性微分方程的奇点及其类型：

(1) $\ddot{x}+\dot{x}+(x+0.5)x=0$

(2) $\ddot{x}+(x^2-2)\dot{x}+(x+1)x=0$

7.3.8　试用等倾线法画出下列方程的相平面草图：

(1) $\ddot{x}+5|\dot{x}|+4x=0$

(2) $\ddot{x}+2\dot{x}+2|x|=0$

7.3.9　设某二阶非线性系统结构图如图 7.3.7 所示。

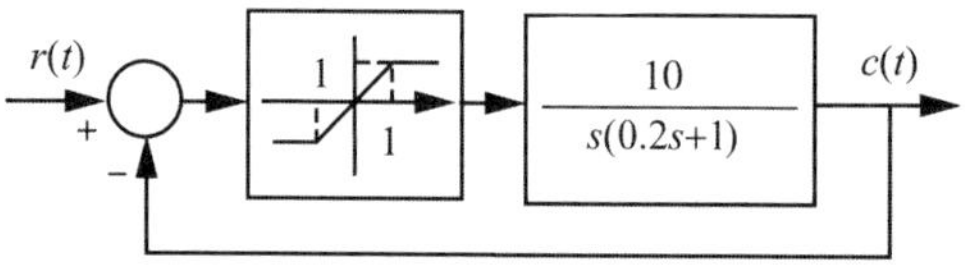

图 7.3.7　非线性系统(7.3.9)

给定初始条件 $e_0=2$，$\dot{e}_0=0$，试用等倾线法作出系统的相轨迹图。

7.3.10　二阶线性系统的微分方程为

$$\ddot{x}+2\zeta\omega_n\dot{x}+\omega_n^2x=0$$

试证明：当 $\zeta>1$ 时，在相平面上有等倾线斜率与相轨迹斜率相等的两条直线，且两条直线的斜率分别等于该系统的两个特征根的值。

7.3.11　已知系统的极坐标曲线 $G(\mathrm{j}\omega)$ 与描述函数的负倒数曲线 $-1/N(X)$ 如图 7.3.8 所示，试判别系统是否存在自持振荡。

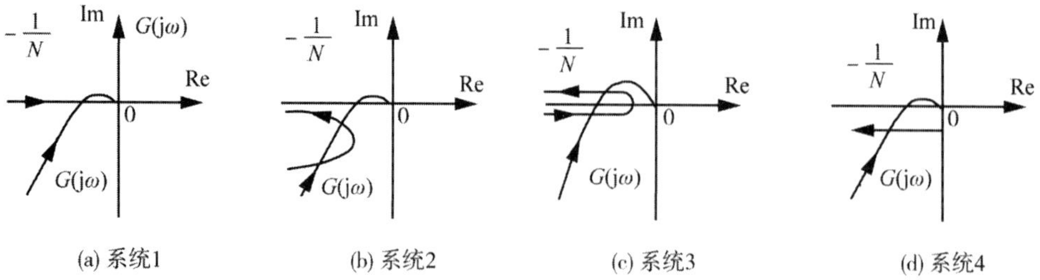

图 7.3.8　自持振荡分析(7.3.11)

7.3.12　速度反馈通道带有饱和特性的非线性系统结构图如图 7.3.9 所示，试在 $e-\dot{e}$ 平面上作系统的相轨迹分析。

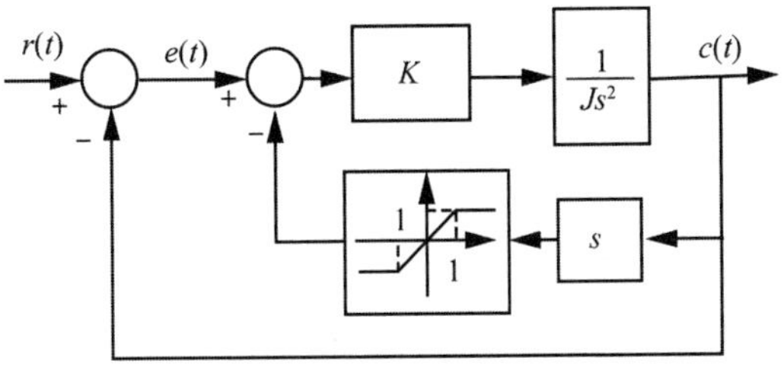

图 7.3.9　非线性系统(7.3.12)

7.3.13　已知二阶系统的结构图如图 7.3.10 所示，试采用分段阶跃输入控制方法，使得系统单位阶跃响应的超调量为零，设计分段阶跃信号的幅值 R_1 和 R_2，并确定切换时间 t_c。

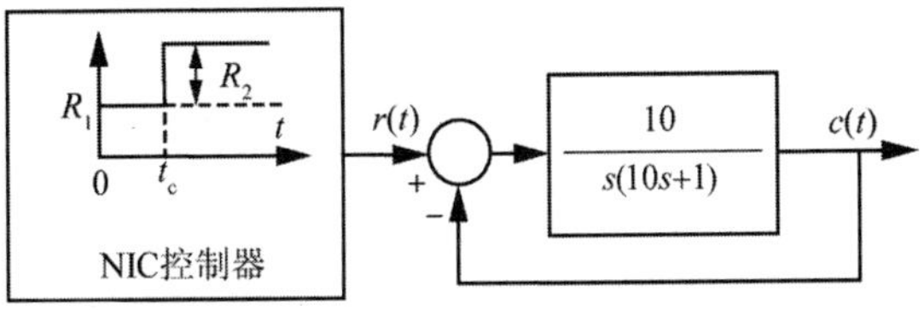

图 7.3.10　分段输入控制系统(7.3.13)

7.3.14　设采用了符号函数反馈的结构图如图 7.3.11 所示，试采用等倾线法绘制输入信号为 $r(t) = 1(t)$ 时系统的相轨迹图。

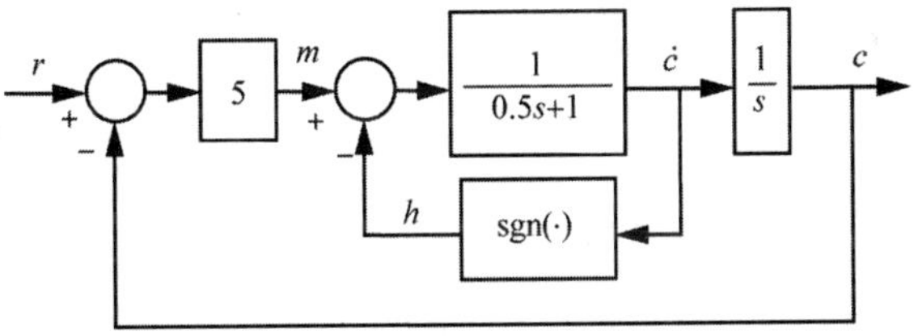

图 7.3.11　符号函数反馈系统(7.3.14)

7.3.15　带速度反馈的继电型控制系统如图 7.3.12 所示：

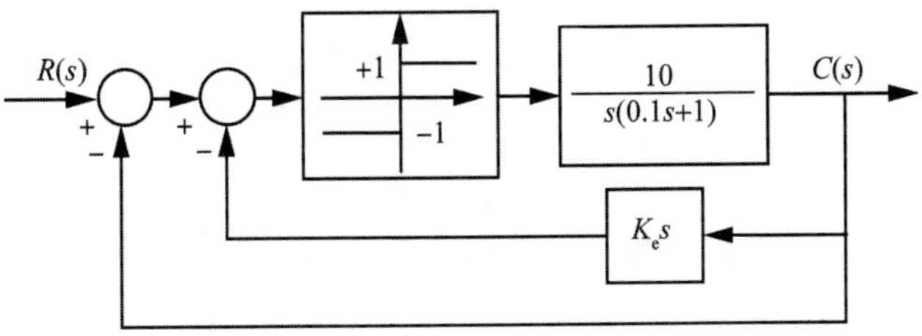

图 7.3.12　速度反馈继电系统(7.3.15)

(1) 当 $k_e = 0$ 时，试作该系统的相平面分析；

(2) 当 $k_e > 0$ 和 $k_e < 0$ 时，分析系统相轨迹图的变化。

7.4 第7章典型例题精讲

7.4.1 已知二阶非线性系统的微分方程为

$$\ddot{x}+(x^2-2)\dot{x}+(x+1)x=0$$

试确定该系统的奇点并分析奇点的类型。

解 由奇点方程

$$\begin{cases}\dot{x}=0\\(x^2-2)\dot{x}+(x+1)x=0\end{cases}$$

解得系统的奇点为

$$\begin{cases}\dot{x}=0\\x=0\end{cases},\begin{cases}\dot{x}=0\\x=-1\end{cases}$$

线性化系数为

$$\frac{\partial f(x,\dot{x})}{\partial \dot{x}}=x^2-2$$

$$\frac{\partial f(x,\dot{x})}{\partial x}=2x\dot{x}+2x+1$$

当 $\begin{cases}\dot{x}=0\\x=0\end{cases}$ 时,

$$\frac{\partial f(x,\dot{x})}{\partial \dot{x}}=x^2-2=-2$$

$$\frac{\partial f(x,\dot{x})}{\partial x}=2x\dot{x}+2x+1=1$$

在奇点邻域，线性化方程为

$$\ddot{x}-2\dot{x}+x=0$$

特征根

$$s_{1,2}=1$$

为位于 s 平面右半平面的实根，因此奇点类型为不稳定节点；

当 $\begin{cases}\dot{x}=0\\x=-1\end{cases}$ 时,

$$\frac{\partial f(x,\dot{x})}{\partial \dot{x}}=x^2-2=-1$$

$$\frac{\partial f(x,\dot{x})}{\partial x} = 2x\dot{x} + 2x + 1 = -1$$

$$\ddot{x} - \dot{x} - x = 0$$

$$s_{1,2} = \frac{1 \pm \sqrt{5}}{2} = \frac{1 \pm 2.23}{2}$$

$$s_1 = 1.6 \quad s_2 = -0.615$$

特征根为一正一负，因此奇点类型为鞍点。

7.4.2　已知二阶系统如图 7.4.1 所示，

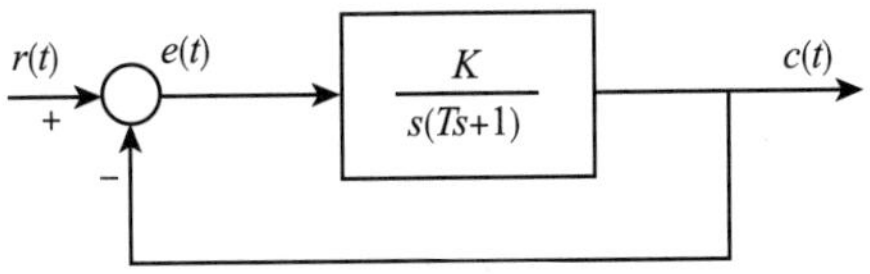

图 7.4.1　系统结构图(7.4.2)

其中，$T > 0$，$K > 0$，$r(t) = 1(t)$。

(1)推导系统在单位阶跃信号作用下以误差 $e(t)$ 为运动变量的方程；

(2)求出奇点，并判断奇点的类型。

解　(1)系统闭环的传递函数为

$$\frac{C(s)}{R(s)} = \frac{K}{Ts^2 + s + K}$$

偏差传递函数为

$$\frac{E(s)}{R(s)} = \frac{Ts^2 + s}{Ts^2 + s + K}$$

则系统的微分方程描述为

$$T\ddot{e} + \dot{e} + Ke = T\ddot{r} + \dot{r}$$

输入 $r(t) = 1(t)$，则

$$\ddot{r}(t) = 0,\ \dot{r}(t) = 0$$

系统在单位阶跃信号作用下以误差 $e(t)$ 为运动变量的方程为

$$T\ddot{e} + \dot{e} + Ke = 0$$

(2)由 $\ddot{e} + \frac{1}{T}\dot{e} + \frac{K}{T}e = 0$

奇点满足 $\begin{cases} \dot{e} = 0 \\ f(\dot{e},e) = 0 \end{cases}$，则

奇点为：$\begin{cases} \dot{e} = 0 \\ e = 0 \end{cases}$

$$s_{1,2}=\frac{-\frac{1}{T}\pm\sqrt{\frac{1}{T^2}-\frac{4K}{T}}}{2}=\frac{-\frac{1}{T}\pm\frac{1}{T}\sqrt{1-4KT}}{2}$$

因此：当 $KT>\frac{1}{4}$，为稳定的焦点；

当 $KT<\frac{1}{4}$，为稳定的节点。

7.4.3 已知二阶系统的微分方程为

$$\ddot{x}+2\dot{x}+2|x|=0$$

(1)求出奇点，并分析奇点的性质；

(2)推导等倾线方程。

解 (1)由奇点的定义

$$\begin{cases}\dot{x}=0\\ f(x,\dot{x})=0\end{cases}$$

得到奇点方程为

$$\begin{cases}\dot{x}=0\\ 2\dot{x}+2|x|=0\end{cases}$$

解得系统的奇点为

$$\begin{cases}\dot{x}=0\\ x=0\end{cases}$$

当 $x>0$ 时，系统线性化方程为

$$\ddot{x}+2\dot{x}+2x=0$$

奇点为稳定的焦点；

当 $x<0$ 时，系统线性化方程为

$$\ddot{x}+2\dot{x}-2x=0$$

奇点为鞍点。

(2)由

$$\alpha\dot{x}+2\dot{x}+2|x|=0$$

得等倾线方程为

$$\begin{cases}\dot{x}=-\dfrac{2x}{\alpha+2}, & x>0\\ \dot{x}=\dfrac{2x}{\alpha+2}, & x<0\end{cases}$$

7.4.4 二阶线性系统的微分方程为

$$\ddot{x}+2\zeta\omega_n\dot{x}+\omega_n^2x=0$$

试求：当 $\zeta > 1$ 时，在相平面上等倾线斜率与相轨迹斜率相等的直线的斜率。

解　由

$$\dot{x}\alpha + 2\zeta\omega_{\mathrm{n}}\dot{x} + \omega_{\mathrm{n}}^2 x = 0$$

则等倾线方程为

$$\dot{x} = -\frac{\omega_{\mathrm{n}}^2}{\alpha + 2\zeta\omega_{\mathrm{n}}}x$$

等倾线斜率与相轨迹斜率相等，则

$$\alpha = -\frac{\omega_{\mathrm{n}}^2}{\alpha + 2\zeta\omega_{\mathrm{n}}}$$

整理得

$$\alpha^2 + 2\zeta\omega_{\mathrm{n}}\alpha + \omega_{\mathrm{n}}^2 = 0$$

解方程，当 $\zeta > 1$ 时，相平面上等倾线斜率与相轨迹斜率相等的直线的斜率为

$$\alpha = -\zeta\omega_{\mathrm{n}} \pm \omega_{\mathrm{n}}\sqrt{\zeta^2 - 1}$$

7.4.5　设某非线性控制系统如图 7.4.2 所示。

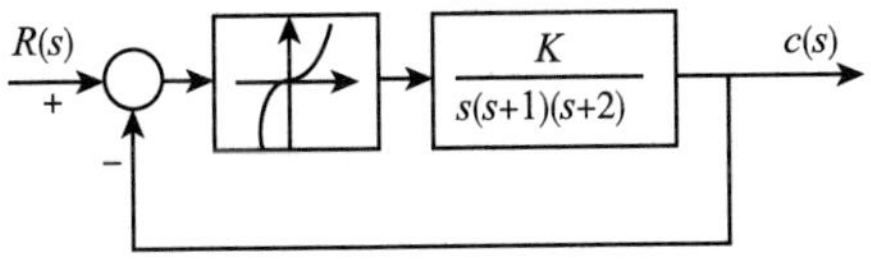

图 7.4.2　非线性控制系统(7.4.5)

其中，非线性环节的描述函数为 $N(X) = \frac{3}{4}X^2$。

(1)试用描述函数分析法进行系统稳定性分析；

(2)试求线性部分极坐标图与非线性部分的 $-\frac{1}{N(X)}$ 特性的交点，分析系统是否存在自持振荡。

解　非线性环节的描述函数为

$$N(X) = \frac{3}{4}X^2$$

其负倒数特性为

$$-\frac{1}{N(X)} = -\frac{4}{3X^2}$$

当 X 由 0 开始变化时，曲线沿负实轴从 $-\infty$ 变化到 0。

固有特性为

$$G_{\mathrm{o}}(s) = \frac{1}{s(s+1)(s+2)} = \frac{0.5}{s(s+1)(0.5s+1)}$$

令 X 从零变到无穷，ω 从零变到无穷，分别在复平面上作出两条特性，如图 7.4.3 所示。

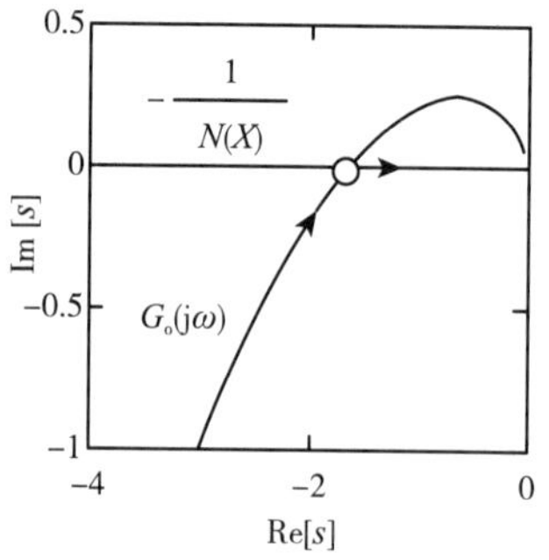

图 7.4.3　非线性系统的描述函数分析(7.4.5)

计算 $G_o(j\omega)$ 与负实轴的交点。在交点处的幅角满足

$$-90^\circ - \arctan\omega - \arctan\frac{1}{2}\omega = -180^\circ$$

$$\omega_x = 1.414$$

$$|G_o(j\omega)|_{\omega=1.414} = \left|\frac{1}{s(s+1)(s+2)}\right|_{\omega=1.414} = \frac{1}{6}$$

则 $-\frac{1}{N(X)} = -\frac{4}{3X^2} = -\frac{1}{6}$

$$-\frac{1}{N(X)} = -\frac{4}{3X^2} = -\frac{1}{6}$$

$$X_\omega = 2\sqrt{2} = 2.828$$

因此，$X_\omega < 2\sqrt{2}$ 时，该系统稳定；

$X_\omega > 2\sqrt{2}$ 时，该系统不稳定。

相交点为非自持振荡点

$$X_\omega = 2\sqrt{2} = 2.828$$

第 8 章　采样控制系统分析基础

本 章 重 点

1. 采样信号与采样定理；
2. 零阶保持器；
3. 差分方程与差分方程的解；
4. 开环脉冲传递函数；
5. 闭环脉冲传递函数；
6. 采样系统的稳定性分析。

8.1　第 8 章内容概述

1. 采样信号与采样定理

(1) 采样信号

连续时间信号 $x(t)$ 和它的采样信号 $x^*(t)$，如图 8.1.1 所示。

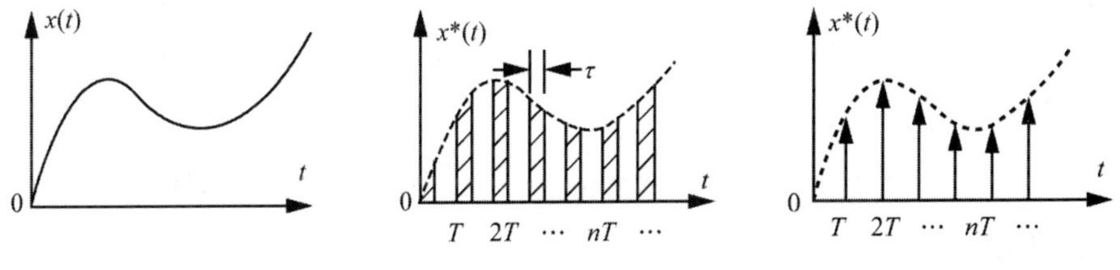

(a) 连续时间信号　(b) 实际采样信号　(c) 理想采样信号

图 8.1.1　连续时间信号与离散时间信号(8.1)

(2) 理想采样信号的数学表达式

连续时间信号 $x(t)$ 的理想采样表达式为

$$x^*(t) = \sum_{n=0}^{\infty} x(nT) \cdot \delta(t - nT) \tag{8.1.1}$$

(3) 采样定理

设连续时间信号 $x(t)$，其傅里叶变换为 $X(\omega)$，$X(\omega)$ 频谱分量中的最高频率成分为 ω_a。对连续时间信号 $x(t)$ 采样，采样频率为 ω_s，采样后的离散时间信号为 $x^*(t)$。

如果满足条件 $\omega_s > 2\omega_a$，则可以从离散时间信号 $x^*(t)$ 中将原连续时间信号 $x(t)$ 恢复。否则，会发生频率混叠，不能从离散时间信号 $x^*(t)$ 中将原连续时间信号 $x(t)$ 恢复。采样定理的几何说明如图 8.1.2 所示。

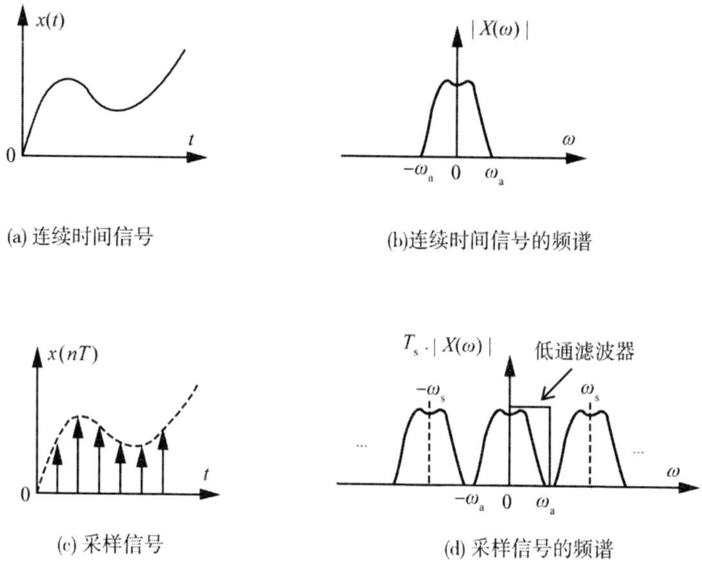

(a) 连续时间信号　(b)连续时间信号的频谱

(c) 采样信号　(d) 采样信号的频谱

图 8.1.2　连续时间信号的频谱与采样信号的频谱(8.1)

2. 零阶保持器

(1)零阶保持器(见图 8.1.3)。

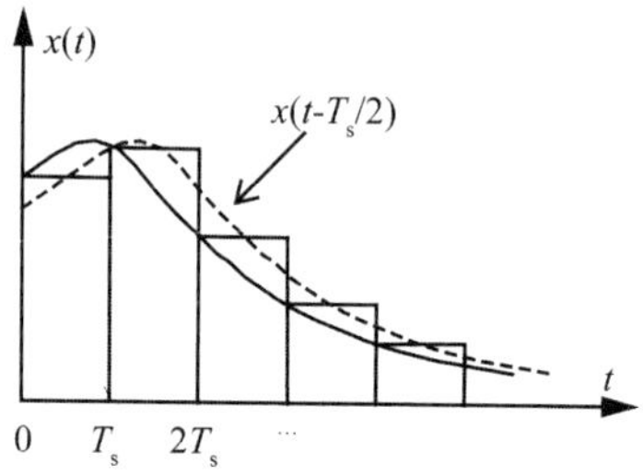

图 8.1.3　信号的零阶保持(8.1)

(2)零阶保持器的数学模型

零阶保持器的时间函数为

$$g_h(t) = 1(t) - 1(t - T) \tag{8.1.2}$$

其拉普拉斯变换为

$$G_h(s) = \frac{1}{s} - \frac{1}{s}e^{-Ts} = \frac{1 - e^{-Ts}}{s} \tag{8.1.3}$$

零阶保持器的频率特性为

$$G_h(j\omega) = \frac{2\pi}{\omega_s} \cdot \frac{\sin(\pi\omega/\omega_s)}{\pi\omega/\omega_s} \cdot e^{-j\frac{\pi\omega}{\omega_s}} \tag{8.1.4}$$

其幅频特性与相频特性如图 8.1.4 所示。

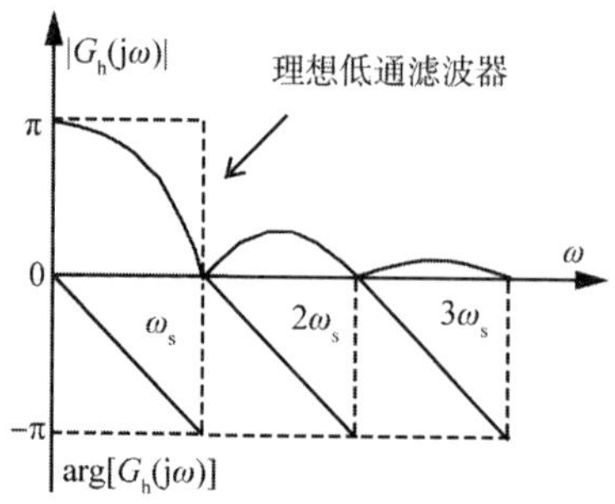

图 8.1.4　零阶保持器的频率特性(8.1)

3. z 变换与 z 反变换

(1) z 变换的定义

已知连续时间信号 $x(t)$，其采样信号为 $x^*(t)$。当为理想采样时，采样信号 $x^*(t)$ 的 z 变换定义为

$$X(z) = Z[x^*(t)] = \sum_{n=0}^{\infty} x(nT) \cdot z^{-n} \tag{8.1.5}$$

式中，$x(nT)$ 为第 n 个采样时刻的采样值，z 为变换域算子。

(2) z 变换的基本定理

z 变换的基本定理可以参阅教材相应章节。

(3) z 反变换与计算

求 z 反变换的方法有三种，即反演积分法、幂级数法、部分分式法。

4. 差分方程与差分方程的解

(1)差分方程

差分方程可表示为

$$\begin{aligned} & y_{k+n} + a_{n-1}y_{k+n-1} + \cdots + a_1 y_{k+1} + a_0 y_k \\ &= b_{k+m}x_{k+m} + b_{k+m-1}x_{k+m-1} + \cdots + b_1 x_{k+1} + b_0 x_k \text{ , } n \geqslant m \end{aligned} \tag{8.1.6}$$

方程(8.1.6)中各差分项中的最高阶数为 n 阶，因此称为 n 阶差分方程。

(2)差分方程的解

满足方程的输出离散序列 y_k 称为差分方程的解。在线性系统理论中，对于 n 阶差分方程，当给定了初始条件，即 $y_0,\cdots, y_{n-1}, x_0,\cdots, x_m$ 时，差分方程的解 y_k 是唯一存在的。因此可以通过求解 n 阶差分方程来获得差分方程的解 y_k。

差分方程的求解方法有两种，一种方法是基于解析方法的 z 变换法，另一种方法是基于计算机求解的迭代法。

5. 脉冲传递函数

(1)脉冲传递函数定义

设离散动力学系统如图8.1.5所示。

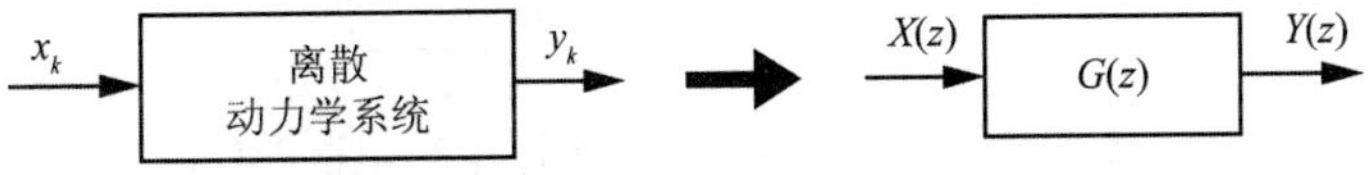

(a)时间域的离散动力学系统　　(b)变换域的脉冲传递函数

图8.1.5　离散系统数学模型(8.1)

定义系统输出信号的 z 变换 $Y(z)$ 与输入信号的 z 变换 $X(z)$ 之比为脉冲传递函数，可表示为

$$G(z) = \frac{Y(z)}{X(z)} \tag{8.1.7}$$

(2)开环脉冲传递函数

根据脉冲传递函数定义，采样系统的开环系统脉冲传递函数的计算步骤为：

①已知系统的传递函数 $G(s)$；

②求取系统的脉冲响应函数 $g(t)$；

③将 $g(t)$ 作采样，得采样表达式 $g^*(t)$，或者离散化表达式 $g(nT)$；

④由 z 变换的定义式求得脉冲传递函数 $G(z)$。

8.1.1 已知系统的传递函数为

$$G(s)=\frac{10}{s(s+10)}$$

试求取离散系统的脉冲传递函数 $G(z)$。

解 系统的脉冲响应 $g(t)$ 为

$$g(t)=L^{-1}[G(s)]=L^{-1}\left[\frac{1}{s}-\frac{1}{s+10}\right]=1-e^{-10t}$$

则系统脉冲响应的离散化为

$$g(kT)=1(kT)-e^{-10kT}$$

由 z 变换的定义式解得

$$G(z)=\sum_{k=0}^{\infty}g(kT)\cdot z^{-k}=\frac{(1-e^{-10T})\cdot z}{z^2-(1+e^{-10T})\cdot z+e^{-10T}}$$

(3)开环系统脉冲传递函数的各种情况

①连续环节串联，如图 8.1.6 所示。

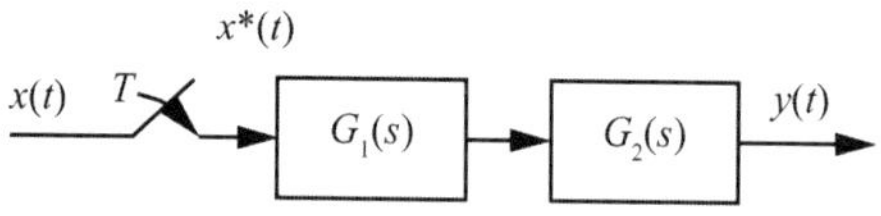

图 8.1.6 连续环节串联情况(8.1.1)

脉冲传递函数为

$$G(z)=Z[G_1(s)\cdot G_2(s)]=G_1G_2(z) \tag{8.1.8}$$

②连续环节之间有同步采样开关，如图 8.1.7 所示。

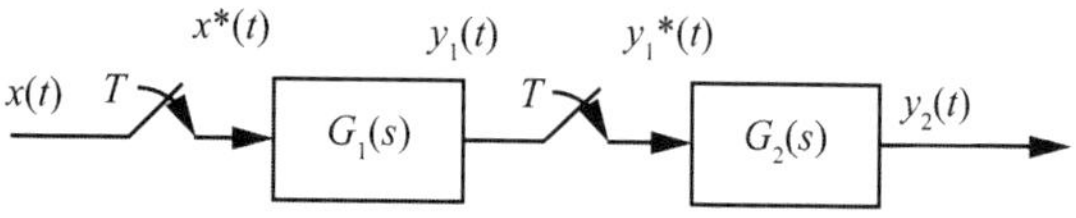

图 8.1.7 连续环节之间有同步采样开关情况(8.1.1)

脉冲传递函数为

$$G(z)=Z[G_1(s)]\cdot Z[G_2(s)]=G_1(z)G_2(z) \tag{8.1.9}$$

8.1.2 比较图 8.1.8 的两个系统，其脉冲传递函数有何差别。

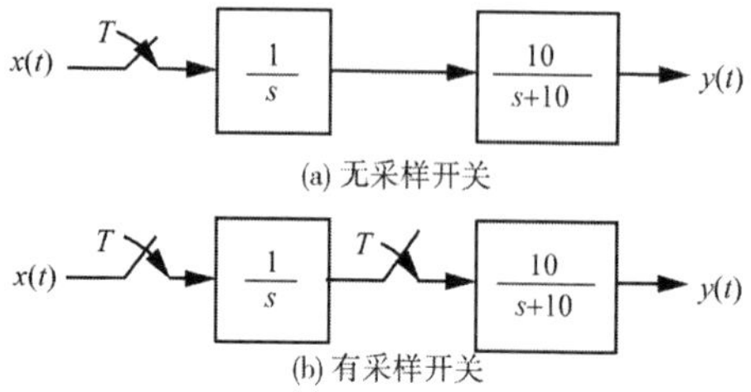

图 8.1.8 环节之间有/无采样开关的差别(8.1.2)

解　图 8.1.8(a)中的系统的脉冲传递函数为

$$G(z)=Z[G_1(s)G_2(s)]=Z[\frac{1}{s}\cdot\frac{10}{s+10}]=\frac{(1-e^{-10T})\cdot z}{z^2-(1+e^{-10T})\cdot z+e^{-10T}}$$

图 8.1.8(b)中的系统的脉冲传递函数为

$$G(z)=Z[G_1(s)]\cdot Z[G_2(s)]=\frac{z}{z-1}\cdot\frac{10z}{z-e^{-10T}}=\frac{10z^2}{z^2-(1+e^{-10T})z+e^{-10T}}$$

③带零阶保持器情况，如图 8.1.9 所示。

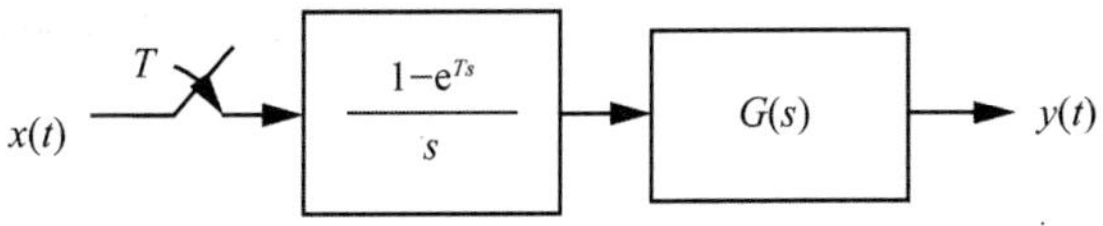

图 8.1.9　带有零阶保持器的控制系统(8.1.2)

带有零阶保持器时的脉冲传递函数为

$$G(z)=(1-z^{-1})\cdot Z[\frac{1}{s}\cdot G(s)] \tag{8.1.10}$$

8.1.3　带采样保持器的采样控制系统如图 8.1.10 所示，试求取该系统的脉冲传递函数。

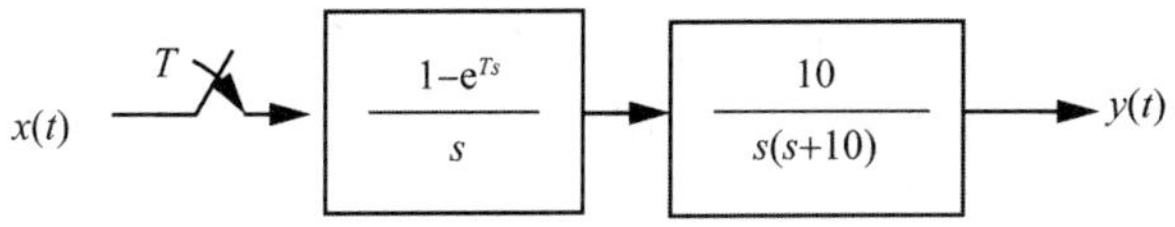

图 8.1.10　带采样保持器的采样控制系统(8.1.3)

解　带零阶保持器时，采样系统的脉冲传递函数为

$$G(z)=\frac{(T-0.1+0.1e^{-10T})z+(0.1-Te^{-10T}-0.1e^{-10T})}{(z-1)(z-e^{-10T})}$$

④输入端无采样器的情况，如图 8.1.11 所示。

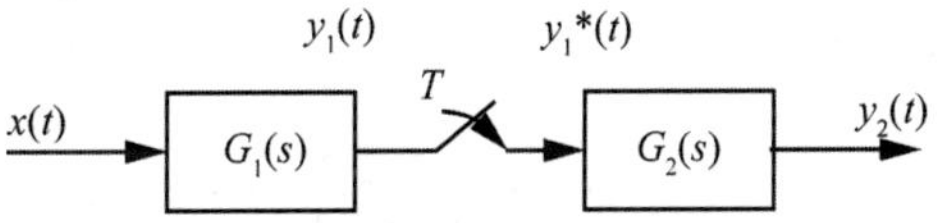

图 8.1.11　输入端无采样器的情况(8.1.3)

系统输出信号的 z 变换为

$$Y_2(z)=G_2(z)\cdot Y_1(z)=G_2(z)\cdot G_1X(z) \tag{8.1.11}$$

(4)闭环脉冲传递函数

采样控制的闭环系统结构图一般如图 8.1.12 所示。

闭环脉冲传递函数为

$$\frac{C(z)}{R(z)}=\frac{G(z)}{1+GH(z)} \tag{8.1.12}$$

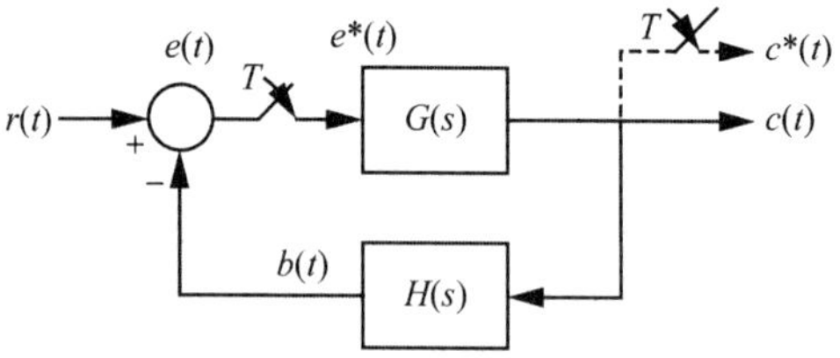

图 8. 1. 12　采样控制闭环系统结构(8. 1. 3)

8. 1. 4　已知采样控制系统如图 8. 1. 13 所示，试计算系统的闭环脉冲传递函数。

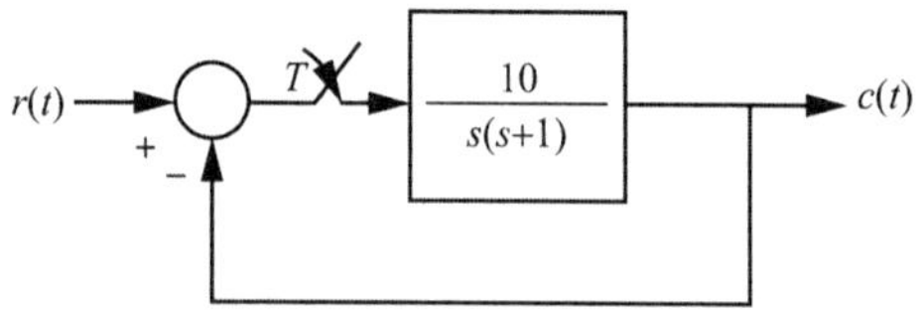

图 8. 1. 13　采样控制系统(8. 1. 4)

解　系统开环脉冲传递函数为

$$G(z) = Z\left[\frac{10}{s(s+1)}\right] = \frac{10(1-e^{-T})z}{z^2-(1+e^{-T})z+e^{-T}}$$

反馈环节为单位 1，所以，闭环脉冲传递函数为

$$\frac{C(z)}{R(z)} = \frac{10(1-e^{-T})z}{z^2+(9-11e^{-T})z+e^{-T}}$$

(5)采样开关在系统中不同位置时的闭环脉冲传递函数

8. 1. 5　比较图 8. 1. 14 中各脉冲传递函数的差异。

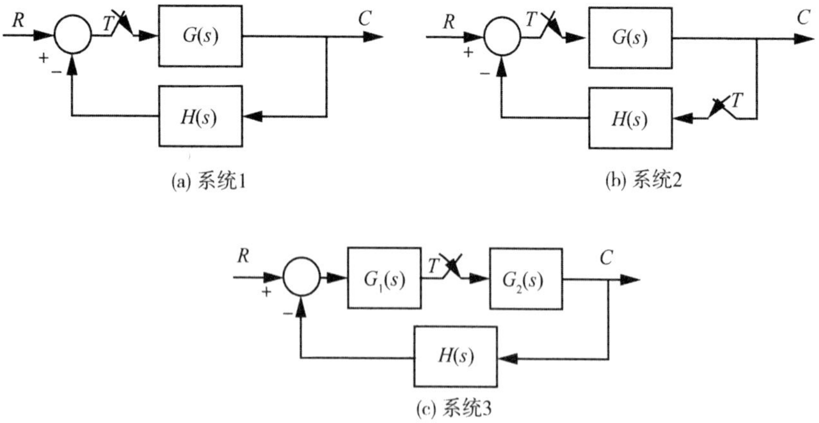

图 8. 1. 14　采样开关位于不同位置时的闭环系统结构图(8. 1. 5)

解　图 8. 1. 14(a)中，系统的闭环脉冲传递函数为

$$\frac{C(z)}{R(z)} = \frac{G(z)}{1+GH(z)}$$

图 8.1.14(b)中，系统的闭环脉冲传递函数为

$$\frac{C(z)}{R(z)} = \frac{G(z)}{1 + G(z) \cdot H(z)}$$

图 8.1.14(c)中，系统的闭环脉冲传递函数为

$$C(z) = \frac{RG_1(z) \cdot G_2(z)}{1 + G_1G_2H(z)}$$

常见闭环采样系统的结构形式及其传递关系可以查阅表 8.1.1。

表 8.1.1　闭环采样系统的结构形式及其传递关系

	结构图	传递关系
1	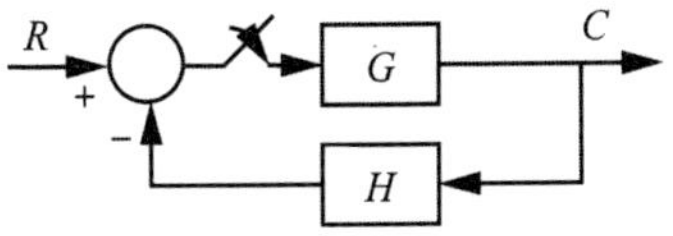	$\frac{C(z)}{R(z)} = \frac{G(z)}{1 + GH(z)}$
2	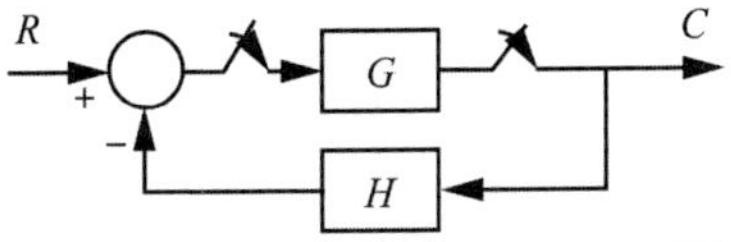	$\frac{C(z)}{R(z)} = \frac{G(z)}{1 + G(z)H(z)}$
3	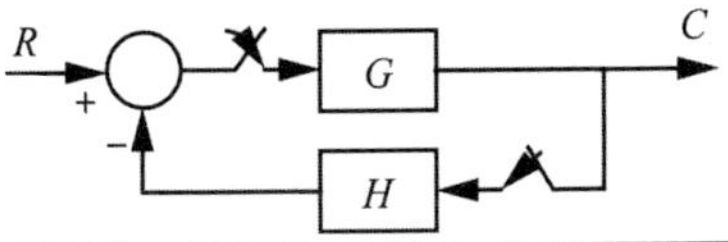	$\frac{C(z)}{R(z)} = \frac{G(z)}{1 + G(z)H(z)}$
4	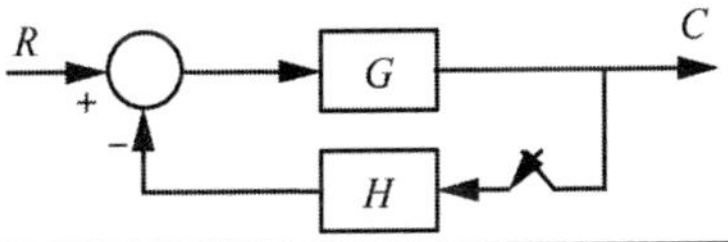	$C(z) = \frac{1}{1 + GH(z)} \cdot RG(z)$
5	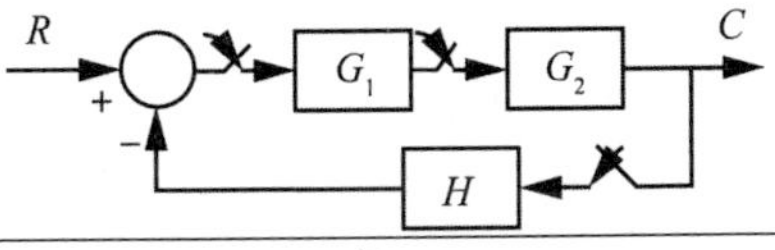	$\frac{C(z)}{R(z)} = \frac{G_1(z)G_2(z)}{1 + G_1(z)G_2(z)H(z)}$
6	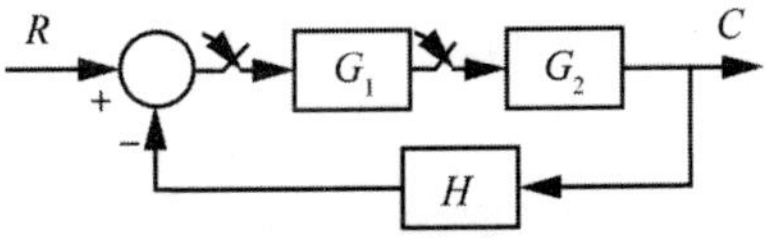	$\frac{C(z)}{R(z)} = \frac{G_1(z)G_2(z)}{1 + G_1(z)G_2H(z)}$
7	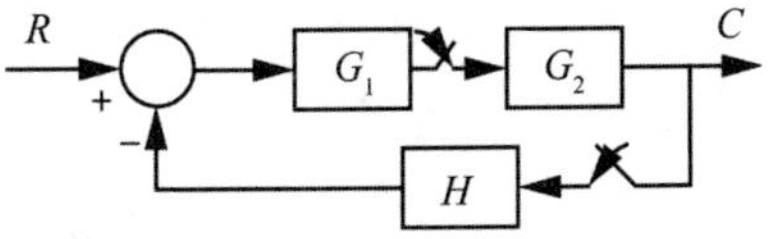	$C(z) = \frac{G_2(z)}{1 + G_2(z)G_1H(z)} \cdot RG_1(z)$
8	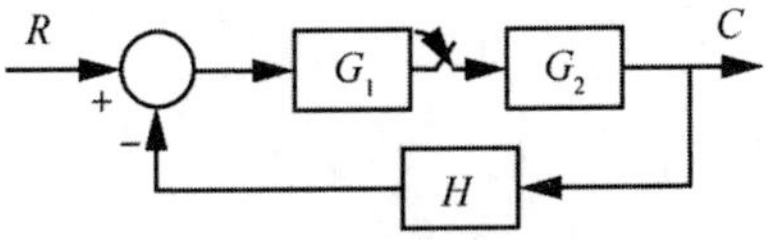	$C(z) = \frac{G_2(z)}{1 + G_1G_2H(z)} \cdot RG_1(z)$

6. 采样系统分析基础

(1)采样系统稳定的充分必要条件

如果采样系统闭环特征方程所有的特征根 $z_i(i=1,2,\cdots,n)$，全部位于 z 平面的单位圆之内，即

$$|z_i|<1;\ i=1,2,\cdots,n \tag{8.1.13}$$

则系统是稳定的，否则系统是不稳定的。

8.1.6 已知采样系统的闭环脉冲传递函数为

$$\frac{C(z)}{R(z)}=\frac{G(z)}{1+G(z)}=\frac{10(1-\mathrm{e}^{-T})z}{z^2+(9-11\mathrm{e}^{-T})z+\mathrm{e}^{-T}}$$

采样间隔为 $T=1$ s，试确定该系统的稳定性。

解 闭环特征方程为

$$z^2+(9-11\mathrm{e}^{-T})z+\mathrm{e}^{-T}=0$$

当采样间隔为 $T=1$ s 时，有

$$z^2+4.952z+0.368=0$$

解出两个特征根为

$$z_1=-0.076,\ z_2=-4.876$$

$$|z_1|<1,\quad |z_2|>1$$

特征根 z_2 位于 z 平面的单位圆之外，所以该系统在 $T=1$ s 时是不稳定的。

(2)变换域的劳斯判据

取双线性变换

$$z=\frac{w+1}{w-1}，即\ w=\frac{z+1}{z-1} \tag{8.1.14}$$

将 z 域变换为 w 域，可以直接应用劳斯判据来判别采样系统的稳定性。

8.1.7 已知 z 域的闭环特征方程为

$$45z^3-117z^2+119z-39=0$$

试用双线性变换判别该系统的稳定性。

解 将 $z=\dfrac{w+1}{w-1}$ 代入方程作双线性变换，得到

$$45\left(\frac{w+1}{w-1}\right)^3-117\left(\frac{w+1}{w-1}\right)^2+119\left(\frac{w+1}{w-1}\right)z-39=0$$

整理化简后得

$$w^3+2w^2+2w+40=0$$

作劳斯表

w^3	1	2
w^2	2	40
w^1	−18	0
w^0	40	

由于劳斯表第一列有元素变号，不全大于零，所以该系统是不稳定的。

(3)闭环极点分布与动态响应的关系

z 域的闭环脉冲传递函数一般表示为

$$G_c(z) = \frac{C(z)}{R(z)} = \frac{b_m z^m + b_{m-1} z^{m-1} + \cdots + b_1 z + b_0}{a_n z^n + a_{n-1} z^{n-1} + \cdots + a_1 z + a_0},\ n \geqslant m \tag{8.1.15}$$

以 z 平面上的零点、极点来表示可以写为

$$G_c(z) = \frac{b_m}{a_n} \cdot \frac{(z-z_1)(z-z_2)\cdots(z-z_m)}{(z-p_1)(z-p_2)\cdots(z-p_n)} = \frac{b_m}{a_n} \cdot \frac{\prod_{j=1}^{m}(z-z_j)}{\prod_{i=1}^{n}(z-p_i)} \tag{8.1.16}$$

采样系统闭环极点的位置与各分量的动态响应如图 8.1.15 所示。

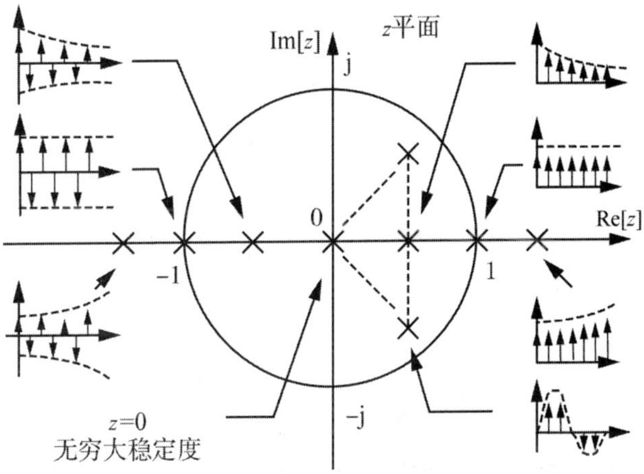

图 8.1.15　闭环极点的位置与动态响应(8.1.7)

8.2　第 8 章习题精解

8.2.1　已知时间信号 $x(t)$ 如下，试求取它们的 z 变换 $X(z)$：

(1) $x(t) = A\cos \omega t$　　(2) $x(t) = t^2$

(3) $x(t) = 1 - e^{-5t}$　　(4) $x(t) = 2t \cdot e^{-2t}$

(5) $x(t) = e^{-at} \cdot \sin bt$

解　(1) $x(t) = A\cos \omega t$

查 z 变换表，因为

$$Z[\cos \omega t] = \frac{z(z - \cos \omega T)}{z^2 - 2\cos \omega T \cdot z + 1}$$

所以有

$$X(z) = \frac{Az(z - \cos \omega T)}{z^2 - 2\cos \omega T \cdot z + 1}$$

(2) $x(t) = t^2$

查 z 变换表

$$X(z) = Z[t^2] = \frac{T^2 z(z+1)}{(z-1)^3}$$

(3) $x(t) = 1 - e^{-5t}$

查 z 变换表

$$Z[1(t)] = \frac{z}{z-1},\ Z[e^{-at}] = \frac{z}{z-e^{-aT}}$$

所以

$$X(z) = Z[1-e^{-5t}] = \frac{z}{z-1} - \frac{z}{z-e^{-5T}} = \frac{(1-e^{-5T})z}{z^2-(1+e^{-5T})z+e^{-5T}}$$

(4) $x(t) = 2t \cdot e^{-2t}$

查 z 变换表

$$Z[te^{-at}] = \frac{Te^{-aT}z}{(z-e^{-aT})^2}$$

所以

$$X(z) = Z[2te^{-2t}] = \frac{2Te^{-2T}z}{(z-e^{-2T})^2}$$

(5) $x(t) = e^{-at} \cdot \sin bt$

查 z 变换表，有

$$X(z) = Z[e^{-at}\sin bt] = \frac{e^{-aT}\sin bT \cdot z}{z^2 - 2e^{-aT}\cos bT \cdot z + e^{-2aT}}$$

8.2.2 已知时间函数 $x(t)$ 的拉普拉斯变换 $X(s)$，试求取它们的 z 变换 $X(z)$：

(1) $X(s) = \dfrac{50}{(s+5)(s+10)}$；　　(2) $X(s) = \dfrac{50e^{-Ts}}{(s+5)(s+10)}$；

(3) $X(s) = \dfrac{1}{s^2(s+1)}$；　　(4) $X(s) = \dfrac{1-e^{-Ts}}{s^2(s+1)}$。

解 (1) $X(s) = \dfrac{50}{(s+5)(s+10)}$

由部分分式法，得

$$X(s) = \frac{50}{(s+5)(s+10)} = \frac{10}{s+5} - \frac{10}{s+10}$$

$$x(t) = 10e^{-5t} - 10e^{-10t}$$

所以

$$X(z) = \frac{10z}{z-e^{-5T}} - \frac{10z}{z-e^{-10T}} = \frac{10(e^{-5T}-e^{-10T})z}{z^2-(e^{-5T}+e^{-10T})z+e^{-5T}e^{-10T}}$$

(2) $X(s) = \dfrac{50e^{-Ts}}{(s+5)(s+10)}$

因为

$$X(s)=\frac{50e^{-Ts}}{(s+5)(s+10)}=\frac{10e^{-Ts}}{s+5}-\frac{10e^{-Ts}}{s+10}$$
$$x(t)=10e^{-5(t-T)}-10e^{-10(t-T)}$$

所以

$$X(z)=z^{-1}\frac{10z}{z-e^{-5T}}-z^{-1}\frac{10z}{z-e^{-10T}}=\frac{10(e^{-5T}-e^{-10T})}{z^2-(e^{-5T}+e^{-10T})z+e^{-5T}e^{-10T}}$$

(3) $X(s)=\dfrac{1}{s^2(s+1)}$

因为

$$X(s)=\frac{1}{s^2(s+1)}=\frac{1}{s^2}-\frac{1}{s}+\frac{1}{s+1}$$
$$x(t)=t-1(t)+e^{-t}$$

所以

$$X(z)=\frac{Tz}{(z-1)^2}-\frac{z}{z-1}+\frac{z}{z-e^{-T}}=\frac{(-1+T+e^{-T})z^2+(1-e^{-T}-Te^{-T})z}{z^3-(2+e^{-T})z^2+(1+2e^{-T})z-e^{-T}}$$

(4) $X(s)=\dfrac{1-e^{-Ts}}{s^2(s+1)}$

因为

$$X'(s)=\frac{1}{s^2(s+1)}=\frac{1}{s^2}-\frac{1}{s}+\frac{1}{s+1}$$
$$x'(t)=t-1(t)+e^{-t}$$

所以

$$X'(z)=\frac{Tz}{(z-1)^2}-\frac{z}{z-1}+\frac{z}{z-e^{-T}}=\frac{(-1+T+e^{-T})z^2+(1-e^{-T}-Te^{-T})z}{z^3-(2+e^{-T})z^2+(1+2e^{-T})z-e^{-T}}$$

又，$Z[e^{-Ts}]=z^{-1}$，所以

$$X(z)=X'(z)-X'(z)\cdot z^{-1}$$
$$=\frac{(-1+T+e^{-T})z^2+(1-e^{-T}-Te^{-T})z}{z^3-(2+e^{-T})z^2+(1+2e^{-T})z-e^{-T}}-\frac{(-1+T+e^{-T})z+(1-e^{-T}-Te^{-T})}{z^3-(2+e^{-T})z^2+(1+2e^{-T})z-e^{-T}}$$
$$=\frac{(-1+T+e^{-T})z^2+(2-T-2e^{-T}-Te^{-T})z+(1-e^{-T}-Te^{-T})}{z^3-(2+e^{-T})z^2+(1+2e^{-T})z-e^{-T}}$$

8.2.3　已知采样信号的 z 变换 $X(z)$ 如下，试求 z 反变换 $x^*(t)$。

(1) $X(z)=\dfrac{z}{(z-1)(z-2)}$；

(2) $X(z)=\dfrac{1}{(z-1)(z-2)}$；

(3) $X(z)=\dfrac{z}{(z-e^{-T})(z-e^{-2T})}$；

(4) $X(z)=\dfrac{z}{(z-1)^2(z-2)}$。

解 (1) $X(z)=\dfrac{z}{(z-1)(z-2)}$

由于

$$\frac{X(z)}{z}=\frac{1}{(z-1)(z-2)}=\frac{-1}{z-1}+\frac{1}{z-2}$$

所以

$$X(z)=-\frac{z}{z-1}+\frac{z}{z-2}$$

查 z 变换表，由 $Z^{-1}[\dfrac{z}{z-a}]=a^{nT}$，得到

$$x(nT)=-1+2^{nT}$$

(2) $X(z)=\dfrac{1}{(z-1)(z-2)}$

由于

$$X(z)=\frac{1}{(z-1)(z-2)}=-\frac{1}{z-1}+\frac{1}{z-2}$$

$$z\cdot X(z)=-\frac{z}{z-1}+\frac{z}{z-2}$$

$$Z^{-1}[z\cdot X(z)]=Z^{-1}[-\frac{z}{z-1}+\frac{z}{z-2}]=-1(nT)+2^{nT}$$

而

$$Z^{-1}[z\cdot X(z)]=x[(n+1)T]$$

所以

$$x[(n+1)T]=Z^{-1}[z\cdot X(z)]=-1(nT)+2^{nT}$$
$$x(nT)=-1[(n-1)T]+2^{(n-1)T}$$

(3) $X(z)=\dfrac{z}{(z-\mathrm{e}^{-T})(z-\mathrm{e}^{-2T})}$

由于

$$\frac{X(z)}{z}=\frac{1}{(z-\mathrm{e}^{-T})(z-\mathrm{e}^{-2T})}=\frac{1}{\mathrm{e}^{-T}-\mathrm{e}^{-2T}}(\frac{1}{z-\mathrm{e}^{-T}}-\frac{1}{z-\mathrm{e}^{-2T}})$$

$$X(z)=\frac{1}{\mathrm{e}^{-T}-\mathrm{e}^{-2T}}(\frac{z}{z-\mathrm{e}^{-T}}-\frac{z}{z-\mathrm{e}^{-2T}})$$

查 z 变换表，由 $Z^{-1}[\dfrac{z}{z-\mathrm{e}^{-aT}}]=\mathrm{e}^{-anT}$，得到

$$x(nT)=\frac{1}{\mathrm{e}^{-T}-\mathrm{e}^{-2T}}(\mathrm{e}^{-nT}-\mathrm{e}^{-2nT})$$

(4) $X(z)=\dfrac{z}{(z-1)^2(z-2)}$

由于

$$\frac{X(z)}{z} = \frac{1}{(z-1)^2(z-2)} = \frac{-1}{(z-1)^2} - \frac{1}{z-1} + \frac{1}{z-2}$$

$$X(z) = \frac{-z}{(z-1)^2} - \frac{z}{z-1} + \frac{z}{z-2}$$

查 z 变换表

$$Z^{-1}\left[\frac{Tz}{(z-1)^2}\right] = nT,\ Z^{-1}\left[\frac{z}{z-a}\right] = a^{nT}$$

得到

$$X(nT) = -\frac{1}{T}(nT) - 1 + 2^{nT}$$

8.2.4　分别用 z 变换法和迭代法(解出 5 项以上)求解如下差分方程:

(1) $x(k+2) - 3x(k+1) + 2x(k) = u(k)$

输入信号: $u(k) = 1(k)$, 初始条件: $x(0) = 0, x(1) = 0$;

(2) $x(k+2) - 3x(k+1) + 2x(k) = 0$

初始条件: $x(0) = 1, x(1) = 1$

解　(1) $x(k+2) - 3x(k+1) + 2x(k) = u(k)$, $u(k) = 1(k)$, $x(0)=0$, $x(1)=0$

①z 变换法: 方程两边作 z 变换, 代入初值有

$$Z[x(k+2) - 3x(k+1) + 2x(k)] = Z[u(k)]$$

$$[z^2X(z) - zX(1) - z^2X(0)] - 3[zX(z) - zX(0)] + 2X(z) = U(z)$$

$$(z^2 - 3z + 2)X(z) = \frac{z}{z-1}$$

得到输出离散序列的 z 变换为

$$X(z) = \frac{1}{(z^2 - 3z + 2)}\frac{z}{z-1} = \frac{z}{(z-1)^2(z-2)}$$

$$X(z) = \frac{-z}{(z-1)^2} - \frac{z}{z-1} + \frac{z}{z-2}$$

作 z 反变换得到差分方程的解为

$$X(nT) = -\frac{1}{T}(nT) - 1 + 2^{nT}$$

②迭代法: 迭代式为

$$x(k+2) = 3x(k+1) - 2x(k) + u(k)$$

迭代解如表 8.2.1 所示。

表 8.2.1　解序列(8.2.4-1)

k	0	1	2	3	4	5	6	…
$x(k)$	0	0	1	4	11	26	57	…
$x(k+1)$	0	1	4	11	26	57	120	…
$x(k+2)$	1	4	11	26	57	120	247	…
$u(k)$	1	1	1	1	1	1	1	…

差分方程的解序列为

$$x(k)=0\cdot\delta(t)+0\cdot\delta(t-1)+1\cdot\delta(t-2)+4\cdot\delta(t-3)+11\cdot\delta(t-4)+26\cdot\delta(t-5)+57\cdot\delta(t-6)+\cdots$$

(2) $x(k+2)-3x(k+1)+2x(k)=0$, $x(0)=1, x(1)=1$

①z 变换法：方程两边作 z 变换，得

$$Z[x(k+2)-3x(k+1)+2x(k)]=0$$

$$[z^2X(z)-z^2x(0)-zx(1)]-3[zX(z)-zx(0)]+2X(z)=0$$

代入初值有

$$[z^2X(z)-z^2-z]-3[zX(z)-z]+2X(z)=0$$

$$(z^2-3z+2)X(z)=z^2-2z$$

$$X(z)=\frac{z^2-2z}{z^2-3z+2}=\frac{z}{z-1}$$

作 z 反变换得到差分方程的解为

$$X(nT)=1(nT)$$

②迭代法：迭代式为

$$x(k+2)=3x(k+1)-2x(k)$$

迭代解如表 8.2.2 所示。

表 8.2.2 解序列(8.2.4-2)

k	0	1	2	3	4	5	6	…
$x(k)$	1	1	1	1	1	1	1	…
$x(k+1)$	1	1	1	1	1	1	1	…
$x(k+2)$	1	1	1	1	1	1	1	…

差分方程的解序列为

$$x(k)=\delta(t)+\delta(t-1)+\delta(t-2)+\delta(t-3)+\delta(t-4)+\delta(t-5)+\delta(t-6)+\cdots$$

8.2.5 采样控制系统如图 8.2.1 所示，采样间隔为 $T=1$ s，试计算其输出 $c^*(t)$, $c(t)$，并画出输出信号波形 $c(t)$。

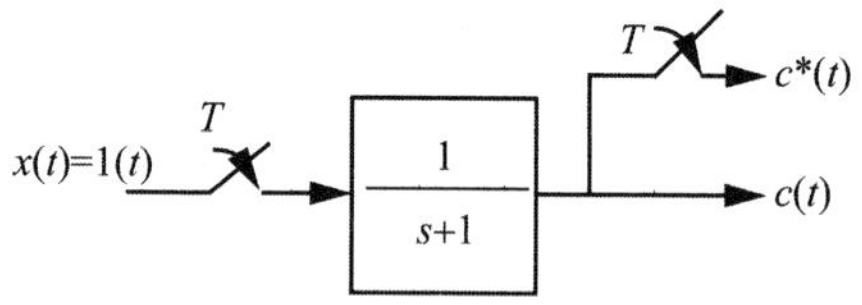

图 8.2.1 采样控制系统(8.2.5)

解 (1)计算采样输出 $c^*(t)$

系统传递函数为

$$G(s)=\frac{1}{s+1}$$

系统的脉冲响应为

$$g(t)=L^{-1}[G(s)]=L^{-1}\left[\frac{1}{s+1}\right]=\mathrm{e}^{-t}$$

离散式为

$$g(nT) = e^{-nT}$$

脉冲传递函数为

$$G(z) = \sum_{n=0}^{\infty} g(nT) \cdot z^{-n} = \sum_{n=0}^{\infty} e^{-nT} \cdot z^{-n} = \frac{z}{z - e^{-T}}$$

输入信号 $r(t) = 1(t)$，其 z 变换为

$$R(z) = \frac{z}{z-1}$$

则采样系统输出的 z 变换为

$$C(z) = G(z)R(z) = \frac{z}{z - e^{-T}} \cdot \frac{z}{z-1} = \frac{1}{1 - e^{-T}} \cdot \frac{z}{z-1} - \frac{e^{-T}}{1 - e^{-T}} \cdot \frac{z}{z - e^{-T}}$$

系统的采样输出为

$$c^*(t) = c(nT) = Z^{-1}[C(z)] = \frac{1}{1 - e^{-T}} \cdot 1(nT) - \frac{e^{-T}}{1 - e^{-T}} \cdot e^{-nT}$$

将采样间隔 $T = 1$ s 代入，求得

$$c^*(t) = 1.58 \cdot 1(nT) - 0.58 \cdot e^{-nT}$$

(2)计算实际输出 $c(t)$

输入信号 $r(t) = 1(t)$，其离散式为 $r(nT) = 1(nT)$，可以写为

$$r^*(t) = \delta(0) + \delta(T) + \delta(2T) + \delta(3T) + \cdots$$

其拉普拉斯变换为

$$R^*(s) = 1 + e^{-Ts} + e^{-2Ts} + e^{-3Ts} + \cdots$$

系统输出的拉普拉斯变换为

$$C(s) = G(s) \cdot R^*(s) = \frac{1}{s+1} + \frac{1}{s+1}e^{-Ts} + \frac{1}{s+1}e^{-2Ts} + \frac{1}{s+1}e^{-3Ts} + \cdots$$

系统输出的拉普拉斯反变换为

$$c(t) = L^{-1}[C(s)] = e^{-t} + e^{-(t-T)} + e^{-(t-2T)} + e^{-(t-3T)} + \cdots$$

系统采样输出 $c^*(t)$ 和实际输出 $c(t)$ 的波形如图 8.2.2 所示。

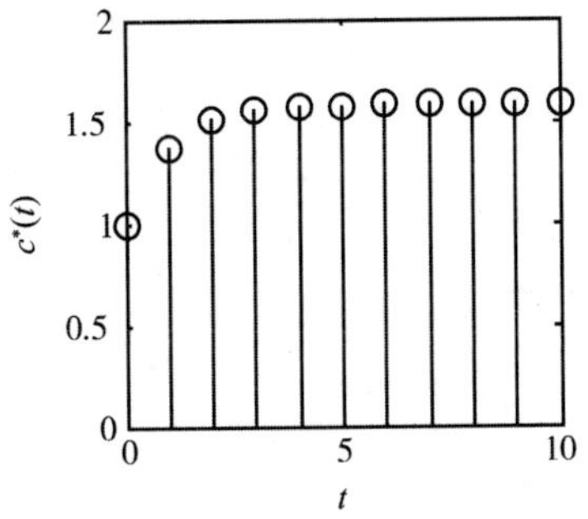

(a) 采样输出$c^*(t)$的波形

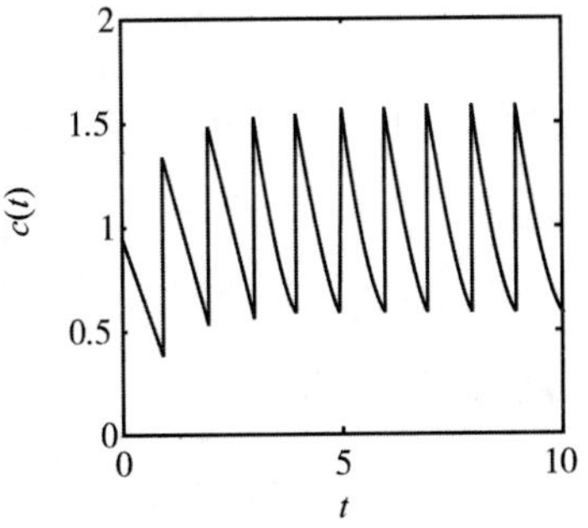

(b) 实际输出$c(t)$的波形

图 8.2.2　输出波形(8.2.5)

8.2.6 已知系统结构图如图8.2.3所示，试求系统输出的 z 变换 $C(z)$ 。

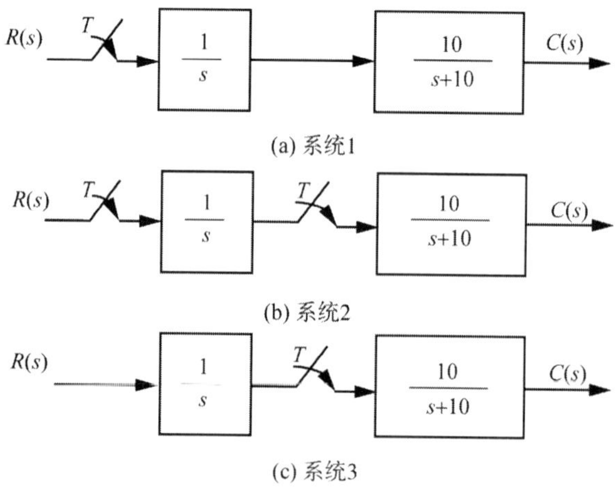

图8.2.3 系统结构图(8.2.6)

解 (1)见图8.2.3(a)。$G_1(s)G_2(s)=\dfrac{10}{s(s+10)}=\dfrac{1}{s}-\dfrac{1}{s+10}$

系统的脉冲传递函数为

$$G(z)=Z[G_1(s)G_2(s)]=\frac{z}{z-1}-\frac{z}{z-\mathrm{e}^{-10T}}=\frac{(1-\mathrm{e}^{-10T})z}{z^2-(1+\mathrm{e}^{-10T})z+\mathrm{e}^{-10T}}$$

所以

$$C(z)=G(z)R(z)=\frac{(1-\mathrm{e}^{-10T})z}{z^2-(1+\mathrm{e}^{-10T})z+\mathrm{e}^{-10T}}\cdot R(z)$$

(2)见图8.2.3(b)。系统的脉冲传递函数为两个环节脉冲传递函数的乘积

$$G(z)=G_1(z)G_2(z)=Z[G_1(s)]\cdot Z[G_2(s)]$$

$$=\frac{z}{z-1}\cdot\frac{10z}{z-\mathrm{e}^{-10T}}=\frac{10z^2}{z^2-(1+\mathrm{e}^{-10T})z+\mathrm{e}^{-10T}}$$

所以

$$C(z)=G(z)R(z)=\frac{10z^2}{z^2-(1+\mathrm{e}^{-10T})z+\mathrm{e}^{-10T}}\cdot R(z)$$

(3)见图8.2.3(c)。取第一个采样开关之前的信号为 $c_1(t)$ ，其拉普拉斯变换为 $C_1(s)$ ，则

$$C_1(s)=R(s)\frac{1}{s}$$

则此信号离散的 z 变换为

$$C_1(z)=Z[C_1^*(s)]=Z[\frac{1}{s}R(s)]$$

第二个环节的脉冲传递函数为

$$G_2(z)=Z[\frac{10}{s+10}]=\frac{10z}{z-\mathrm{e}^{-10T}}$$

所以

$$C(z)=G_2(z)\cdot C_1(z)=\frac{10z}{z-e^{-10T}}\cdot Z[\frac{1}{s}R(s)]$$

8.2.7 已知系统结构图如图 8.2.4 所示，采样间隔为 $T=1\text{ s}$，试求取开环脉冲传递函数 $G_o(z)$，闭环脉冲传递函数 $G_c(z)$，及系统的单位阶跃响应 $c^*(t)$。

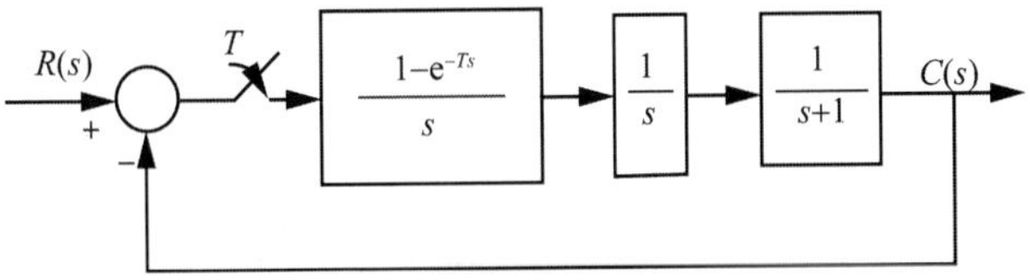

图 8.2.4 系统结构图(8.2.7)

解 (1)计算开环脉冲传递函数 $G_o(z)$。

前向通道中有零阶保持器，开环传递函数为

$$G_o(s)=\frac{1-e^{-Ts}}{s}\frac{1}{s}\cdot\frac{1}{s+1}=(1-e^{-Ts})\frac{1}{s^2(s+1)}=(1-e^{-Ts})(\frac{1}{s^2}-\frac{1}{s}+\frac{1}{s+1})$$

开环脉冲传递函数为

$$G_o(z)=(1-z^{-1})\cdot Z[\frac{1}{s^2}-\frac{1}{s}+\frac{1}{s+1}]=(\frac{z-1}{z})[\frac{Tz}{(z-1)^2}-\frac{z}{z-1}+\frac{z}{z-e^{-T}}]$$

$$=\frac{(T-1+e^{-T})z+(1-e^{-T}-Te^{-T})}{z^2-(1+e^{-T})z+e^{-T}}$$

将 $T=1\text{ s}$ 代入，求得系统的开环脉冲传递函数为

$$G_o(z)=\frac{e^{-T}z+(1-2e^{-T})}{z^2-(1+e^{-T})z+e^{-T}}=\frac{0.368z+0.264}{z^2-1.368z+0.368}$$

(2)计算闭环脉冲传递函数 $G_c(z)$。

$$G_c(z)=\frac{G_o(z)}{1+G_o(z)}=\frac{\dfrac{e^{-T}z+(1-2e^{-T})}{z^2-(1+e^{-T})z+e^{-T}}}{1+\dfrac{e^{-T}z+(1-2e^{-T})}{z^2-(1+e^{-T})z+e^{-T}}}=\frac{e^{-T}z+(1-2e^{-T})}{z^2-z+(1-e^{-T})}$$

将 $T=1\text{ s}$ 代入，求得系统的闭环脉冲传递函数为

$$G_c(z)\big|_{T=1}=\frac{0.368z+0.264}{z^2-z+0.632}$$

(3)计算系统的单位阶跃响应 $c^*(t)$。

单位阶跃信号的 z 变换为 $R(z)=\dfrac{z}{z-1}$，所以输出响应的 z 变换为

$$C(z)=G_c(z)R(z)=\frac{0.368z+0.264}{z^2-z+0.632}\cdot\frac{z}{z-1}$$

$$=\frac{z}{z-1}+\frac{(-z+0.368)z}{z^2-z+0.632}$$

单位阶跃响应 $c^*(t)$ 为

$$c^*(t) = Z^{-1}[C(z)]$$

系统的阶跃响应如图 8.2.5 所示。

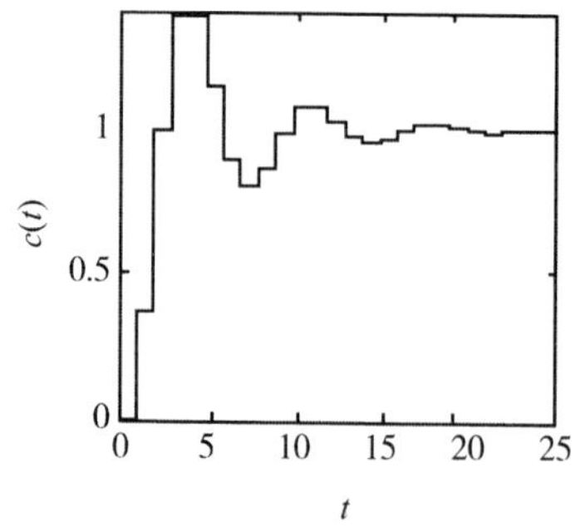

图 8.2.5 阶跃响应(8.2.7)

8.2.8 已知采样控制系统的结构图如图 8.2.6 所示，试确定系统的传递关系。

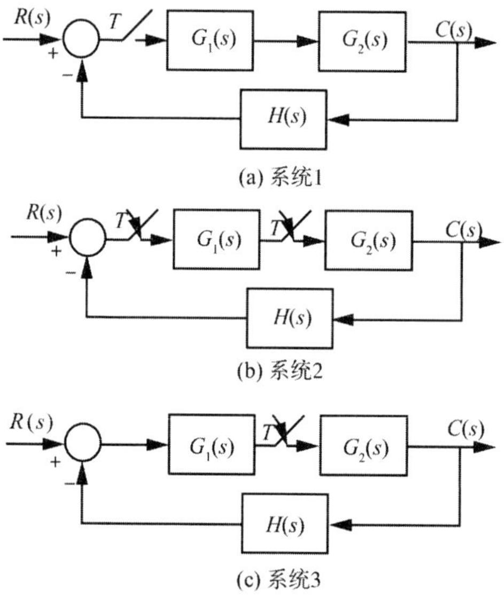

图 8.2.6 采样系统结构图(8.2.8)

解 (1)见图 8.2.6(a)。

$$E(s) = R(s) - H(s)C(s) = R(s) - G_1(s)G_2(s)H(s)E(s)$$

$$E(s) = \frac{1}{1+G_1(s)G_2(s)H(s)}R(s)$$

$$E^*(s) = \frac{1}{[1+G_1(s)G_2(s)H(s)]^*}R^*(s)$$

$$C(s) = G_1(s)G_2(s)E^*(s)$$

$$C^*(s) = [G_1(s)G_2(s)]^*E^*(s)$$

取 z 变换，得

$$C(z) = G_1G_2(z)E(z) = \frac{G_1G_2(z)}{1 + G_1G_2H(z)}R(z)$$

所以，脉冲传递函数为

$$\frac{C(z)}{R(z)} = \frac{G_1G_2(z)}{1 + G_1G_2H(z)}$$

(2)见图 8.2.6(b)。设经过第一个环节 $G_1(s)$ 后的输出信号为 $c_1(t)$

$$E(s) = R(s) - H(s)C(s) = R(s) - C_1^*(s)G_2(s)H(s)$$

$$E^*(s) = R^*(s) - C_1^*(s)[G_2(s)H(s)]^*$$

$$C_1(s) = G_1(s)E^*(s)$$

$$C_1^*(s) = G_1^*(s)E^*(s)$$

$$C_1^*(s) = \frac{G_1^*(s)}{1 + G_1^*(s)[G_2(s)H(s)]^*}R^*(s)$$

$$C(s) = G_2(s)C_1^*(s)$$

$$C^*(s) = G_2^*(s)C_1^*(s)$$

取 z 变换，得

$$C(z) = G_2(z)C_1(z) = \frac{G_1(z)G_2(z)}{1 + G_1(z)G_2H(z)}R(z)$$

所以脉冲传递函数为

$$\frac{C(z)}{R(z)} = \frac{G_1(z)G_2(z)}{1 + G_1(z)G_2H(z)}$$

(3)见图 8.2.6(c)。设经过第一个环节 $G_1(s)$ 后的输出信号为 $c_1(t)$，则有

$$E(s) = R(s) - H(s)C(s) = R(s) - C_1^*(s)G_2(s)H(s)$$

$$C_1(s) = G_1(s)E(s) = R(s)G_1(s) - C_1^*(s)G_1(s)G_2(s)H(s)$$

$$C_1^*(s) = [R(s)G_1(s)]^* - C_1^*(s)[G_1(s)G_2(s)H(s)]^*$$

$$C_1^*(s) = \frac{[R(s)G_1(s)]^*}{1 + [G_1(s)G_2(s)H(s)]^*}$$

$$C(s) = G_2(s)C_1^*(s)$$

$$C^*(s) = G_2^*(s)C_1^*(s)$$

整理，取 z 变换，得

$$C(z) = \frac{G_2(z)}{1 + G_1G_2H(z)}RG_1(z)$$

8.2.9　已知采样控制系统的结构图如图 8.2.7 所示，试确定系统的传递关系。

解　(1)本题有两条通路，两个回路，分别为

通路 P_1：输入输出变量的采样关系存在

$$P_1 = \frac{C_1'(z)}{R(z)} = Z[G_1(s)G_2(s)] = G_1G_2(z)$$

因此

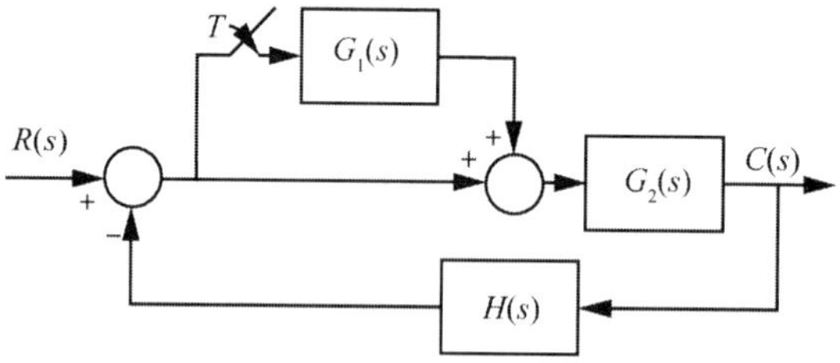

(a) 系统1

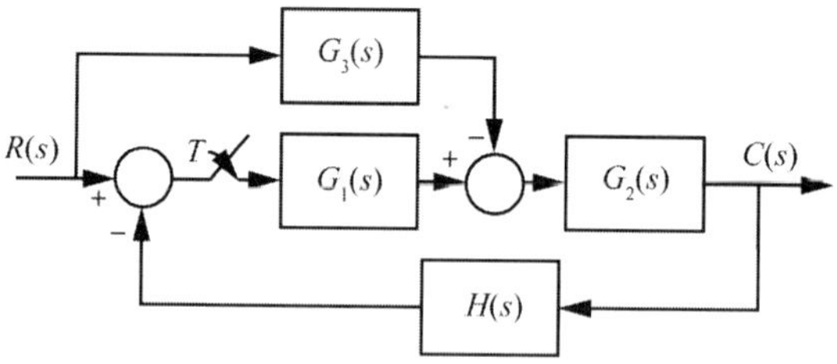

(b) 系统2

图 8.2.7 采样系统结构图(8.2.9)

$$C_1'(z) = G_1G_2(z)R(z)$$

通路 P_2：输入变量的采样不是独立存在的，因此传递关系为

$$C_2'(z) = RG_2(z)$$

回路 L_1：由于采样器的存在，所以有

$$L_1 = -G_1G_2H(z)$$

回路 L_2：由于无采样器，所以有

$$L_2 = -G_2(s)H(s)$$

设假想采样有

$$L_2 = -G_2H(z)$$

总传递关系为

$$C(z) = \frac{C_1(z)+C_2(z)}{1+L_1+L_2} = \frac{G_1G_2(z)R(z)+RG_2(z)}{1+G_1G_2H(z)+G_2H(z)}$$

$$= \frac{G_1G_2(z)}{1+G_1G_2H(z)+G_2H(z)}R(z) + \frac{1}{1+G_1G_2H(z)+G_2H(z)}RG_2(z)$$

(2)应用叠加原理有

$$C_1(z) = \frac{G_1G_2(z)}{1+G_1G_2H(z)}R(z)C_2(z) = \frac{-1}{1+G_1G_2H(z)}RG_2G_3(z)$$

总传递关系为

$$C(z) = C_1(z) + C_2(z)$$

$$= \frac{G_1G_2(z)}{1+G_1G_2H(z)}R(z) - \frac{1}{1+G_1G_2H(z)}RG_2G_3(z)$$

8.2.10 已知系统的闭环特征方程如下，试判别采样系统的稳定性：

(1) $(z+1)(z+0.2)(z+2)=0$;

(2) $z^3 - 1.5z^2 - 0.25z + 0.4 = 0$

解　(1) $(z+1)(z+0.2)(z+2) = 0$

系统的特征根分别为

$$z_1 = -1,\ z_2 = -0.2,\ z_3 = -2$$

其中特征根 $z_3 = -2$ 位于 z 平面的单位圆外，根据 z 平面的稳定判据

$$|z_i| < 1;\ i = 1,2,\cdots,n$$

可知该系统是不稳定的。

(2) $z^3 - 1.5z^2 - 0.25z + 0.4 = 0$

作 w 变换，将 $z = \dfrac{w+1}{w-1}$ 代入方程，有

$$\left(\frac{w+1}{w-1}\right)^3 - 1.5\left(\frac{w+1}{w-1}\right)^2 - 0.25\left(\frac{w+1}{w-1}\right) + 0.4 = 0$$

化简，得到

$$-0.35w^3 + 0.55w^2 + 5.95w + 1.85 = 0$$

因此特征方程的系数不全为正，所以系统不稳定。

8.2.11　已知采样系统的结构图如图 8.2.8 所示，试确定 $K-T$ 平面上的稳定域。

解　系统开环传递函数为

$$G_o(s) = \frac{K}{s(s+1)}$$

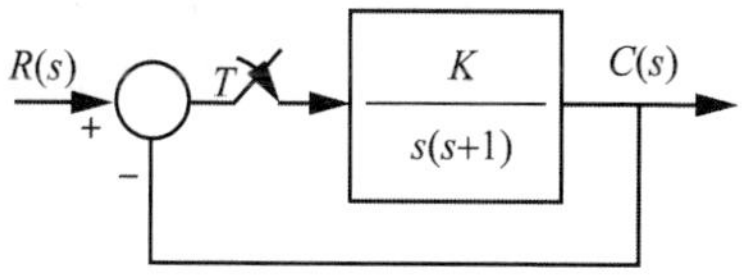

图 8.2.8　采样系统结构(8.2.11)

开环脉冲传递函数为

$$G_o(z) = \frac{K(1-e^{-T})z}{z^2 - (1+e^{-T})z + e^{-T}}$$

闭环脉冲传递函数为

$$G_c(z) = \frac{G_o(z)}{1+G_o(z)} = \frac{K(1-e^{-T})z}{z^2 + [K(1-e^{-T}) - (1+e^{-T})]z + e^{-T}}$$

闭环特征方程为

$$z^2 + [K(1-e^{-T}) - (1+e^{-T})]z + e^{-T} = 0$$

作 w 变换，将 $z = \dfrac{w+1}{w-1}$ 代入方程，有

$$\left(\frac{w+1}{w-1}\right)^2 + [K(1-e^{-T}) - (1+e^{-T})]\left(\frac{w+1}{w-1}\right) + e^{-T} = 0$$

化简，得到

$$K(1-e^{-T})w^2 + 2(1-e^{-T})w + [2(1+e^{-T}) - K(1-e^{-T})] = 0$$

对于二阶系统，闭环特征方程各系数大于零，系统即稳定，则

$$\begin{cases} K(1-e^{-T}) > 0 \\ 2(1-e^{-T}) > 0 \\ [2(1+e^{-T}) - K(1-e^{-T})] > 0 \end{cases}$$

解出稳定条件为

$$\begin{cases} T > 0 \\ K > 0 \\ K < \dfrac{2(1+e^{-T})}{1-e^{-T}} \end{cases}$$

$K-T$ 平面的关系曲线如图 8. 2. 9 所示。

8. 2. 12　已知系统结构图如图 8. 2. 10 所示，试确定系统的稳定条件。

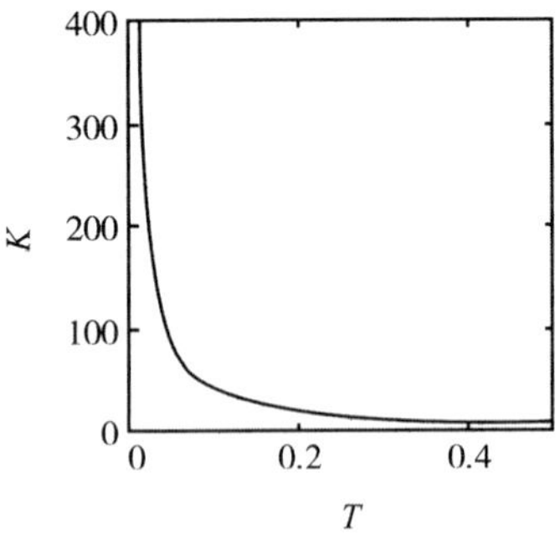

图 8. 2. 9　关系曲线(8. 2. 11)

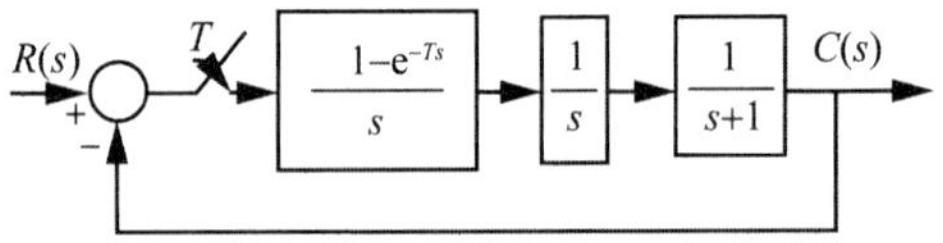

图 8. 2. 10　系统结构图(8. 2. 12)

解　系统前向通道含有积分环节，前向通道的脉冲传递函数

$$G(z) = (1-z^{-1}) \cdot z\left[\frac{1}{s}G(s)\right]$$

由于

$$\frac{1}{s} \cdot G(s) = \frac{1}{s} \cdot \frac{1}{s(s+1)} = \frac{1}{s^2(s+1)} = \frac{1}{s^2} - \frac{1}{s} + \frac{1}{s+1}$$

所以

$$Z\left[\frac{1}{s} \cdot G(s)\right] = Z\left[\frac{1}{s^2} - \frac{1}{s} + \frac{1}{s+1}\right] = \frac{Tz}{(z-1)^2} - \frac{z}{z-1} + \frac{z}{z-e^{-T}}$$

带有零阶保持器时，开环脉冲传递函数为

$$G_o(z) = (1-z^{-1}) \cdot Z\left[\frac{1}{s} \cdot G(s)\right] = \frac{z-1}{z} \cdot \left[\frac{Tz}{(z-1)^2} - \frac{z}{z-1} + \frac{z}{z-e^{-T}}\right]$$

$$= \frac{(T-1+e^{-T})z + (1-e^{-T}-Te^{-T})}{(z-1)(z-e^{-T})}$$

闭环脉冲传递函数为

$$G_c(z) = \frac{G_o(z)}{1+G_o(z)} = \frac{\dfrac{(T-1+e^{-T})z + (1-e^{-T}-Te^{-T})}{(z-1)(z-e^{-T})}}{1 + \dfrac{(T-1+e^{-T})z + (1-e^{-T}-Te^{-T})}{(z-1)(z-e^{-T})}}$$

$$= \frac{(T-1+e^{-T})z + (1-e^{-T}-Te^{-T})}{(z-1)(z-e^{-T}) + (T-1+e^{-T})z + (1-e^{-T}-Te^{-T})}$$

$$= \frac{(T-1+e^{-T})z + (1-e^{-T}-Te^{-T})}{z^2 + (T-2)z + (1-Te^{-T})}$$

闭环特征方程为

$$z^2+(T-2)z+(1-Te^{-T})=0$$

作 w 变换，将 $z=\dfrac{w+1}{w-1}$ 代入方程，有

$$\left(\frac{w+1}{w-1}\right)^2+(T-2)\left(\frac{w+1}{w-1}\right)+(1-Te^{-T})=0$$

化简整理，得

$$T(1-e^{-T})w^2+2Te^{-T}w+(4-T-Te^{-T})=0$$

令各系数大于零，有

$$\begin{cases}T(1-e^{-T})>0\\2Te^{-T}>0\\4-T-Te^{-T}>0\end{cases}$$

解出系统的稳定条件为

$$0<T<3.92$$

条件不等式曲线如图 8.2.11 所示。

8.2.13　给定采样间隔为 $T=0.2$ s，试分析图 8.2.12 中系统的稳定性。

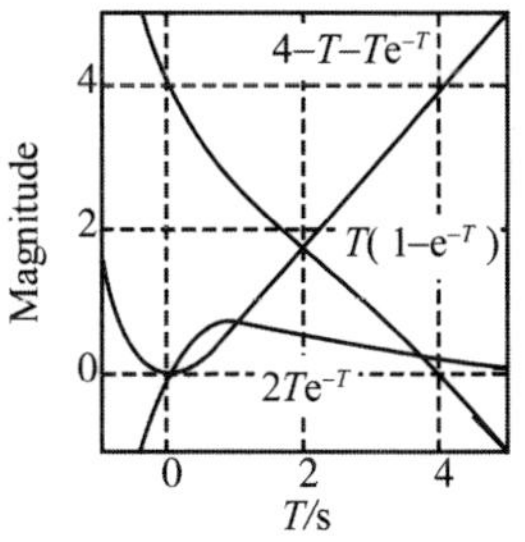

图 8.2.11　关系曲线(8.2.12)

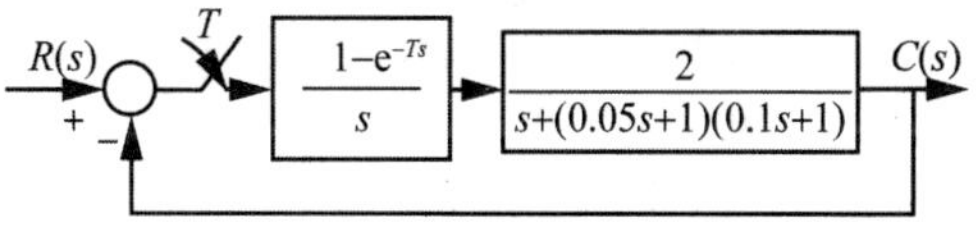

图 8.2.12　系统结构(8.2.13)

解　系统的前向通道含有零阶保持器，开环传递函数为

$$G_o(s)=\frac{1-e^{-Ts}}{s}\cdot\frac{2}{s(0.05s+1)(0.1s+1)}$$

$$=(1-e^{-Ts})\left(\frac{-0.1}{s+20}+\frac{0.4}{s+10}+\frac{-0.3}{s}+\frac{2}{s^2}\right)$$

则开环脉冲传递函数为

$$G_o(z)=(1-z^{-1})\left[\frac{-0.1z}{z-e^{-20T}}+\frac{0.4z}{z-e^{-10T}}+\frac{-0.3z}{z-1}+\frac{2Tz}{(z-1)^2}\right]\Bigg|_{T=0.2}$$

$$=\frac{0.1525z^2+0.2727z+0.00618}{z^3-1.1537z^2+0.1561z-0.0025}$$

闭环脉冲传递函数为

$$G_c(z)=\frac{G_o(z)}{1+G_o(z)}=\frac{0.1525z^2+0.2727z+0.00618}{z^3-z^2+0.4284z+0.00371}$$

闭环特征方程

$$z^3 - z^2 + 0.4284z + 0.00371 = 0$$

为三次方程，作 w 变换，将 $z = \frac{w+1}{w-1}$ 代入方程，化简整理，得

$$0.4321w^3 + 1.56w^2 + 3.5827w + 2.4173 = 0$$

由劳斯判据，作劳斯表。

w^3	0.4321	3.5827
w^2	1.56	2.4173
w^1	2.91	
w^0	2.4173	

由第一列系数均大于零，可知特征根全部位于左半平面，所以采样间隔时间为 $T = 0.2$ s时，系统是稳定的。

8.2.14 已知采样系统的闭环脉冲传递函数为

$$\frac{C(z)}{R(z)} = \frac{z+c}{z^2+az+b}$$

试确定系统稳定时，参数 a,b,c 所应满足的关系。

解 系统的闭环特征方程为

$$z^2 + az + b = 0$$

分子多项式的系数 c 与特征方程无关，因此与系统的稳定性无关。

将特征方程作 w 变换，将 $z = \frac{w+1}{w-1}$ 代入方程，有

$$\left(\frac{w+1}{w-1}\right)^2 + a\left(\frac{w+1}{w-1}\right) + b = 0$$

化简得到

$$(1+a+b)w^2 + (2-2b)w + (1-a+b) = 0$$

为使系统稳定，令各系数大于零，有

$$\begin{cases} 1+a+b>0 \\ 2-2b>0 \\ 1-a+b>0 \end{cases}$$

解出

$$\begin{cases} b<1 \\ -(1+b)<a<(1+b) \end{cases}$$

系统稳定时，系数 a 和 b 的取值域如图 8.2.13 所示。

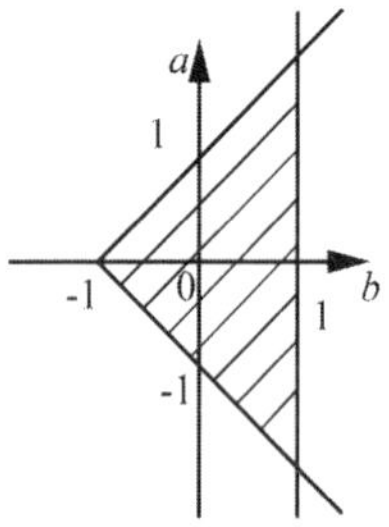

图 8.2.13 取值域 (8.2.14)

8.2.15 校正后的控制系统如图 8.2.14 所示，如采用计算机控制，由数字控制器 $D_c(z)$ 代替模拟控制器 $G_c(s)$，试写出迭代控制算式的表达式。

解 模拟控制器为

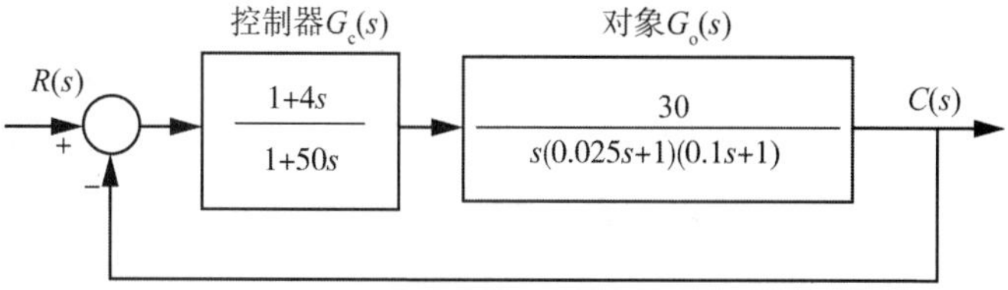

图 8.2.14　控制系统结构图(8.2.15)

$$G_c(s) = \frac{U(s)}{E(s)} = \frac{1+4s}{1+50s} = 0.08(1 + \frac{0.23}{s+0.02})$$

该环节的脉冲响应为

$$g_c(t) = 0.08[\delta(t) + 0.23e^{-0.02t}]$$

模拟控制器的脉冲传递函数为

$$D_c(z) = \frac{U(z)}{E(z)} = \frac{0.098 - 0.08e^{-0.02T}z^{-1}}{1 - e^{-0.02T}z^{-1}}$$

即
$$(1 - e^{-0.02T}z^{-1}) \cdot U(z) = (0.098 - 0.08e^{-0.02T}z^{-1}) \cdot E(z)$$

等式两边作 z 反变换，有

$$u_k - e^{-0.02T}u_{k-1} = 0.098e_k - 0.08e^{-0.02T}e_{k-1}$$

迭代控制算式为

$$u_k = e^{-0.02T}u_{k-1} + 0.098e_k - 0.08e^{-0.02T}e_{k-1}$$

8.2.16　校正后的控制系统如图 8.2.15 所示，如采用计算机控制，由数字控制器 $D_c(z)$ 代替模拟控制器 $G_c(s)$，试写出迭代控制算式的表达式，并确定采样间隔时间 T 的上限。

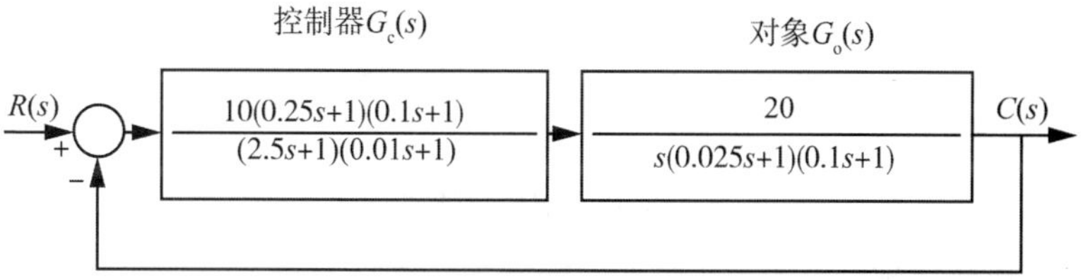

图 8.2.15　控制系统结构图(8.2.16)

解　(1)模拟控制器为

$$G_c(s) = \frac{U(s)}{E(s)} = \frac{10(0.25s+1)(0.1s+1)}{(2.5s+1)(0.01s+1)}$$
$$= \frac{10(s+4)(s+10)}{(s+0.4)(s+100)} = 10(1 + \frac{0.347}{s+0.4} - \frac{86.747}{s+100})$$

该环节的脉冲响应为

$$g_c(t) = 10[\delta(t) + 0.347e^{-0.4t} - 86.747e^{-100t}]$$

模拟控制器的脉冲传递函数为

$$D_c(z) = \frac{U(z)}{E(z)} = 10(1 + \frac{0.347}{1 - e^{-0.4T}z^{-1}} - \frac{86.747}{1 - e^{-100T}z^{-1}})$$

$$= \frac{-854 + (857.47e^{-0.4T} - 13.47e^{-100T})z^{-1} + 10e^{-0.4T}e^{-100T}z^{-2}}{1 - (e^{-0.4T} + e^{-100T})z^{-1} + e^{-0.4T}e^{-100T}z^{-2}} \cdot$$

$$[1 - (e^{-0.4T} + e^{-100T})z^{-1} + e^{-0.4T}e^{-100T}z^{-2}] \cdot U(z)$$

$$= [-854 + (857.47e^{-0.4T} - 13.47e^{-100T})z^{-1} + 10e^{-0.4T}e^{-100T}z^{-2}]E(z)$$

等式两边作 z 反变换，有

$$u_k - (e^{-0.4T} + e^{-100T})u_{k-1} + e^{-0.4T}e^{-100T}u_{k-2}$$

$$= -854e_k + (857.47e^{-0.4T} - 13.47e^{-100T})e_{k-1} + 10e^{-0.4T}e^{-100T}e_{k-2}$$

迭代控制算式为

$$u_k = (e^{-0.4T} + e^{-100T})u_{k-1} - e^{-0.4T}e^{-100T}u_{k-2}$$

$$-854e_k + (857.47e^{-0.4T} - 13.47e^{-100T})e_{k-1} + 10e^{-0.4T}e^{-100T}e_{k-2}$$

(2)采样间隔时间 T 的上限估算。

校正系统的开环传递函数为

$$G_o(s) = \frac{200(0.25s+1)}{s(2.5s+1)(0.025s+1)(0.01s+1)}$$

作伯德图如图 8.2.16 所示。

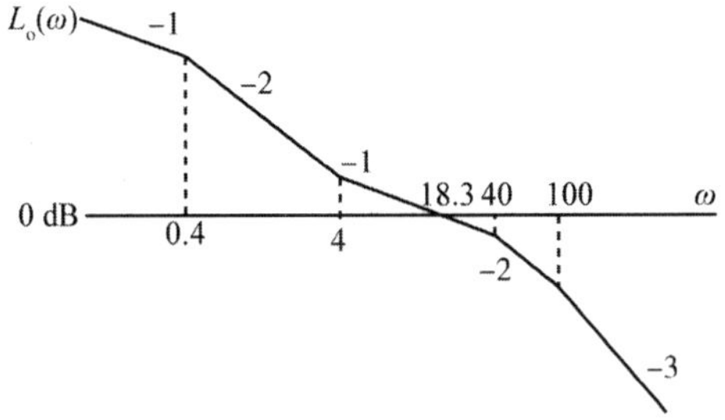

图 8.2.16　伯德图(8.2.16)

计算系统的开环截止频率，由

$$|G_o(j\omega)| = \left|\frac{200(0.25j\omega+1)}{j\omega(2.5j\omega+1)(0.025j\omega+1)(0.01j\omega+1)}\right| = 1$$

得到

$$\omega_c = 18.3$$

取采样频率为

$$\omega_s = 10\omega_c = 183$$

则采样间隔时间的上限可以确定为

$$T_s = \frac{2\pi}{\omega_s} = 0.034\ \mathrm{s}$$

8.2.17　采样控制系统如图 8.2.17 所示，输入信号为 $r(t) = 1(t)$，试确定最少拍控制时的控制器 $D(z)$。

解　连续部分的开环传递函数为

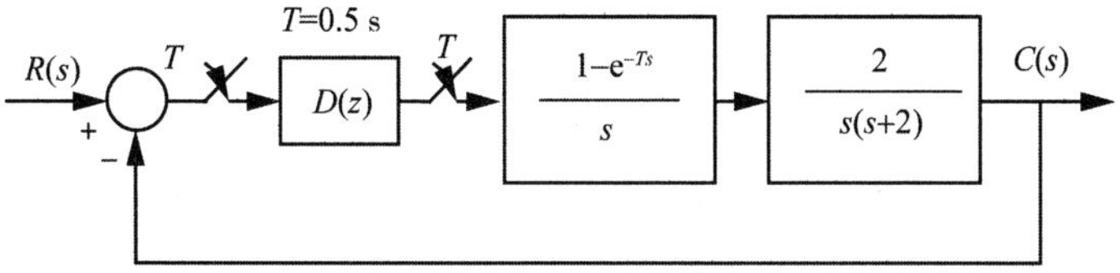

图 8.2.17 采样控制系统(8.2.17)

$$G(s) = G_h(s)\cdot G_o(s) = \frac{1-e^{-Ts}}{s}\cdot\frac{2}{s(s+2)} = (1-e^{-Ts})\frac{2}{s^2(s+2)}$$

$$= (1-e^{-Ts})\left(\frac{1}{s^2}-\frac{1}{2}\cdot\frac{1}{s}+\frac{1}{2}\cdot\frac{1}{s+2}\right)$$

开环脉冲传递函数为

$$G_o(z) = \frac{(T-0.5+0.5e^{-2T})z^{-1}+(0.5-0.5e^{-2T}-Te^{-2T})z^{-2}}{(1-z^{-1})(1-e^{-2T}z^{-1})}$$

采样间隔 $T = 0.5$ s 时

$$G_o(z) = \frac{0.184z^{-1}(1+0.718z^{-1})}{(1-z^{-1})(1-0.368z^{-1})}$$

当输入单位阶跃信号时，最少拍控制器应为

$$D(z) = \frac{z^{-1}}{1-z^{-1}}\cdot\frac{1}{G_o(z)} = \frac{5.435(1-0.368z^{-1})}{1+0.718z^{-1}}$$

系统可以在输入信号为 $r(t) = 1(t)$ 时，以 1 拍的控制间隔进入稳态。系统仿真结果如图 8.2.18 所示。

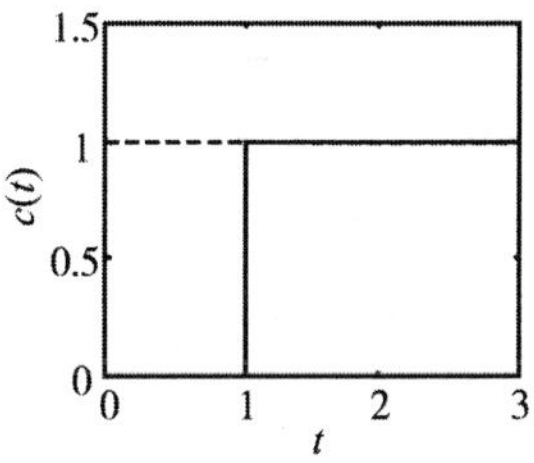

图 8.2.18 仿真结果(8.2.17)

8.3 第 8 章扩充习题

8.3.1 已知时间信号 $x(t)$ 如下，试求取它们的 z 变换 $X(z)$：

(1) $x(t) = 1(t) + 2\sin 5t$；

(2) $x(t) = 5e^{-2t}t^2$；

(3) $x(t) = te^{-5t} - e^{-5t}$；

(4) $x(t) = e^{-3t}\cdot\sin(2t+\pi/3)$。

8.3.2 已知时间函数 $x(t)$ 的拉普拉斯变换 $X(s)$，试求取它们的 z 变换 $X(z)$：

(1) $X(s) = \dfrac{10}{s(s+2)}$；　　(2) $X(s) = \dfrac{10e^{-Ts}}{s(s+2)}$；

(3) $X(s) = \dfrac{1}{(s+1)(s+2)^2}$；　　(4) $X(s) = \dfrac{1-e^{-Ts}}{(s+1)(s+2)^2}$。

8.3.3 已知采样信号的 z 变换 $X(z)$ 如下，试求 z 反变换 $x^*(t)$：

(1) $X(z) = \dfrac{z}{(z-2)(z-3)}$；

(2) $X(z) = \dfrac{1}{(z-2)(z-3)}$；

(3) $X(z)=\dfrac{z}{(z-1)^2(z-2)}$;

(4) $X(z)=\dfrac{1}{(z-1)^2(z-2)}$。

8.3.4 分别用 z 变换法和迭代法(解出5项以上)求解如下差分方程:

(1) $c(k+2)+0.75c(k+1)+0.25c(k)=r(k), r(k)=1(k), c(0)=0, c(1)=0$;

(2) $c(k+2)+0.75c(k+1)+0.25c(k)=0, c(0)=3, c(1)=0.5$。

8.3.5 采样控制系统如图8.3.1所示,采样间隔为 $T=2$ s,试计算其输出 $c^*(t)$ 和 $c(t)$,并画出输出信号波形 $c(t)$。

8.3.6 已知系统结构图如图8.3.2所示,试求系统的闭环脉冲传递函数 $G_c(z)$。

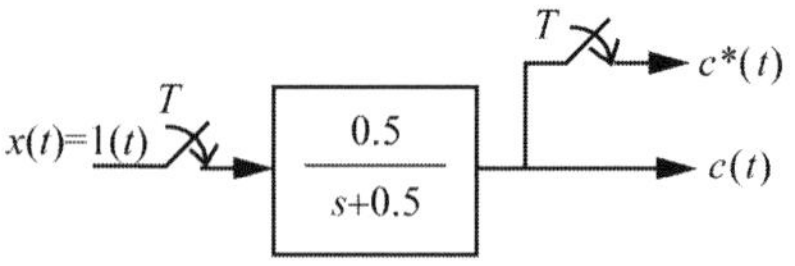

图8.3.1　采样控制系统(8.3.5)

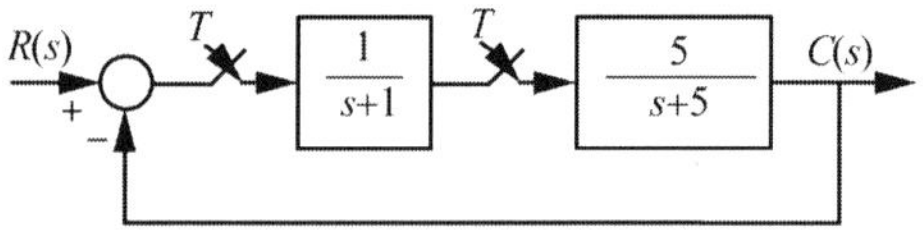

图8.3.2　系统结构图(8.3.6)

8.3.7 已知系统结构图如图8.3.3所示,采样间隔为 $T=0.2$ s,试求取开环脉冲传递函数 $G_o(z)$,闭环脉冲传递函数 $G_c(z)$,及系统的单位阶跃响应 $c^*(t)$。

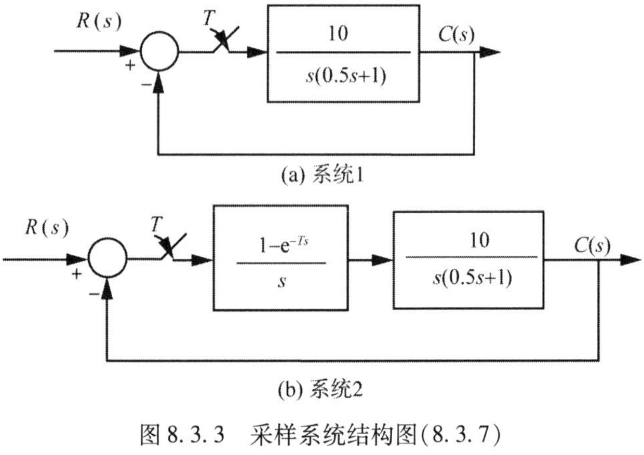

图8.3.3　采样系统结构图(8.3.7)

8.3.8 已知采样控制系统的结构图如图8.3.4所示,

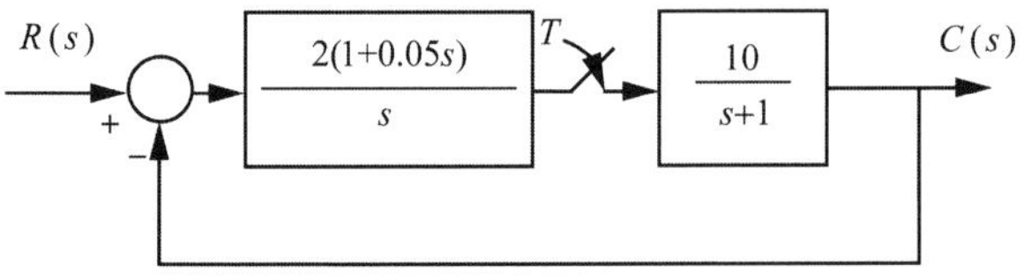

图8.3.4　采样控制系统结构图(8.3.8)

(1)采样间隔 $T=0.2$ s时,试确定系统的传递关系;

(2)试确定系统稳定时采样间隔 T 的取值范围。

8.3.9　已知采样控制系统的结构图如图 8.3.5 所示，试确定该系统的传递关系。

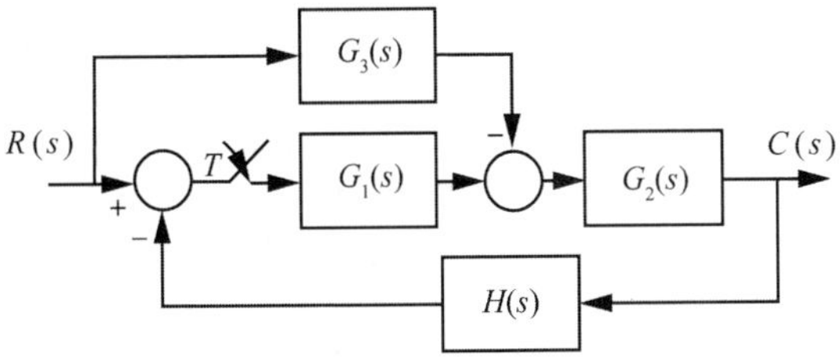

图 8.3.5　采样控制系统结构图(8.3.9)

8.3.10　已知系统的闭环特征方程如下，试判别采样系统的稳定性：

(1) $(z+1)(z+0.2)(z+2)=0$；

(2) $z^3-1.5z^2-0.25z+0.4=0$。

8.3.11　已知采样系统的结构图如图 8.3.6 所示，试确定系统稳定时，增益 K 与采样间隔 T 之间的关系。

8.3.12　已知采样系统结构图如图 8.3.7 所示，试确定系统的稳定条件。

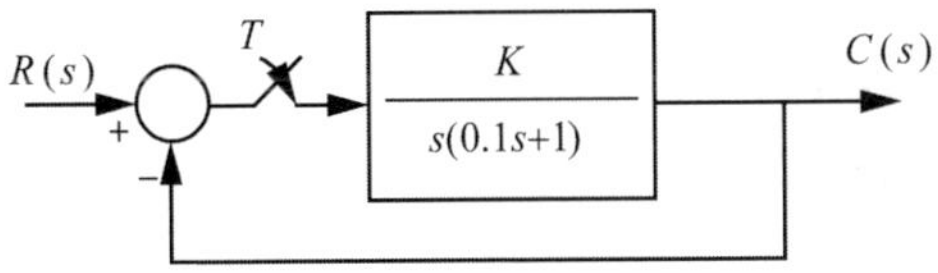

图 8.3.6　采样系统结构图(8.3.11)

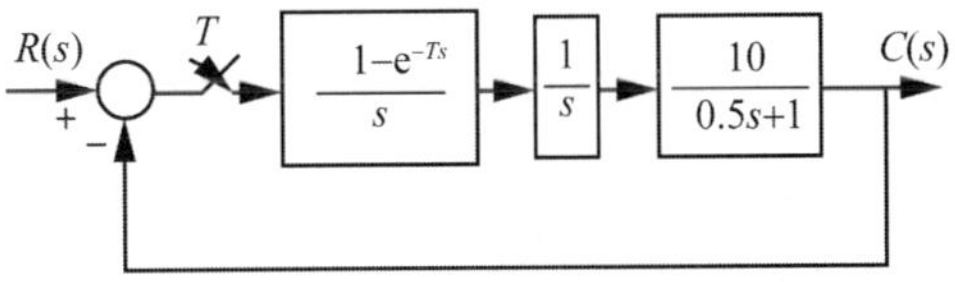

图 8.3.7　采样系统结构图(8.3.12)

8.3.13　已知采样系统的闭环脉冲传递函数为

$$\frac{C(z)}{R(z)}=\frac{z+2}{z^2+az+0.5}$$

试确定系统稳定时，参数 a 的取值条件。

8.3.14　已知采样系统的闭环特征方程为

$$2z^2+(18-21e^{-T})z+e^{-T}=0$$

试确定系统稳定时，参数 a 的取值条件。

8.3.15　校正后的控制系统如图 8.3.8 所示，如采用计算机控制，由数字控制器 $D_c(z)$ 代替模拟控制器 $G_c(s)$，试写出迭代控制算式的表达式，并确定采样间隔时间 T 的上限。

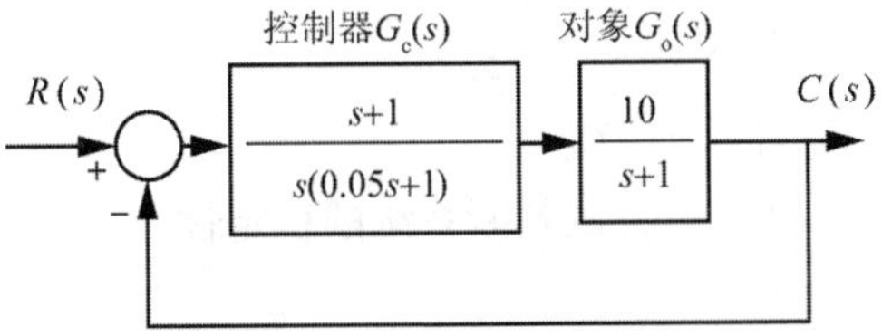

图 8.3.8　采样控制系统结构图(8.3.15)

8.4 第8章典型例题精讲

8.4.1 已知采样系统的结构图如图8.4.1所示，试推导其闭环脉冲传递函数。

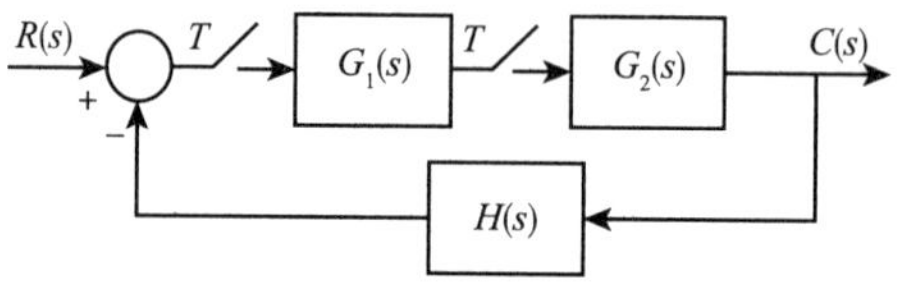

图8.4.1 采样系统结构图(8.4.1)

解 设经过第一个环节 $G_1(s)$ 后的输出信号为 $c_1(t)$，则

$$E(s)=R(s)-H(s)C(s)=R(s)-C_1^*(s)G_2(s)H(s)$$

$$E^*(s)=R^*(s)-C_1^*(s)[G_2(s)H(s)]^*$$

$$C_1(s)=G_1(s)E^*(s)$$

$$C_1^*(s)=G_1^*(s)E^*(s)$$

$$C_1^*(s)=\frac{G_1^*(s)}{1+G_1^*(s)[G_2(s)H(s)]^*}R^*(s)$$

$$C(s)=G_2(s)C_1^*(s)$$

$$C^*(s)=G_2^*(s)C_1^*(s)$$

取 z 变换

$$C(z)=G_2(z)C_1(z)=\frac{G_1(z)G_2(z)}{1+G_1(z)G_2H(z)}R(z)$$

所以脉冲传递函数为

$$\frac{C(z)}{R(z)}=\frac{G_1(z)G_2(z)}{1+G_1(z)G_2H(z)}$$

8.4.2 已知系统的结构图如图8.4.2所示

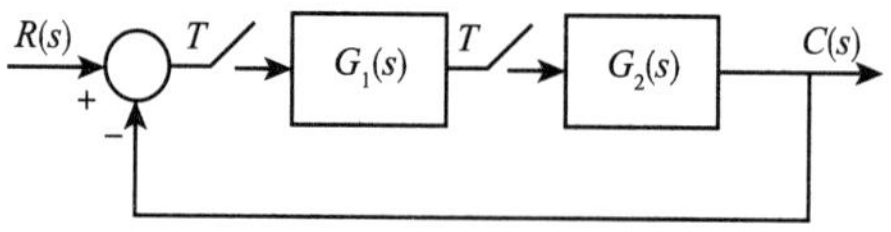

图8.4.2 系统结构图(8.4.2)

其中，$G_1(s)=\dfrac{1}{s+1}$，$G_2(s)=\dfrac{5}{s+5}$

(1)试求系统的闭环脉冲传递函数；

(2)当采样间隔 $T=0.5$ s时，试判断系统的稳定性。

解 (1)由 $G_1(s)=\dfrac{1}{s+1}$，$G_2(s)=\dfrac{5}{s+5}$，得

$$G_1(z)=\frac{z}{z-e^{-T}},\ G_2(z)=\frac{5z}{z-e^{-5T}}$$

则闭环脉冲传递函数为

$$G_c(z)=\frac{C(z)}{R(z)}=\frac{G_1(z)G_2(z)}{1+G_1(z)G_2(z)}=\frac{\frac{z}{z-e^{-T}}\cdot\frac{5z}{z-e^{-5T}}}{1+\frac{z}{z-e^{-T}}\cdot\frac{5z}{z-e^{-5T}}}$$

$$=\frac{5z^2}{6z^2-(e^{-T}+e^{-5T})z+e^{-6T}}$$

(2)系统的闭环特征方程为

$$6z^2-(e^{-T}+e^{-5T})z+e^{-6T}=0$$

$T=0.5$ s 时，

$$6z^2-0.68z+0.05=0$$

闭环特征方程的根为

$$z_{1,2}=0.06\pm j0.07$$

闭环特征方程的根位于单位圆内，稳定。

8.4.3　已知离散系统结构图如图 8.4.3 所示，采样间隔为 $T=1$ s，$G_h(s)$ 为零阶保持器，试确定使系统闭环稳定的 K 的取值范围。

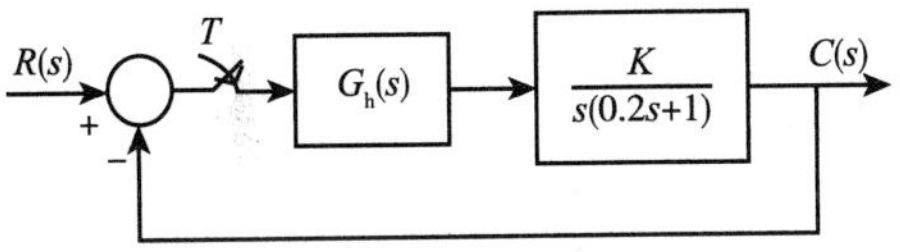

图 8.4.3　离散系统结构图(8.4.3)

解　前向通道中有零阶保持器，开环传递函数为

$$G_o(s)=\frac{1-e^{-Ts}}{s}\cdot\frac{1}{s}\cdot\frac{K}{0.2s+1}=(1-e^{-Ts})\frac{K}{s^2(0.2s+1)}$$

$$=5K(1-e^{-Ts})\left[\frac{0.2}{s^2}-\frac{0.04}{s}+\frac{0.04}{s+5}\right]$$

将 $T=1$ s 代入，开环脉冲传递函数为

$$G_o(z)=5K(1-z^{-1})\cdot Z\left[\frac{0.2}{s^2}-\frac{0.04}{s}+\frac{0.04}{s+1}\right]$$

$$=5K\left(\frac{z-1}{z}\right)\left[\frac{0.2Tz}{(z-1)^2}-\frac{0.04z}{z-1}+\frac{0.04z}{z-e^{-5T}}\right]$$

$$=K\frac{(0.8+0.2e^{-5})z+(0.2-1.2e^{-5})}{(z-1)(z-e^{-5})}$$

则闭环脉冲传递函数为

$$G_c(z)=\frac{G_o(z)}{1+G_o(z)}=\frac{K\dfrac{(0.8+0.2e^{-5})z+(0.2-1.2e^{-5})}{(z-1)(z-e^{-5})}}{1+K\dfrac{(0.8+0.2e^{-5})z+(0.2-1.2e^{-5})}{(z-1)(z-e^{-5})}}$$

$$=\frac{K[(0.8+0.2e^{-5})z+(0.2-1.2e^{-5})]}{(z-1)(z-e^{-5})+K[(0.8+0.2e^{-5})z+(0.2-1.2e^{-5})]}$$

闭环特征方程为

$$z^2+[K(0.8+0.2e^{-5})-(1+e^{-5})]z+e^{-5}+K(0.2-1.2e^{-5})=0$$

进行双线性变换，将 $z=\dfrac{w+1}{w-1}$ 代入，得

$$0.9933Kw^2+(1.9865-0.3838K)w+(1.0135-0.6094K)=0$$

由劳斯判据得系统稳定时 K 的取值范围是

$$0<K<1.6631$$

8.4.4 已知离散系统的结构图如图 8.4.4 所示，$T=0.1$

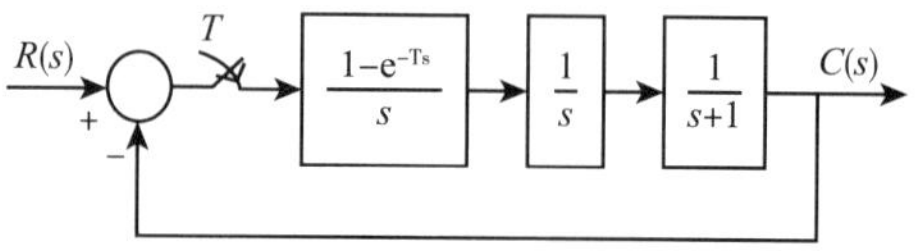

图 8.4.4 离散系统结构图(8.4.4)

试求该系统的单位阶跃响应 $C(nT)$（单位斜坡信号的 z 变换 $X(z)=\dfrac{Tz}{(z-1)^2}$）。

解 系统前向通道含有零阶保持器，前向通道的脉冲传递函数为

$$G(z)=(1-z^{-1})\cdot Z[\frac{1}{s}G(s)]$$

由于

$$\frac{1}{s}\cdot G(s)=\frac{1}{s}\cdot\frac{1}{s(s+1)}=\frac{1}{s^2(s+1)}=[\frac{1}{s^2}-\frac{1}{s}+\frac{1}{s+1}]$$

所以

$$Z[\frac{1}{s}\cdot G(s)]=Z[\frac{1}{s^2}-\frac{1}{s}+\frac{1}{s+1}]=[\frac{Tz}{(z-1)^2}-\frac{z}{z-1}+\frac{z}{z-e^{-T}}]$$

带有零阶保持器时，开环脉冲传递函数为

$$G_o(z)=(1-z^{-1})\cdot Z[\frac{1}{s}\cdot G(s)]=\frac{z-1}{z}\cdot[\frac{Tz}{(z-1)^2}-\frac{z}{z-1}+\frac{z}{z-e^{-T}}]$$

$$=\frac{(T-1+e^{-T})z+(1-e^{-T}-Te^{-T})}{(z-1)(z-e^{-T})}$$

闭环脉冲传递函数为

$$G_c(z)=\frac{G_o(z)}{1+G_o(z)}=\frac{\dfrac{(T-1+e^{-T})z+(1-e^{-T}-Te^{-T})}{(z-1)(z-e^{-T})}}{1+\dfrac{(T-1+e^{-T})z+(1-e^{-T}-Te^{-T})}{(z-1)(z-e^{-T})}}$$

$$= \frac{(T-1+e^{-T})z+(1-e^{-T}-Te^{-T})}{(z-1)(z-e^{-T})+(T-1+e^{-T})z+(1-e^{-T}-Te^{-T})}$$

$$= \frac{(T-1+e^{-T})z+(1-e^{-T}-Te^{-T})}{z^2+(T-2)z+(1-Te^{-T})}$$

则输出的 z 变换的表达式为

$$C(z) = G_c(z) \cdot R(z) = \frac{0.005(z+0.9)}{z^2-1.9z+0.9095} \cdot \frac{z}{z-1} = \frac{0.005z^2+0.0045z}{z^3-2.9z^2+2.805z-0.9095}$$

$$= 0.005z^{-1}+0.019z^{-2}+0.041z^{-3}+\cdots$$

采用长除法，得该系统的单位阶跃响应 $C(nT)$ 为

$$C(nT) = 0.005\delta(t-T)+0.019\delta(t-2T)+0.041\delta(t-3T)+\cdots$$

附录1 《自动控制原理(第4版)》部分习题的 MATLAB 语言求解

第2章

2.2.3 求下列时间函数$f(t)$的拉普拉斯变换$F(s)$：

(1) $f(t) = 0.5(1 - \cos 5t)$；

(2) $f(t) = e^{-0.2t}\cos 314t$；

(3) $f(t) = \sin(5t + \frac{\pi}{3})$；

(4) $f(t) = t^2 \cdot e^{-3t}$。

MATLAB 语言题解： 使用拉普拉斯变换函数 laplace( )。

(1) $f(t) = 0.5(1 - \cos 5t)$

```
syms t
f=0.5*(1-cos(5*t));
F=laplace(f)
F =
    25/2/s/(s^2+25)
```

(2) $f(t) = e^{-0.2t}\cos 314t$

```
syms t
f=exp(-0.2*t)*cos(314*t);
F=laplace(f)
F =
    (s+1/5)/((s+1/5)^2+98596)
```

(3) $f(t) = \sin(5t + \frac{\pi}{3})$

```
syms t
f=sin(5*t+pi/3);
F=laplace(f)
F =
    (1/2*s*3^(1/2)+5/2)/(s^2+25)
```

(4) $f(t) = t^2 \cdot e^{-3t}$

```
syms t
f = t^2 * exp( -3 * t);
F = laplace(f)
F  =
    2/(s+3)^3
```

2.2.5 已知下列拉普拉斯变换 $F(s)$，求出时间表达式 $f(t)$，并画出曲线草图：

(1) $F(s) = \dfrac{s^2 + s + 100}{s(s^2 + 100)}$ (2) $F(s) = \dfrac{s^2 + 3s + 5}{s^2 + 2s + 4}$。

MATLAB 语言题解： 使用符号运算与拉普拉斯反变换函数 ilaplace( )。

(1) $F(s) = \dfrac{s^2 + s + 100}{s(s^2 + 100)}$

```
syms s
F =(s^2 + s + 100)/s/(s^2 + 100);
f = ilaplace(F)
f  =
    1 + 1/10 * sin(10 * t)
```

(2) $F(s) = \dfrac{s^2 + 3s + 5}{s^2 + 2s + 4}$

```
syms s
F =(s^2 +3 * s +5)/(s^2 +2 * s +4);
f = ilaplace(F)
f  =
    Dirac(t) + exp( -t) * cos(3^(1/2) * t)
```

2.2.6 用拉普拉斯变换法求解下列微分方程：

(1) $2\ddot{c} + 7\dot{c} + 5c = r$，$r = R \cdot 1(t)$，$c(0) = 0, \dot{c}(0) = 0$

(2) $2\ddot{c} + 7\dot{c} + 5c = 0$，$c(0) = c_0$，$\dot{c}(0) = \dot{c}_0$

MATLAB 语言题解： 使用符号运算，微分方程求解函数 dsolve( )。

(1) $2\ddot{c} + 7\dot{c} + 5c = r$，$r = R \cdot 1(t)$，$c(0) = 0, \dot{c}(0) = 0$

```
f = '2 * D2c +7 * Dc +5 * c = R, c(0)=0, Dc(0)=0';
dsolve(f)
ans  =
    1/5 * R - 1/3 * R * exp( -t) +2/15 * R * exp( -5/2 * t)
```

(2) $2\ddot{c} + 7\dot{c} + 5c = 0$，$c(0) = c_0$，$\dot{c}(0) = \dot{c}_0$

```
f = '2 * D2c +7 * Dc +5 * c =0, c(0) =c1, Dc(0) =c2';
dsolve(f,'t')
ans  =
```

(5/3 * c1 +2/3 * c2) * exp(-t)+(-2/3 * c1 -2/3 * c2) * exp(-5/2 * t)

第3章

3.2.1 已知某装置的电路如图 f2.3.1 所示。输入信号为单位阶跃信号 $u_i(t) = 1(t)$ 时，试计算输出响应 $u_o(t)$，画出 $u_o(t)$ 的草图，并计算响应时间 t_s。

MATLAB 语言题解： 使用阶跃响应函数 step( )。

电路的传递函数为

$$G(s) = \frac{1}{2} \cdot \frac{s+200}{s+100}$$

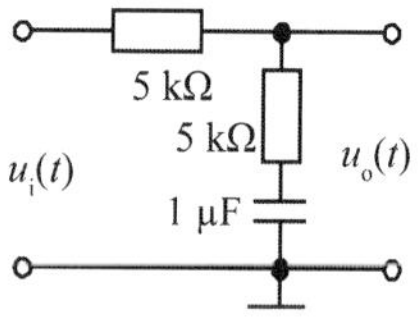

图 f2.3.1 电路

(f3.2.1)

```
num =0. 5 * [1200]; den = [1100];
sys = tf(num, den);
step(sys);
axis([0, 0.06, 0, 1])
```

阶跃响应曲线如图 f2.3.2 所示。

```
[y, t] = step(sys);
ts1 = spline(y, t, 0.98)
ts1 =
    0.0322
ts2 = spline(y, t, 0.95)
ts2 =
    0.0230
```

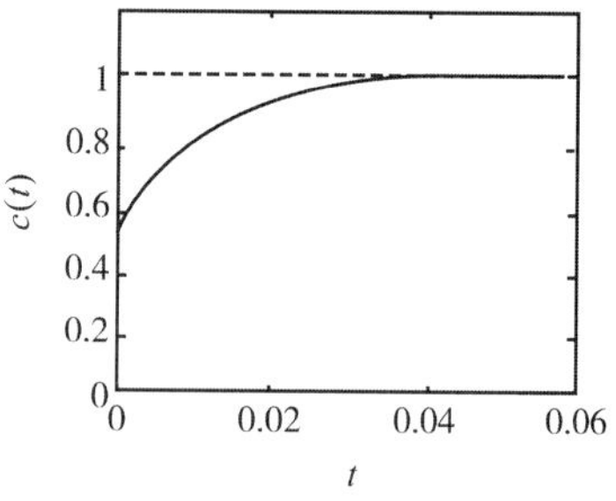

图 f2.3.2 阶跃响应曲线

(f3.2.1)

3.2.2 已知某检测元件响应特性为

$$G(s) = \frac{10}{0.2s+1}$$

为了将响应时间减小至原来的 1/10，并保证原增益不变，采用负反馈方法来实现，如图 f2.3.3 所示，试计算图中各增益的值 K_f, K_h。

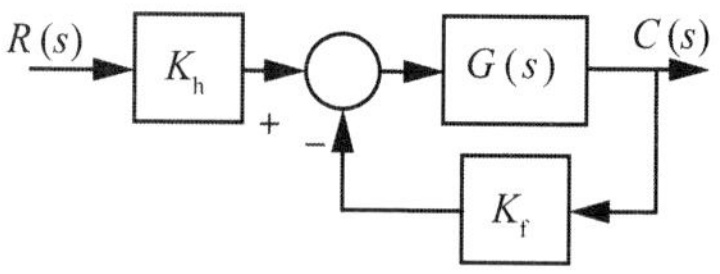

图 f2.3.3 系统结构图

(f3.2.2)

MATLAB 语言题解： 根据题意解得

$$K_f = 0.9, \quad K_h = 10$$

MATLAB 语言仿真程序如下：

```
num1 = [10]; den1 = [0.2 1]; sys1 = tf(num1, den1);
num2 = [10]; den2 = [0.02 1]; sys2 = tf(num2, den2);
[y1, t1] = step(sys1); [y2, t2] = step(sys2);
subplot(2, 1, 1); plot(t1, y1); axis([0, 1.5, 0, 10]); subplot(2, 1, 2); plot(t2, y2); axis([0, 1.5, 0, 10])
```

仿真曲线如图 f2.3.4 所示。

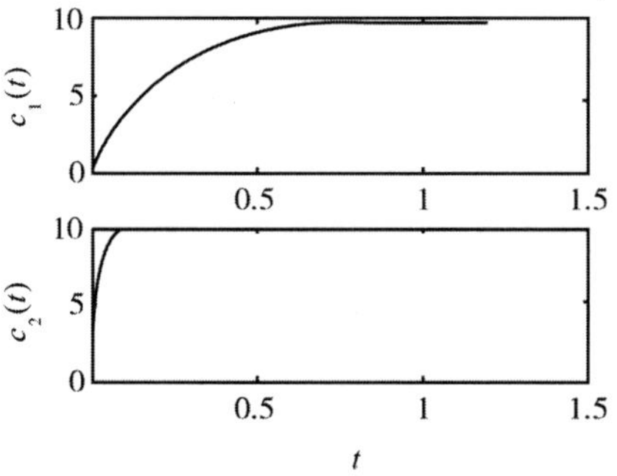

图 f2. 3. 4　仿真曲线(f3. 2. 2)

3. 2. 3　已知速度反馈控制系统如图 f2. 3. 5 所示，为了保证系统阶跃响应的超调量 $M_p < 20\%$，过渡时间 $t_s \leqslant 0.3$ s，试确定前向增益 K_1 的值和速度反馈系数 K_2 的值。

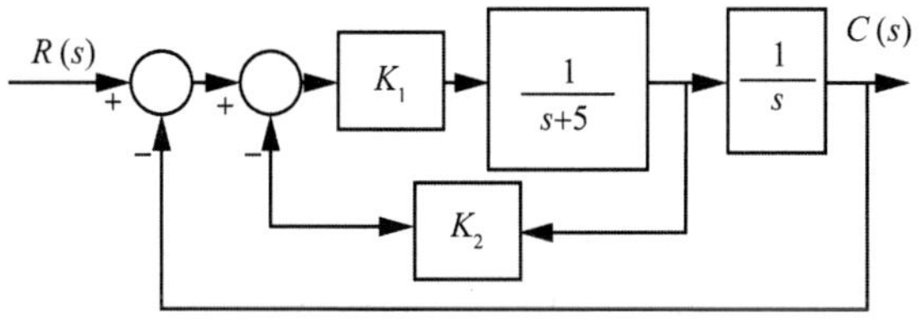

图 f2. 3. 5　系统结构图(f3. 2. 3)

MATLAB 语言题解：　根据题意解得

$$K_1 = 400,\ K_2 = 0.0375$$

Simulink 仿真结构图如图 f2. 3. 6 所示。

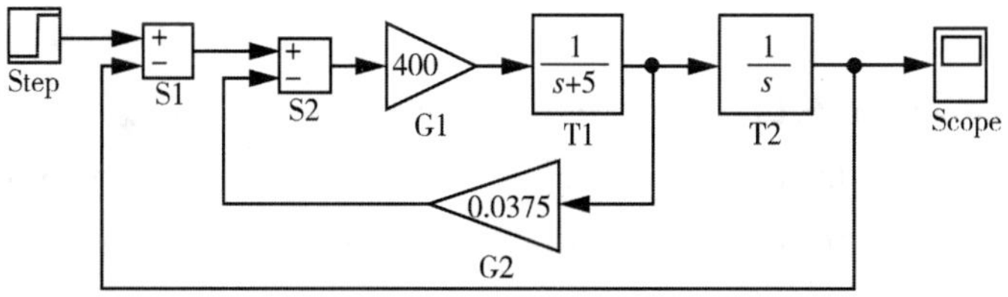

图 f2. 3. 6　仿真结构图(f3. 2. 3)

MATLAB 命令行仿真程序如下：

```
num = [400]; den = [1 20 400];
sys = tf(num, den);
step(sys);              % 阶跃响应
[y, t] = step(sys);
max(y)                  % 计算峰值
ans =
    1.1630
```

仿真曲线如图 f2.3.7 所示。

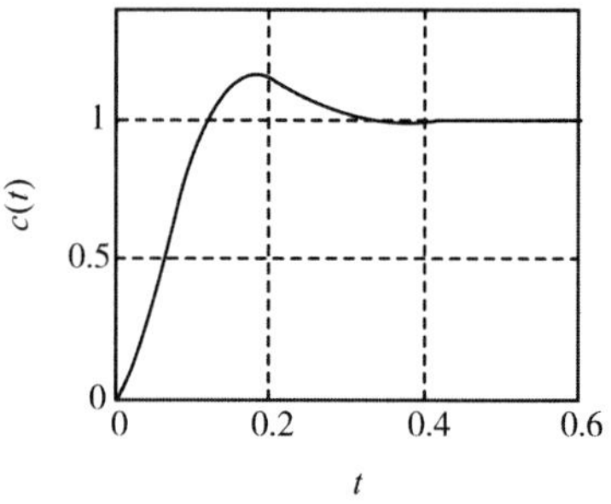

图 f2.3.7　仿真曲线

（f3.2.3）

3.2.4　已知系统的闭环特征方程如下，试用代数稳定性判据判别系统的稳定性：

（1）$s^3+20s^2+9s+200=0$；

（2）$(s+2)(s+4)(s^2+6s+25)+666.25=0$；

（3）$s^5+6s^4+3s^3+2s^2+s+1=0$；

（4）$s^4+8s^3+18s^2+16s+5=0$。

MATLAB 语言题解：　使用多项式求根函数 roots( )。

（1）$s^3+20s^2+9s+200=0$

```
den=[1 20 9 200];
roots(den)
ans =
 -20.0487
   0.0243 + 3.1583i
   0.0243 - 3.1583i
```

有一对共轭复数根位于 s 平面的右半平面，系统不稳定。特征根的位置如图 f2.3.8 所示。

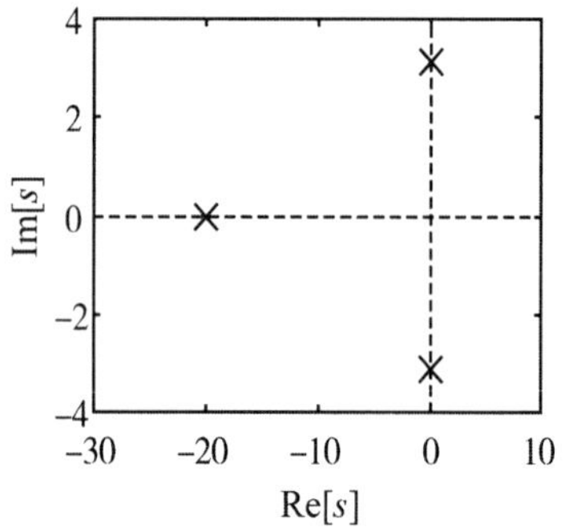

图 f2.3.8　特征根位置

（f3.2.4－1）

（2）$(s+2)(s+4)(s^2+6s+25)+666.25=0$

```
d1=[1 2];   d2=[1 4];   d3=[1 6 25];
d=conv(d1, conv(d2, d3));
d(5)=d(5)+666.25;
roots(d)
ans =
   -6.0000 + 4.0620i
   -6.0000 - 4.0620i
    0.0000 + 4.0620i
    0.0000 - 4.0620i
```

有一对共轭复数根位于 s 平面的虚轴上，系统临界稳定。特征根的位置如图 f2.3.9 所示。

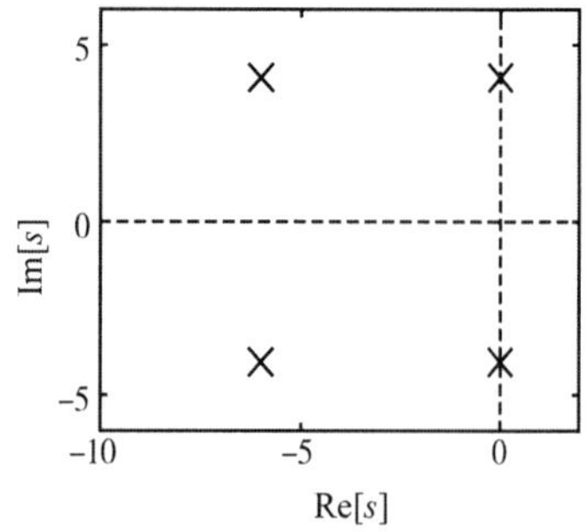

图 f2.3.9　特征根位置

（f3.2.4－2）

（3）$s^5+6s^4+3s^3+2s^2+s+1=0$

```
den=[1 6 3 2 1 1];
roots(den)
ans =
    -5.5171
    -0.5007 + 0.4636i
    -0.5007 - 0.4636i
```

0. 2593 + 0. 5675i

0. 2593 - 0. 5675I

有一对共轭复数根位于 s 平面的右半平面，系统不稳定。特征根的位置如图 f2. 3. 10 所示。

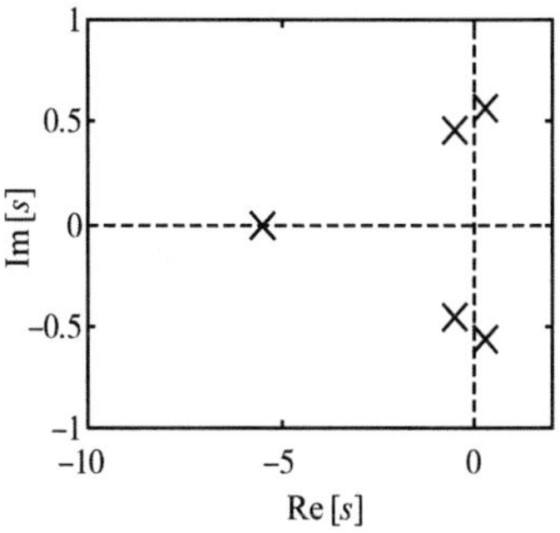

图 f2. 3. 10　特征根位置
(f3. 2. 4 - 3)

(4) $s^4 + 8s^3 + 18s^2 + 16s + 5 = 0$

```
den = [1 8 18 16 5 ];
roots(den)
ans =
    -5.0000
    -1.0000
    -1.0000 + 0.0000i
    -1.0000 - 0.0000i
```

系统的特征根全部位于 s 平面的左半平面，系统是稳定的。特征根的位置如图 f2. 3. 11 所示。

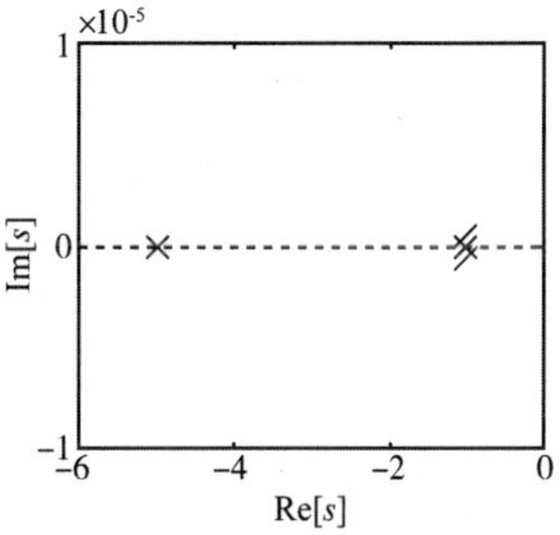

图 f2. 3. 11　特征根位置
(f3. 2. 4 - 4)

第 4 章

4. 2. 2　设系统的开环传递函数分别为

(1) $G_o(s) = \dfrac{K_g}{(s+0.2)(s+0.5)(s+1)}$,

(2) $G_o(s) = \dfrac{K_g(s+2)}{s^2+2s+10}$,

(3) $G_o(s) = \dfrac{K_g}{(s+1)(s+5)(s^2+6s+13)}$,

试绘制控制系统的根轨迹草图。

MATLAB 语言题解：　使用根轨迹绘图函数 rlocus( )。

(1) $G_o(s) = \dfrac{K_g}{(s+0.2)(s+0.5)(s+1)}$

根轨迹绘图程序如下：

```
n = [1];
d = conv([1 0.2], conv([1 0.5], [1 1]));
sys = tf(n, d);
rlocus(sys)
```

绘制的根轨迹如图 f2. 4. 1 所示。

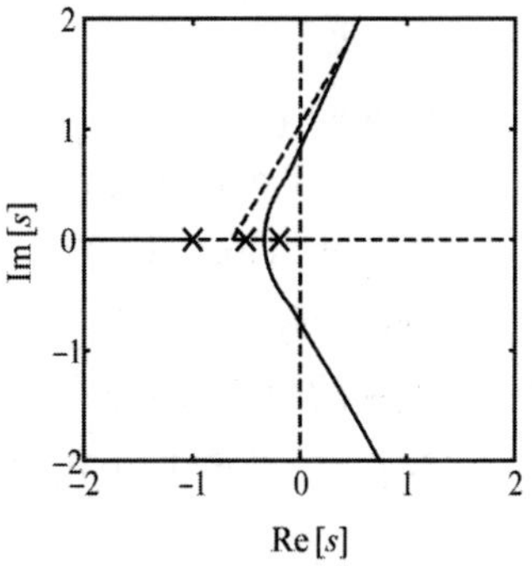

图 f2. 4. 1　根轨迹图
(f4. 2. 2 - 1)

(2) $G_o(s) = \dfrac{K_g(s+2)}{s^2+2s+10}$

根轨迹绘图程序如下：

```
n = [1 2]; d = [1 2 10];
```

```
sys = tf(n, d);
rlocus(sys)
```

绘制的根轨迹如图 f2.4.2 所示。

(3) $G_o(s) = \dfrac{K_g}{(s+1)(s+5)(s^2+6s+13)}$

根轨迹绘图程序如下:

```
n = [1];
d = conv([1 1], conv([1 5], [1 6 13]));
sys = tf(n, d);
rlocus(sys); axis([-7, 1, -4, 4])
```

绘制的根轨迹如图 f2.4.3 所示。

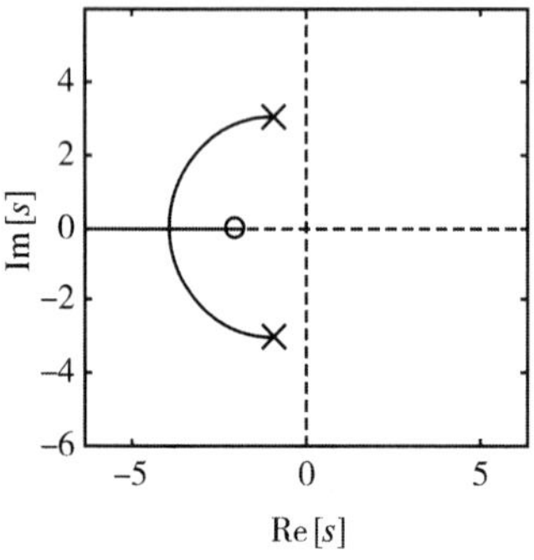

图 f2.4.2 根轨迹图(f4.2.2-2)

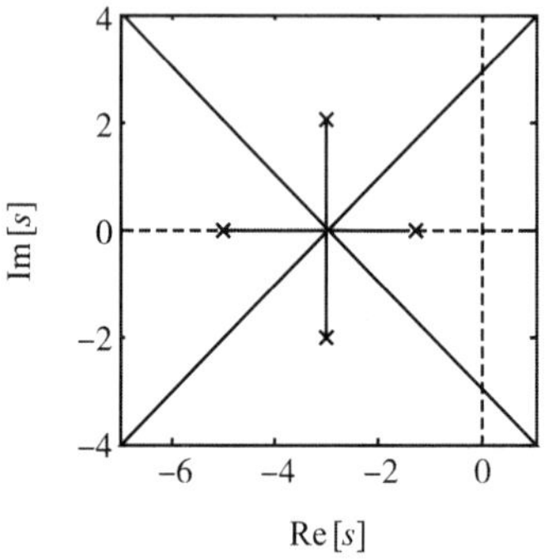

图 f2.4.3 根轨迹图(f4.2.2-3)

4.2.4 设系统的开环传递函数为

$$G_o(s) = \frac{K_g(s+10)}{(s+1)(s^2+4s+8)}$$

试分别绘制负反馈系统和正反馈系统的根轨迹图。

MATLAB 语言题解: 使用根轨迹绘图函数 rlocus( )。

(1)负反馈

```
num = [1 10];
den = [1 5 12 8];
sys = tf(num, den);
rlocus(sys);
```

(2)正反馈

```
num = [-1 -10];
den = [1 5 12 8];
sys = tf(num, den);
rlocus(sys);
```

绘制的根轨迹图如图 f2.4.4 所示。

4.2.5 设非最小相位系统的开环传递函数为

$$G_o(s) = \frac{K(1-0.5s)}{s(1+0.2s)}$$

试绘制该系统的根轨迹。

MATLAB 语言题解: 使用根轨迹绘图函数 rlocus( )。

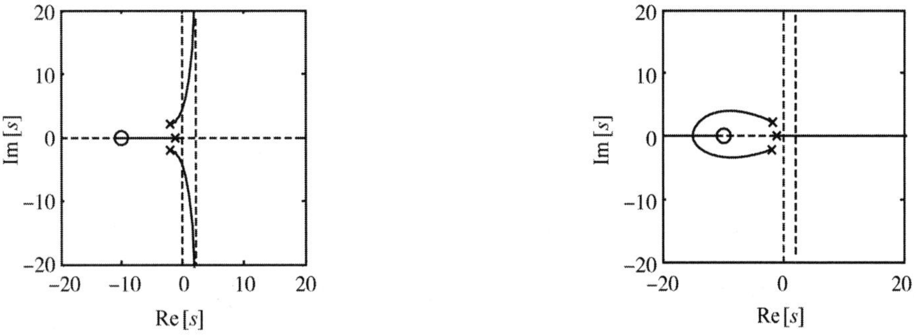

(a) 负反馈 (b) 正反馈

图 f2.4.4 根轨迹图(f4.2.4)

开环传递函数写为

$$G_o(s) = \frac{-0.5K(s-2)}{0.2s(s+5)} = \frac{K_g(s-2)}{s(s+5)}$$

其中，$K_g = -2.5K$，作正反馈根轨迹。

```
num = [ -0.5 1]; den = [0.2 1 0];
sys = tf(num, den);
rlocus(sys);
```

根轨迹图如图 f2.4.5 所示。

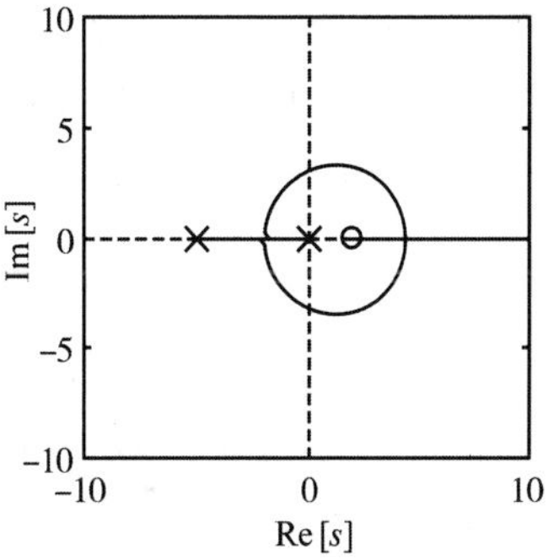

图 f2.4.5 根轨迹图(f4.2.5)

4.2.6 延迟系统的开环传递函数为

(1) $G_1(s) = Ke^{-\tau s} \quad (\tau = 1)$

(2) $G_2(s) = \dfrac{Ke^{-\tau s}}{s(s+p)} \quad (\tau = 0.5,\ p = 2)$

试绘制该系统的根轨迹。

MATLAB 语言题解： 使用 Pade 展开函数 pade()。

(1) $G_1(s) = Ke^{-\tau s} \quad (\tau = 1)$

```
[num, den] = pade(1, 2);
sys = tf(num, den);
rlocus(num, den)
```

近似根轨迹图如图 f2.4.6 所示。

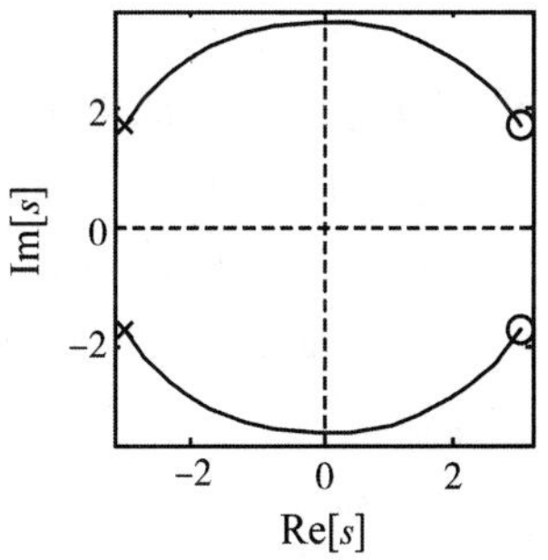

图 f2.4.6 近似根轨迹图(f4.2.6-1)

(2) $G_2(s) = \dfrac{Ke^{-\tau s}}{s(s+p)} \quad (\tau = 0.5,\ p = 2)$

使用 Pade 展开函数 pade()，阶数为 2。

```
[n1, d1] = pade(0.5, 2);
n2 = [1]; d2 = [1 2 0];
n = conv(n1, n2);
d = conv(d1, d2);
```

```
sys = tf(n, d);
rlocus(n, d)
axis([-10, 10, -10, 10])
```

近似根轨迹图如图 f2.4.7 所示。

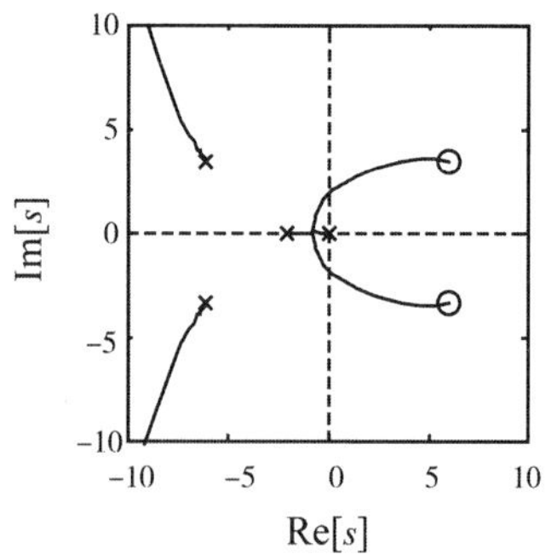

图 f2.4.7 近似根轨迹图 (f4.2.6-2)

4.2.7 设非最小相位系统的开环传递函数为

$$G_o(s) = \frac{K_g(s+1)}{s(s-1)(s^2+4s+16)}$$

试绘制该系统的根轨迹，并确定使闭环系统稳定的 K_g 范围。

MATLAB 语言题解： 使用根轨迹绘图函数 rlocus( )。

```
num = [1 1];
den = conv([1 0], conv([1 -1], [1 4 16]));
sys = tf(num, den);
rlocus(sys)
```

作出根轨迹如图 f2.4.8 所示。用鼠标点击曲线穿过虚轴的点，可以得到临界稳定的 K_g 值为 0，23.3，35.7。

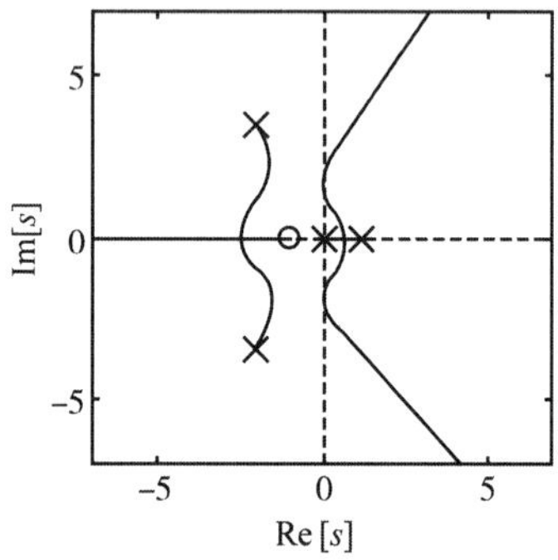

图 f2.4.8 根轨迹图 (f4.2.7)

4.2.9 设单位反馈控制系统的开环传递函数为

$$G_o(s) = \frac{K_g(s+2)}{s(s+1)(s+4)}$$

若要求其闭环主导极点的阻尼角为 60 °，试用根轨迹法确定该系统的动态性能指标 M_p、t_p、t_s 和稳态性能指标 K_v。

MATLAB 语言题解： 使用零点、极点模型函数 zpk( )。

```
k = 1; z = [-2]; p = [0 -1 -4];
sys = zpk(z, p, k)
rlocus(sys);
```

作根轨迹图如图 f2.4.9 所示。

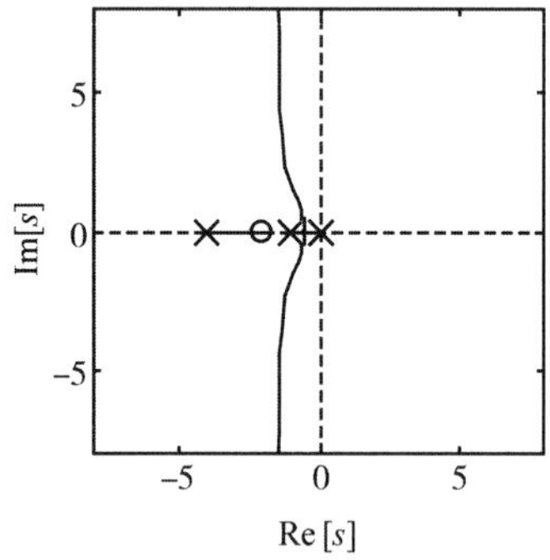

图 f2.4.9 根轨迹图 (f4.2.9)

```
[r, k] = rlocus(sys);
y = 180 - angle(r(2, 6: 14)) * 180/pi;
rr = spline(y, r(2, 6: 14), 60)    % 插值计算闭环极点
rr =
   -0.9939 + 1.7226i
syms s                              % 符号运算计算增益
k = abs(s * (s+1) * (s+4)/(s+2));
subs(k,'s', rr)
```

```
ans =
    5.9500
tp = pi/imag(rr)                    % 计算性能指标
tp =
    1.8238
mp = exp( -0.5/sqrt(1 -0.5^2) * pi)
mp =
    0.1630
ts = 3/abs(real(rr))
ts =
    3.0183
kv = subs(k,'s', rr)
kv =
    5.9500
```

4.2.10 单位反馈控制系统，开环传递函数为

$$G_o(s) = \frac{K(s+1)}{s^2(s+10)}$$

(1)试作根轨迹草图；

(2)确定系统闭环根全部为负实根时，增益 K 的取值范围。

MATLAB 语言题解： 使用零点、极点模型函数 zpk( )。

(1)试作根轨迹草图。

```
k = 1; z = [ -1]; p = [0  0  -10];
sys = zpk(z, p, k);                 % 零点极点模型
rlocus(sys);
axis([ -11, 1, -5, 5])
```

作根轨迹图如图 f2.4.10 所示。

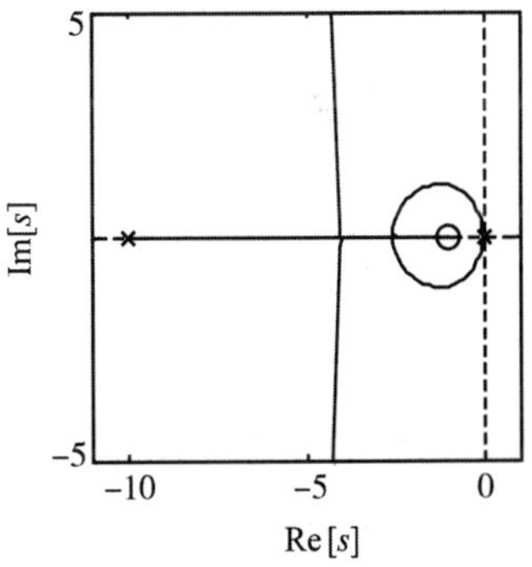

图 f2.4.10 根轨迹

(f4.2.10)

(2)确定系统闭环根全部为负实根时，增益 K 的取值范围。

```
k = -s^2 * (s + 10)/(s + 1);
ss = solve(diff(k, s), s);
kk = subs(abs(k), 's', ss);
[ss kk]
ans =
[0, 0]
[ -4, 32]
[ -2.5, 31.25]
```

所以，$31.25 < K < 32$

第5章

5.2.3 已知两装置的传递函数分别为 $G_1(s)=\dfrac{100}{0.5s+1}$, $G_2(s)=\dfrac{100}{0.5s-1}$，作出它们的对数幅频特性 $L(\omega)$ 与对数相频特性 $\varphi(\omega)$，并比较有何不同。

MATLAB 语言题解： 使用伯德图绘图函数 bode( )。

作两系统伯德图。

$G_1(s)=\dfrac{100}{0.5s+1}$	$G_2(s)=\dfrac{100}{0.5s-1}$
num=[100];	num=[100];
den=[0.5 1];	den=[0.5 −1];
bode(num, den);	bode(num, den);

绘制的伯德图如图 f2.5.1 所示。

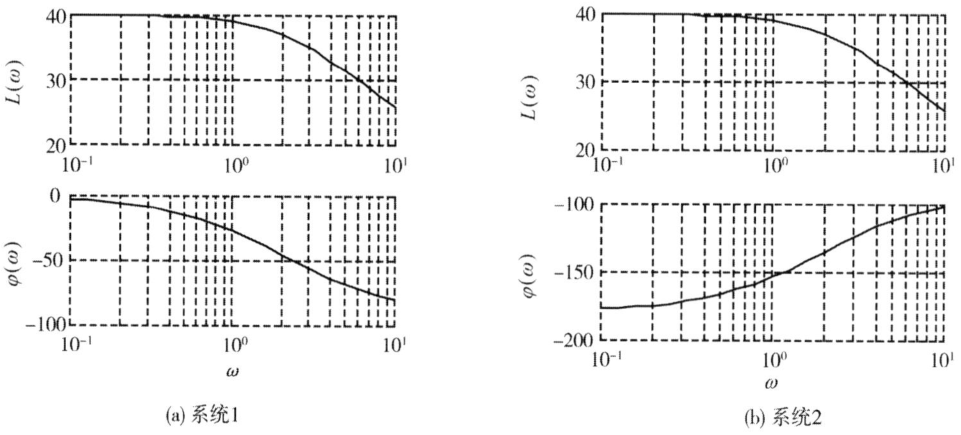

图 f2.5.1 伯德图(f5.2.3)

5.2.4 作出下述传递函数的对数幅频特性 $L(\omega)$ 与对数相频特性 $\varphi(\omega)$：

(1) $G(s)=\dfrac{1}{Ts}$, $T=10$ 及 $T=0.1$ 时；

(2) $G(s)=\dfrac{T_1s+1}{T_2s+1}$, $T_1>T_2$ 时及 $T_1<T_2$ 时；

(3) $G(s)=\dfrac{20}{s^2+1.9s+10}$；

(4) $G(s)=\dfrac{K}{(T_1s+1)(T_2s+1)(T_3s+1)}$, $T_1>T_2>T_3$。

MATLAB 语言题解： 使用伯德图绘图函数 bode( )。

(1) $G(s)=\dfrac{1}{Ts}$, $T=10$, $T=0.1$ 时

```
num = [1];                    num = [1];
den = [10 0];% T = 10         den = [0.1 0];% T = 0.1
bode(num, den);               bode(num, den);
```

绘制的伯德图如图 f2. 5. 2 所示。

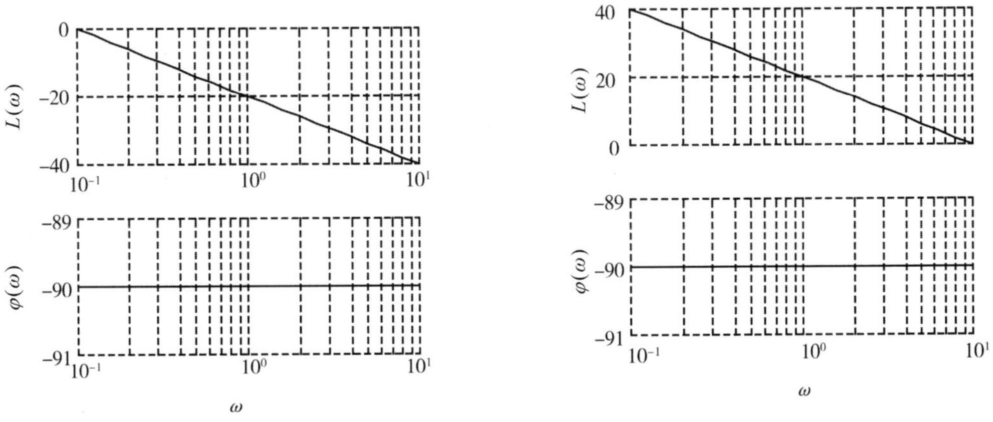

(a) T=10　　(b) T=0.1

图 f2. 5. 2　伯德图(f5. 2. 4 - 1)

(2) $G(s) = \dfrac{T_1 s + 1}{T_2 s + 1}$, $T_1 > T_2$ 及 $T_1 < T_2$ 时

分别设

$T_1 = 0.2$, $T_2 = 2$　　　　$T_1 = 2$, $T_2 = 0.2$

```
num = [0.2 1];                num = [2 1];
den = [2 1];                  den = [0.2 1];
bode(num, den);               bode(num, den);
```

绘制的伯德图如图 f2. 5. 3 所示。

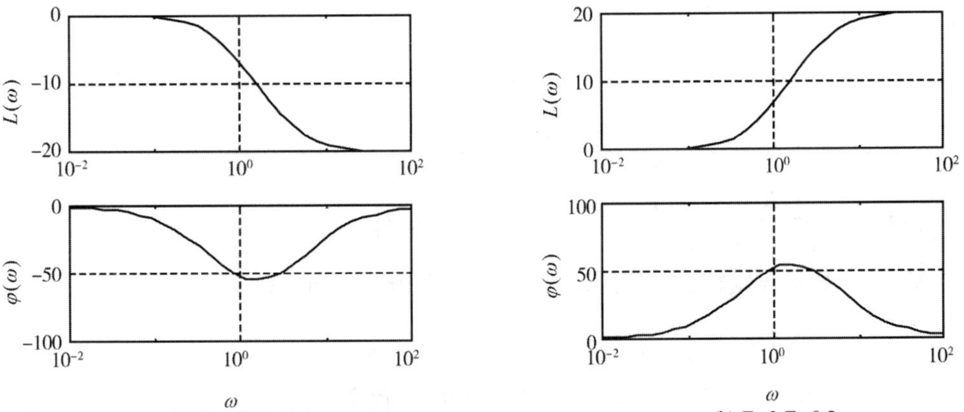

(a) T_1=0.2,T_2=2　　(b) T_1=2,T_2=0.2

图 f2. 5. 3　伯德图(f5. 2. 4 - 2)

(3) $G(s) = \dfrac{20}{s^2 + 1.9s + 10}$

作伯德图，程序如下：

```
num = [20];
den = [1 1.9 10];
bode(num, den);
```

计算谐振频率与谐振峰值，程序如下：

```
[m, p, w] = bode(num, den);
mm = max(m)
mm =
    3.4899
wr = spline(m, w, mm)
wr =
    2.8627
```

绘制的伯德图如图 f2.5.4 所示。

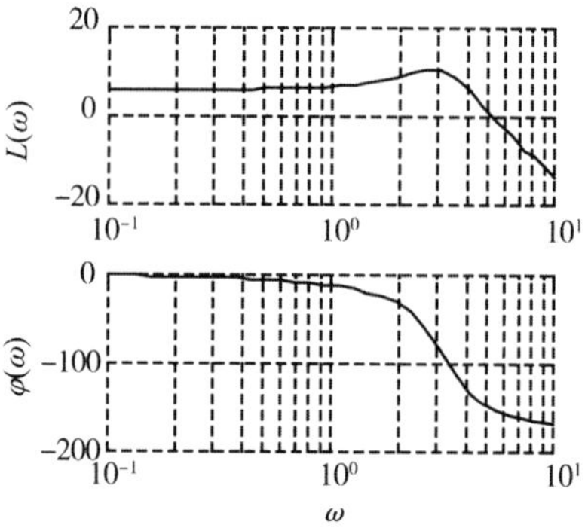

图 f2.5.4　伯德图

(f5.2.4 - 3)

(4) $G(s) = \dfrac{K}{(T_1s + 1)(T_2s + 1)(T_3s + 1)}$，$T_1 > T_2 > T_3$

设 $T_1 = 0.5$，$T_2 = 5$，$T_3 = 50$，$K = 10$，作伯德图，程序如下：

```
num = [10];
den = conv ([0.5  1], conv ([5  1], [50, 1]));
bode(num, den);
```

绘制的伯德图如图 f2.5.5 所示。

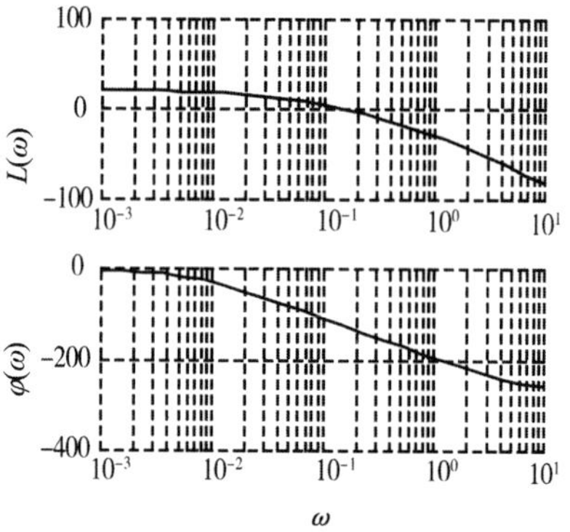

图 f2.5.5　伯德图

(f5.2.4 - 4)

5.2.5　作出下面传递函数极坐标图的草图；

(1) $G(s) = \dfrac{K}{(T_1s + 1)(T_2s + 1)}$;

(2) $G(s) = \dfrac{K}{s(Ts + 1)}$;

(3) $G(s) = \dfrac{K(T_1s + 1)}{s(T_2s + 1)}$，$T_1 < T_2$;

(4) $G(s) = \dfrac{K(T_1s + 1)}{s^2(T_2s + 1)}$，$T_1 > T_2$ 时及 $T_1 < T_2$ 时。

MATLAB 语言题解：　使用奈奎斯特图绘图函数 nyquist()。

(1) $G(s) = \dfrac{K}{(T_1s + 1)(T_2s + 1)}$

设 $T_1 = 0.1$，$T_2 = 2$，$K = 100$，作奈奎斯特图，程序如下：

```
num = [100];
den = conv([0.1 1], [2 1]);
```

```
nyquist(num, den)
```

绘制的奈奎斯特图如图 f2.5.6 所示。

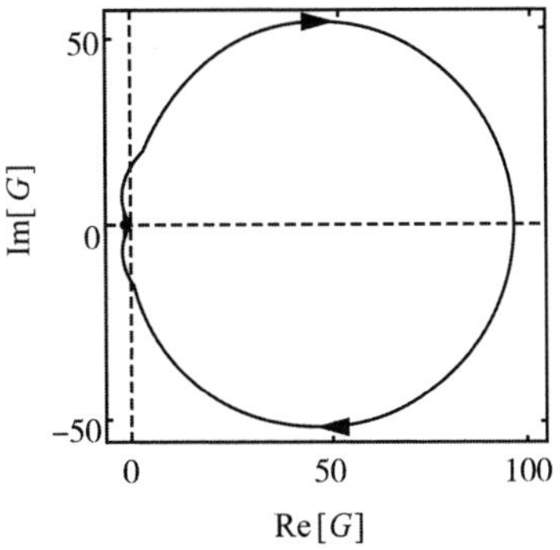

图 f2.5.6 奈奎斯特图(f5.2.5-1)

(2) $G(s)=\dfrac{K}{s(Ts+1)}$

设 $T=0.5$, $K=20$, 作奈奎斯特图，程序如下:

```
num=[20];
den=[0.5 1 0];
nyquist(num, den)
axis([-12, 2, -50, 50])
```

绘制的奈奎斯特图如图 f2.5.7 所示。

(3) $G(s)=\dfrac{K(T_1s+1)}{s(T_2s+1)}$, $T_1<T_2$

设 $T_1=0.1$, $T_2=2$, $K=20$, 作奈奎斯特图，程序如下:

```
num=20*[0.1 1];
den=[2 1 0];
nyquist(num, den)
```

绘制的奈奎斯特图如图 f2.5.8 所示。

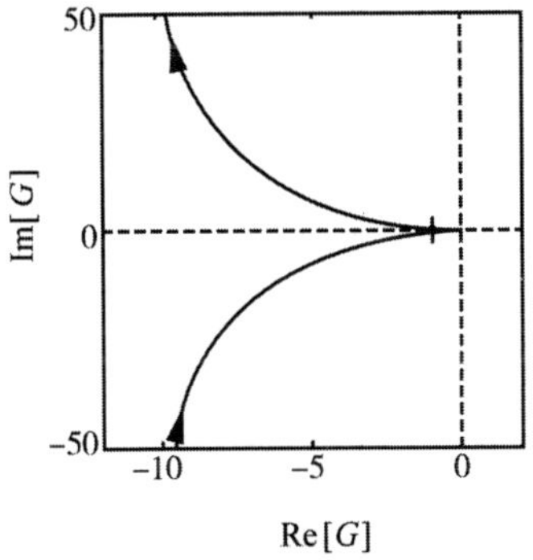

图 f2.5.7 奈奎斯特图(f5.2.5-2)

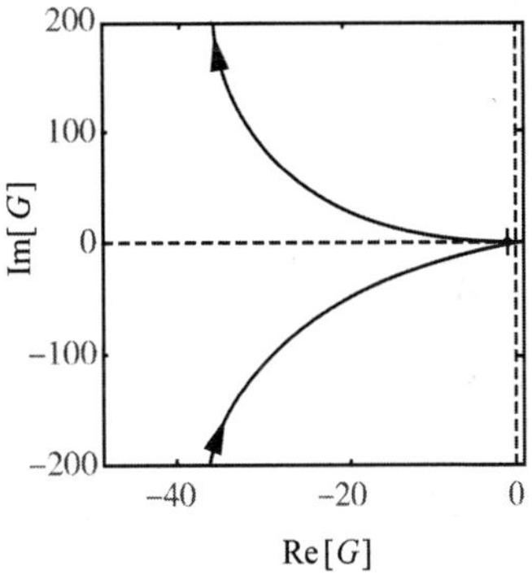

图 f2.5.8 奈奎斯特图(f5.2.5-3)

(4) $G(s)=\dfrac{K(T_1s+1)}{s^2(T_2s+1)}$, $T_1<T_2$ 及 $T_1>T_2$ 时

设 $T_1=0.1$, $T_2=2$, $K=10$

```
w=0.1: 0.1: 10;
num=10*[0.1 1];
den=[2 1 0 0];
nyquist(num, den);
```

设 $T_1=2$, $T_2=0.1$, $K=10$

```
w=0.1: 0.1: 10;
num=10*[2 1];
den=[0.1 1 0 0];
nyquist(num, den)
```

绘制的奈奎斯特图如图 f2.5.9 所示。

5.2.10 已知单位反馈系统的开环传递函数为

$$G(s)=\frac{K}{s(s+1)(0.1s+1)}$$

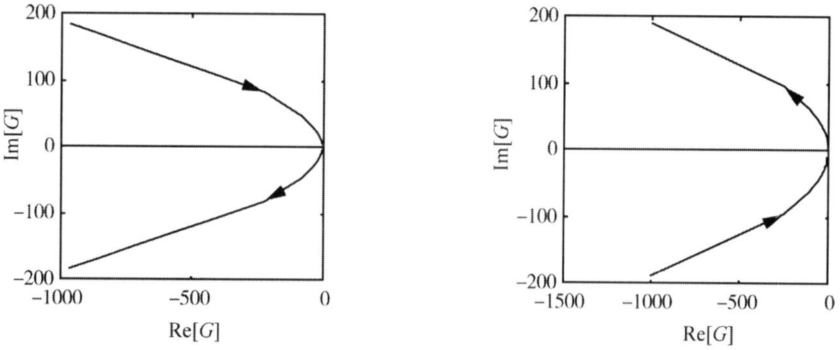

图 f2.5.9　奈奎斯特图(f5.2.5-4)

试计算:

(1)使得开环系统的幅值裕度 L_g 为 20 dB 的增益 K 值;

(2)使得开环系统的相位裕度 γ_c 为 60° 的增益 K 值。

MATLAB 语言题解:　使用稳定裕度函数 margin( )。

(1)计算使得开环系统的幅值裕度 L_g 为 20 dB 的增益 K 值,程序如下:

```
num = [1];
den = [conv([1 1], [0.1 1]) 0];
margin(num, den);
[gm, pm] = margin(num, den);
lg = 20 * log10(gm)
lg =
20.8279 dB
```

增益值为 K = 1 。

稳定裕度如图 f2.5.10 所示。

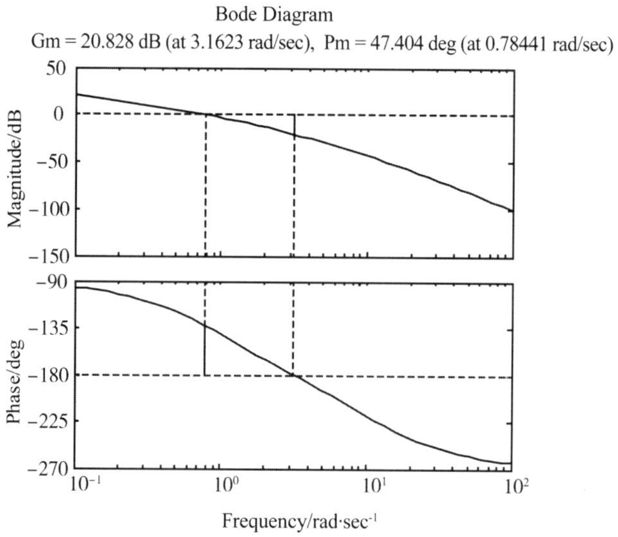

图 f2.5.10　伯德图(f5.2.10)

(2)计算使得开环系统的相位裕度 γ_c 为 60° 的增益 K 值，程序如下：

```
[m, p, w] = bode(num, den);
ww = spline(p, w, -120)
ww =
    0.5112
mm = spline(w, m, ww)
mm =
    1.7396
k = 1/mm
k =
    0.5748
```

增益值 $K = 0.5748$。

5.2.11 已知单位反馈系统的开环传递函数为

$$G(s) = \frac{K(10s+1)}{s^2(s+1)(0.1s+1)}$$

作该系统的伯德图草图，并由奈氏稳定性判据确定使系统临界稳定的增益 K 值。

MATLAB 语言题解： 令增益 $K=1$ 作伯德图，程序如下：

```
num = [10 1];    den = [0.1 1.1 1 0 0];
margin(num, den);
[gm, pm] = margin(num, den);
gm
gm =
    0.9790
```

稳定裕度如图 f2.5.11 所示，稳定的临界增益值为 $K_{临} = 0.979$。

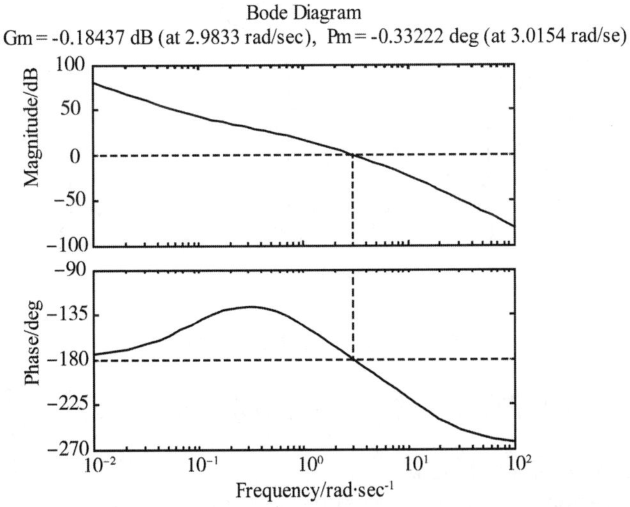

图 f2.5.11 伯德图(f5.2.11)

5.2.12 已知某控制系统如图 f2.5.12 所示，试计算系统的开环截止频率 ω_c 和相位裕度 γ_c。

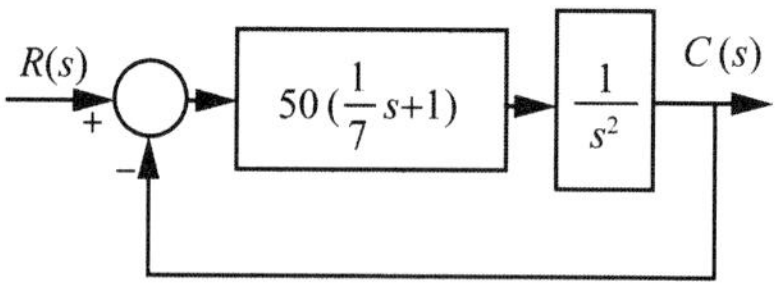

图 f2.5.12　系统结构图

(f5.2.12)

MATLAB 语言题解：　令增益 $K=1$ 作伯德图，程序如下：

```
num = [50/7 50];    den = [1 0 0];
margin(num, den);
[gm, pm] = margin(num, den);
[gm, pm, wg, wp] = margin(num, den);
[pm, wp]
ans =
                9.0356
                52.2346
```

伯德图如图 f2.5.13 所示。

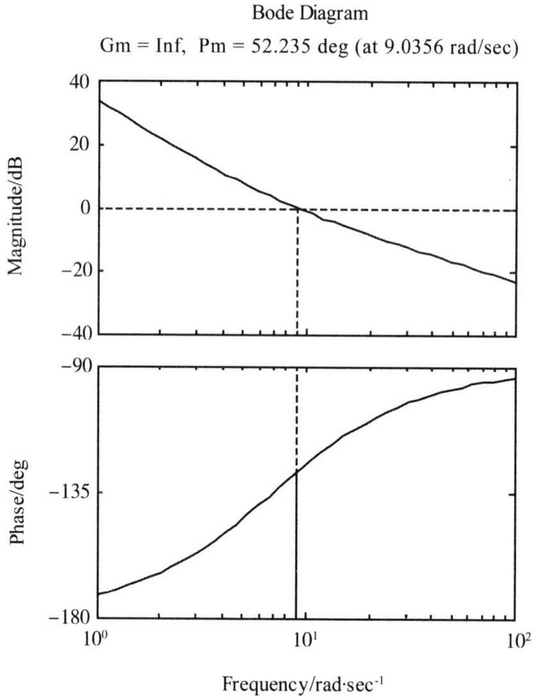

图 f2.5.13　伯德图(f5.2.12)

5.2.13 已知非最小相位系统的开环传递函数为 $G(s)H(s) = \frac{K(s-1)}{s(s+1)}$，试由频域稳定性判据判别闭环系统的稳定性。

MATLAB 语言题解：　使用奈奎斯特图绘图函数 nyquist( )。

令 $K=1$ 作奈奎斯特图，程序如下：

```
num = [1  -1];
den = [1 1 0];
nyquist(num, den); axis([ -2, 2, -5, 5])
```

奈奎斯特图如图 f2.5.14 所示。

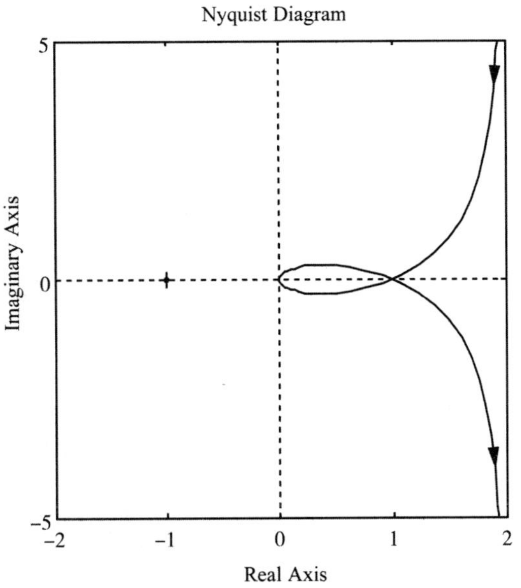

图 f2.5.14　奈奎斯特图(f5.2.13)

由奈奎斯特图可知，曲线的幅角从 $-270°$ 单调减至 $-450°$。系统为 I 型系统，$\gamma=1$，在无穷大半圆处作角度为 $\varphi = \pi/2$ 的增补线后，曲线的角度增量为 $-\pi$，不为零，所以系统是不稳定的。

5.2.16　已知系统的开环传递函数为 $G(s)H(s) = \dfrac{s+2}{s^2+1}$，试由奈氏稳定性判据证明该系统是闭环稳定的。(提示：当频率 ω: $0\to\infty$时，在 $\omega = 1_-$ 和 $\omega = 1_+$ 处有间断点。在间断点处，其幅值 $A(1_+) = A(1_-) = \infty$)

MATLAB 语言题解：　使用奈奎斯特图绘图函数 nyquist( )。

```
w = 0:0.1:10;
n = [1 2]; d = [1 0 1];
nyquist(n, d, w);
axis([ -10, 10, -5, 5])
```

奈奎斯特图如图 f2.5.15 所示。

奈奎斯特图分析：从图上得到

$$\begin{cases} A(0) = 2 \\ \varphi(0) = 0 \end{cases} \quad \text{和} \quad \begin{cases} A(\infty) = 0 \\ \varphi(\infty) = -\pi/2 \end{cases}$$

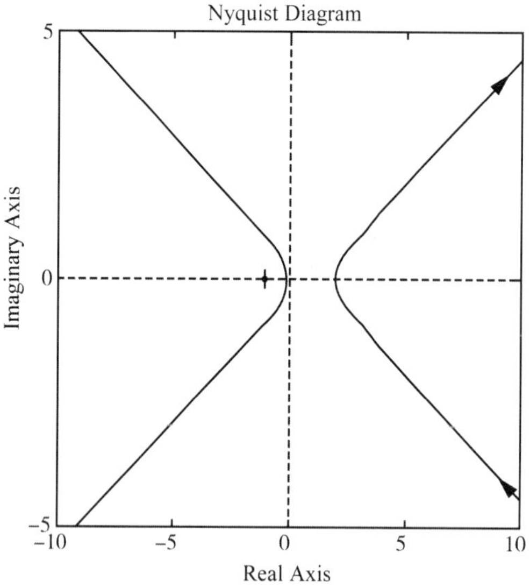

图 f2.5.15　奈奎斯特图(f5.2.16)

且当 ω 增加，在 $\omega=1$ 时有幅值 $A(1)=\infty$，但是相位角有跳变。即

$$\begin{cases}\varphi(\omega)\big|_{\omega=1_-}=\Phi\\ \varphi(\omega)\big|_{\omega=1_+}=\Phi-\pi\end{cases}$$

稳定性判别：

由于 $p=0,\gamma=0$，稳定条件为 $\Delta\theta=0$。在图中无穷大间断点处作增补线，增补角度为 $-\pi$，使得跳变点连续，则有角度增量为0，满足稳定条件，所以系统是稳定的。

第6章

6.2.2　已知系统的开环传递函数为

$$G(s)H(s)=\frac{4}{s(s+1)}$$

试采用根轨迹法设计微分校正装置 $G_c(s)$，使得系统的超调量 $M_p<20\%$，过渡时间 $t_s<4$ s，并比较校正前后系统的稳态性能。

MATLAB 语言题解：　使用根轨迹法设计微分校正装置。主导极点为

$$s_{1,2}=-1\pm j1.732$$

校正装置为

$$G_c(s)=\frac{1.183(s+1.464)}{s+2.732}$$

校正后开环系统为

$$G_c(s)G_o(s)=\frac{1.183(s+1.464)}{s+2.732}\ \frac{4}{s(s+1)}$$

根轨迹程序如下：

```
num0 =4; den0 =[1 1 0];
sys0 = tf(num0, den0);
rlocus(sys0)
numc =1.183 *4 *[1 1.464]; denc =conv([1 0], conv([1 1], [1 2.732]));
sysc = tf(numc, denc);
hold on; rlocus(sysc)
plot([ -1 +1.732i],'x')
```

阶跃响应仿真，程序如下：

```
sys0c =feedback(sys0, 1);
figure(2); step(sys0c)
syscc =feedback(sysc, 1);
hold on; step(syscc)
```

校正前后系统的根轨迹图如图 f2.6.1(a)所示，校正前后系统的阶跃响应如图 f2.6.1(b)所示。

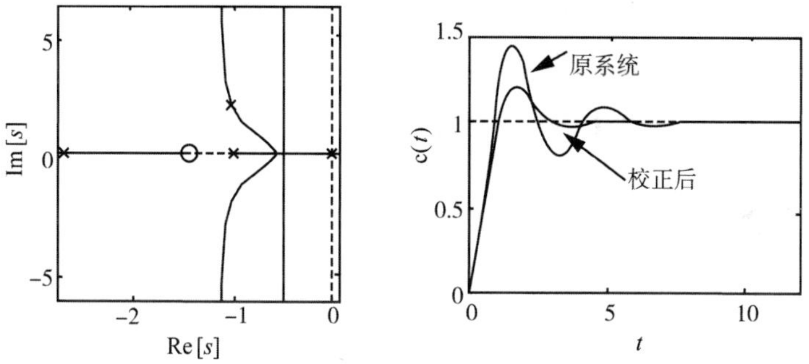

(a) 根轨迹图　　(b) 阶跃响应曲线

图 f2.6.1　根轨迹图与阶跃响应(f6.2.2)

6.2.3　系统结构图如图 f2.6.2 所示，试用根轨迹法设计积分校正装置 $G_c(s)$，使得系统的超调量 $M_p < 5\%$，过渡时间 $t_s < 4$ s，单位斜坡输入时的稳态误差 $e_{ss} < 0.02$。

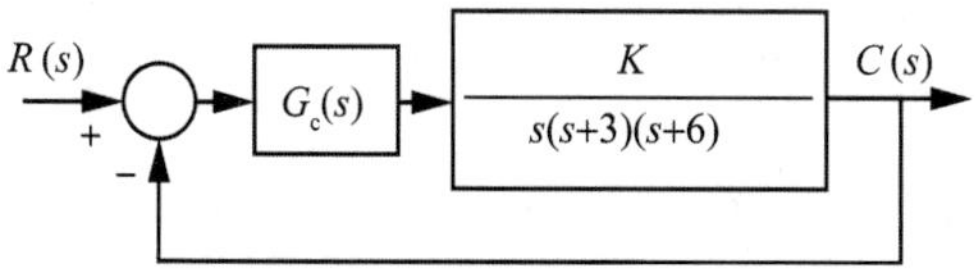

图 f2.6.2　系统结构图(f6.2.3)

MATLAB 语言题解：　使用根轨迹法设计积分微分校正装置。主导极点为

$$s_i = -0.75 \pm j0.75$$

相应的开环系统为

$$G_o(s)=\frac{12.3}{s(s+3)(s+6)}$$

积分校正装置为

$$G_c(s)=\frac{s+0.2}{s+0.0025}$$

校正后开环系统为

$$G_c(s)G_o(s)=\frac{s+0.2}{s+0.0025}\cdot\frac{12.3}{s(s+3)(s+6)}$$

根轨迹程序如下：

```
num0 = 12.3; den0 = [1 9 18 0];
sys0 = tf(num0, den0);
rlocus(sys0)
numc = num0 * [1 0.2]; denc = conv(den0, [1 0.0025]);
sysc = tf(numc, denc);
hold on; rlocus(sysc)
plot([ -0.75 +0.75i],'x')
aixs([ -2, 0.1, -1, 1])
```

校正前后系统的根轨迹如图 f2.6.3(a)所示，局部根轨迹如图 f2.6.3(b)所示。

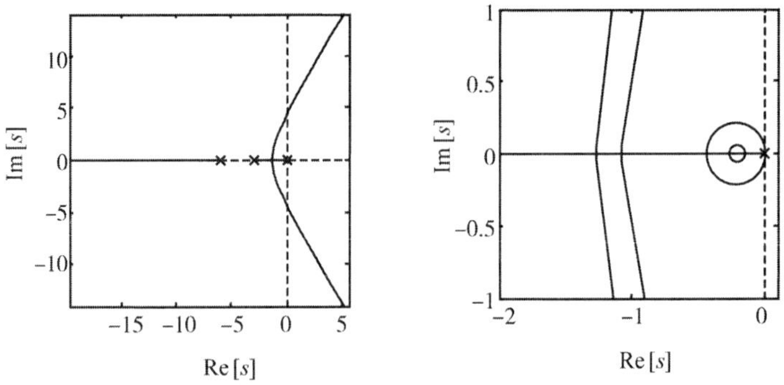

(a) 校正前后系统的根轨迹　(b) 原点邻域的局部根轨迹

图 f2.6.3　根轨迹(f6.2.3)

阶跃响应仿真，程序如下：

```
sys0c = feedback(sys0, 1);
figure(2); step(sys0c)
syscc = feedback(sysc, 1);
hold on; step(syscc)
```

校正前后系统的阶跃响应曲线如图 f2.6.4 所示。

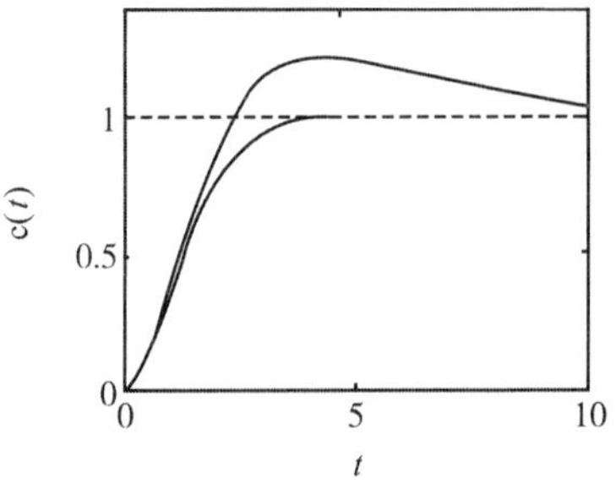

图 f2.6.4　阶跃响应曲线(f6.2.3)

6.2.5　已知双 T 网络如图 f2.6.5 所示，试求它们的频率特性，作出伯德图，并说明作为校正装置使用有什么特点。

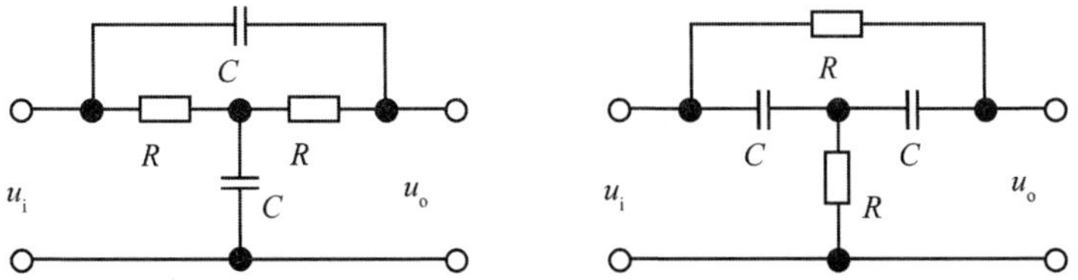

(a) 网络1　　(b) 网络2

图 f2. 6. 5　双 T 网络(f6. 2. 5)

MATLAB 语言题解：　图 f2. 6. 5(a)与图 f2. 6. 5(b)的传递函数均为

$$G(s) = \frac{R^2C^2s^2 + 2RCs + 1}{R^2C^2s^2 + 3RCs + 1}$$

令 $RC = 1$，由 MATLAB 作出伯德图和零点、极点图如图 f2. 6. 6 所示。

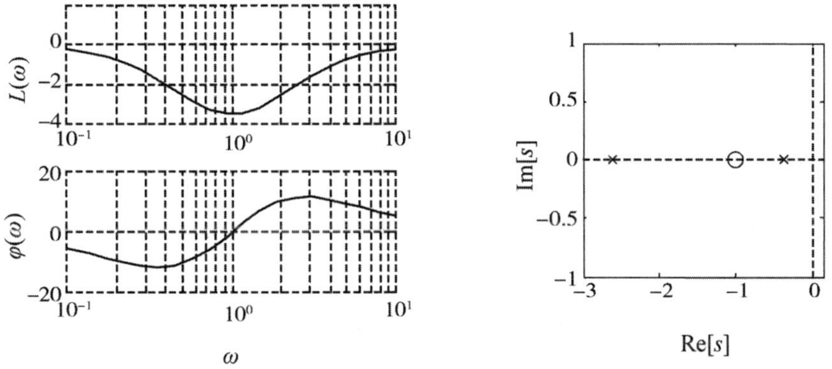

(a) 伯德图　　(b) 零点、极点图

图 f2. 6. 6　伯德图和零点、极点图(f6. 2. 5)

```
num = [1 2 1]; den = [1 3 1];
sys = tf(num, den;);
bode(sys)
pzmap(sys)
```

6. 2. 6　已知系统的开环传递函数为

$$G(s)H(s) = \frac{K}{s(0.2s + 1)}$$

试采用频率法设计超前校正装置 $G_c(s)$，使得系统实现如下的性能指标：

(1)静态速度误差系数 $K_v \geqslant 100$；

(2)开环截止频率 $\omega_c > 30\mathrm{rad/s}$；

(3)相位裕度 $\gamma_c > 20°$。

MATLAB 语言题解：　满足稳态性能，令 $K=100$，作伯德图，程序如下：

```
num = [100]; den = [0.2 1 0];
sys = tf(num, den);
```

margin(sys)

伯德图如图 f2.6.7 所示。从图上可以读到，开环截止频率

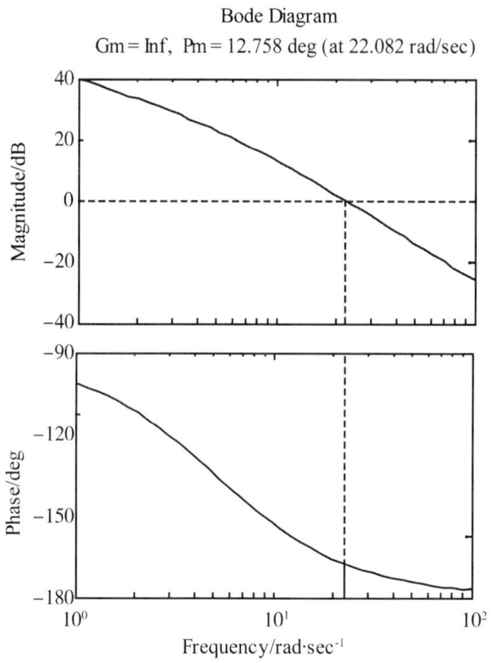

图 f2.6.7　原系统伯德图(f6.2.6)

$$\omega_{c0} = 22 < 30$$

相位裕度

$$\gamma_{c0} = 12.76° < 20°$$

设计超前校正装置为

$$G_c(j\omega) = \frac{1}{2}\frac{1 + j0.06\omega}{1 + j0.02\omega}$$

校正系统的开环传递函数为

$$G(s) = G_c(s)G_o(s) = \frac{1 + 0.06s}{1 + 0.02s} \cdot \frac{100}{s(0.2s + 1)}$$

作校正系统的伯德图如图 f2.6.8 所示。

```
numc = [6 100];     denc = [0.004 0.22 1 0];
sysc = tf(numc, denc)
margin(sysc);
```

校正结果为

$$\omega_c = 29.3 \approx 30$$

$$\gamma_c = 39.6° > 20°$$

$$K_v = K_o = 100$$

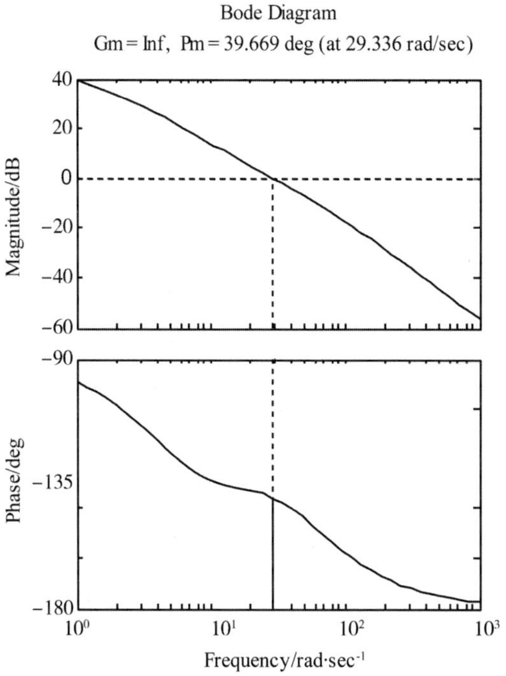

图 f2. 6. 8 校正系统的伯德图(f6. 2. 6)

6. 2. 7 已知系统的开环传递函数为

$$G(s)H(s) = \frac{K}{s(0.02s + 1)}$$

试采用频率法设计滞后校正装置 $G_c(s)$，使得系统实现如下的性能指标：

(1)静态速度误差系数 $K_v \geqslant 50$；

(2)开环截止频率 $\omega_c > 10\text{rad/s}$；

(3)相位裕度 $\gamma_c > 60°$。

MATLAB 语言题解： 作原系统伯德图如图 f2. 6. 9 所示，程序如下：

```
num0 = [50];    den0 = [0.02 1 0];
sys0 = tf(num0, den0);
margin(sys0);
```

开环截止频率

$$\omega_{c0} = 39.3 > 10$$

相位裕度

$$\gamma_{c0} = 51.83° < 60°$$

设计滞后校正装置为

$$G_c(j\omega) = \frac{1 + j0.5\omega}{1 + j1.25\omega}$$

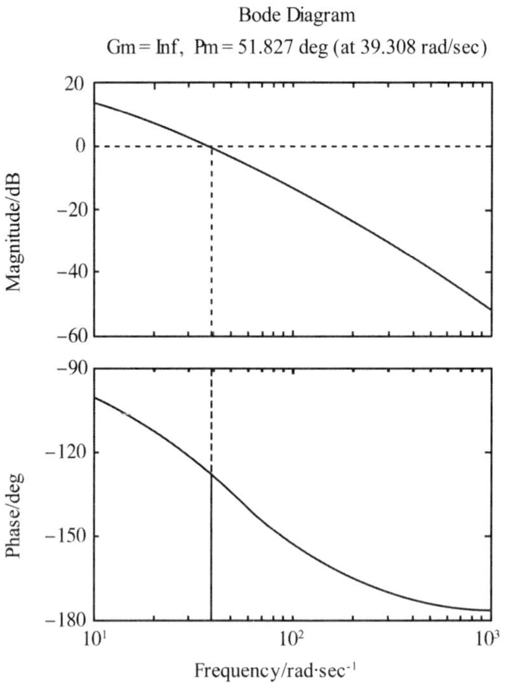

图 f2. 6. 9　原系统伯德图(f6. 2. 7)

校正系统的开环传递函数为

$$G(s) = G_c(s)G_o(s) = \frac{1+0.5s}{1+1.25s}\cdot\frac{50}{s(0.02s+1)}$$

作校正系统的伯德图，程序如下：

```
numc = [10 50];
denc = [0.01 0.52 1 0];
sysc = tf(numc, denc);
margin(sysc);
```

校正系统伯德图如图 f2. 6. 10 所示。

开环截止频率

$$\omega_c = 20 > 10$$

相位裕度

$$\gamma_c = 65.4° > 60°$$

速度误差系数

$$K_v = K_o = 50$$

满足设计要求。

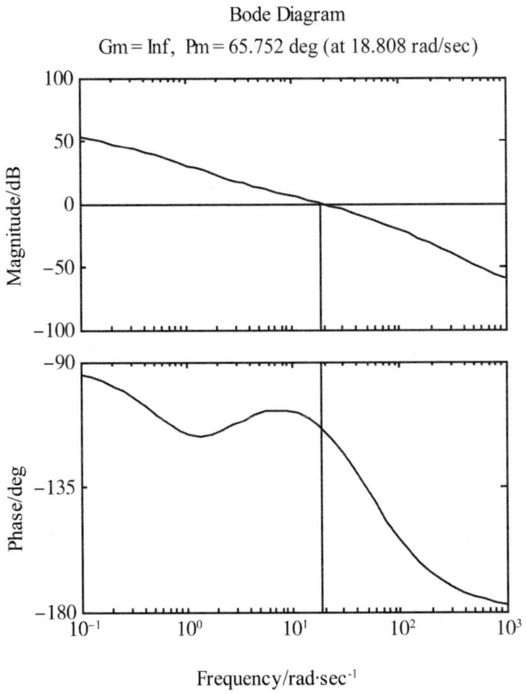

图 f2. 6. 10 校正系统的伯德图(f6. 2. 7)

6. 2. 9 设单位反馈控制系统的开环传递函数为

$$G(s) = \frac{K}{s+1}$$

试采用二阶参考模型法设计校正装置 $G_c(s)$，使得校正后实现下述性能指标：

(1)静态速度误差系数 $K_v \geq 10$；

(2)阶跃响应的过渡时间 $t_s < 0.4$ s。

MATLAB 语言题解： 根据二阶参考模型法，设计校正装置特性为

$$G_c(s) = \frac{s+1}{s(0.05s+1)}$$

作校正系统的伯德图如图 f2. 6. 11 所示，程序如下：

```
num = 10 * [1 1]; den = conv([1 1], [0.05 1 0]);
sys = tf(num, den);
margin(sys)
```

6. 2. 11 设角位移伺服系统的开环模型为 $G(s) = \dfrac{K}{s(0.2s+1)}$，试采用四阶参考模型法设计校正装置 $G_c(s)$，使得校正后实现下述性能指标：

(1)静态速度误差系数 $K_v \geq 200$；

(2)阶跃响应的过渡时间 $t_s < 0.4$ s；

(3)阶跃响应的超调量 $M_p < 30\%$。

并计算相位裕度 γ_c 的大小。

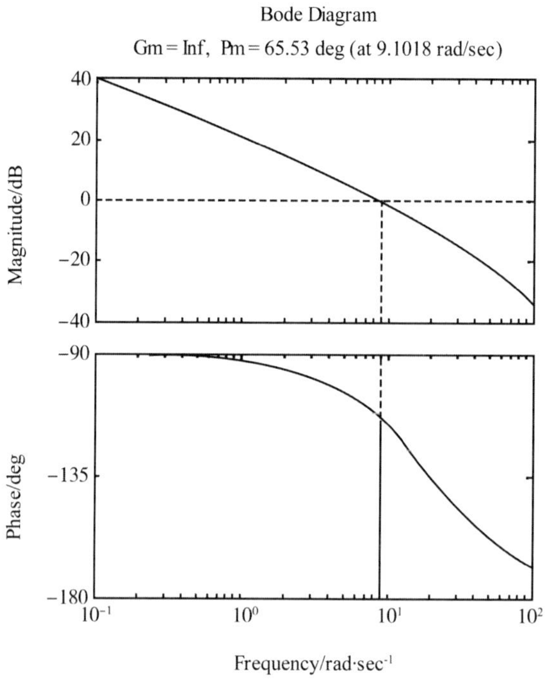

图 f2. 6. 11 校正系统的伯德图(f6. 2. 9)

MATLAB 语言题解： 满足稳态取 $K=200$，原系统为

$$G_o(s)=\frac{K}{s(0.2s+1)}$$

采用四阶参考模型法设计校正装置为

$$G_c(s)=\frac{(0.2s+1)(0.143s+1)}{(1.43s+1)(0.017s+1)(0.0084s+1)}$$

作校正系统的伯德图如图 f2. 6. 12 所示，程序如下：

```
num0 = [200]; den0 = [0.2 1 0];
numc = num0 * conv([0.2 1], [0.143 1]);
denc = conv(den0, conv([1.43 1], conv([0.017 1], [0.0084 1])));
sysc = tf(numc, denc);
margin(numc, denc);
```

开环截止频率

$$\omega_c = 19.4$$

相位裕度

$$\gamma_c = 45°$$

作时域仿真比较，程序如下：

```
num0 = [200]; den0 = [0.2 1 0]; sys0 = tf(num0, den0);
sys1 = feedback(sys0, 1); step(sys1)
numc = num0 * conv([0.2 1], [0.143 1]);
```

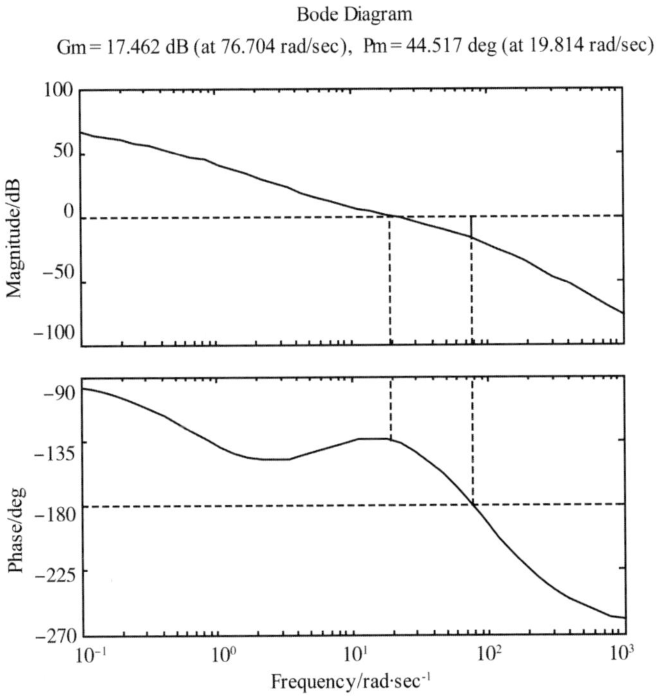

图 f2. 6. 12 校正系统的伯德图(f6. 2. 11)

```
denc = conv(den0, conv([1.43 1], conv([0.017 1], [0.0084 1])));
sysc = tf(numc, denc);
sys2 = feedback(sysc, 1);
hold on; step(sys2)
```

校正前后的时域仿真如图 f2. 6. 13 所示。

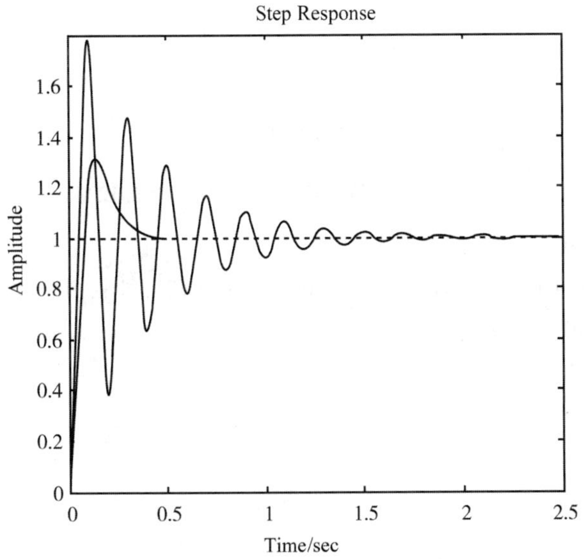

图 f2. 6. 13 时域仿真比较(f6. 2. 11)

6.2.12 设受控对象的开环模型为

$$G(s) = \frac{K}{s(s+1)(0.1s+1)}$$

试采用四阶参考模型法设计校正装置 $G_c(s)$，使得校正后实现下述性能指标：

(1)静态速度误差系数 $K_v \geqslant 80$；

(2)开环截止频率 $\omega_c > 2$ rad/s。

MATLAB 语言题解： 按照四阶参考模型法设计校正装置的传递函数为

$$G_c(s) = \frac{(s+1)(0.625s+1)}{(12.5s+1)(0.05s+1)}$$

作校正系统的伯德图如图 f2.6.14 所示。

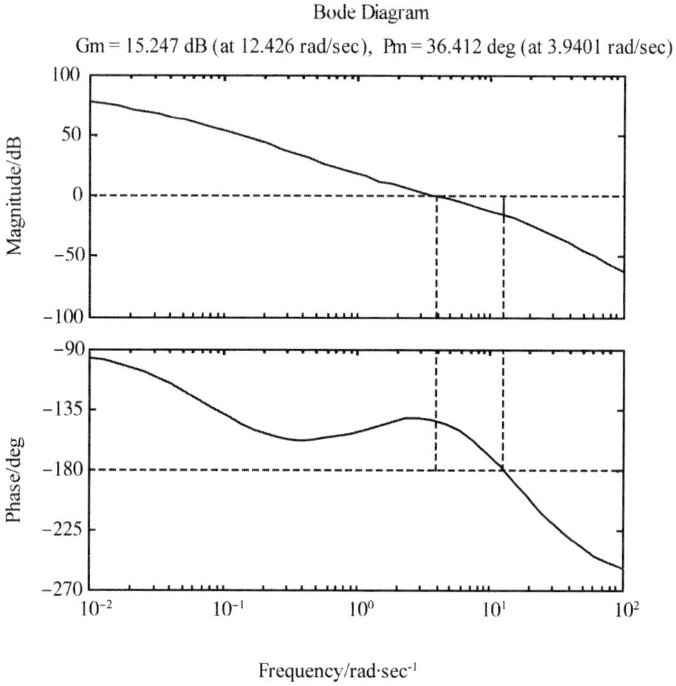

图 f2.6.14 校正系统的伯德图(f6.2.12)

```
num = 80 * conv([1 1], [0.625 1]);
den0 = conv([1 1 0], [0.1 1]); denc = conv([12.5 1], [0.05 1]);
den = conv(den0, denc);
sys = tf(num, den);
margin(sys)
```

开环截止频率

$$\omega_c = 4 > 2$$

相位裕度

$$\gamma_c = 36.2°$$

6.2.13 设受控对象的开环模型为

$$G(s) = \frac{126}{s(0.1s+1)(0.01s+1)}$$

试采用四阶参考模型法设计校正装置 $G_c(s)$，使得校正后实现下述性能指标：

(1)输入速度信号为 1 rad/s 时，稳态误差系数 $e_{ss} < 1/126$ rad；

(2)开环截止频率 $\omega_c \geqslant 20$rad/s，相位裕度 $\gamma_c > 30°$。

MATLAB 语言题解： 按照四阶参考模型法，设计校正装置的传递函数为

$$G_c(s) = \frac{(0.11s+1)(0.1s+1)}{(0.7s+1)(0.022s+1)}$$

作校正系统的伯德图如图 f2.6.15 所示。

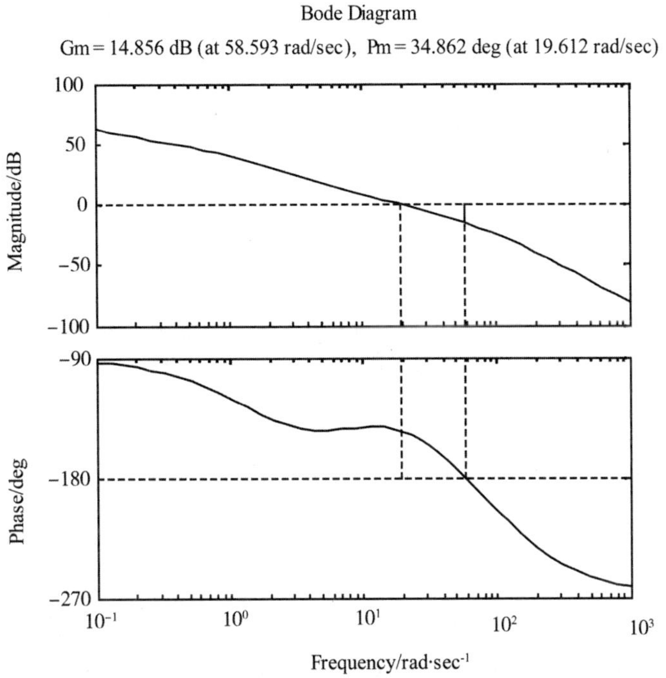

图 f2.6.15 校正系统的伯德图(f6.2.13)

```
num = 126 * conv([0.11 1], [0.1 1]);
den0 = conv([0.1 1 0], [0.01 1]); denc = conv([0.7 1], [0.022 1]);
den = conv(den0, denc);
sys = tf(num, den);
margin(sys)
```

开环截止频率

$$\omega_c = 4 > 2$$

相位裕度

$$\gamma_c = 36.2°$$

6.2.14 随动系统的开环对数幅频特性如图 f2.6.16 所示。将系统Ⅰ的频带加宽一倍成为系统Ⅱ:

(1)写出串联校正装置的传递函数 $G_c(s)$;

(2)比较两系统的动态性能和稳态性能有何不同。

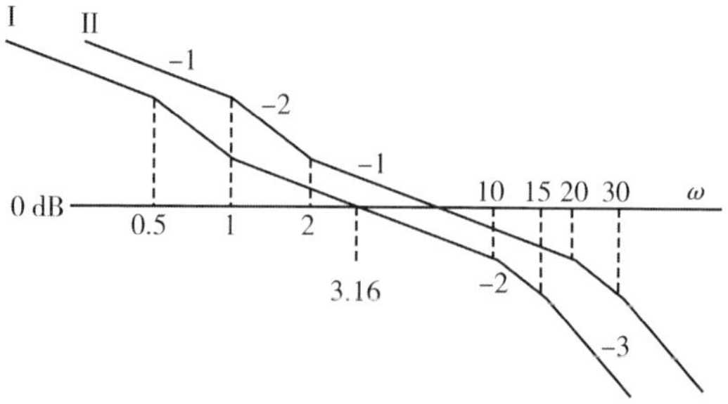

图 f2.6.16 随动系统的开环对数幅频特性(f6.2.14)

MATLAB 语言题解: 系统Ⅰ传递函数为

$$G_{o\text{I}}(s)=\frac{6.3(s+1)}{s(2s+1)(0.1s+1)(0.067s+1)}$$

系统Ⅱ传递函数为

$$G_{o\text{II}}(s)=\frac{12.6(0.5s+1)}{s(s+1)(0.05s+1)(0.033s+1)}$$

校正装置的传递函数为

$$G_c(s)=\frac{2(2s+1)(0.5s+1)(0.1s+1)(0.067s+1)}{(s+1)^2(0.05s+1)(0.033s+1)}$$

使用对数分度函数 logspace( )和函数半对数绘图函数 semilogx( )绘制伯德图,程序如下:

```
w = logspace( -1, +2, 100);
m01 = log10(abs(6.3 * (1 + i * w)./(i * w)./(1 + 2 * i * w)./(1 + 0.1 * i * w)
..../(1 + 0.067 * i * w)));
m02 = log10(abs(12.6 * (1 + 0.5 * i * w)./(i * w)./(1 + i * w)./(1 + 0.05 * i * w)
..../(1 + 0.033 * i * w)));
mc = log10(abs(2 * (1 + 2 * i * w). * (1 + 0.5 * i * w). * (1 + 0.1 * i * w) .... * (1
+ 0.067 * i * w)./(1 + i * w)./(1 + i * w)./(1 + 0.05 * i * w)./(1 + 0.033 * i * w)));
semilogx(w, m01, w, m02, w, mc); grid;
```

伯德图如图 f2.6.17(a)所示。

两系统的阶跃响应曲线的比较如图 f2.6.17(b)所示,程序如下:

```
num1 = 6.3 * [1 1]; den1 = conv([1 0], conv([2 1], conv([0.1 1], [0.067
1])));
sys1 = tf(num1, den1);
```

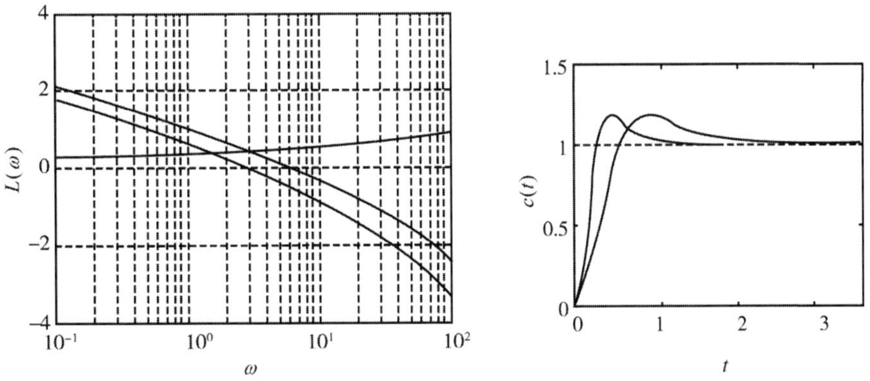

(a)伯德图　　(b)阶跃响应曲线

图 f2.6.17　伯德图与阶跃响应曲线(f6.2.14)

```
sysc1 = feedback(sys1, 1);
num2 = 12.6 * [0.5 1]; den2 = conv([1 0], conv([1 1], conv([0.05 1], [0.033 1])));
sys2 = tf(num2, den2);
sysc2 = feedback(sys2, 1);
step(sysc1)
hold on;
step(sysc2)
```

6.2.16　控制系统如图 f2.6.18 所示，试作复合校正设计，使得：

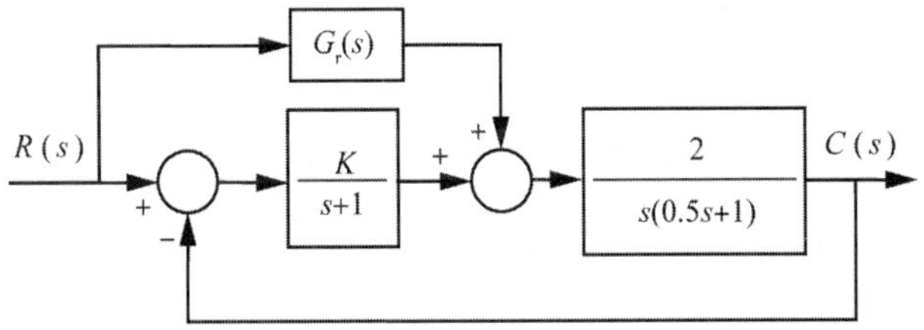

图 f2.6.18　系统结构图(f6.2.16)

(1)系统的超调量 $M_p < 20\%$，确定前向增益值 K；

(2)设计输入补偿器 $G_r(s)$，使得该系统可以实现Ⅱ型精度。

MATLAB 语言题解：

(1)作系统的根轨迹图如图 f2.6.19(a)所示，程序如下：

```
num = [1]; den = [1 3 2 0];
rlocus(num, den);
```

由给定的超调量 $M_p < 20\%$ 可以得到

$$\zeta > 0.455, \beta < 62°$$

则由根轨迹图上读到

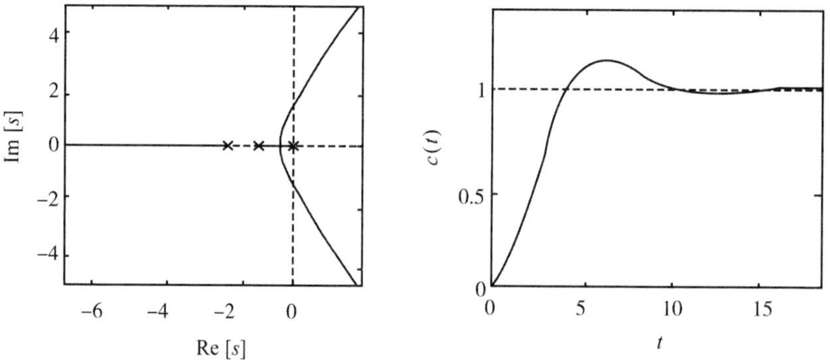

(a) 根轨迹图　　(b) 仿真曲线

图 f2.6.19　根轨迹与阶跃响应曲线(f6.2.16)

```
r = -0.3376 +0.5623i
kg = 1.0
K = kg/4 = 0.25
```

作时域仿真，程序如下：

```
sys0 = tf(num, den);
sysc = feedback(sys0, 1);
step(sysc)
```

时域仿真结果如图 f2.6.19(b)所示。

(2)设计输入补偿器为

$$G_r(s) = 0.5s$$

闭环传递函数为

$$G(s) = \frac{2s^2+2s+1}{s^3+3s^2+2s+1}$$

作斜坡响应仿真，程序如下：

```
num = [2 2 1]; den = [1 3 2 1];
sys = tf(num, den);
t = 0:0.01:10; u = t;
lsim(sys, u, t)
hold on
plot(t, u)
```

斜坡响应的仿真曲线如图 f2.6.20 所示。

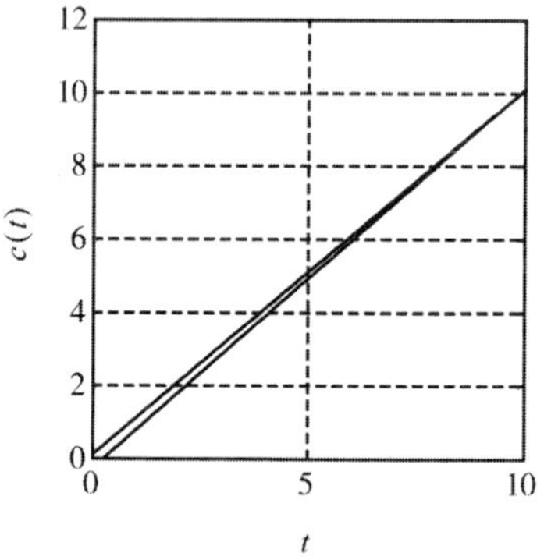

图 f2.6.20　斜坡响应仿真曲线(f6.2.16)

第7章

7.2.1　设某非线性控制系统如图 f2.7.1 所示，试确定自持振荡的幅值和频率。

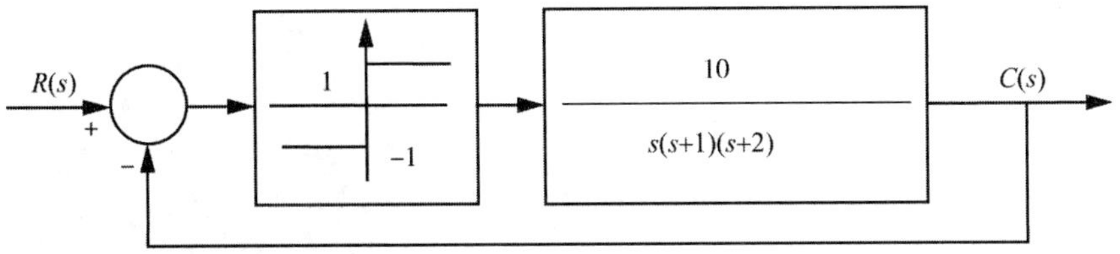

图 f2.7.1 非线性控制系统(f7.2.1)

MATLAB 语言题解： 画出奈奎斯特曲线，程序如下：

```
w = 1:0.1:5;
g1 = 10 * ((w * i). * (w * i + 1). * (w * i + 2)).^(-1);
x = 0:0.1:5;
g2 = - pi * x/4;
plot(real(g1), imag(g1), g2, zeros(size(x)));
```

奈奎斯特曲线与 $-1/N(X)$ 曲线如图 f2.7.2 所示。

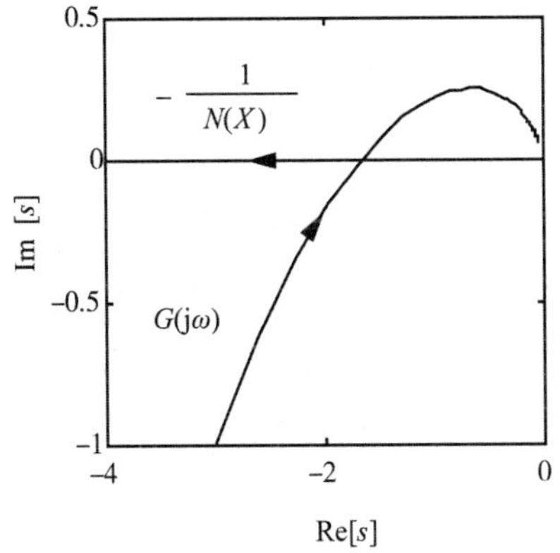

图 f2.7.2 奈奎斯特曲线与 $-1/N(X)$ 曲线(f7.2.1)

计算 ω_x，程序如下：

```
w = 1:0.01:2;
g1 = 10 * ((w * i). * (w * i + 1). * (w * i + 2)).^(-1);
wx = spline(imag(g1), w, 0)
wx =
        1.4142
```

计算 X_ω，程序如下：

```
x = 1.5:0.01:2.5;
g2 = - pi * x/4;
xw = spline(g2, x, g1x)
xw =
        2.1221
```

作 Simulink 仿真验证。Simulink 仿真结构图与单位阶跃响应曲线如图 f2.7.3 所示。

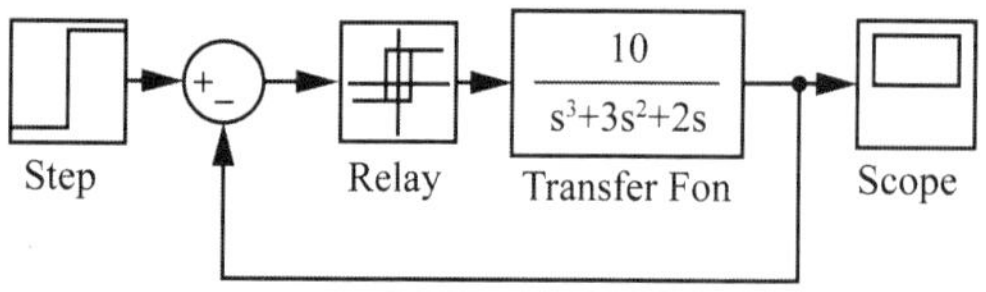

(a) 仿真结构图

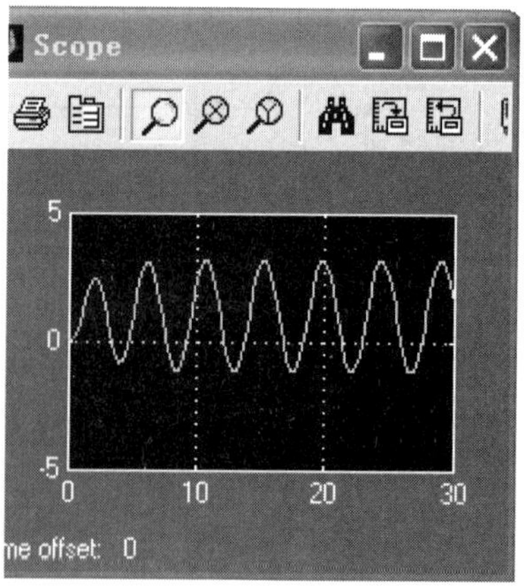

(b) 阶跃响应曲线

图 f2.7.3　仿真结构图与阶跃响应曲线(f7.2.1)

7.2.2　设图 f2.7.4 所示非线性系统，试应用描述函数法分析当 $K=10$ 时系统的稳定性，并确定临界稳定时增益 K 的值。

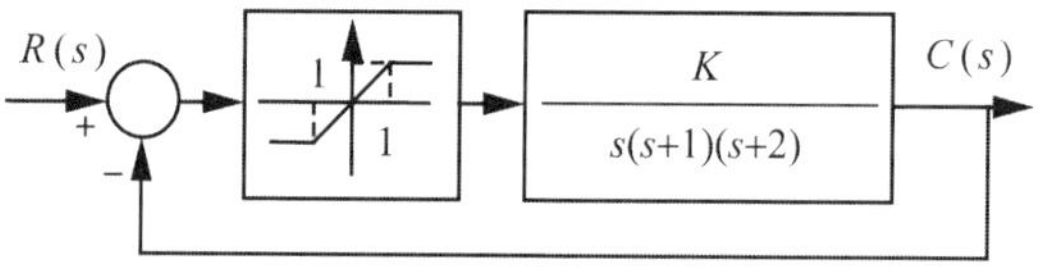

图 f2.7.4　非线性控制系统(f7.2.2)

MATLAB 语言题解：　画出奈奎斯特曲线，程序如下：

```
w = 1:0.1:5;
g1 = 10 * ((w * i). * (w * i + 1). * (w * i + 2)).^( - 1);
x = 1:0.01:5;
g2 = - pi/2 * (asin(x.^( - 1)) + (x.^( - 1)). * sqrt(1 - x.^( - 2))).^( - 1);
plot(real(g1), imag(g1), g2, zeros(size(x)));
```

奈奎斯特曲线与 $-1/N(X)$ 曲线如图 f2.7.5 所示。

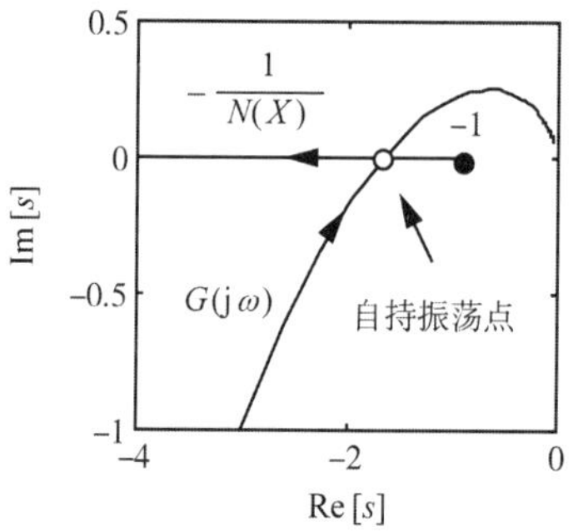

图 f2.7.5　奈奎斯特曲线与 $-1/N(X)$ 曲线(f7.2.2)

计算 ω_x，程序如下：

```
w = 1:0.01:2;
g1 = 10 * ((w * i). * (w * i + 1). * (w * i + 2)).^( - 1);
wx = spline(imag(g1), w, 0)
wx =
        1.4142
```

计算 X_ω，程序如下：

```
x = 1.9:0.01:2.1;
g2 = - pi/2 * (asin(x.^( - 1)) + (x.^( - 1)). * sqrt(1 - x.^( - 2))).^( - 1);
xw = spline(g2, x, g1x)
xw =
        2.0331
```

作 Simulink 仿真验证。Simulink 仿真结构图如图 f2.7.6(a)所示。返回输出变量 y 至 MATLAB 命令平台。仿真程序如下：

```
[t, x, y] = sim('sat01', 30);
plot(t, y,'k')
```

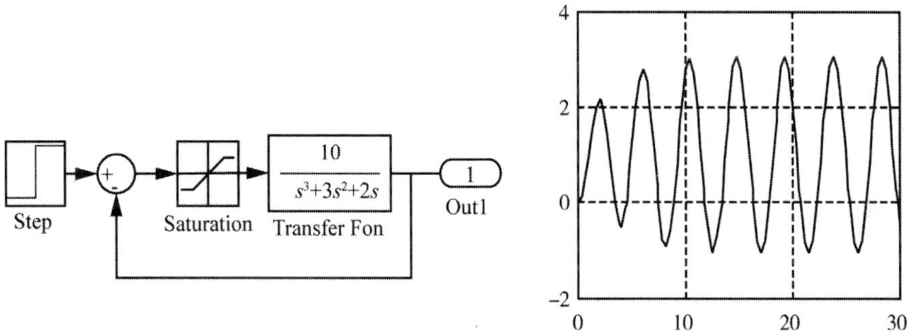

(a) 仿真结构图　　　(b) 阶跃响应曲线

图 f2.7.6　仿真结构图与阶跃响应曲线(f7.2.2)

单位阶跃响应曲线如图 f2.7.6(b)所示。

7.2.5　试用等倾线法画出下列方程的相平面草图：

(1) $\ddot{x} + |\dot{x}| + x = 0$;

(2) $\ddot{x} + x + |\dot{x}| = 0$ 。

MATLAB 语言题解：

(1) $\ddot{x} + |\dot{x}| + x = 0$

建立名为"abs01.mdl"的 Simulink 仿真结构图如图 f2.7.7(a)所示并保存。仿真程序如下：

```
options = simset('InitialState', [1 0]);
[t, x, y] = sim('abssun01', 8, options);
```

plot(x(:, 1), x(:, 2))

相平面图如图 f2.7.7(b)所示。

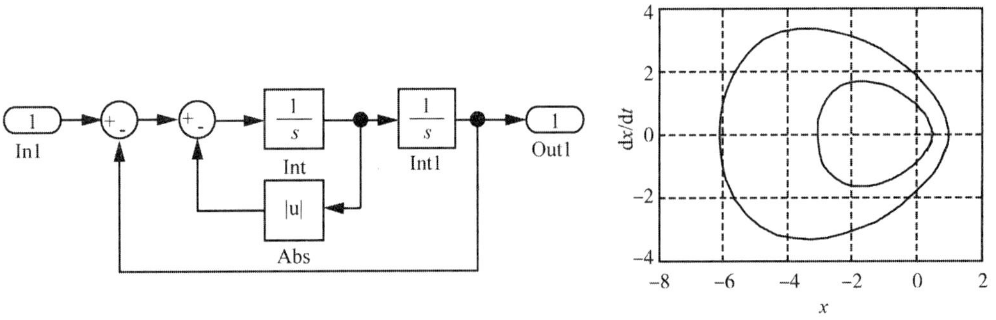

(a) 仿真结构图 (b) 相平面图

图 f2.7.7 Simulink 仿真结构图与相平面图(f7.2.5-1)

(2) $\ddot{x}+\dot{x}+|x|=0$

建立名为"abs02.mdl"的 Simulink 仿真结构图如图 2.7.8(a)所示并保存。仿真程序如下:

options = simset('InitialState', [1 0]);

[t, x, y] = sim('abssun02', 8, options);

plot(x(:, 1), x(:, 2))

相平面图如图 f2.7.8(b)所示。

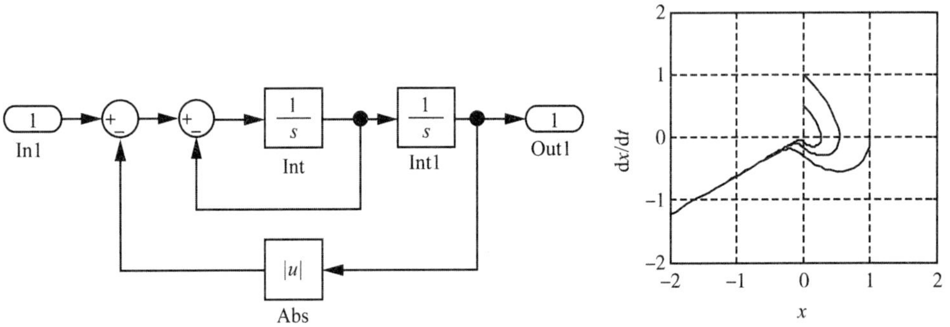

(a) 仿真结构图 (b) 相平面图

图 f2.7.8 Simulink 仿真结构图与相平面图(f7.2.5-2)

(3) $\ddot{x}+A\sin x=0$

建立名为"abs03.mdl"的 Simulink 仿真结构图如图 2.7.9(a)所示并保存。仿真程序为

options = simset('InitialState', [0.5 0]);

[t, x, y] = sim('abs03', 8, options);

plot(x(:, 1), x(:, 2))

相平面图如图 f2. 7. 9(b)所示。

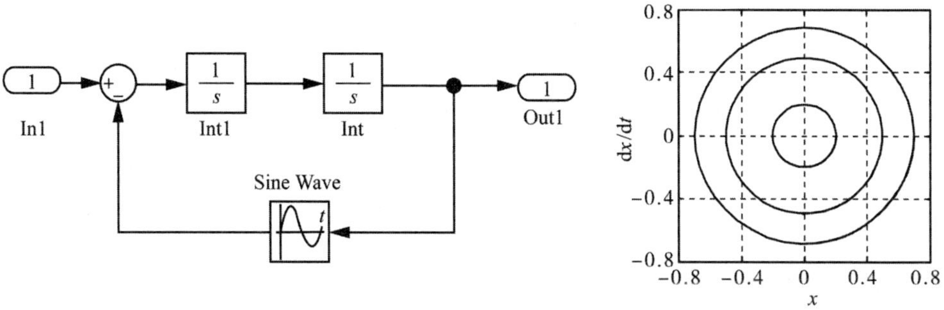

(a) Simulink 仿真结构图　　(b)相平面图

图 f2. 7. 9　Simulink 仿真结构图与相平面图(f7. 2. 5 – 3)

7. 2. 7　设采用了非线性反馈的某控制系统结构图如图 f2. 7. 9 所示，试采用等倾线法绘制输入信号为 $r(t) = R \cdot 1(t)$ 时系统的相轨迹图。

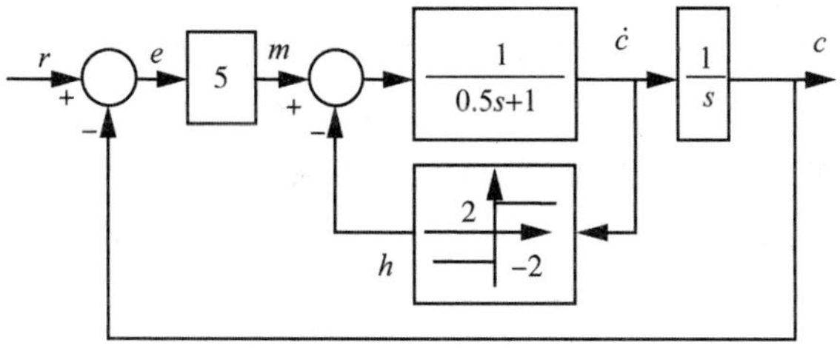

图 f2. 7. 10　非线性反馈系统(f7. 2. 7)

MATLAB 语言题解：　建立名为“relay01. mdl”的 Simulink 仿真结构图如图 f2. 7. 11(a)所示并保存。仿真程序，如下：

```
options = simset('InitialState', [1 0]);
[t, x, y] = sim('relay01', 8, options);
plot(x(:, 1), x(:, 2))
```

相平面图如图 f2. 7. 10(b)所示。

第 8 章

8. 2. 1　已知时间信号 $x(t)$ 如下，试求取它们的 z 变换 $X(z)$ 。

(1) $x(t) = A\cos \omega t$　　(2) $x(t) = t^2$

(3) $x(t) = 1 - e^{-5t}$　　(4) $x(t) = 2t \cdot e^{-2t}$

(5) $x(t) = e^{-at} \cdot \sin bt$

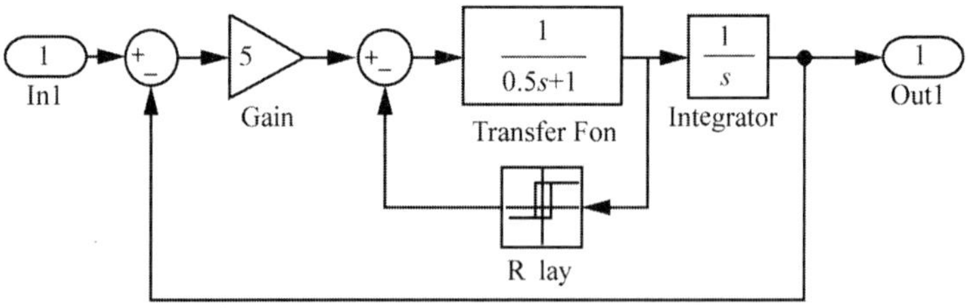

(a) 仿真结构图

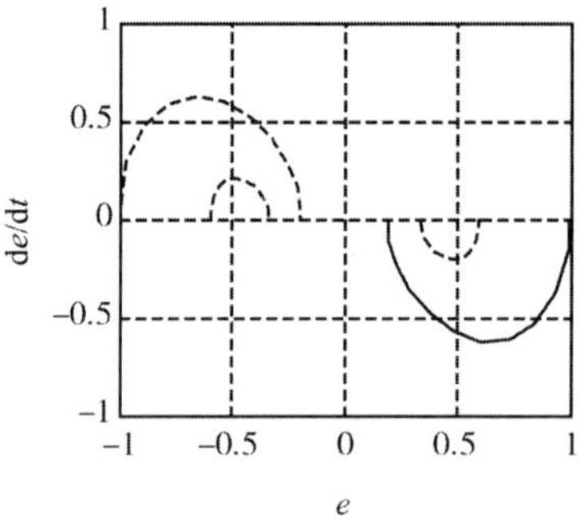

(b) 相平面图

图 f2.7.10　Simulink 仿真结构图与相平面图(f7.2.7)

MATLAB 语言题解：　使用符号运算 z 变换函数 ztrans( )。

(1) $x(t) = A\cos\omega t$

```
syms a w t
f = a * cos(w * t);
F = ztrans(f)
F =
    z * a *( -cos(w) + z)/(1 - 2 * z * cos(w) + z^2)
```

(2) $x(t) = t^2$

```
syms t
f = t^2;
F = ztrans(f)
F =
z * (z + 1)/(z - 1)^3
```

(3) $x(t) = 1 - e^{-5t}$

```
syms t
f = 1 - exp( -5 * t);
F = ztrans(f)
F =
-z *(exp( -5)-1)/(z - 1)/(z - exp( -5))
```

(4) $x(t) = 2t \cdot e^{-2t}$

```
syms t
f = 2 * t * exp( -2 * t);
F = ztrans(f)
F =
2 * z * exp( -2)/(z - exp( -2))^2
```

(5) $x(t) = e^{-at} \cdot \sin bt$

```
syms a b t
f = exp( - a * t) * sin(b * t);
F = ztrans(f)
F =
    exp( -a)* sin(b)* z/( -2 * z * exp( -a) * cos(b)+ z^2 + exp( -2 * a))
```

8.2.2 已知时间函数 $x(t)$ 的拉普拉斯变换 $X(s)$，试求取它们的 z 变换 $X(z)$：

(1) $X(s)=\dfrac{50}{(s+5)(s+10)}$；　　(2) $X(s)=\dfrac{50e^{-Ts}}{(s+5)(s+10)}$；

(3) $X(s)=\dfrac{1}{s^2(s+1)}$；　　(4) $X(s)=\dfrac{1-e^{-Ts}}{s^2(s+1)}$。

MATLAB 语言题解： 使用符号运算拉普拉斯反变换函数 ilaplace( ) 和 z 变换函数 ztrans( )。

(1) $X(s)=\dfrac{50}{(s+5)(s+10)}$

```
syms s
Fs=50/(s+5)/(s+10);
ft=ilaplace(Fs)
ft =
    10*exp(-5*t)-10*exp(-10*t)
Fz=ztrans(ft)
Fz =
    10*z*(-exp(-10)+exp(-5))/(z-exp(-5))/(z-exp(-10))
```

(2) $X(s)=\dfrac{50e^{-Ts}}{(s+5)(s+10)}$

```
syms z
Fe=Fz*z^(-1)
Fe =
    10*(-exp(-10)+exp(-5))/(z-exp(-5))/(z-exp(-10))
```

(3) $X(s)=\dfrac{1}{s^2(s+1)}$

```
syms s
Fs=1/s^2/(s+1);
ft=ilaplace(Fs)
ft =
t-1+exp(-t)
Fz=ztrans(ft)
Fz =
    z*(-2*exp(-1)+z*exp(-1)+1)/(z-1)^2/(z-exp(-1))
```

(4) $X(s)=\dfrac{1-e^{-Ts}}{s^2(s+1)}$

```
Fz1=Fz;            % 利用(3)的结果 Fz
syms z
Fz2=Fz*z^(-1);
```

```
FFz = simple(Fz1 - Fz2)
FFz =
      (-2 + z + exp(1))/(z * exp(1) - 1)/(z - 1)
```

8.2.3 已知采样信号的 z 变换 $X(z)$ 如下，试求 z 反变换 $x^*(t)$：

(1) $X(z) = \dfrac{z}{(z-1)(z-2)}$；

(2) $X(z) = \dfrac{1}{(z-1)(z-2)}$；

(3) $X(z) = \dfrac{z}{(z-e^{-T})(z-e^{-2T})}$；

(4) $X(z) = \dfrac{z}{(z-1)^2(z-2)}$。

MATLAB 语言题解： 使用符号运算 z 反变换函数 iztrans( )。

(1) $X(z) = \dfrac{z}{(z-1)(z-2)}$

```
syms z
F = z/(z - 1)/(z - 2);
f = iztrans(F)
f =
 -1 + 2^n
```

(2) $X(z) = \dfrac{1}{(z-1)(z-2)}$

```
syms z
F = 1/(z - 1)/(z - 2);
f = subs(iztrans(F * z),'n','n - 1')
f =
     -1 + 2^(n - 1)
```

(3) $X(z) = \dfrac{z}{(z-e^{-T})(z-e^{-2T})}$

```
syms z
F = z/(z - exp(-1))/(z - exp(-2));
f = vpa(iztrans(F), 3)
f =
     4.30 * .368^n - 4.30 * .135^n
```

(4) $X(z) = \dfrac{z}{(z-1)^2(z-2)}$

```
syms z
F = z/(z - 1)^2/(z - 2);
```

```
f = iztrans(F)
f =
      -1 - n + 2^n
```

8.2.4 分别用 z 变换法和迭代法(解出 5 项以上)求解如下差分方程。

(1) $x(k+2)-3x(k+1)+2x(k)=u(k)$, $u(k)=1(k)$, $x(0)=0, x(1)=0$

(2) $x(k+2)-3x(k+1)+2x(k)=0$, $x(0)=1, x(1)=1$

MATLAB 语言题解: 调用 MAPLE 符号运算函数 rsolve( )求解。

(1) $x(k+2)-3x(k+1)+2x(k)=u(k)$, $u(k)=1(k)$, $x(0)=0, x(1)=0$

```
y = maple('rsolve({c(n) = 3*c(n-1) - 2*c(n-2) +1, c(1) =0, c(2) =0},
c)')
y =
      1/2*2^n - n
```

(2) $x(k+2)-3x(k+1)+2x(k)=0$, $x(0)=1, x(1)=1$

```
y = maple('rsolve({c(n) = 3*c(n-1) - 2*c(n-2), c(1) =1, c(2) =1},
c)')
y =
      1
```

8.2.5 采样控制系统如图 f2.8.1 所示，采样间隔为 $T=1\text{s}$，试计算其输出 $c^*(t)$, $c(t)$ ，并画出输出信号波形 $c(t)$ 。

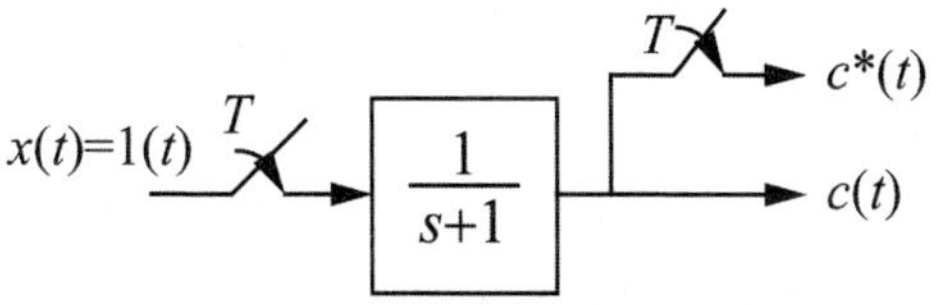

图 f2.8.1 采样控制系统(f8.2.5)

MATLAB 语言题解:

(1)计算采样输出 $c^*(t)$ ，程序如下:

```
gz = ztrans(ilaplace(1/(s+1)));
gz =
      z/exp(-1)/(z/exp(-1) -1)
uz = ztrans(1^k)
uz =
      z/(z-1)
c = vpa(iztrans(gz*uz), 3)
c =
      -.581*.368^n +1.58
n =0:10;
```

```
c = -.581*.368.^n+1.58;
stem(n, c)                              % 火柴杆绘图函数stem()作图。
```

(2)计算实际输出 $c(t)$

```
sys=tf(1, [1 1]);
t=0: 0.01: 9.99;
u=zeros(1, 1000); u(1)=100;
for k=1:10
    u(k*100)=100;
end
lsim(sys, u, t)
```

采样输出和实际输出的波形如图 f2.8.2 所示。

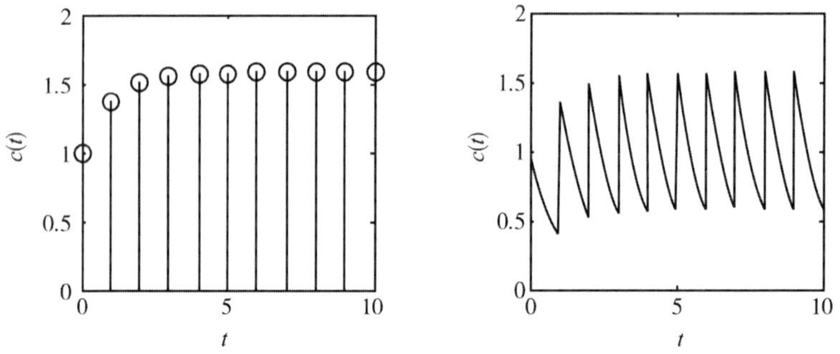

(a) 采样输出$c^*(t)$　　(b) 实际输出$c(t)$

图 f2.8.2　采样输出和实际输出(f8.2.5)

8.2.7　已知系统结构图如图 f2.8.3 所示，采样间隔为 $T=1$ s，试求取开环脉冲传递函数 $G_o(z)$，闭环脉冲传递函数 $G_c(z)$ 及系统的单位阶跃响应 $c^*(t)$。

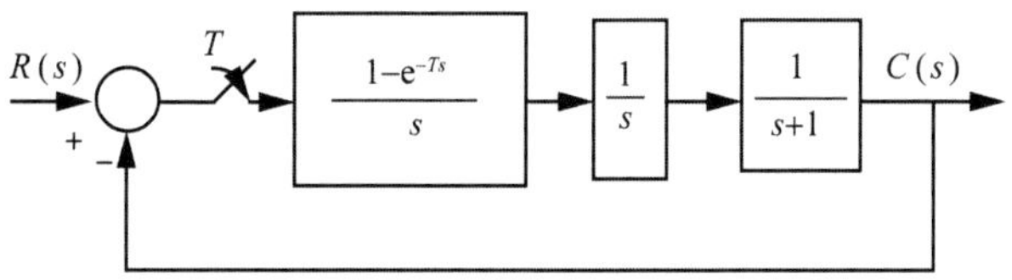

图 f2.8.3　系统结构图(f8.2.7)

MATLAB 语言题解：

开环脉冲传递函数

```
syms s z
goz=simple(ztrans(ilaplace(1/s^2/(s+1)))*(1-z^(-1)))
goz =
        (-2+z+exp(1))/(z-1)/(z*exp(1)-1)
```

闭环脉冲传递函数

```
gcz=simple(goz/(1+goz))
```

```
gcz =
        (-2+z+exp(1))/(z^2*exp(1)-z*exp(1)-1+exp(1))
```

离散系统单位阶跃响应

```
[num, den]=numden(gcz);
dnum=sym2poly(num); dden=sym2poly(den);
dstep(dnum, dden)      %离散系统单位阶跃响应
```

离散系统单位阶跃响应如图 f2.8.4 所示。

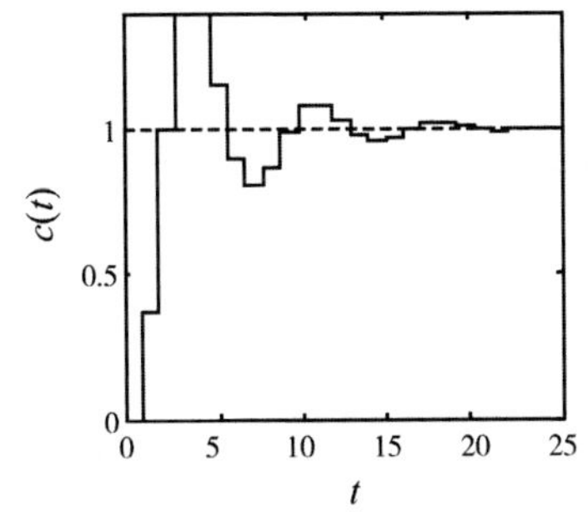

图 f2.8.4　离散时间响应曲线(f8.2.7)

附录2　部分扩充习题答案

第2章

2.3.1　(1) $R_1LC\ddot{u}_o + (L + R_1R_2C)\dot{u}_o + (R_1 + R_2)u_o = L\dot{u}_i + R_2u_i$

(2) $R_1C_1R_2C_2\ddot{u}_o + (R_1C_1 + R_2C_2 + R_1C_2)\dot{u}_o + u_o = R_1C_1R_2C_2\ddot{u}_i + (R_1C_1 + R_2C_2)\dot{u}_i + u_i$

2.3.2　$\dot{x} + (bx_0^2 - a)\dot{x} + (2bx_0\dot{x}_0 + c + \mathrm{d}x_0)x = 0$

2.3.3　(1) $F(s) = \dfrac{s}{s^2 + \omega^2}$　　(2) $F(s) = \dfrac{s + a}{(s + a)^2 + \omega^2}$

(3) $F(s) = \dfrac{\omega}{s^2 + \omega^2}$　　(4) $F(s) = \dfrac{\omega}{s^2 - \omega^2}$

(5) $F(s) = \dfrac{s}{s^2 - \omega^2}$　　(6) $F(s) = \dfrac{s + a}{(s + a)^2 - \omega^2}$

(7) $F(s) = \dfrac{2}{s^3}$　　(8) $F(s) = \dfrac{2}{(s + 3)^3}$

2.3.4　(1) $F(s) = \dfrac{1}{s^2}(1 - 2\mathrm{e}^{-T} + \mathrm{e}^{-2T})$　　(2) $F(s) = \dfrac{1}{s^2} - \dfrac{(1 + Ts)}{s^2}\mathrm{e}^{-T}$

2.3.5　(1) $f(t) = \dfrac{1}{2} + \dfrac{1}{2}\mathrm{e}^{-2t}$

(2) $f(t) = \dfrac{5}{2} - \dfrac{3}{2}\mathrm{e}^{-t}\cos t + \dfrac{1}{2}\mathrm{e}^{-t}\sin t$

(3) $f(t) = -\mathrm{e}^{-\frac{3}{2}t} + 3\mathrm{e}^{-\frac{1}{2}t}$

(4) $f(t) = 1(t) + 1(t - 1)$

2.3.6　(1) $y(t) = (3y_0 + \dot{y}_0)\mathrm{e}^{-2t} + (-2y_0 - \dot{y}_0)\mathrm{e}^{-3t}$

(2) $y(t) = \dfrac{1}{2}\mathrm{e}^{-t} - \mathrm{e}^{-2t} + \dfrac{1}{2}\mathrm{e}^{-3t}$

2.3.7　$G(s) = \dfrac{R_2C_2s + 1}{R_1C_1R_2C_2s^2 + (R_1C_1 + R_2C_2 + R_2C_1)s + 1}$

2.3.8　(1) $G(s) = \dfrac{k_2(z_1s + k_1)}{m_1m_2s^4 + (m_1z_2 + z_1m_2)s^3 + (m_1k_2 + k_1m_2 + z_1z_2 + k_2m_2)s^2 + (z_1k_2 + k_1z_2 + k_2z_2)s + k_1k_2}$

(2) $G(s) = \dfrac{k_2}{m_1 m_2 s^4 + z_1 m_2 s^3 + (k_1 m_2 + k_2 m_2 + m_1 k_2 + k_3 m_1) s^2 + (z_1 k_2 + z_1 k_3) s + (k_1 k_2 + k_1 k_3 + k_2 k_3)}$

2.3.9 $G(s) = \dfrac{k_2 (z_1 s + k_1)}{m_1 m_2 s^4 + (m_1 z_1 + z_1 m_2) s^3 + (m_1 k_1 + m_1 k_2 + k_1 m_2) s^2 + z_1 k_2 s + k_1 k_2}$

2.3.10 $G(s) = \dfrac{G_1 G_2 G_4 (1 + G_3) + G_{r2} G_2 G_4 (1 + G_3) + G_{r1} G_4 (G_2 H - G_3)}{1 + G_2 H + G_1 G_2 G_3 G_4 + G_1 G_2 G_4}$

2.3.11 (1) $G(s) = \dfrac{G_1 G_2 G_3}{1 + G_1 H_1 + G_2 H_2 + G_3 H_3 + G_1 H_1 G_3 H_3 + G_1 G_2 G_3 H}$

(2) $G(s) = \dfrac{G_1 G_2 G_3 G_4}{1 + G_3 G_4 H_3 + G_2 G_3 H_2 + G_1 G_2 G_3 G_4 H_1}$

2.3.12 $G(s) = \dfrac{(K_o + 2K_c) s + 2K_o (1 - 4K_c)}{s^2 + 2s + 10 K_o K_c}$

2.3.13 $G(s) = \dfrac{50 (s^2 + 10)}{s^3 + 10 s^2 + 10 s + 500}$

2.3.14 (1) $G(s) = \dfrac{5.2}{s + 10.4}$ (2) $G(s) = \dfrac{(10 k_1 + 10 k_2) s + 20}{(20 k_1 + 20 k_2 + 1) s + 40}$

2.3.15 $\dfrac{\theta_o(s)}{\theta_i(s)} = \dfrac{7(2s + 1)(5s + 3)}{100 s^4 + (140 + 70 K_f) s^3 + (163 + 77 K_f) s^2 + (127 + 21 K_f) s + 34}$

第 3 章

3.3.1 $K_1 = 110.9$ $K_2 = 0.027$

3.3.2 (1) $G(s) = \dfrac{2}{s + 5}$

(2) $G(s) = \dfrac{2.2 s^2 + 38.6 s + 89.3}{(s + 2)(s^2 + 100)}$

(3) $G(s) = \dfrac{0.2 s^2 + 2.6 s + 5.2}{(s + 2)(s + 4)^2}$

(4) $G(s) = \dfrac{0.2 + e^{-0.5s}}{s + 2}$

3.3.3 (1) 稳定

(2) 稳定

(3) 不稳定

(4) 不稳定

3.3.4 $G(s) = \dfrac{9}{s(s + 1.8)}$

3.3.5 (1) $K_f > -1$ (2) $K_f > -\dfrac{4}{5}$

3.3.6 $a>0, b>\frac{a}{10}$

3.3.7 $0<T<0.2$

3.3.8 $K=12$

3.3.9 $b>-10, a=\frac{11}{b+10}$, $\omega_x=\sqrt{b+10}$

3.3.10 (1) $K_c T_c>0$, $K_c>K_b$

(2) $K_c=72+K_b$, $T_c=\frac{12}{72+K_b}$

3.3.11 (1) $0<K<109.8$, $e_{ss}=\frac{60}{K}$

(2) $K_L=+\infty$, $e_{ss}=\frac{6}{K}$

3.3.12 (1) $e_{ss}=\frac{R-10N}{10K_c}$ (2) $N=\frac{R}{10}$

3.3.13 $a_0=0$, $a_1>0$, $b_0>0$, $b_1>b_0$

第4章

4.3.2 $G_D(s)=\frac{5K_b s}{s^2+4s+5}$

4.3.3 $G_D(s)=\frac{10\tau s}{s^2+s+10}$

4.3.4 $K_{g临}=13$

4.3.5 $\varphi=\pm 79.68°$, $\theta=\pm 63.4°$

4.3.8 $12.5<K_g<58.2$

4.3.9 (1) $a>2\sqrt{3}$ 时，根轨迹无分离点

(2) $a=2\sqrt{3}$ 时，根轨迹有一个三重分离点

(3) $2\sqrt{3}<a<4$ 时，根轨迹有一个分离点和一个会合点

(4) $a<4$ 时，根轨迹只有一个分离点

4.3.10 $s_{1,2}=-0.25\pm j0.433$, $K_g=2.8$

4.3.11 $K<125, K>128$

4.3.13 $s_{1,2}=-2\pm j\sqrt{3}$, $K_g=3.52$

4.3.14 $K=1/27, T=9$

4.3.15 (2) $s_i=-3$, $K_{1a}=4.5$, $K_{2a}=4$

第5章

5.3.1 $r(t)=\frac{\sqrt{2}}{5}\sin(5t-\frac{\pi}{4})$

5.3.2　$G(\mathrm{j}\omega)=\dfrac{2[(\mathrm{j}\omega)+8]}{(\mathrm{j}\omega)^2+10(\mathrm{j}\omega)+34}$

5.3.6　(1) $G(s)=\dfrac{5}{1+0.2s}$　　(2) $G(s)=\dfrac{0.5s}{\left(1+\frac{1}{8}s\right)^2}$

(3) $G(s)=\dfrac{40(1+0.05s)}{s(1+0.1s)}$　　(4) $G(s)=\dfrac{36\left(1+\frac{1}{3}s\right)}{s^2\left(1+\frac{1}{48}s\right)}$

5.3.7　(1)不稳定　(2) 稳定　(3) 稳定　(4) 稳定

5.3.8　(1) $G_{o1}(s)$ 稳定　$G_{o2}(s)$ 不稳定　(2) $G_{o1}(s)$ 稳定，$G_{o2}(s)$ 不稳定

5.3.9　(1) $G_o(s)=\dfrac{31.6}{s\left(1+\frac{1}{10}s\right)\left(1+\frac{1}{100}s\right)}$，　$\gamma_c=20^\circ$　$L_g=10\ \mathrm{dB}$

(2) $G_o(s)=\dfrac{45\left(1+\frac{1}{3}s\right)}{s^2\left(1+\frac{1}{15}s\right)}$，　$\gamma_c=33.7^\circ$，　$L_g=+\infty$

5.3.10　(1) $K_L=13.75$　(2) $K_L=0.979$

5.3.11　$\gamma_c=47.4^\circ$，　$L_g=+\infty$

5.3.12　不稳定

5.3.13　$\gamma_c=45^\circ$ 与 $\gamma_c=51.8^\circ$

5.3.15　$G_o(s)=\dfrac{\frac{1}{T_1\sqrt{T_1T_2}}(1+T_1s)}{s^2(1+T_2s)}$

第 6 章

6.3.1　(1) $G(s)=-\dfrac{R_3}{R_1+R_2}\dfrac{R_2Cs+1}{\frac{R_1R_2}{R_1+R_2}Cs+1}$　　(2) $G(s)=-\left(\dfrac{R_2}{R_1}+\dfrac{1}{R_1Cs}\right)$

6.3.2　$G_c(s)=\dfrac{7.5(s+1.5)}{s+2.6}$，$K_v=1.8$

6.3.3　$G_c(s)=\dfrac{9(s+0.15)}{s+0.001}$

6.3.4　$a=1.5$

6.3.5　$G(\mathrm{j}\omega)=\dfrac{R_2}{R_1+R_2}\cdot\dfrac{R_1C_1(\mathrm{j}\omega)+1}{\frac{R_1R_2}{R_1+R_2}(C_1+C_2)(\mathrm{j}\omega)+1}$，$R_1C_1=R_2C_2$

6.3.6　$G_c(s)=\dfrac{5(1+0.33s)}{1+0.033s}$

6.3.7 $G_c(s)=\dfrac{5(1+s)}{1+2s}$

6.3.8 $K_c=0.02$，$K_a=0.2$

6.3.9 $G_c(s)=\dfrac{0.6(1+s)(1+0.5s)}{s(1+0.083s)}$

6.3.10 $G_c(s)=\dfrac{s(1+0.5s)}{(1+s)(1+0.05s)}$，$K_v=10$

6.3.11 $G_c(s)=\dfrac{5(1+0.1s)(1+0.15s)}{(1+0.76s)(1+0.0167s)(1+0.01s)}$，$\gamma_c=45.8°$

6.3.12 $G_c(s)=\dfrac{2(1+s)(1+0.316s)(1+0.1s)}{s(1+3.16s)(1+0.0316s)^2}$

第7章

7.3.7 (1) $\begin{cases}\dot{x}=0\\x=0\end{cases}$ 稳定焦点；$\begin{cases}\dot{x}=0\\x=-0.5\end{cases}$ 鞍点

(2) $\begin{cases}\dot{x}=0\\x=0\end{cases}$ 不稳定焦点；$\begin{cases}\dot{x}=0\\x=-1\end{cases}$ 鞍点

7.3.11 (1)否(2)是(3)是(4)是

7.3.13 $R_1=0.54$，$R_2=0.46$，$t_c=t_p=3.14$ s

第8章

8.3.1 (1) $x(z)=\dfrac{z}{z-1}+\dfrac{2z\sin 5T}{z^2-2\cos 5T\cdot z+1}$

(2) $x(z)=\dfrac{5T^2e^{-2T}z(z+e^{-2T})}{(z-e^{-2T})^3}$

(3) $x(z)=\dfrac{Te^{-5T}z}{(z-e^{-5T})^2}-\dfrac{z}{z-e^{-5T}}$

(4) $x(z)=\dfrac{0.5e^{-3T}\sin 2T\cdot z+0.866z(z-e^{-3T}\cos 2T)}{z^2-2e^{-3T}\cos 2T\cdot z+e^{-6T}}$

8.3.2 (1) $x(z)=\dfrac{5z}{z-1}-\dfrac{5z}{z-e^{-2T}}$

(2) $x(z)=\dfrac{5}{z-1}-\dfrac{5}{z-e^{-2T}}$

(3) $x(z)=\dfrac{z}{z-e^{-T}}-\dfrac{z}{z-e^{-2T}}-\dfrac{Te^{-2T}z}{(z-e^{-2T})^2}$

(4) $x(z)=\dfrac{z-1}{z-e^{-T}}-\dfrac{z-1}{z-e^{-2T}}-\dfrac{Te^{-2T}(z-1)}{(z-e^{-2T})^2}$

8.3.3 (1) $x(n)=-2^n+3^n$

(2) $x(n) = -2^{n-1} + 3^{n-1}$

(3) $x(n) = -1 - n + 2^{n}$

(4) $x(n) = -1 - (n-1) + 2^{n-1}$

8.3.4　(1) $c(k) = -16 \cdot (\frac{1}{2})^{k} + \frac{64}{3} \cdot (\frac{1}{4})^{k} + \frac{8}{3}$

(2) $c(k) = -2 \cdot (\frac{1}{2})^{k} + 16 \cdot (\frac{1}{4})^{k}$

8.3.5　$c(n) = \frac{e^{-1}}{2e^{-1} - 2} \cdot e^{-(n-1)}$

8.3.6　$G(z) = \frac{5z^{2}}{(z - e^{-T})(z - e^{-5T}) + 5z^{2}}$

8.3.7　(1) $G_{o}(z) = \frac{10z}{z-1} - \frac{10z}{z - e^{-2T}}$, $G_{c}(z) = \frac{10z(1 - e^{-2T})}{(z-1)(z - e^{-2T}) + 10z(1 - e^{-2T})}$

(2) $G_{o}(z) = [\frac{10Tz}{(z-1)^{2}} - \frac{5z}{(z-1)} + \frac{5z}{z - e^{-2T}}] \cdot \frac{z-1}{z}$

$G_{c}(z) = = \frac{10T - 5(z-1)(z - e^{-2T}) + 5(z-1)^{2}}{(z-1)(z - e^{-2T}) + [10T - 5(z-1)(z - e^{-2T}) + 5(z-1)^{2}]}$

8.3.8　(1) $C(z) = \frac{G_{2}(z)}{1 + G_{1}G_{2}(z)} RG_{1}(z) = \frac{z^{2}(z+3)}{(2z^{2} - 21e^{-0.2}z + 18z + e^{-0.2})(z-1)}$

(2) $0 < T < 0.318$

8.3.9　$C(z) = \frac{1}{1 + G_{1}G_{2}H(z)}[G_{1}G_{2}(z)R(z) + G_{2}(z)RG_{3}(z)]$

8.3.10　(1)不稳定　(2)不稳定

8.3.11　$K > 0$,　$T > 0$,　$K < \frac{2(1 + e^{-10T})}{1 - e^{-10T}}$

8.3.12　$0 < T < 0.22$

8.3.13　$-1.5 < a < 1.5$

8.3.14　$0 < T < 0.318$

8.3.15　$u_{k} = (1 + e^{-20T})u_{k-1} - e^{-20T}u_{k-2} + 20e_{k} - (19 + e^{-20T})e_{k-1}$, $T_{s} < 0.07$